Kohlhammer

Prof. Dr. Dominic Gißler

Führung und Stabsarbeit

Verstehen – trainieren – evaluieren

2., erweiterte und überarbeitete Auflage

Verlag W. Kohlhammer

Dieses Werk einschließlich aller seiner Teile ist urheberrechtlich geschützt. Jede Verwendung außerhalb der engen Grenzen des Urheberrechts ist ohne Zustimmung des Verlags unzulässig und strafbar. Das gilt insbesondere für Vervielfältigungen, Übersetzungen, Mikroverfilmungen und für die Einspeicherung und Verarbeitung in elektronischen Systemen.
Die Wiedergabe von Warenbezeichnungen, Handelsnamen und sonstigen Kennzeichen in diesem Buch berechtigt nicht zu der Annahme, dass diese von jedermann frei benutzt werden dürfen. Vielmehr kann es sich auch dann um eingetragene Warenzeichen oder sonstige geschützte Kennzeichen handeln, wenn sie nicht eigens als solche gekennzeichnet sind.
Die Abbildungen stammen – soweit nicht anders angegeben – von dem Autor.

2. Auflage 2024

Alle Rechte vorbehalten
© W. Kohlhammer GmbH, Stuttgart
Videodreh und Umschlagsbild: Tim Fülle Medienproduktion
Gesamtherstellung: W. Kohlhammer GmbH, Stuttgart

Print:
ISBN 978-3-17-042964-2

E-Book-Formate:
pdf: ISBN 978-3-17-042966-6
epub: ISBN 978-3-17-042967-3

Für den Inhalt abgedruckter oder verlinkter Websites ist ausschließlich der jeweilige Betreiber verantwortlich. Die W. Kohlhammer GmbH hat keinen Einfluss auf die verknüpften Seiten und übernimmt hierfür keinerlei Haftung.

Inhaltsverzeichnis

		Vorwort zur zweiten Auflage	9
		Methodik von Führung und Stabsarbeit	11
		Grundsätze der Stabsarbeit	14
		Werkzeuge der Stabsarbeit	15
		Einleitung	26
1		Einführung in Führung und Stabsarbeit	35
	1.1	Führung	35
	1.2	Stabsarbeit	44
	1.3	Einsätze und Führungssysteme	55
	1.4	Training zur Entwicklung und Unterhaltung	63
	1.4.1	Entwicklungsstadien	63
	1.4.2	Trainingsgebiete	65
	1.5	Ganzheitlicher Blick	68
2		Stabsarbeit | Lernen von Teams mit höchstem Erfolgsanspruch	77
	2.1	Schlüsselerkenntnisse aus der Studie	79
	2.2	Schlussfolgerungen	86
3		Verhalten in Stäben trainieren	89
	3.1	Wichtige nicht-technische Fähigkeiten	93
	3.1.1	Lagebewusstsein	94
	3.1.2	Entscheiden	99
	3.1.3	Kommunikation	103
	3.1.4	Teamarbeit, Führung und Umgang mit Fehlern	106
	3.2	Bedeutungsorientierte Trainingsmethodik	117
	3.2.1	Erfahrungsbasiertes Lernen	122
	3.2.2	Strukturierte Nachbesprechung	124
	3.2.3	Lernen nach dem Double-Loop-Prinzip	126
	3.2.4	Übergeordneter Trainingsablauf	128

Inhaltsverzeichnis

3.2.5	Integration von bedeutungsorientierten Lernmethoden in die Stabsarbeit	135
4	**Werkzeuge der Stabsarbeit**	**142**
4.1	Der Stabsablauf	144
4.2	Führungsrhythmus	150
4.3	Aufbau- und Ablauforganisation	155
4.3.1	Aufbauorganisation festlegen	155
4.3.2	Ablauforganisation festlegen	161
4.4	Ereignismodell, Einsatzmodell und Dashboard	166
4.4.1	Einsteigen	169
4.4.2	Einleitung in die Aufgabe	170
4.4.3	Themenspeicher eröffnen	173
4.4.4	Ereignisinformationen	174
4.4.5	Einsatzinformationen	182
4.4.6	Informationen verarbeiten und Wissen managen	187
4.4.7	Dashboard	189
4.5	Analyse und Beurteilung	193
4.6	Zeitstrahl und Vorhersage	198
4.7	Entscheiden	204
4.7.1	Entscheidungen formulieren	206
4.7.2	Strategieentwicklung	209
4.7.3	Ziel entwickeln	213
4.7.4	Optionen entwickeln und vergleichen	216
4.7.5	Strategien formulieren	219
4.8	Maßnahmen planen und nachverfolgen	223
4.9	Aufträge erteilen	228
4.10	Lagebesprechung und Arbeitsphasen	231
4.10.1	Generische Klarliste für Lagebesprechungen und Entscheidungen	239
4.10.2	Innehalten	244
4.10.3	Führen durch Fragen	245
5	**Führungssystem auf fachliche Anforderungen ausrichten**	**249**
5.1	Architektur des Führungssystems auf mögliche Ereignisse ausrichten	253
5.2	Szenarien definieren	257
5.3	Anforderungen erheben und fachliche Leistungsfähigkeit festlegen	261

Inhaltsverzeichnis

5.4	Entwicklung und Weiterentwicklung	266
5.5	Mehrwert für Entscheiden und Vorbereitung	267
5.6	Strategischer Mehrwert	268

6 Stabsarbeit evaluieren ... **270**

6.1	Ansatz und Anforderungen	270
6.2	Methodik	276
6.3	Beurteilungsverfahren Erfolg der Stabsarbeit (BV-EdS)	279
6.4	Beobachtungsleitfaden für das Funktionieren des Stabes und das Vorgehen von Führungspersonen	285
6.4.1	Evaluation: Vorhaltung der Führungsunit und systematische Einsatzvorbereitung	287
6.4.2	Evaluation Funktionieren des Stabes und Handlungsweise der Führungspersonen	294
6.4.3	Ergebnis der Arbeit des Stabes	297
6.4.4	Zusammenfassende Beurteilung	298
6.5	Beurteilungsleitfaden für Führungsleistungen und Einsätze	298
6.5.1	Vorgehen	299
6.5.2	Führungsleistungen	301
6.5.3	Einsatzresultate	302
6.5.4	Maßstab für Einsatzergebnisse	302
6.5.5	Gütegrade der Führungsleistung	304

7 Schlusswort und Ausblick ... **306**

7.1	Implikationen für den Bevölkerungsschutz	308
7.2	Professionalisierung durch Spezialisierung	314
7.3	Epilog	315

Literaturverzeichnis ... **316**

In diesem Buch werden, sofern möglich, geschlechterneutrale Formulierungen gewählt. In manchen Fällen ist dies aufgrund der erforderlichen semantischen Präzision nur schwer möglich. So ist mit »Stabsleiter:in« exakt die Funktion einer durch eine Einzelperson ausgeübten Rolle gemeint, die durch eine bestimmte Person ausgeübt wird. Der Begriff der »Stabsleitung« kann dahingegen auch als mehrere zu einem Organ gebündelte Funktionen oder als eine Instanz verstanden werden, was ungenau wäre.

Vorwort zur zweiten Auflage

Als begeisterter Pädagoge, ehemaliger Sportlehrer und heutiger Abteilungspräsident der Bundesakademie für Bevölkerungsschutz und Zivile Verteidigung (BABZ) fällt mir beim Titel des Buches von Prof. Gißler der Begriff »trainieren« unmittelbar positiv ins Auge.

Was haben »Führung und Stabsarbeit« mit Training gemeinsam?
Training hat vor allem das Ziel, durch strukturierte Abläufe und durch wiederholte, kontinuierliche Impulse und Inputs individuelle Fähigkeiten und Fertigkeiten durch Verhaltensanpassungen kontinuierlich zu verbessern. Dabei ist Training ein ganzheitlicher Prozess, der sich quasi auf die Anpassung von Körper, Geist und Seele bezieht, um die eigenen Handlungskompetenzen für entsprechende Herausforderungen jederzeit optimal auf hohem Niveau verfügbar und abrufbar zu machen. Es bezieht sich demnach auf die Fortentwicklung des Verhaltens sowohl von Einzelpersonen als auch von Teams. Die Analogien des Begriffs aus dem Sport zum Thema des Buches »Führung und Stabsarbeit trainieren« liegen auf der Hand.

Das vorliegende Buch bietet den Leserinnen und Lesern somit einen hervorragenden »Trainingsplan«, um die eigenen Kompetenzen in den Handlungsfeldern der Stabsarbeit mit dem Ziel der effektiven Führung und Leitung in Krisen und Katastrophen durch Verhaltensanpassungen kontinuierlich zu verbessern. Die zweite Auflage macht das Buch durch die Erweiterung um die Aspekte des »Verstehens und Evaluierens« zudem zu einem Fachbuch, das systematische Hinweise zur kontinuierlichen Verbesserung der Fähigkeiten zur optimalen Führung und Leitung gibt.
 Der von mir sehr geschätzte Kollege Prof. Hermann Schröder schrieb im Vorwort zur ersten Auflage des Buches zutreffend: »Führen ist eine Kunst, die viel Erfahrungen, Kreativität und Entscheidungsfreude bedarf«!

Effektive und effiziente Stabsarbeit ist bei komplexen Lagen dabei der Schlüssel zum Erfolg und ist ebenfalls eine hohe Kunst und Herausforderung für alle Beteiligten.
 Neben Erfahrung, Kreativität, Talent und Entscheidungsfreude bedarf es vor allem einer umfangreichen, verbindlichen Qualifizierung von Entscheidern, Verantwortlichen und Führungskräften im Rahmen nachhaltiger sowie handlungs- und kompetenzorientierter Aus- und Fortbildung.

Vorwort zur zweiten Auflage

Die aktuellen Katastrophen und Krisen der jüngsten Vergangenheit und Gegenwart haben oftmals deutlich gemacht, dass es gerade an der persönlichen Qualifizierung für die hochkomplexen Herausforderungen der Führung und Leitung im Rahmen von Stabsarbeit mangelt. Alle Akteure müssen sich ihrer Verantwortung sehr bewusst sein! Mangelnde Qualifikation in diesen Handlungsfeldern kann im schlimmsten Fall Menschenleben kosten. Insofern ist das vorliegende Buch geradezu eine Pflichtlektüre für diejenigen, die in Krisen und Katastrophen Verantwortung tragen oder in Stäben haupt- oder ehrenamtlich Aufgaben wahrzunehmen haben.

Das Werk zeichnet sich vor allem durch einen ganzheitlichen Blick auf alle Aspekte der »Kunst der Stabsarbeit« aus und beschränkt sich ausdrücklich nicht nur auf technische Fähigkeiten. Es schafft somit durch die Lektüre bei den Leserinnen und Lesern ein umfassendes Bewusstsein für die Komplexität der Führung und Stabsarbeit bei außergewöhnlichen Lagen.

Dem Autor ist es hervorragend gelungen, seine wissenschaftliche Kompetenz praxisgerecht und verständlich zur Wirkung zu bringen. Das Buch ist somit eines der längst überfälligen »Handbücher für die Stabsarbeit«. Es ist ein weiterer gelungener Beitrag, wesentliche Aspekte der Stabsarbeit bei komplexen Lagen wissenschaftlich fundiert sowie praxisgerecht darzustellen und somit zu standardisieren. Damit steht es u. a. durchaus in der Reihe des meinerseits 1997 herausgegebenen »Handbuches für Technische Einsatzleitungen«, des Werkes »Führen im Einsatz« (2004) von Hans-Peter Plattner sowie dem »Handbuch Stabsarbeit« (2016 und 2022) herausgegeben von Gesine Hofinger und Rudi Heimann.

Als Lernbuch ergänzt es die Aus- und Fortbildung hervorragend. Es gibt Lernenden und Lernbegleitern gleichermaßen wertvolle fachlich-inhaltliche sowie didaktisch-methodische Hinweise, um Führung und Stabsarbeit zu trainieren und um Trainingsprozesse zu arrangieren.

Thomas Mitschke, im August 2024
ehemaliger Abteilungspräsident/Leiter der Bundesakademie für Bevölkerungsschutz und Zivile Verteidigung (BABZ) im Bundesamt für Bevölkerungsschutz und Katastrophenhilfe (BBK)

Methodik von Führung und Stabsarbeit

Die Methodik von Führung und Stabsarbeit beschreibt das Führungshandwerk als Set aus Instrumenten und Vorgehensweisen von Führungspersonen bei der (stabsmäßigen) Führung von Einsätzen in der Gefahrenabwehr und im Krisenmanagement. Die Anwendung ist eine handwerkliche Tätigkeit, die allgemein aus Verhalten, Methoden und Mitteln bzw. genauer aus Grundsätzen, Werkzeugen, Detail- und organisationsspezifischen Spezialwerkzeugen sowie Hilfsmitteln zur Operationalisierung besteht. Mit dieser Methodik werden Vorgehensmodelle wie der allgemeine Führungsvorgang oder auch das spezifischere FOR-DEC-Modell mit konkreten Methoden hinterlegt. Die Methodik muss im konkreten Umfeld der eigenen Führungsunit als vorgehaltener Stab umgesetzt werden. Sie steht aus theoretischer Sicht stets in Wechselwirkung mit der Arbeitsumgebung, der Kultur und allen Elementen des vorgehaltenen Führungssystems, welches seinerseits auf vorgegebenen oder organisationstypischen Systematiken beruhen kann. Die Methodik beschreibt »wie« man führt. Sie gibt nicht an, »was« inhaltlich getan werden muss, also welche fachlichen Strategien angewandt werden. Um führen zu können sind beide Teile (universale Techniken und fachlich-inhaltliche Strategien) erforderlich.

Im vorbereitenden Trainingsbereich werden Führung und Stabsarbeit durch die in diesem Buch vorgestellte Methodik verstehbar und erlernbar. Im retrospektiven Bereich der Evaluation von Übungen und Einsätzen werden das Handeln der Führungsperson, die Sicht auf den Einsatz und damit letztlich die Vorgehensweise des Führungsorgans nachvollziehbar. Damit wird dem Erfordernis entsprochen, dass Führung erlernt werden können muss, damit Einsätze möglichst unabhängig von individuellen Stilen, Erfahrungen, Vorlieben oder Talenten von Führungspersonen sind. Durch den methodenbasierten Ansatz werden Schwächen eines rein personenzentrierten Ansatzes vermieden. Diese beiden Ansätze stehen dennoch gleichberechtigt nebeneinander. Die Personenzentrierung ist eher für die Personalauswahl relevant und die Methodenzentrierung hat bei der Ausübung der Führungsarbeit mehr Bedeutung. Die Methodik der Führung ist rückwärts vom Einsatzergebnis her und damit von der Wirkung her aufgebaut. Sie entspricht dem Anspruch an eine universale Theorie über die Einsatzführung, nämlich dass Führung durch verschiedene Personen unter angenommenen gleichen Bedingungen zu gleichen Einsatzergebnissen führt (ceteris paribus). Methodisches Vorgehen führt zu Souveränität, weil sich Führungspersonen um »die Führung« als Art und Weise des Verfahrens keine Gedanken machen müssen und sich auf »das Führen« als gegenwärtiges

Methodik von Führung und Stabsarbeit

Erfordernis konzentrieren können. Damit ist jedoch kein »Schema F« gemeint, das eher das inhaltliche Vorgehen bzw. stark problembezogene Lösungsmuster bezeichnet. Vielmehr schafft die Methodik einen schematischen, generischen Rahmen für den Inhalt. Durch ein methodisches Vorgehen kann eine Führungsperson zeigen, dass sie ihr »Handwerk beherrscht«. Zwar kann dabei nicht ausgeschlossen werden, dass trotzdem kleinere Fehler (in etwa Lapsus, Fauxpas, Schnitzer), gröbere Fehler (z. B. unpassende Situation Awareness, unpassende Entscheidungen) oder Ausführungsfehler geschehen. Wohl aber können systematische und ein stückweit prozedurale Fehler vermieden werden. Damit kann die Voraussetzung verbessert werden, um auch (und gerade mit) Ereignissen umzugehen, die einen vernünftigerweise nicht vorherzusehenden Verlauf nehmen, die für die Führungsperson subjektiv komplex sind oder in jeglichen Dimensionen maximal sind. Besonders anspruchsvoll sind die Erstphasen von Einsätzen, in denen Gefährdungen gerade entstehen, sich auszuwirken beginnen und die Mission zusätzlich zur Abwehr gegenwärtiger Gefahren schon auf längere Sicht ausgerichtet werden muss. Stark vereinfacht kann gesagt werden, dass ein methodisches Vorgehen bei Führung und Stabsarbeit die Wahrscheinlichkeit handwerklicher Fehler verringert. Damit können im konkreten Einsatz Fahrlässigkeit und in der Vorhaltung Organisationsverschulden vermieden werden.

> **Merke:**
> Die Methodik von Führung und Stabsarbeit beschreibt das Führungshandwerk. Die dazugehörigen persönlichen Verhaltensweisen und die Anwendung der Methoden kann einerseits erlernt werden. Andererseits macht das methodische Vorgehen den Führungsakt nachvollziehbar und fördert dadurch die Qualität.

Die Grundsätze der Stabsarbeit beschreiben förderliche Verhaltensweisen für das Arbeiten in einem konkreten Stab bzw. in einer allgemeinen Führungsunit. Sie richten sich an die Mitglieder des Stabes um ein individuelles förderliches Verhalten in Ausbildung, Training und Einsatz zu fördern. Die Werkzeuge der Stabsarbeit stehen für allgemeine Methoden der Führung. Sie dienen je nach Zielrichtung der jeweiligen Rolle von Stabsmitgliedern zur Erledigung typischer Führungstätigkeiten. Die Werkzeuge können sowohl bei aufgabenteiliger Führungsarbeit (wie in einem Stab) als auch bei integraler Führung (durch eine einzelne Führungsperson) angewendet werden. Die Werkzeuge im abgebildeten Werkzeugkasten stehen für Überkategorien und damit gewissermaßen als Hauptinstrumente. Damit kann ein Großteil der Führungsaufgaben erledigt werden. Sie werden ergänzt durch die Detailwerkzeuge in ▶ Tabelle 1. Manche dieser Detailinstrumente sind eher speziell zur Bearbeitung von sehr dezidierten Aufgaben. Andere sind eher universal und tragen zur Lösung

Methodik von Führung und Stabsarbeit

mehrerer Führungsaufgaben bei. Das Set wird komplettiert durch organisationsspezifische Spezialwerkzeuge aus den jeweiligen Anwendungsbereichen wie dem Betrieb von Wirtschaftsunternehmen, aus den Bereichen Feuerwehr, Katastrophenschutz, Polizei, Rettung, Verwaltung oder Zivilschutz.

Merke:
Stabsarbeit ist eine Art der Führungsarbeit. Die zur Führung notwendigen Methoden sind im Grunde universal. Die Instrumente, um in Stabsformation eine fachliche Aufgabe bearbeiten zu können, setzten sich aus technischen und nichttechnischen sowie aus fachlichen Fähigkeiten zusammen.

Die folgenden Übersichten dienen als Quick-Reference. Darin sind die Kernaussagen des Buches zusammengefasst, die für Ausbildung, Training und Einsatz verwendet werden können. Ihre Anwendung bedingt mehr oder weniger viel Hintergrundwissen, das im Buch vermittelt wird.

Grundsätze der Stabsarbeit

Grundsätze der Stabsarbeit

1. Komplexität beherrschen
   - Reduzieren der subjektiven Komplexität: (Einsatz modellieren, Wirkpfad visualisieren und Informationen filtern, strukturieren, verdichten)
   - Verringern von Varietät und Dynamik (Bündeln, Abstufen, Entkoppeln, Abfangen)
   - Jedem Komplexitätstreiber einen Absorber gegenüberstellen
2. Erwartungshorizont erweitern
3. Lagebewusstsein fördern
4. Entscheidungsfindung beherrschen
   - Nutze die kP-Regeln. Du hast kein Plan? Dann frage beharrlich nach den kritischen Punkten, nach den kritischen Prozessen, nach den K.-o.-Punkten und nach den Kipppunkten! Was ist das Problem und was ist zu tun?
   - Lasse dich zu Beginn von deinen Erfahrungen leiten und reflektiere regelmäßig, ob du zusätzlich analytisch vorgehen solltest!
   - Handle intuitiv, wenn dein Erfahrungsschatz ausreichend ist und deine Erfahrungen die richtigen sind!
   - Handle analytisch, wenn das Einsatzproblem schwierig zu durchschauen ist, etwas atypisch ist oder du dir das Problem nicht vorstellen kannst!
5. Kommunikation verknüpft Team und Handeln
6. Der Stabsablauf hilft beim
   - Denken
   - Visualisieren
   - Lagebesprechen
   - Entscheiden
   - Handeln
7. Das Team ist Voraussetzung für die Aufgabenarbeit
8. Führe mit Auftrag, aufgabenorientiert, situationsangemessen und in flacher Hirarchie

Bild 1: *Nach der wissenschaftlichen Fallstudie »Stabsarbeit – Lernen von Teams mit höchstem Erfolgsanspruch«, Gißler u. Fiedrich, 2016*

Werkzeuge der Stabsarbeit

Werkzeuge der Stabsarbeit

- Stabsablauf
- Führungsrhythmus im Einsatz
- Aufbauorganisation des Einsatzes
- Ablauforganisation des Einsatzes
- Modell vom Ereignis und vom Einsatz
- Analyse und Beurteilung
- Zeitstrahl und Vorhersage
- Entscheiden
- Strategieentwicklung
- Maßnahmen planen und nachverfolgen
- Lagebesprechung und Arbeitsphasen

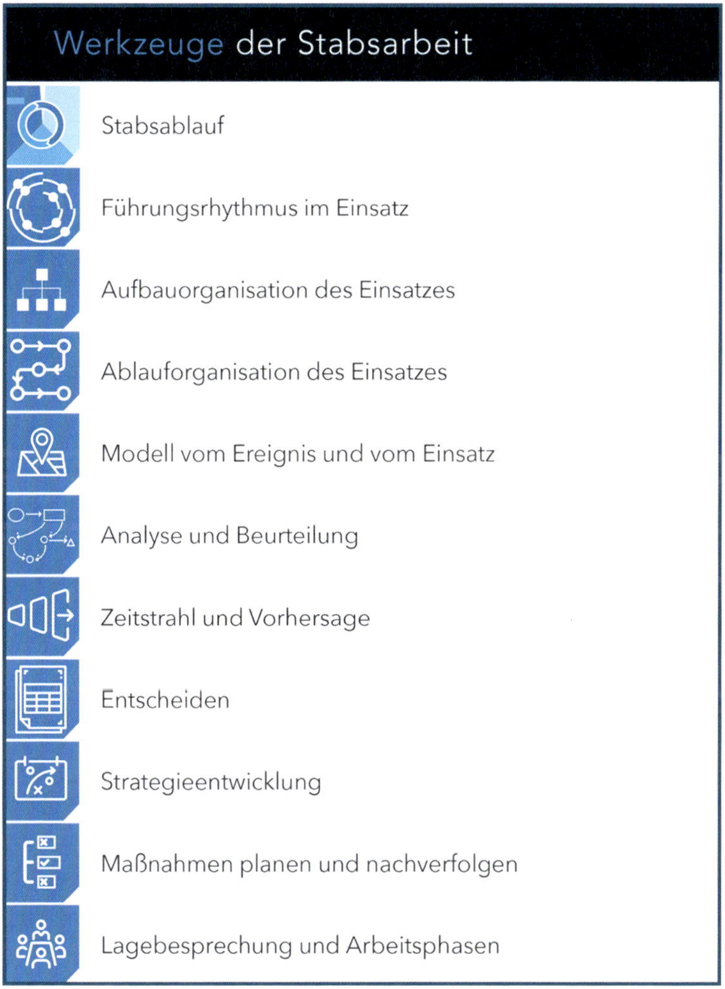

Bild 2: *Die Werkzeuge der Stabsarbeit. Die Signets befinden sich zur Orientierung und Erinnerung an passender Stelle im Buch.*

Werkzeuge der Stabsarbeit

Tabelle 1: *Aufgaben und zugehörige Detailwerkzeuge der Führung*

Zu bearbeitende Aufgabe/ zu lösendes Problem	Detailwerkzeug, Methode
Einsatz aufbauen und weiterentwickeln	▪ Strukturorganigramm ▪ Räume, Aufgaben und Unterstellungen anhand Synergien und Koordinationsbedarfen sinnvoll zuschneiden
Abläufe entwickeln und vermitteln	▪ Flow-Chart ▪ Prozesslandkarte ▪ Prozeduren, Ausführungsanweisungen ▪ Aufgabenbeschreibungen oder Rollenkarten mit Quick-References in Sichthüllen, Tischunterlagen oder mittels Aufsteller am Arbeitsplatz
Abläufe verbessern, um die Effizienz und Zufriedenheit zu erhöhen	▪ Den Ablauf einmal selbst aus Sicht der nachgeordneten Stelle erleben ▪ Fehlerbaumanalyse ▪ Reengineering (Neugestaltung), Reverse-Engineering (Einsatz dekomponieren und Teile neu kombinieren) ▪ Schnelle Kommunikationsmittel nutzen wenn sie verfügbar sind; nur bei Nichtverfügbarkeit mit langsameren Mitteln arbeiten (Use-Cases definieren z. B. mit/ohne Elektrizität/Internet und das Führungssystem auch in der Vorhaltung auf diese separaten Fälle ausrichten) ▪ Lean-Methode (Überlastung vermeiden, Kosten durch Prozessabweichung vermeiden, Unnötiges vermeiden)
Zuverlässigkeit erhöhen	▪ Situationsberichte (Lagemeldungen) von Anforderungen (Bestellungen) in zwei Prozesse/Dokumente trennen und ohne Umweg/Zentralstelle direkt an Adressat übermitteln ▪ Swiss-Cheese-Modell, Analyse des kritischen Pfades ▪ Härtung von Systemen, Diversifizierung und Redundanz ▪ Ausfälle einplanen, Reserven bilden

Werkzeuge der Stabsarbeit

Tabelle 1: *Aufgaben und zugehörige Detailwerkzeuge der Führung (Fortsetzung)*

Zu bearbeitende Aufgabe/ zu lösendes Problem	Detailwerkzeug, Methode
Zusammenarbeit verbessern	- Single-Point-of-Contact (SPOC) anstelle von Zentralstellen - Schriftliche und mündliche Kommunikation kombinieren - Zwischenmenschliche Beziehung aufbauen - »Stab und Einsatzabschnitt« besser als »Betreuer und Partner« verstehen - Anforderungen aus dem Einsatz als Kundenbetreuung verstehen (z. B. Historie und Protagonist:innen kennen, proaktiv Überblick über Bestellstatus geben)
Anforderungsmanagement optimieren	- Status von Bestellungen nachvollziehbar machen und transparent halten - Reservenbildung zulassen, jedoch sind diese zu benennen und ggf. aus übergeordneter Sicht zu kappen, zu verschieben oder zu zentralisieren
Verlässlichkeit und Kontinuität erzeugen	- Führungsrhythmus einführen und standardisierte Aufgaben darin eintakten - Regeln einführen und Verbindlichkeit schaffen, indem z. B. Top-down und Bottom-up SPOC zu fixen Zeiten kontaktiert werden
Qualität von Lageberichten verbessern und sicherstellen, dass (nur) die benötigen Informationen erhoben und übermittelt werden	Schema von Berichten als ausfüllbares und maschinenlesbares Dokument vorgeben z. B. als Tabellenkalkulation - Stichpunkt festlegen und Nullmeldungen einfordern - Informationen bevorzugt numerisch erheben - Angaben zu Prognosen mit einfachen Skalen versehen wie etwa Anstieg um [X] pro Zeiteinheit - Freitextanteile ermöglichen, aber gering halten - Verpflichtend eine mündliche Besprechung durchführen, um den Schriftteil des Berichts zu erläutern

Werkzeuge der Stabsarbeit

Tabelle 1: *Aufgaben und zugehörige Detailwerkzeuge der Führung (Fortsetzung)*

Zu bearbeitende Aufgabe/ zu lösendes Problem	Detailwerkzeug, Methode
Informationsflut verringern	Nichts dem Zufall überlassen und das Informationsmanagement permanent weiterentwickeln • Organisatorische Regeln zu nachgeordneten und übergeordneten Stellen erlassen • Maschinenlesbare Texte • Situationsmeldungen und Bedarfsmeldungen nach vorgegebenen Schemata • Sammlung von Themen/Punkten für geplante, längere Gespräche zur Abstimmung Hohem Informations- oder Anforderungsaufkommen aus bestimmten Einsatzteilen geschickt begegnen (nicht abwiegeln!) • (Temporäre) Anpassung der Verarbeitungskapazität im Stab z. B. durch 1:1-Spiegelung von räumlichen oder verrichtungsmäßigen Einsatzabschnitten durch feste Sachbearbeitungsstellen
Strategische Informationen generieren	Zu erhebende Variablen in Einsatzabschnitten vorgeben und (manuelles) Messsystem implementieren z. B. durch visuelle Beobachtung des Hochwasserverlaufs an kritischen Punkten mit direkter Verbindung zu den Beobachtenden
Aufwand für Berichte und Anforderungen verringern	Effizient arbeiten z. B. durch • Automatische Generierung von Meldungen durch Applikationen und Geräte • Nutzung von automatisierten Informationen aus dem Flottenmanagement, der Fernüberwachung von Fahrzeugen und Geräten • Brüche vermeiden (mündlich-schriftlich bzw. manuell-maschinenlesbar) • Aufhebung von Berichtspflichten wenn die Informationen auf der übergeordneten Ebene nicht tatsächlich benötigt werden • Perspektive vorgeben (Top-down) bzw. Perspektive gleich halten (Bottom-up) und Bezugspunkte zur Orientierung im Raum setzen z. B. bei der Luftbeobachtung

Werkzeuge der Stabsarbeit

Tabelle 1: *Aufgaben und zugehörige Detailwerkzeuge der Führung (Fortsetzung)*

Zu bearbeitende Aufgabe/ zu lösendes Problem	Detailwerkzeug, Methode
Modelle vom Ereignis (Zielsystem) und vom Einsatz (Ausführungssystem) entwickeln	<ul><li>Unterscheiden in Modelle mit Raumbezug (Grundlage: GIS Modell) und mit Prozessbezug (Grundlage: Workflow) und diese nicht vermischen</li><li>Über räumliche/geografische Karten Layer legen und Informationen zu Bedeutungen aggregieren, indem die Auflösung verringert wird</li><li>Modelle stets als Abbild verstehen, die nur das Relevante zeigen und deswegen Unrelevantes für die jeweilige Führungsebene ausblenden</li></ul>
Handlungsbereiche und Überschneidungen sichtbar machen, um sie erkennen zu können	<ul><li>Probleme und Aufgaben einander als Strukturbild zuordnen</li></ul>
Gesamtproblem in Teilprobleme zerlegen, um Zusammenhänge und Folgen sichtbar machen	<ul><li>Struktur und Funktion des Problems als semantisches Netz darstellen</li><li>Netzplantechnik/MindMap anwenden</li><li>PUMA-Analyse durchführen</li></ul>

Werkzeuge der Stabsarbeit

Tabelle 1: *Aufgaben und zugehörige Detailwerkzeuge der Führung (Fortsetzung)*

Zu bearbeitende Aufgabe/ zu lösendes Problem	Detailwerkzeug, Methode
Ereignis- und Einsatzverlauf antizipieren, um Zeitvorteile erarbeiten zu können (»Vor-die-Lage-kommen«)	▪ In Situationsberichten für festgelegte Zeitabschnitte Vorhersagen für Ereignis und Einsatzmaßnahmen einfordern ▪ Mittels Szenariotechnik systematische Zukunftsbilder entwickeln ▪ Mittels Szenariotrichter den besten, wahrscheinlichsten und ungünstigen Verlauf vorhersagen ▪ In die Zukunft gerichteter Zeitstrahl (kurz- oder langfristig) wobei die Fristigkeit sich an der Umwelt (z. B. Sonnenaufgang/-untergang) oder an Planungsabschnitten (z. B. Ende Gefahrenabwehr, Beginn Aufräumen) oder an der Durchhaltefähigkeit operativer Einheiten und an der Reaktionsfähigkeit/Trägheit des Führungssystems (Führung mit Auftrag) orientieren muss ▪ Synchromatrix führen (Ereignis, Umwelt und eigene Maßnahmen in drei Zeitbändern) ▪ Rückwärtsplanung ▪ Kurzfristigen und langfristigen Bereich des Einsatzes an sinnvollem Punkt trennen (z. B. 12 h bzw. am nächsten Sonnenaufgang/Schichtwechsel)
Umgang mit unsicheren/ fehlenden Informationen	Annahmen treffen und sukzessive härten/validieren ▪ Mittels Szenariotechnik systematische Zukunftsbilder entwickeln ▪ Mittels Szenariotrichter den besten, wahrscheinlichsten und ungünstigen Verlauf vorhersagen

Werkzeuge der Stabsarbeit

Tabelle 1: *Aufgaben und zugehörige Detailwerkzeuge der Führung (Fortsetzung)*

Zu bearbeitende Aufgabe/ zu lösendes Problem	Detailwerkzeug, Methode
Unterschiedliche Zeithorizonte/Arbeitswelten der Führungsebenen transparent machen und Verantwortung aus Auftragstaktik verdeutlichen	<ul><li>Oberstes Führungsorgan muss zwangsläufig strategisch in die Zukunft denken; Mittlere Ebene denkt taktisch-operativ mit kurzfristig verfügbaren Mitteln; Operative, taktische Ebene wirkt in der Gegenwart</li><li>In Einsatzauftrag/Leitlinie zeitliche Zuständigkeiten mittels Auftragstaktik abgrenzen (z. B. Mittlere Ebene muss mit vorhandenen Ressourcen 4 h lang/bis zum Sonnenuntergang haushalten können; Oberste Ebene kann sekundär bei höchster Dringlichkeit Ressourcen herbeiführen die in 4 h bis 6 h benötigt werden; Oberste Ebene wirkt primär ab 6 h in der Zukunft/ab Einsatztag Nr. 2)</li></ul>
Synchronität von Planung und Ausführung steuern	<ul><li>Geschickte Schnittstellen wählen (Zeitlichkeit, Aufgabenmäßig)</li><li>Aktives Koordinieren</li><li>Zeitplanungsinstrumente anwenden</li></ul>
Daten und Informationen aggregieren, um Bedeutungen abzuleiten	<ul><li>Kernpunkte aus Besprechungen herausarbeiten mittels einfacher Mindmap</li><li>Problem- und Aufgabenfelder sichtbar machen mittels Baumdiagrammen</li><li>Überkategorien herausfinden durch tabellarische Ordnung</li><li>Auflösung verringern und damit auf Kernaussagen fokussieren</li><li>Aus Sicht der berichtsempfangenden Stelle/der Führungsperson/der Stakeholder denken</li></ul>
Kritische Prozesse mit Größen hinterlegen, um ihren Zustand verstehen zu können und einen Kontext herstellen zu können	<ul><li>Bezugsgröße/Kontext festlegen (z. B. simulierte Wasserstände aus Gefahrenkarten)</li><li>Performanz oder Verfügbarkeit von Schlüsselprozessen, Fähigkeiten, Ressourcen oder Produktgruppen messen und in Anteilen z. B. als Verhältnis oder Prozent darstellen</li></ul>

Werkzeuge der Stabsarbeit

Tabelle 1: *Aufgaben und zugehörige Detailwerkzeuge der Führung (Fortsetzung)*

Zu bearbeitende Aufgabe/ zu lösendes Problem	Detailwerkzeug, Methode
Auswirkungen und Wirkungen größenmäßig erfassen, um Bedeutungen begreifen zu können	▪ Zustände des Zielsystems mit Indikatoren versehen und als maschinenlesbare Daten erfassen
Bedeutungen erfassen, um Diagnosen stellen zu können	▪ GAP-Analyse durchführen ▪ Qualitativer oder quantitativer IST-Stand in Bezug zu einem SOLL-Stand setzen und dadurch zu Kennwerten machen z. B. durch Vergleich mit Zielgrößen, Schwellenwerten, Kipppunkten, Break-Evens
Zustand von Einsatz und Zielsystem auf einen Blick erfassbar machen	▪ Kennwerte in einem Dashboard als grafische Oberfläche darstellen ▪ Trends und Vorhersagen als Verläufe visualisieren ▪ Zustände in Ampelkonten zeigen ▪ Bedeutungen in räumlichen, zeitlichen oder ressourcenmäßigen Modellen darstellen um die Bedeutung erfassen zu können (z. B. prognostizierter Hochwasserstand in Bezug zu Siedlungsgebiet in geografischer 3D-Karte, Zeitbedarf von Maßnahmen in Bezug auf Kalendertag in Zeitstrahl, Verbrauch in Bezug auf Vorrat)
Zustände über die Zeit nachvollziehen können	▪ Dashboards zu festgelegten Stichzeiten in geeignetem Dateiformat speichern und archivieren
Vorgeordnete Stellen zielgerichtet unterrichten	▪ Regelmäßig einen Managementreport als »Onepager« vorlegen/vortragen
Entscheidungen vorbereiten, um urteilen zu können	Entscheidungsmodell wie FOR-DEC, Führungsvorgang etc. in Tabellenform überführen ▪ Störgeräusche vermeiden und Qualität verbessern durch Einzelvorbereitung mit anschließender Gruppenberatung ▪ Optionen untereinander relativ bewerten (keine absolute Skala anlegen, s. u.)
Chancen und Risiken sichtbar machen	▪ SWOT-Analyse durchführen ▪ FOR-DEC anwenden

Werkzeuge der Stabsarbeit

Tabelle 1: *Aufgaben und zugehörige Detailwerkzeuge der Führung (Fortsetzung)*

Zu bearbeitende Aufgabe/ zu lösendes Problem	Detailwerkzeug, Methode
Abwiegen, um priorisieren zu können	<ul><li>Wichtigkeit und Dringlichkeit ins Verhältnis setzen z. B. mittels Eisenhower-Matrix</li><li>Auswirkungen von sehr seltenen, aber sehr weitreichenden Ereignissen einbeziehen mittels Folgenabschätzung</li></ul>
Abwiegen, um Chancen und Risiken objektiviert einordnen zu können	<ul><li>Relativ: Vor- und Nachteile von Optionen untereinander vergleichen und auf relativer Skala von + + über 0 bis – – bewerten</li><li>Absolut: Vergleich mit einer allgemeingültigen Skala (wenn es diese gibt)</li></ul>
Mit Unwägbarkeiten planerisch umgehen	<ul><li>Einsatz nicht als klassisch durchplanbares, sondern als bewegliches Projekt verstehen</li><li>Teilaufgaben möglichst entkoppeln</li></ul>
Dokumentieren um Nachvollziehbarkeit herzustellen	Stets den Einsatzzweck/den Wirkpfad im Auge behalten (Wirkung erzeugen) und den Einsatz nicht verwalten (durch überbordende Dokumentation). Mehrfachdokumentation vermeiden.<ul><li>Eigene Arbeit z. B. in persönlichen/funktionsbezogenem Notizbuch als Verlauf und Merkhilfe dokumentieren</li><li>Flipcharts z. B. mit Entscheidungsvorbereitungen nach dem Einsatz (als PDF) archivieren</li><li>Whiteboards z. B. mit Kräftemanagement zu festgelegten Stichpunkten fotografieren</li><li>Telefonate als Vorabklärung verstehen und in schriftlicher Kommunikation Bezug darauf nehmen (»Wie vorab besprochen…/Wie am Telefon geprüft…«)</li><li>E-Mails z. B. mit Bezug auf Vorabklärungen oder Bestellungen in Kopie an ein Dokumentationspostfach senden</li><li>Als Entscheider: Weitreichende Entscheidungen besser selbst begründen z. B. als Sprachmemo oder Gedankenprotokoll und damit auf z. B. schriftliche Entscheidungsvorbereitung Bezug nehmen um die korrekte Bedeutung zu transportieren</li></ul>

Werkzeuge der Stabsarbeit

Tabelle 1: *Aufgaben und zugehörige Detailwerkzeuge der Führung (Fortsetzung)*

Zu bearbeitende Aufgabe/ zu lösendes Problem	Detailwerkzeug, Methode
Zeit organisieren, um Maßnahmen zeitlich zu planen	- Prospektiven Zeitstrahl entwickeln - Vor- und nachgeordnete Maßnahmen planen z. B. mittels Gantt-Diagramm
Inhaltliche Maßnahmenplanung	- Aufgaben beschreiben, abgrenzen und verschneiden z. B. durch Arbeitspaketbeschreibung
Überblick über Bestellungen, Ressourcen oder Aufgaben halten	Nachverfolgung z. B. mittels - Ticketsystem im Workflow-Management - Statusverwaltung in Tabellenkalkulation - Symbolen in persönlichem Papiernotizbuch
Selbstmanagement	- Vergessen durch Überlastung vermeiden durch z. B. Nutzung eines Papiernotizbuches oder einer Notiz-App auf dem Tablet/Smartphone - Überblick behalten z. B. indem der eigene Arbeitsverlauf als zeitgestempelter Blog mit gekennzeichneten Nachtragsmeldungen formuliert wird
Qualität der Lagebesprechung fördern	- Realistische Dauer festlegen - Ablauf mit flexiblen Anteilen standardisieren - Ziel der Lagebesprechung vorher festlegen und Agenda verteilen; Themenspeicher für kommende Sitzungen führen - Schwerpunkte setzen - Vorbereitung mittels Sprechzettel einfordern - Als Entscheider/Moderator die Besprechungsteilnehmer vorher aktiv miteinander vernetzen und Kernaussagen abholen

Werkzeuge der Stabsarbeit

Tabelle 1: *Aufgaben und zugehörige Detailwerkzeuge der Führung (Fortsetzung)*

Zu bearbeitende Aufgabe/ zu lösendes Problem	Detailwerkzeug, Methode
Mit unkooperativem Verhalten umgehen	Professionell verhalten, Perspektive des Gegenübers einnehmen (Schnittstelle, Organisation, Akteur:in, Rolleninhaber:in) • Konfrontation vermeiden, eigenes Auftreten reflektieren, eigene Emotionen kontrollieren • Sachlich argumentieren • Wenn möglich mit Vorgesetzten gemeinsames Vorgehen abstimmen • In riskanten oder konkret bedrohlichen Situationen zwischen »nur vermerken/melden« und »Eigeninitiative/selbst Handeln« bewusst abwägen

Einleitung

Was ist eigentlich »Führung«? Was ist »Stabsarbeit«? Wie macht der Kontext von »Einsätzen« »das Führen in oder mit Stäben« so besonders? Zu Führung gibt es schier endlos Literatur und unterschiedliche Anschauungen, sodass der Versuch einer Definition oft im Ungefähren oder im Detail endet. Von Stabsarbeit haben viele eine Vorstellung, die nicht selten auf Übungen basiert, aber stichhaltige und empirisch validierte Definitionen gibt es nur sehr wenige. Der Stabsarbeit haftet zudem etwas Exklusives, weil Außergewöhnliches und nahezu Verborgenes an. Führung und Stabsarbeit können beobachtet werden, sie lassen sich anhand allgemeiner Schemata erklären und können somit wiederholt und erlernt werden. In diesem Buch werden nicht nochmals die Aufgaben von Sachgebieten vorgestellt (es geht um mehr), keine Geheimnisse gelüftet oder die sieben Siegel des Buches gebrochen (es gibt keine) und auch keine Versprechen gemacht (denn die Umsetzung obliegt jedem selbst). Ziel ist es, dass die Leserschaft die Grundlagen des stabsmäßigen Führens verstehen und erlernen kann um anschließend führen zu können oder sich selbst oder Dritte darin trainieren zu können. Die Methoden des Führens als Werkzeugkasten und das Verhalten der Personen als Akteure stehen im Mittelpunkt des Buches. Sie werden flankiert von Inhalten zum Trainieren und Evaluieren. Fragen zum Informationsmanagement stehen nicht im Fokus.

Die Stabsarbeit ist ein »Querschnittsgebiet.« Solange sich eine Disziplin der »Einsatzführungswissenschaften« (vorsichtig gesagt) noch entwickelt, ist sie am ehesten als Teil der Sicherheitswissenschaften zu verstehen, sie kann aber auch in den Organisationswissenschaften und Militärwissenschaften verortet werden. Stabsarbeit ist (immer noch) wenig empirisch erforscht. Es gibt zwar mittlerweile einen Studiengang zu »Führung in der Gefahrenabwehr und im Krisenmanagement« und in Calls der Sicherheitsforschung wird zwischenzeitlich auch über Technologien hinaus das Organisatorische zum Krisenmanagement betrachtet. Dennoch ist die Literatur überschaubar. Es gibt nur wenige Expert:innen, die sich im deutschsprachigen Raum auch wissenschaftlich mit den theoretischen Hintergründen von Stabsarbeit und Führung beschäftigten. Es überwiegt (noch) »Erfahrungs- und Anwendungswissen«, welches selbstverständlich auch seine Berechtigung hat. Manche Anschauungen haben bestenfalls anekdotische Evidenz. Wenige Ansichten halten sich trotz fehlender Belege oder gar starker Hinweise auf Kontraproduktivität hartnäckig und sind daher durchaus als kritisch zu bezeichnen. Zusammengefasst ist die Domäne der Stabsarbeit als Wissensbereich eher klein.

Einleitung

Tipp:
Die »Arbeitsgruppe Stabsarbeit« hat sich zum Ziel gesetzt, die Weiterentwicklung der Stabsarbeit zu fördern und will dazu Akteure aus Praxis und Wissenschaft miteinander vernetzen. Die Arbeit ist unabhängig von Behörden oder Disziplinen in der »Plattform Menschen in komplexen Arbeitswelten e. V.« vereinsmäßig organisiert.

Mit diesem Buch wurde 2019 erstmals eine Lücke zwischen der Praxis der Stabsarbeit, den Trainingswissenschaften, der Psychologie und den Sicherheitswissenschaften geschlossen. 2021 erschien das Buch »Einsätze wirksam führen« in dem eine universale Theorie vorgestellt wird, wie Einsätze in unterschiedlichen Organisationen selbstwirksam geführt werden können (kurz: Einsatzführungstheorie). Die vorliegende zweite Auflage von »Führung und Stabsarbeit« konkretisiert die Einsatzführungstheorie in vielen praktischen Aspekten. Die Publikationen können zu einer sich langsam entwickelnden Disziplin der »Einsatzführungswissenschaften« gezählt werden. Das heute verfügbare Wissen und die künftig abzusehende Wichtigkeit rechtfertigen es durchaus, die Einsatzführung als eigene Querschnittsdisziplin mit Relevanz für alle Organisationen mit reaktiven Sicherheitsaufgaben zu sehen. Dabei bedarf es der Differenzierung zwischen dem Einsatz und der Führung: »Der Einsatz« ist organisationsabhängig. Er stellt den fachlichen Inhalt dar, der geführt wird. Um den Einsatz verstehen zu können, bedarf es der Fachausbildung z. B. im Feuerwehrwesen, im Katastrophenschutz, in der Schutzpolizei, im Gesundheitsdienst oder im Betrieb eines Unternehmens. Dahingegen ist »die Führung« universal. Diese Disziplin als Wissensbereich kann allgemeine Verfahren bereitstellen, mittels derer der fachliche Inhalt geführt werden kann. Mit dieser differenzierten Anschauung wird klar, dass die »stabsmäßige Organisation« somit eine Form der Führung darstellt, die ebenso allgemeiner Art ist. Stabsarbeit ist daher ein universaler Modus, dessen Wıssen kunftlg verstärkt aus der Querschnittsdisziplin der Einsatzführung kommen kann. Das Wissen zu Einsätzen kann jedoch auch zukünftig nur aus den jeweiligen Mutterorganisationen und deren Fachdisziplinen kommen. Es gilt klar anzuerkennen, dass ohne »Systemkenntnis des Zielsystems«, ohne Kenntnis der »eigenen Mutterorganisation« und ohne Verständnis des »fachlichen Einsatzteils« keine Führung stattfinden kann.

Aus der differenzierten Anschauung von Führung und Einsatz ergeben sich zwei wesentliche (Lern-)Felder: »Führungskunde« will die Kompetenz vermitteln, Führung als Handwerk ausführen zu können. Dazu zählt erstens das Gebiet der persönlichen Kompetenzen der Führungsperson in den Bereichen Verhalten und Methoden. Zweitens gehört dazu das Gebiet der Systematik der Führung welches das Wissen

Einleitung

zu den typischen Normen und Vorgaben speziell zur Führung als Disziplin im eigenen Anwendungsbereich bezeichnet. Als Drittes kommt die Fähigkeit dazu, die eigene Führungsunit verstehen, unterhalten, betreiben und weiterentwickeln zu können. Dazu wird auch die Bedienkompetenz von Anwendungen und Ausstattung der eigenen Führungsbasis gezählt. Die Kenntnis eigener Einsatzführungskonzepte mit Bezug auf das Führungssystem wird als viertes Gebiet gesehen. Zusammengefasst kann »Führungskunde« ungefähr auch als »Führungssystemkenntnis« beschrieben werden. Dieses Feld ist relativ unabhängig von der betrachteten Organisation – ausgenommen die spezifischen Aufgaben von Rollen und Funktionen in vorgegebenen Aufbauorganisationen wie die Stabsbereiche in einem polizeilichen Führungsstab.

Wissensbereiche von Führung und Einsatz
Abgrenzen von Lernfeldern und Anwendungsbereichen

Führungskunde	Einsatzkunde
Persönliche Kompetenzen (Verhalten und Methoden)	Wissen über Zusammenhänge und Funktionieren der Zielsysteme von Einsätzen (u.a. soziologische, betriebswirtschaftliche oder ingenieurmäßige Hintergründe)
Systematik der Führung im eigenen Anwendungsbereich (Normen und Vorgaben)	
Kenntnis der eigenen Führungsunit mit Bedienkomptenz von Anwendungen und Ausstattung	Wissen über Taktiken und Strategien zur Stabilisierung der gesteuerten Zielsysteme
Kenntnis eigener Einsatzführungskonzepte mit Bezug zum Führungssystem	Kenntnis eigener Einsatzführungskonzepte mit Bezug zum Zielsystem
→ **Führungssystemkenntnis**	→ **Zielsystemsteuerungskenntnis**

Bild 3:   *Wissensbereiche von Führung und Einsatz*

Das Feld der »Einsatzkunde« will Wissen über den Ablauf von Ereignissen vermitteln. Dazu gehört einerseits ein Verständnis »über die Zusammenhänge in der Stadt, zum Funktionieren des Industrieparks, zum Flughafen, über das betreute IT-Ökosystem« als Zielsysteme. Im Konkreten kann dieses Wissen nur in der eigenen Mutterorganisation erworben werden. Im Allgemeinen sind diese Hintergründe letztlich soziologisch, betriebswirtschaftlich oder ingenieursmäßig zu erklären. Andererseits zählt zum Feld der Einsatzkunde das gesamte Gebiet von Taktik und Strategie um Ereignisse bewältigen zu können. Hierzu gehören etwa das Vorgehen bei Elementarereignissen wie Stürmen oder Fluten, bei Ausfall kritischer Funktionssysteme (Ka-

Einleitung

tastrophenschutz), bei Geisellagen oder Versammlungen (Polizei), bei Informationsverlust durch Innentäter:innen oder dem Ausfall kritischer Prozesse (Kontinuitätsmanagement in Verwaltungen und Betrieben), bei Evakuierungen, zur Planung und Durchführung von Großveranstaltungen, zur Koordination von Spontanhelfenden oder zu Ereigniskommunikation, Warnung und Bevölkerungssteuerung zur Anleitung von Personen zu sicherheitsgerechtem Verhalten (alle Bereiche). Diese Vorgehensweisen sind sowohl als Standards längerer Halbwertszeit (z. B. Dienstvorschriften) wie auch als Good-Practice (z. B. bewährter Usus) zu erklären. Sie hängen weniger von den Mutterorganisationen ab, sondern haben sich in den jeweiligen Anwendungsbereichen der Gefahrenabwehr und des Krisenmanagements etabliert. Als drittes Gebiet wird die Kenntnis eigener Einsatzführungskonzepte mit Bezug auf das Zielsystem gesehen. Zusammengefasst kann »Einsatzkunde« ungefähr auch als »Zielsystemsteuerungskenntnis« beschrieben werden.

Zusammengenommen ergeben die Lernfelder Führungskunde und Einsatzkunde die Handlungskompetenz der Einsatzführung. Forschung, Lehre, Ausbildung und Praxis sollten diese Felder vertieft und stets im Gesamtkontext betrachten. Das Themenspektrum deutet den (zeitlichen) Umfang an, der schon allein für die grundlegende Ausbildung benötigt wird. Die skizzierten Kompetenzen weisen darauf hin, dass »Rollenklarheit« über die eigene Aufgabe im Stab (vielleicht schon immer) zu kurz gegriffen ist. Dieser Begriff wird eher auf die eigene, persönliche Rolle einer Funktion/eines Geschäftsbereichs verstanden. Die Klarheit über die »Rolle« des Führungsorgans im konkreten Einsatz wird im Folgenden als »Stellung« im Einsatz verstanden, worunter der rechtliche Modus, die immateriellen Produkte und letztlich die zu erbringenden Leistungen subsummiert werden. Souveräne Führungspersonen an exponierten Stellen müssen (heute und künftig) »die Führung« und »den Einsatz« mit allen Wechselwirkungen analysieren können und das eigene und organisationale Handeln darauf ausrichten können.

Der stetige Ausbau von Technologien liegt im Allgemeinen, wie auch in der Sicherheitsforschung im Besonderen, im Trend. Für die Einsatzführung bieten sich hierdurch gerade im Bereich des Informationsmanagements Entwicklungspotentiale. Allerdings hat eine »künstliche Intelligenz« nach Kenntnis des Autors bislang noch keinen Einsatz geführt. Zumindest mittelfristig erscheint dies trotz aller Fortschritte in diesem Bereich (noch) als unwahrscheinlich. Dies liegt einerseits an den (heutigen) »intelligenten« Anwendungen selbst. Diese beruhen letztlich auf Statistik. Der »Sinn« der verarbeiteten Informationen kann von solchen Anwendungen mangels Bewusstsein (noch) nicht erfasst werden. Die für das Training der Anwendung benötigten Daten über Einsätze liegen (noch) nicht in ausreichender Form und wenn überhaupt nur

Einleitung

unstrukturiert vor. Allerdings sind im Bereich der Lagebilder durchaus Bemühungen erkennbar, deren Erstellung zu automatisieren, was bereits ein Fortschritt wäre wenn dies zu Teilen gelänge. Andererseits versteht unser Rechtssystem den Menschen als handelndes Subjekt und damit als Verantwortungsträger. Vor diesem Hintergrund wird die Frage nach der Grenze zwischen »nur Informationsaufbereitung als Führungsunterstützung« und »Erteilung automatisierter Handlungsvorschläge« diskursbedürftig werden. An dieser Stelle dürfte an heutige Stabsmitglieder und an künftige Automationen die gleiche Anforderung bestehen: Ratschläge in Form von Beratung müssen einschließlich ihres Zustandekommens nachvollziehbar sein. Wo die Begründungen von »KI« nicht z. B. im Voraus durch rechtssichere Abnahme der Algorithmen nachvollzogen werden können, dürften sich Entscheider:innen mit der Annahme von Vorschlägen schwertun. Ferner gerät durch »mehr Technologie« genauso wie durch »mehr Personen« die Balance der Elemente eines Führungssystem ins Ungleichgewicht, wenn die anderen Elemente nicht ganzheitlich mit entwickelt werden. Schon allein deswegen kann Technologie nicht die alleinige Lösung sein, um die Leistungsfähigkeit von Führungssystemen zu verbessern. Die einzelnen Elemente von Führungssystemen beeinflussen sich in ihrer Weiterentwicklung gegenseitig und müssen daher miteinander entwickelt werden. Im Gesamten dürfte der Mensch mit seinen Fähigkeiten bis auf Weiteres das erfolgsentscheidende Element in der Stabsarbeit bleiben. Derzeit kann nur er den Sinn des Tuns erfassen, andere Systemelemente beeinflussen und dadurch eine Art »inneres Potential« verkörpern. Es obliegt der Disziplin der Einsatzführung, die »KI« passend zum »Mensch« mit ganzheitlichem Blick auf das Führungssystem zu entwickeln.

Wer stabsmäßige Führung beherrscht weiß, dass Stabsarbeit und Führung Leidenschaft, Lernbereitschaft und insbesondere aber einer gewissen Profession bedürfen. Der in diesem Zusammenhang bemühte Begriff der »Führungskunst« (vgl. Strohschneider, 2022) ist nach Ansicht des Autors dann zutreffend, wenn davon ausgegangen wird, dass Künste mit ausreichend Fleiß erlernbar sind und Talente die Kunst befördern. Aus wissenschaftlicher Sicht darf eine derart wichtige Tätigkeit wie die Einsatzführung allerdings keine Kunst sein, deren Zustandekommen verborgen bleibt oder die sich nur mit dem Talent einer Einzelperson erklären lässt. Führung ist nur wiederholbar, wenn sie transparent ist – und die Kunst als Schöpfungsprozess im engeren Sinne ist nur bedingt transparent. Vielmehr muss Stabsarbeit und Führung nachvollziehbar, erklärbar und reproduzierbar sein – und soll aber gleichzeitig Raum für Individualität lassen, um den Mensch als Subjekt zu berücksichtigen. Dieses Buch ist deswegen auch ein Plädoyer dafür, die Führungsprofession als solche anzuerkennen und sie nicht in formalisierte Korsette zu zwängen. Sie sollte als erlernbare Fähigkeit begriffen und der dafür notwendige Aufwand akzeptiert werden. Führung sollte als

Einleitung

anspruchsvolles Handwerk verstanden werden, das gelehrt, erlernt und fachgerecht ausgeführt sein will und sich auch begutachten lassen sollte. Führung von Einsätzen ist kein Nebengeschäft, sondern Kernaufgabe der Mutterorganisationen, die ihre Führungsunits schließlich vorhalten, um zu reagieren. Am Beispiel von Verwaltungen geht es daher nicht nur »um die Vorhaltung von Krisen- oder Verwaltungsstäben« sondern vielmehr um »die Reaktionsfähigkeit der Behörde«.

Es zeigt sich nicht erst seit der Flutkatastrophe 2021, dass das reaktive Funktionieren von Führungsorganen wie Stäben und die vorgelagerte Unterhaltung von Führungssystemen so anspruchsvoll geworden sind, dass dafür Spezialwissen erforderlich ist. Die Gebiete in der Führungs- und Einsatzkunde sind für sich schon umfassend gewesen bzw. haben an Bedeutung gewonnen, weswegen sie generalistisch kaum mehr abzudecken sind. So erfordern schon heute die eingesetzten Führungsmittel spezialisierte Systemoperatoren wie etwa zur Steuerung von Videowalls, zur Kopplung mit Drohneneinheiten oder First-Level-Supports für Kommunikationstechnologie direkt im Stabsraum. Diesen Entwicklungen gilt es gemeinsam durch Anwender, Bildungseinrichtungen und Forschenden Rechnung zu tragen. Dieses Buch will den Stellenwert der Einsatzführung stärken, indem die speziellen und hohen Anforderungen verdeutlicht werden: Es wird für eine »Professionalisierung im Sinne von Spezialiaisierung« der Führungspersonen plädiert.

In diesem Buch werden Stäbe und die Stabsarbeit in den beiden Anwendungsbereichen der Gefahrenabwehr und des Krisenmanagements in den drei unterschiedlichen Organisationstypen Einsatzorganisationen, Behörden und Unternehmen mit ihren jeweiligen »Mutterorganisationen« betrachtet. Damit werden nahezu alle zivilen Anwendungsfälle abgedeckt, in denen reaktiv stabsmäßig geführt wird. Stäbe der Träger des Katastrophenschutzes können sich genauso wiederfinden wie öffentliche Verwaltungs- und Krisenstäbe oder Stäbe für außergewöhnliche Ereignisse (SAE) von kleineren Kommunen. Es werden immer wieder Bezüge zur Feuerwehr-Dienstvorschrift 100 hergestellt, aber auch Beispiele aus dem Business Continuity Management aufgegriffen. Fachliche Aufgaben wie beispielsweise das Einrichten von Bereitstellungsräumen (Feuerwehr), das Durchführen von Krisenkommunikation (Wirtschaftsorganisation) oder besondere Fälle wie notwendige Spezialwerkzeuge für das Betreiben eines radiologischen Lagezentrums werden nicht betrachtet. Gerade im Bereich der Überprüfung der Leistungsfähigkeit können auch Auditor:innen, Revisor:innen oder Beratungsunternehmen Impulse gewinnen. Das Fach- und Lehrbuch richtet sich hauptsächlich an Praktiker und Praktikerinnen wie Stabsmitglieder, Ausbilder:innen oder Trainer:innen, aber auch an Theorieinteressierte mit Bezug zur Forschung. Speziell für Trainer:innen wird deutlich, wie »das Führen« als Methodik von »dem Einsatz« als zu bearbeitender Inhalt

Einleitung

abgegrenzt werden kann um zu vermeiden, dass beispielsweise eine Kontroverse über das strategische Vorgehen den Blick auf das unzureichende Funktionieren des Stabes als solcher verstellt.

Die vorgestellten Inhalte basieren auf gesicherten Erkenntnissen. Wo es sich um Erfahrungswissen handelt, ist dies entsprechend angemerkt. Die Dialektik kontroverser Themen ist für ein umfassendes Bild an den entsprechenden Stellen jeweils dargestellt, was sich im Wesentlichen an Expert:innen, Theorieinteressierte und Forschende richtet. Da die Anwendung im Vordergrund steht, wurde der Lesbarkeit halber auf umfangreiche Quellenarbeit verzichtet. Es wurden nur an Schlüsselstellen Verweise gesetzt und es erfolgen keine definitorischen Auseinandersetzungen. Manchmal wird an Schriften anderer Autor:innen angeknüpft, wobei an diesen Stellen darauf verwiesen wird. Dieses Buch wurde ohne Einsatz künstlicher Intelligenz verfasst.

Wo es die Bedeutung gestattet wird der Lesbarkeit halber zumeist von »Stab« gesprochen. In Fällen der Theorie, Vorhaltung und Reaktion in einem bestimmten Einsatz wird manchmal präziser von »Führungssystem, Führungsunit bzw. Führungsorgan« gesprochen.

Im ersten Kapitel wird einleitend erklärt, wie Führung und Stabsarbeit im Kontext von Einsätzen in der Gefahrenabwehr und im Krisenmanagement verstanden werden können. Danach wird der Beitrag von Training erläutert und ein ganzheitlicher Blick auf das Führungssystem eingenommen. Im zweiten Kapitel wird die Ausgangsstudie der ersten Auflage des Buches vorgestellt. Damit soll einerseits die Verbindung in andere Disziplinen geknüpft und andererseits interessierten Lesenden Inspiration für einen »Blick über den Tellerrand« geboten werden. Im dritten Kapitel werden nichttechnische Fähigkeiten und im vierten Kapitel technische Fähigkeiten und deren Zweck und Training erläutert. Im fünften Kapitel wird vorgestellt, wie ein vorzuhaltendes Führungssystem auf fachliche Anforderungen ausgerichtet werden kann. In Kapitel sechs wird erläutert, wie stabsmäßige Führung evaluiert werden kann. Dafür gab es in der Fachliteratur bislang keinen »roten Faden« von zu erwartenden Ereignissen über die für die Bewältigung notwendige fachliche und stabstypische Leistungsfähigkeit mit dafür notwendigen Werkzeugen und Verhaltensweisen bis hin zur Überprüfung, ob der Stab tatsächlich den Erwartungen entspricht. Hierzu wird die Gesamtheit der Abläufe im Stab während der Arbeit in Stabsformation im Gesamtkontext betrachtet und ein Instrument zur Evaluation vorgestellt.

Seit der ersten Auflage dieses Buches im Jahr 2019 wurden im Wissensbereich der Stabsarbeit neue Werke publik und es wurden Erkenntnisse aus Einsätzen gewonnen. Parallel dazu hat der Autor weiter zur Leistungsfähigkeit von Führungssystemen geforscht. Hierdurch hat sich auch die Theorie hinter diesem Werk weiterentwickelt.

Einleitung

Die zweite, überarbeitete Auflage dieses Buches hat diese fortwährenden Entwicklungen daher aufgenommen. Teile des Buches wurden gestrafft oder ausgebaut. Insgesamt hat die zweite Auflage nun den Charakter eines Fachbuches, aber auch eines Lernbuches. Wo in der ersten Ausgabe zwischen Stabsleiter:in und Assistenz bzw. Moderator:in unterschieden wurde, wird zum besseren Verständnis und in Anschluss an die Einsatzführungstheorie nun die Rolle von Einsatzleiter:in und Stabsleiter:in unterschieden (Doppelspitze). Beide Rollen können Assistenzfunktionen haben (Doppelspitze mit Assistenz, Arbeitskraft von vier Personen).

Schlüsselstellen des Buches werden durch eigens für die erste Auflage produzierte Tutorial-Videos illustriert. Die Videos haben auch für die zweite Auflage Bestand, wenn auch sich der weiterentwickelte Werkzeugkasten noch nicht darin wiederfindet und sich die Möglichkeiten der szenischen Darstellung weiterentwickelt haben. In den Videos wird die Anwendung der vorgestellten Werkzeuge praxisnah erläutert. Dabei handelt es sich um Lehrvideos, die relevante Aspekte an einem fiktiven Ereignis plausibel aufzeigen und ausdrücklich nicht um die Verfilmung eines Einsatzes mit Realitätsanspruch. Autodidaktisch Veranlagte, Ausbilder:innen, Trainer:innen und Stabsmitglieder können hierdurch Impulse gewinnen.

Einleitung

Tutorial-Videos auf Youtube: Führung und Stabsarbeit trainieren

 Organisation des Stabes
https://www.youtube.com/watch?v=kBDxX8DSPbw

Ereignis als Modell darstellen
https://www.youtube.com/watch?v=1q2d0riBim0

 Analyse und Beurteilung
https://www.youtube.com/watch?v=tOJOyseM_Rs

 Zeitstrahl und Vorhersage
https://www.youtube.com/watch?v=OasfZ30aLi4

 Strategieentwicklung
https://www.youtube.com/watch?v=s5zj7cbaaHE

 Maßnahmen planen und nachverfolgen
https://www.youtube.com/watch?v=gZgU9i-e0Jo

 Lagebesprechung
https://www.youtube.com/watch?v=f8ybOaszAhQ

 Lernen durch Planspiele und strukturierte Nachbesprechungen
https://www.youtube.com/watch?v=UIvxKbX0KVQ

1 Einführung in Führung und Stabsarbeit

In diesem Kapitel wird ein Zugang zu Führung und Stabsarbeit geschaffen, um sich mit dem Training desselben beschäftigen zu können. Dazu werden aufeinander aufbauend zentrale Begriffe geklärt. Dadurch soll ein differenziertes Verständnis von Stabsarbeit, nämlich Stabsarbeit als »stabsmäßige Führung von Einsätzen«, geschaffen und dieses als Konzept gleichermaßen definiert werden. Die vorgestellten Ansätze erleichtern es, Themen anhand allgemeiner Systematiken individuell zu vertiefen. Das Kapitel wird mit einem ganzheitlichen Blick zusammengefasst.

1.1 Führung

In diesem Abschnitt werden allgemeine Perspektiven auf Führung aufgezeigt und wichtige Merkmale auf die Führung von Einsätzen in Gefahrenabwehr und Krisenmanagement übertragen. Damit wird einerseits klar, wie vielfältig das Verständnis von Führung sein kann und wie vielschichtig Theorien sein können. Andererseits bieten die Blickwinkel jeweils eigene Erklärungsansätze und ermöglichen damit einen breiten Zugang zum »Wissensgebiet« der Führung sowie der gleichnamigen »Institution« und deren »Tätigkeit.« Daher hat jede Sicht ihre Berechtigung. Insgesamt wird mit diesem Überblicksverständnis die Grundlage gelegt bzw. der Ausgangspunkt geschaffen, um ein fortschrittsadäquates Verständnis der stabsmäßigen Einsatzführung zu entwickeln.

> **Literaturtipps:** In folgenden Werken wird Führung in besonderen Situationen bzw. im Kontext der Stabsarbeit vertiefend betrachtet.
>
> - Rudi Heimann; Chris Hörnberger (Hrsg.): *Führung in kritischen Situationen*, Plattform Menschen in komplexen Arbeitswelten e. V., 2023.
> - Eva-Maria Kern; Gregor Richter; Johannes C. Müller; Fritz-Helge Voß (Hrsg.): *Einsatzorganisationen. Erfolgreiches Handeln in Hochrisikoorganisationen*, Springer, 2020.
> - Buerschaper, Cornelius; Starke, Susanne (Hrsg.): *Führung und Teamarbeit in kritischen Situationen,* Verlag für Polizeiwissenschaft, 2008.

Ohne Geführtes als Gegenüber ist Führung »Nichts«. Führung hat also mindestens zwei Teile, die unterschiedlicher Natur sein können. Zum Einstieg werden drei Perspektiven dargelegt, aus denen auf Führung geblickt werden. Das »Persönliche«

umfasst die Person mit beispielsweise Charakter, Fähigkeiten, Wahrnehmung und Denken. Das »Interpersonale« beschreibt die Beziehungen zwischen Personen die führen oder geführt werden. Hierzu gehören etwa Kommunikation, Gruppendynamik oder Vertrauen. Diese Punkte sind eher informell. Als »nicht-personale Aspekte« (nicht-personenbezogene Gesichtspunkte) der Führung können strukturelle, prozessuale und technologische Faktoren verstanden werden, die in Organisationen wirken. Diese Punkte sind klar formaler Art und realisieren sich etwa in Institutionen, Funktionen oder in der Gestaltung der Arbeitsumgebung. Zur Arbeitsumgebung können auch die Kultur und das Werteschema gezählt werden, die jedoch klar informeller Art sind. Führung ist nicht nur auf die Beziehung zwischen Personen beschränkt. So »führen« Menschen regelmäßig auch Maschinen oder »bedienen« Anwendungen. Um Führung möglichst umfassend erklären zu können, muss sie daher in einer nicht-personalen Umgebung betrachtet werden, innerhalb derer dann interpersonale und persönliche Faktoren zum Tragen kommen. Bei der Führung von Einsätzen fallen alle drei Bereiche zusammen, weswegen in diesem Fall alle Aspekte von Führung gleichzeitig relevant sind. Diese Gleichzeitigkeit wird am ehesten vom ganzheitlichen und als bekannt vorausgesetzten Modell der »soziotechnischen Systeme« abgebildet, das Mensch, Maschine, Umwelt und Organisation als gemeinsame Einheit betrachtet. Weil dieses Modell universal ist und fein aufgelöst werden kann, ist es für eine interdisziplinäre Betrachtung von Führung gut geeignet. Mit Blick auf die Zukunft reicht Fokussierung des menschlichen Führer:in-Geführte:r-Verhältnis nicht mehr aus. Es werden auch Maschinen, Technologien. (bzw. weiter gedacht, auch Systeme) geführt. Daher muss Führung heute und zukünftig umso mehr in soziotechnischen Systemen gedacht werden.

Nach der Einnahme unterschiedlicher Perspektiven wird Führung hinsichtlich ihrer Rolle charakterisiert. Als »Funktion« findet Führung im Rahmen von Organisationen statt und ist in solchen »institutionalisiert«. »Formelle Führung« ist durch Über- und Unterordnung gekennzeichnet, woraus sich sachliche und personenbezogene Verantwortung ergeben, die häufig als »Linie« bezeichnet werden. Führung kommt nicht ohne »Ausführung« aus. Dieser ausübende Teil ist quasi der realisierende Akt. Bei der Realisierung wird faktisch immer interagiert. So »arbeiten« Personen innerhalb eines Führungsorgans »zusammen«, Menschen »bedienen« eine Softwareanwendung, eine vorgesetzte Stelle »leitet« eine nachgeordnete Stelle »an«. Die Verwirklichung der Führung kann daher als »Interaktion« sichtbar gemacht werden, woraus sich Ansätze zur Erhebung und Messung ableiten lassen. »Informelle Führung« kann auch als Leadership bezeichnet werden und wird oft zusammen mit Human Factors und Menschenführung gesehen. »Das Informelle« bezeichnet gleichzeitig auch den gesamten Bereich des Nicht-Formalisierten. Führung ist im

1.1 Führung

gegenwärtigen Verständnis ein neutral bis positiv besetzter Begriff und sollte abgegrenzt werden von negativ behafteten Konzepten wie Machtausübung oder manipulativen Vorgehensweisen. Bei Führung geht es im positiven, weil förderlichen Sinn, um »Beeinflussung« für eine gemeinsame Sache in Form des kollektiv zu erreichenden Ziels. Aus rein logischer Sicht ist dieses Ziel für die Führung stets »das Positive« – auch wenn es (in anderen Kontexten als Gefahrenabwehr und Krisenmanagement) moralisch verwerflich sein kann. Diese Gemeinsamkeit fußt auf einem Kommittent, das die Grundlage für das legitimierte Führungsverhältnis ist. Als »Verhältnis« wohnt der Führung das Merkmal der Freiwilligkeit inne, weil sich Führende und Geführte beispielsweise durch die Berufs- oder Tätigkeitswahl aktiv für Führung oder Führen-lassen entscheiden. Zwar ist das Verhältnis der geführten Person zur führenden Person von einer gewissen Bereitwilligkeit gezeichnet, Weisungen im Sinne der gemeinsamen Sache anzunehmen. Dennoch bedarf das Führungsverhältnis zumindest das Potenzial der Direktive bzw. ein zwischen den beiden Parteien anerkanntes Direktionsrecht, um trotz der Bereitwilligkeit Richtungen einschlagen zu können, die zwar der gemeinsamen Sache dienen, aber trotzdem dem Interesse der geführten Person zuwider laufen können. Aus der Legitimation entspringt das Vertrauen, welches Führende und Geführte miteinander verbindet. Vertrauen schafft Freiräume, indem Geführten Handlungsspielraum eingeräumt wird und Führende dadurch entlastet werden. In diesem Punkt verbinden sich Beziehung und Sache miteinander – denn das Vertrauen als Beziehungsfrage wirkt sich auf die Kontrolldichte und Enge der Beziehung aus. Führung als »Beziehung« beschreibt die Interaktion zwischen führenden und geführten Personen, woraus sich die Menschenführung als spezielle Anschauung der Beziehung zwischen den Akteuren ergibt. Die Beziehungsebene grenzt sich allgemein von der Sachebene ab. Bei ersterem kommen Faktoren wie Charakter, Auftreten, Direktion und Partizipation zum Tragen, die sich grob mit »Stil« beschreiben lassen. Zugehörige Auslegungen werden auch »Stilkonzepte« genannt. Die Führungsperson erzeugt dabei mit ihrem Verhalten bei der geführten Person eine Resonanz. Die Wahrnehmung von Führungssituationen ist subjektiv. Die Führungsbeziehung braucht gegenseitige Akzeptanz, die sich letztlich auf die Legitimation zurückführen lässt. Die aufgezeigten Punkte zu Institution und Tätigkeit können in der Theorie relativ gut, in der Praxis aber quasi nicht auseinander gehalten werden. Vielmehr bedingen sich das Repertoire der theoretischen Herangehensweisen, der erbrachte Erfolg und erfahrene Restriktionen gegenseitig vorwärts und rückwärts. Das bedeutet, dass etwa die Bedingungen die zukünftigen Möglichkeiten beschränken können. Ferner bedeutet es, dass sich erbrachte Teil-(Miss-)Erfolge auf die Methodik auswirken können und dadurch das Führungssystem von innen heraus beeinflussen können. Bei der Führung von Einsätzen als anwendungsorientierte Disziplin sollten daher formale und informelle Teile von Führung unbedingt gemeinsam betrachtet werden.

Merke:
Führung kann unter anderem von der Person her, als Institution, von der Tätigkeit oder vom Ergebnis (teleologisch) aus betrachtet werden.

Aus der Stellung der Rolle in ihrer Organisation ergeben sich die »Zielbereiche« von Führung. Sie kann sich auf normative, strategische und operative Belange richten, was in der Managementtheorie eine übliche Taxonomie ist. Anhand dieser Unterscheidung lassen sich drei gleichnamige »Führungsebenen« abgrenzen. Im Bereich von Einsatzorganisationen wird ergänzend oft noch von »taktisch« gesprochen, was semantisch als am nächsten an der Ausführung/Realisierung liegend verstanden wird. Die normative Ebene entspricht der Organisationsleitung und zielt auf Werte, Kultur und die Philosophie der Organisation. Die strategische Ebene übersetzt die vorgegebenen Leitsätze in Ziele und stellt Verfahren und Ressourcen bereit. Hier entsteht die Primärorganisation als Aufbauorganisation. Damit schafft sie den Rahmen für die Umsetzung. Auf der operative Ebene findet die Planung und Steuerung der eigentlichen Prozesse statt. Hier entsteht die Sekundärorganisation als Ablauforganisation. Je operativer die Ausrichtung, desto kurzfristiger sind meist die Geschäfte und umso höher kann die Volatilität sein. Umgekehrt haben strategische Geschäfte deutlich längere Zyklen und die normative Ausrichtung ist sogar von sehr langem Bestand. In der Betriebswirtschaftslehre werden diese Führungsebenen auch als Topmanagement sowie mittleres und unteres Management bezeichnet. Einsätze der Gefahrenabwehr sind auf strategische und operative (mit taktischen) Aufgaben begrenzt, weswegen es hier keine normative Ebene im engeren Sinn gibt. Wo es beim Krisenmanagement im engen Verständnis um die Weiterentwicklung der Organisation zur Sicherung deren Überlebens geht, wäre dies eher Sache des Top- und mittleren Managements, wobei dann auch normative Fragestellungen relevant sein können. Bei der Einsatzführung sind vor allem die strategischen und operativen Zielbereiche relevant. Aus dem normativen Bereich der Mutterorganisation können allerdings kulturelle Aspekte aus der Alltagsorganisation in den Einsatz hineinwirken, jedoch geht es dabei nicht um die Veränderung von Werten und Normen. Der Managementbegriff ist für die Funktion der Einsatzführung daher nicht voll zutreffend, weil unter anderem die Steuerung über eine Metaebene fehlt und sich die Werte und Normen in den temporär bestehenden Einsätzen eben aus der Mutterorganisation ergeben.

1.1 Führung

Aufbauorganisationen von Einsätzen können nicht nur in der Breite (Aufgabenfülle, horizontal), sondern auch nach oben (Reichweite der Fragestellungen, vertikal) anwachsen bzw. kleiner werden. Die normative Ebene in Form der Organisationsleitung (z. B. Leitung der Branddirektion, Präsidentin des Polizeipräsidiums, Chief Operating Officer des Freizeitparks) wirkt bei einer elaborierten Aufbauorganisation bei Einsätzen nicht direkt mit. Sie setzt als Leitungsstelle für Ereignisse, die die Mutterorganisation nicht existenziell berühren und bei denen es hauptsächlich um operative und strategische Belange geht (anschaulich »Störungen, Notfälle«) üblicherweise eine Einsatzleiterin/einen Einsatzleiter (Führungsstelle) ein, die damit das Ereignis in der Linienzuständigkeit oder bereits in einer besonderen Aufbauorganisation bearbeitet. Die Leitungsstelle bleibt trotz der Delegation der Durchführung an die Führungsstelle die berichtsempfangende Stelle und ist damit indirekt eingebunden. Bei weitergehenden Ereignissen, die die Mutterorganisation existenziell berühren können (anschaulich »Krisen«), können auch geschäftsstrategische, wert-normative oder allgemein politische Fragestellungen auftauchen, deren Bearbeitung der normativen Ebene obliegt. Bei solchen Belangen wirkt die Organisationsleitung bei Einsätzen direkt mit. Je nach Anschauung werden diese Einsatzteile in Kommissionen/Runden/Terminen der Alltagsorganisation bearbeitet (z. B. Managementboard) oder der Einsatz wird (im hierarchischen Modell gesehen) um die strategisch-normative Ebene nach oben erweitert. Es sei angemerkt, dass Taxonomien von Schweregraden (»Störungen, Notfälle, Krisen« oder »Stufen 1 bis 5«) deskriptiv verstanden werden sollten und die zugehörigen Kriterien oder Indikatoren das Ereignis nicht normieren dürfen. Die Ausdifferenzierung anhand von Belangen führt im einen Fall zu einem eher informellen bzw. im anderen Fall zu einem formalisierten zusätzlichen Organ im Führungssystem. Das vertikale Anwachsen und Verkleinern der Aufbauorganisation von Einsätzen erzeugt durch die Ausdifferenzierung von zusätzlichen Organen hohe Koordinationsbedarfe. Wo »der Stab« bislang das oberste Führungsorgan war und lediglich »nach unten« kommunizieren musste, muss er nun auch »nach oben« Schnittstellen bedienen. Hierfür bedarf es zusätzlicher Verarbeitungskapazität, die idealerweise vor dem vertikalen Anwachsen der Aufbauorganisation bereitgestellt wird.

Dieser kurze Abriss hat gezeigt, wie sich Leitungsstellen und Führungsstellen des Einsatzes entlang ungefährer Grenzen dreier Managementebenen der Alltagsorganisation ausdifferenzieren können. Aus organisationstheoretischer Sicht ist das Anwachsen der Aufbauorganisation eine normale, ja sogar verpflichtende Reaktion der Leitungsebene auf strategische und operative Belange. In der Praxis ist ein solches Anwachsen höchst anspruchsvoll und bedarf unbedingt der aktiven Steuerung/

Gestaltung. Dies gilt ebenso für das Verkleinern der Aufbauorganisation bei der Deeskalation und dem Übergang in die Alltagsorganisation.

> **Merke:**
> Führung beruht als Funktion auf der Stellung einer Instanz in einer Organisation und realisiert sich in Interaktion. Formale und informelle Teile von Führung können zwar analytisch unterschieden werden, aber bedürfen der gemeinsamen Betrachtung. Die unterschiedlichen Perspektiven und Theorien der Führung können am ehesten im Modell des soziotechnisches Systems aus Mensch, Maschine, Umwelt und Organisation dargestellt werden. Führung bedarf eines ganzheitlichen Blicks.

Um zugewiesene Führungsrollen wahrnehmen zu können, bedarf es einer formalen Kompetenz im Sinne von »Befugnis«. Diese Legitimation ergibt sich aus der Übertragung von Aufgaben, der Delegation von Verantwortung und durch Zuweisung von Ressourcen durch die übergeordnete Leitungsrolle sowie der Pflicht zur Rechenschaft. Zur »Ausübung« der Führungsrolle ist ein Instrumentarium erforderlich, mit dem die für die Ebenen typischen Aufgaben vollzogen werden können. Die Anwendung dieses Instrumentariums zählt zur Operationalisierung und damit zur Führungspraxis. Das »Ausüben-Können« von Führung aufgrund fachlicher Faktoren kann als Methoden-, Führungs- oder Managementkompetenz bezeichnet werden. Es grenzt sich von der Durchführungskompetenz ab. Rollen mit Richtlinienkompetenz haben die Befugnis, den Handlungsrahmen für nachgeordnete Stellen festzulegen. Ausführende Stellen dürfen Aufgaben strenggenommen nicht weiter delegieren.

> **Merke:**
> Führung richtet sich auf normative, strategische und operative Belange, die Ebenen bzw. Rollen zugeordnet werden können. Die Entwicklung bzw. Bereitstellung von Aufbau- bzw. Ablauforganisation ist Führungsaufgabe. Je operativer das Geschäft, umso kürzer die Zyklen und desto höher kann die Volatilität sein. Führungsrollen müssen mit Kompetenzen ausgestattet sein. Die Ausübung der Führungsrolle erfolgt durch die praktische Anwendung von Instrumenten.

Führung im Allgemeinen und Führung von Einsätzen als »besonderer Anwendungsfall« haben Gemeinsamkeiten. Es ist daher möglich, gewisse Aspekte im Besonderen mit allgemeinen Theorien zu erklären. Im Vergleich mit anderen besonderen Anwendungsbereichen hat die Einsatzführung am ehesten Parallelen zur »Projektarbeit«. Einsätze wie auch Projekte sind temporärer Art und zeitlich begrenzt. Beide haben ein klares Ziel, mit dessen Erledigung das Vorhaben seinen Zweck erfüllt hat,

1.1 Führung

was eine gewisse Einmaligkeit impliziert. Ihre Aufbauorganisation folgt den Erfordernissen und ist daher interdisziplinär. Die Besetzung erfolgt mit Personen aus anderen Organisationen bzw. der Alltagsorganisation der Mutterorganisation. Weil mit gegebenen Ressourcen ein Ziel erreicht werden muss, sind die Mittel für Einsätze und Projekte begrenzt. In dauerhaften Organisationen können sich eher Machstrukturen ausbilden und es kann eher Strukturkonservativität als Wandlungshemmer herrschen wie bei nur kurzzeitig bestehenden Organisationen. Gleichwohl können sich derartige Einflussfaktoren aus der Alltagsorganisation auf Projekte und Einsätze auswirken, weil sich die Kreise mitwirkender Personen zumeist überschneiden. Insgesamt gestattet die teilweise Vergleichbarkeit der Art der Aufgabe und der Weise ihrer Erledigung die Nutzung so mancher Verfahren aus der Projektarbeit im Bereich der Einsatzführung. Bei der Vermittlung von Zusatzqualifikationen zur Stabsarbeit an erfahrene Führungskräfte können diese Analogien zwar »hilfreich« sein. Einsatzführung kann jedoch keinesfalls mit Projektmanagement »gleichgesetzt« werden. Es wäre eine unzureichende Verkürzung, das Training von Stabsarbeit und Führung allein darauf zu reduzieren.

Der hier gegebene Überblick hat die wesentlichen allgemeinen Merkmale und Anschauungen von Führung aufgezeigt. Über diese Zugänge kann der spezielle Anwendungsbereich der »Führung von Einsätzen der Gefahrenabwehr und im Krisenmanagement« erschlossen werden. Zusammengenommen wird für die »Einsatzführung« konstatiert, dass Führung als beobachtbares Phänomen zwei relevante Komponenten hat. Als »Institution« ist sie v. a. durch formale Aspekte wie etwa Organisation und Ausstattung und durch informelle Gesichtspunkte wie Werte und Kultur charakterisiert. Über diese Rolle zielt Führung auf unterschiedliche Belange, woraus sich Ebenenkonzepte ergeben. Als »Tätigkeit« erlangt Führung ihren Charakter, indem sie sich realisiert, wozu v. a. das Personale wie Interaktion und Beziehung sowie das Instrumentarium zählen. Sie bedarf einer ganzheitlichen und interdisziplinären Betrachtung, wozu sich das Modell soziotechnischer Systeme eignet. Zur Erschließung der Einsatzführung als Anwendungsfall wird bestimmt, dass »Führung als Funktion auf der Stellung einer Instanz in einer Organisation beruht und sich in Interaktion realisiert«. Zwar wird damit auch »im« Einsatz geführt, weswegen »die Einsatzsituation« nicht ausgeblendet werden kann. Im Vordergrund steht jedoch primär die Führung »des« Einsatzes worüber sekundär auch das Führen »in« Einsatzsituationen betrachtet wird.

1 Einführung in Führung und Stabsarbeit

Merke:
Führung beruht als Funktion auf der Stellung einer Instanz in einer Organisation und realisiert sich in Interaktion.

Für die Einsatzführung bedarf es eines Instrumentariums, das den Spezifika der Aufgabe gerecht wird. Aus objektivierter Sicht liegen einsatzauslösende Ereignisse »außerhalb des gewöhnlichen Spektrums« des Zielsystems, woraus sich Indikatoren (Hinweise) und Kriterien (formal, eindeutig messbar) für eine bestimmte Organisationsform der Führung ableiten lassen. Diese Erfordernisse sind organisations- und zielsystemabhängig, damit relativ und nur bedingt zu verallgemeinern. Die Ereignisse haben das Potential, das Zielsystem auszulenken und gar in instabile Zustände zu bringen. Das Instrumentarium der Führung muss daher die Stabilisierung des Zielsystems ermöglichen. Aufgrund der auslösenden Ereignisse sind Einsätze gezeichnet von Unumkehrbarkeit, Volatilität und der potentiellen Gefährdung vieler und hoher Werte sowie häufig auch von einer gewissen Kurzfristigkeit der Situation. Die an der Führung von Einsätzen beteiligten Personen erleben dies in häufiger Kombination mit Zeitdruck als »kritische« Situation in der sich im Wortsinn entscheidet, wie sich das Ereignis entwickelt und sich damit der Zustand des Zielsystems verändert. Außergewöhnlichkeit und Kritikalität sind zwei Alleinstellungsmerkmale, die Einsätzen ihren speziellen Charakter verleihen und sie damit vom Allgemeinen abheben. In Einsätzen werden fehlerhafte Richtungsentscheidungen und damit unpassendes Handeln von Führungspersonen viel schneller sichtbar, als etwa in der strategischen Unternehmenslenkung oder in den langen Perioden der Politik. Führungssituationen in Einsätzen sind »verdichtet« und wirken je nach Komprimierungsgrad mehr oder weniger »prägnant«. Das erklärt, warum es umgangssprachlich gesagt »ums Wesentliche geht«.

Für das konkrete Führungsorgan geht es in kritischen Situationen rein sachlich quasi nur um die Generierung und Ausgabe eines Steuerungsimpulses. In diesen Situationen, oder manchmal auch über den gesamten Einsatz hinweg, werden Faktoren wie Wohlfühlen, Identifikation oder Familienfreundlichkeit, die im Berufsalltag sehr wichtig sind, als Mittel zum Zweck in den Hintergrund gerückt. Mit Blick auf Einsatzorganisationen kann auch gesagt werden, dass die Aufbietung der eigentliche Grund für die Existenz einer vorgehaltenen Führungsunit ist, weswegen die alltägliche Arbeit der Mutterorganisation lediglich der Vorhaltung einer Reaktionsfähigkeit dient. Einsatzführung ist »unmittelbarer und erbarmungsloser« als Führung in »normalen« (alltäglichen) Situationen. Dies bedeutet nicht, dass Kollegialität, Motivation oder Wertschätzung plötzlich unrelevant sind sondern vielmehr,

1.1 Führung

dass in kritischen Phasen die eigentliche Sache im Vordergrund steht. Aus diesen Merkmalen ergibt sich die Anforderung, dass für die Einsatzführung ein hochwirksames Instrumentarium bereitgestellt werden muss, das unter den besonderen Bedingungen angewendet werden kann. Es muss mit hoher Wahrscheinlichkeit zu den wesentlichen Führungsleistungen führen und darf wenig Möglichkeiten zur Fehlanwendung bieten. Das Spektrum der Hilfsmittel kann von hoher Automation durch Technologieunterstützung bis zu rein manuellem Arbeiten mit Papier und Bleistift reichen, wobei unter Berücksichtigung unterschiedlicher Zeitaufwände trotzdem die gleichen Führungsleistungen erbracht werden können müssen. Letztlich muss das Handwerk von Personen mit Kompetenzen auf unterschiedlichen Levels wie z. B. dem Deutschen und Europäischen Qualifikationsrahmen (DQR bzw. EQR) ausführbar sein. Es darf deswegen nicht von Voraussetzungen ausgegangen werden, die von den möglichen Führungspersonen nicht erfüllt werden können.

Den an mehreren Stellen erwähnten Anforderungen an das Instrumentarium wird begegnet, indem in diesem Buch Werkzeuge bereitgestellt und Hilfsmittel aufgezeigt werden, die »passgenau« sind. Sie passen zu den Anwendenden, passen für die strategischen und operativen Belange der institutionalisierten Rollen und passen in die Situationen in denen sie benötigt werden. Auf (Software-)Anwendungen wird weniger eingegangen. Es stehen Methoden im Mittelpunkt, mit denen das Führen von Einsätzen in den Bereichen Gefahrenabwehr und Krisenmanagement unabhängig von den konkreten Szenarien realisiert wird. Die Methoden sind wiederum Teil einer tätigkeitsorientierten Führungstheorie, in der »von der Wirkung her« gedacht wird. Es wird also vom Ende her gefragt, was Führungspersonen tun müssen, um einen wirkungsvollen Beitrag zu einem effizienten und effektiven Beitrag zu erbringen. Diese Führungstheorie geht davon aus, dass Führung »erlernt« werden kann. Das Lernen und das Führen fällt der Führungsperson umso leichter, je talentierter sie in diesem Bereich ist.

Zusammengefasst kann Führung allgemein verstanden werden als die »Ausübung von institutionellen Rollen durch Führungspersonen«. In diesem Buch wird der allgemeine Begriff der Führung vermieden. Vielmehr wird die spezielle Führung als das Handeln von Führungspersonen zur Realisierung des Führungsaktes zum Zwecke einer Mission in Form der Ausübung von Führungstätigkeiten betrachtet. Dies wird nach der Einsatzführungstheorie als »Einsatzführung« bezeichnet: Diese ist die funktionale Beschreibung der Tätigkeit einer Institution, die sich strategisch oder operativ mit der Führung von Einsätzen von Gefahrenabwehr und Krisenmanagement beschäftigt.

1 Einführung in Führung und Stabsarbeit

> **Merke:**
> Führung als interaktive Tätigkeit ist die Ausübung von institutionellen Rollen durch Führungspersonen.
> Einsatzführung ist die die funktionale Beschreibung der Tätigkeit einer Institution, die sich strategisch oder operativ mit der Führung von Einsätzen von Gefahrenabwehr und Krisenmanagement beschäftigt.

In diesem Abschnitt wurde der Führungsbegriff grundlegend betrachtet. Im Folgenden wird die Stabsarbeit als »stabsmäßig organisierte Führung« betrachtet. Das bis hierher geschaffene Grundverständnis zu Führung im funktional-verwirklichenden Sinne geht im Verlauf in den »Führungsprozessen« auf.

1.2 Stabsarbeit

In diesem Abschnitt wird die Stabsarbeit als besondere Form der Führungsarbeit in den Blick genommen. Zunächst wird der Stab als organisatorisches Element betrachtet und durchdekliniert, wie die Installation eines Stabes als Führungsstelle abläuft. Danach wird die Stabsarbeit definiert und daraus die Erhöhung der Leistungsfähigkeit als eigentlicher Zweck des stabsmäßigen Arbeitens abgeleitet. Hierdurch wird das Verständnis von Führung aus dem vorherigen Abschnitt als »stabsmäßige Führung« präzisiert und aufgezeigt, was beim Erlernen und Trainieren derselben beachtet werden muss. Insgesamt wird in diesem Abschnitt ein fortschrittsadäquates Verständnis von stabsmäßiger Einsatzführung entwickelt.

Im Allgemeinen sind Stäbe als »Stabstelle« ein organisatorisches Element in »Stablinienorganisationen«. In dieser Form sind Stäbe im Alltag unterschiedlichster Organisationen zu finden. Sie dienen dort vor allem der Entscheidungsvorbereitung und -kontrolle über Organisationsbereiche hinweg und zeichnen sich in der Regel durch keine bis wenig Weisungsbefugnis aus. Klassischerweise fungieren sie als Stabstellen von Businessunit- und Behördenleitungen oder von Vorständen. In diesem Buch werden Stäbe im Kontext von Einsätzen von Gefahrenabwehr und Krisenmanagement betrachtet.

Stäbe und Stabsarbeit sind Folge und Ergebnis von Delegation und Arbeitsteilung. Im Folgenden wird der theoretische Ablauf der Einsetzung eines Stabes als Führungsorgan schematisch erklärt. In der Praxis ist dieser Vorgang quasi im Entschluss komprimiert, eine vorgehaltene Führungsunit aufzubieten und damit einen Stab einzusetzen (ein »Einsatz für den Stab«).

1.2 Stabsarbeit

Die Einsatzführung hat ihren Ursprung bei der Leitungsfunktion, welche die »Verantwortung« für eine Mission trägt (z. B. Einsatzleiter:in) und damit das Direktionsrecht hat. Diese Aufgabe fällt der Leitung aufgrund ihrer alltäglichen Stellung in der Mutterorganisation zu, wo sie eine Rolle innehat, in deren Rahmen sie Einsätze leiten muss (z. B. benannte:r Polizeiführer:in in einem Personalpool oder Einsatzleiter:in vom Dienst im Rahmen eines Dienstplans). Theoretisch gesehen könnte die Leitungsfunktion einen (auch großen) Einsatz selbst in Persona leiten und dabei alle Aufgaben in einer Funktion und damit in ihrer Person »integrieren«. Sie wäre damit aber von der Aufgabenfülle (Menge) und von der Aufgabenbreite (spezielle Inhalte) pro Zeiteinheit rasch überfordert. Es steht ihr daher frei, die Gesamtaufgabe der Leitung des Einsatzes in einzelne Aufgaben zu »teilen« und diese an Funktionen zur Ausführung zu »delegieren«. Mit jeder Delegation bleibt eine Kontrollpflicht zurück. Die thematischen Kategorien der Funktionen ergeben sich aus den Problemen, die im Einsatz bearbeitet werden müssen und in Aufgaben übersetzt werden. Hierdurch stellt die Leitungsfunktion sicher, dass die objektive Komplexität des Einsatzes als seine inhaltliche und umfangsmäßige Varietät (Summe aller möglichen Zustände) absorbiert werden kann. Die Einsatzleitung ist daher bildlich gesehen ein Spiegel des Einsatzes. Der »Zuschnitt« der Aufgabenbereiche (bündeln, auffächern) und damit die »Führungsspanne« (Gliederungsbreite und Gliederungstiefe) ergeben sich aus der Leistbarkeit. Die Leistbarkeit wird neben Menge und Inhalt der Aufgabe je Zeiteinheit durch die handelnde Führungsperson, die zur Verfügung stehenden Führungsmittel und die Organisation bedingt. Die Leistbarkeit muss einerseits für die nachgeordnete Stelle gegeben sein. Anderseits muss die vorgeordnete Stelle es leisten können, den Bedarfen der Geführten nachzukommen. Mit der Entwicklung der Aufbauorganisation bzw. der Strukturierung durch die Leitungsstelle werden also die Grundlagen für die Leistungsfähigkeit gelegt. Mit der Übertragung der zugeschnittenen Aufgaben und damit der Einsetzung der Funktionsträger:innen bilden diese Funktionen gemeinsam ein »Führungsorgan«, das »im Auftrag der organisatorischen Leitungsstelle handelt« und fortan als räumliche und prozessuale »Führungsstelle« fungiert. In kleinster Ausprägung kann ein Führungsorgan als Assistenzfunktion bezeichnet werden; in größter Ausprägung verdient es die Bezeichnung als Stab. Leitung und Führung sind funktional gesehen also zwei Rollen, die sich durch ihre Stellung unterscheiden. Von der Ebene und den damit verbundenen Tätigkeiten her gesehen richtet sich Leitung eher auf normative und strategische Belange. Führung hat zwar auch strategische Anteile, aber beschäftigt sich in Abgrenzung von der Leitung alleinig mit operativen und ausführungs-vorbereitenden Aufgaben. Weil das Führungsorgan als solches selbst auch eine Leitung braucht, bedarf es der Einsetzung z. B. einer Stabsleiterin/eines Stabsleiters. Um die Abwesenheitsvertretung der Leitungsfunktion sicherzustellen, kann für diese Aufgabe ggf. mit Entscheidungsvorbehalten die Stabsleitung eingesetzt werden. Stabsarbeit bezeichnet also »das Arbeiten des Stabes in seinen durch die Aufgabenteilung entstandenen Rollen als im Auftrag handelndes Führungsorgan« (Generalinstrument im Sinne des Dienens für einen General). Ein Stab ist also ein Mittel, welches die »Erhöhung der Leistungsfähigkeit der prozessualen Führungsstelle bezweckt«. Der Begriff der Leistungsfähigkeit zielt im Kontext der stabsmäßigen Einsatzführung primär zunächst auf Vergrößerung der Verarbeitungskapazität und der Fachkompetenz der Leitungsstelle; sekundär (aber nicht weniger relevant) zielt der Begriff und die Idee der Installation eines Stabes danach auf die Geschwindigkeit und die Qualität der Informationsverarbeitung.

In ihrem Innern sind Stäbe umso funktionaler gegliedert, je operativer ihre Aufgabe ausgerichtet ist, wohingegen rein beratende Stäbe häufig nur das Kernteam und ein Assistenzteam unterscheiden (vgl. Hofinger und Heimann 2021). Von ihrer Struktur her sind sie in sachliche Arbeitsbereiche gegliedert, die sich durch die funktionale Zerlegung der Gesamtaufgabe in Teilaufgaben ergeben. Allgemeine Bezeichnungen, sind »Stabsbereich« oder »Arbeitsbereich«. Die Zerlegung kann entlang des Führungsvorgangs des Entscheiders erfolgen, entlang von prozeduralen Grenzen oder anhand aufbauorganisatorischer Zuschnitte aus dem Alltag. Im Bereich der deutschen Gefahrenabwehr erfolgt die Gliederung anhand der typischerweise durchzuführenden Teilaufgaben. Der Stab wird also von der Aufgabe her aufgebaut indem man quasi fragt, was zur Erledigung der Führungsaufgabe alles zu tun ist. Daher werden Stäbe von Einsatzorganisationen als »Aufgabenstab« bezeichnet. Diese Gliederung wird im Geltungsbereich der FwDV 100 Sachgebiete (S1–S6) bzw. im Bereich der PDV 100 Stabsbereiche (StB 1, StB 2, usw.) mit darunterliegenden Sachbereichen (SB11, SB12, usw.) genannt. Der internationale Stand der Technik dazu ist beschrieben in der DIN ISO 22320:2019-07 Leitfaden für die Organisation der Gefahrenabwehr bei Schadensereignissen. Bei Aufgabenstäben wird der Handlungsspielraum für den einzelnen Arbeitsbereich von der Leitungsstelle bzw. vom Leiter des Stabes in Form von Verantwortung (Entscheidungs- und Ausführungskompetenz) delegiert.

Stäbe im Bereich des Krisenmanagements werden meist umgekehrt nach den von der Aufgabe betroffenen Ressorts bzw. betroffenen Bereichen der Organisation her als »Ressortstab« aufgebaut. Man stellt sich dabei quasi die Frage, welche Rolle oder welcher Bereich aus der bestehenden Alltagsorganisation vom zu lösenden Problem bzw. vom Ereignis tangiert ist. Der Ressortstab ist deswegen eine Querschnittsfunktion über die gesamte Alltagsorganisation mit einer überwiegenden Entscheidungsaufgabe, was aber je nach zu bewältigendem Ereignis Koordinierungsanteile nicht

1.2 Stabsarbeit

ausschließt. Die Ressorts aus der Alltagsfunktion werden dabei durch die besondere Aufbauorganisation nicht ihrer Zuständigkeit enthoben. Das eigentliche Handeln vollzieht sich zumeist nachgelagert in der bestehenden Organisationsstruktur aus dem Alltag. Eine generische bzw. allgemeine Vorgabe dazu findet sich in der DIN EN ISO 22361:2021-12 Krisenmanagement – Strategische Grundsätze. Diese Gliederung wird im Bereich der öffentlichen Verwaltung bei Verwaltungsstäben als Verwaltungsbereiche bezeichnet (Vb1–Vb11) (vgl. die VwV Stabsarbeit des Innenministeriums Baden Württemberg, 2024). Dabei wird noch bzw. auch speziell bei Krisenstäben (vgl. Innenministerium Nordrhein-Westfalen, 2016) zwischen ständigen Mitgliedern (SMS) und ereignisspezifischen Mitgliedern (EMS) unterschieden. Bei Ressortstäben kann grob gesagt werden, dass die Handlungsspielräume bzw. die Verantwortung für das jeweilige Ressort stark von der Alltagsorganisation geprägt sind und sich dies ggf. mindernd auf die Direktionskompetenz der Stabsleitung auswirken kann.

Die Stabsarbeit wird in diesem Buch organisationsunabhängig, aus dem Blickwinkel der Leistung und vor dem Hintergrund der Kybernetik betrachtet. Darin unterscheidet sich die zugrundeliegende Einsatzführungstheorie von inhaltsbasierten Ansätzen, die sich oft auf Rollen- und Aufgabenbeschreibungen beschränken und stark organisationsfokussiert sind. Beide Herangehensweisen haben ihre Berechtigung und kommen nicht ohne den jeweils anderen Ansatz aus.

> **Merke:**
> Stäbe sind die Erweiterung integraler Führung (Einzelperson) hin zu einer arbeitsteiligen Organisation (Gruppe). Sie dienen primär der Erhöhung von Kapazität in Form von Arbeitskraft und Fachkompetenz, die von einer einzelnen Führungsperson in der erforderlichen Zeitspanne nicht in ausreichendem Maß erbracht werden kann. Arbeitskraft und Fachkompetenzen als Leistungsgrößen hängen unmittelbar zusammen. Sie dienen sekundär der Erhöhung von Geschwindigkeit und Qualität der Informationsverarbeitung im Führungssystem.

Das Einsetzen eines Stabes ist ein organisatorischer Vorgang, bei dem Aufgaben geschnitten und dadurch »geordnet« werden. Diese Ordnung ist Voraussetzung für eine Besetzung mit geeigneten Führungspersonen und im Zuge der Aufbietung des Stabes Vorgang zugleich. Erforderliche speziellere Fachkompetenzen führen zu einer kleinteiligeren Struktur, was aufgrund der faktischen Personenbindung mit einer größeren Kopfzahl einhergeht. Die Arbeitskraft von Stäben lässt sich aus logischen Überlegungen heraus bei (noch) kleineren Stäben durch zusätzliche Funktionen stärker steigern als bei (schon) größeren Stäben. Der Grund sind inhärente Effizienzverluste, weil für die Zusammenarbeit von Funktionen im Inneren Ressourcen aufgewendet werden müssen. Dieser Aufwand ist bei größeren Gruppen und damit bei kleinteiligeren Strukturen höher. Wo das Aufgabenspektrum zu großen Stäben führt, muss deswegen die Arbeitskraft gefördert werden, indem der Stab in seinem Inneren effizient gehalten wird. Hierzu müssen seine innere Struktur und seine Abläufe gleichermaßen entwickelt werden. Um ab gewissen Punkten die Abläufe weiterentwickeln zu können, müssen Führungsmittel (Methoden und Technologien) eingesetzt werden. Dies kann wiederum eine Rückwirkung auf die Struktur haben. Führungspersonen mit anderen Kompetenzportfolios können ebenso Rückwirkungen auf die Struktur oder Vorwärtswirkungen auf Technologien haben wie auch die Vergrößerung oder Verkleinerung der zu verarbeitenden Informationsmenge. Die hier angesprochenen Elemente werden im Verlauf wieder aufgegriffen. Sie zeigen, dass Stäbe Systeme sind, deren Zentralprozess die Informationsverarbeitung ist.

Aus dem Aufriss der vielschichtigen, nicht immer erkennbaren, nicht-linearen Zusammenhänge und nicht immer prognostizierbaren Folgen wird deutlich, dass Stäbe 1) aus ihrem inneren Wesen heraus komplexe Systeme sind. Stäbe sind 2) auch wegen der ursächlichen komplexen Aufgabe komplex, zu deren Erfüllung sie installiert werden. Stäbe sind daher »Segen und Fluch«, weil sie die Komplexität einer Aufgabe beherrschbar machen, aber gleichzeitig durch ihr inneres aufgabenteiliges Wesen Komplexität erzeugen.

Um die Leistungsgrößen von Stäben einzustellen bedarf es eines tiefen Verständnisses für die Zusammenhänge im Stabsinneren (genauer: im Führungssystem als Teil des Einsatzes als Gesamtsystem) und breiten Wissens über die Anforderungen an die Führungsaufgabe in größeren und größten Einsätzen. Auch bei bester Organisation, mit neusten Technologien und bei funktionierender Auftragstaktik kommt man nicht umhin, dass auch die obersten Führungsorgane mit zunehmender Aufgabenfülle wachsen. Als Orientierung kann gelten, dass reaktive Stäbe bei Maximalereignissen wie Hochwasserkatastrophen oder Vorbereitungs- und dann Einsatzstäben der Polizei bei politischen Gipfeln Größenordnungen im oberen zweistelligen Bereich bis niedrigen dreistelligen Bereich erreichen können. Die Vielzahl der zu bearbeitenden Aufgaben in einer gewissen Zeitspanne führen zu einem hohen Arbeitsanfall, der eine große Kapazität in Form von Kopfzahlen schlichtweg erfordert. Dem Ansinnen »so groß wie nötig, so klein wie möglich« kann allgemein zugestimmt werden. Gewarnt werden muss vor dem Ansatz, Vergrößerung aufgrund von beispielsweise (nicht-)verfügbaren Sitzplätzen oder zu wenig Telefonapparaten zu beschränken. Gesichtspunkte der Teamarbeit bieten hinsichtlich der Gruppengröße zwar eine Orientierung in Richtung fünf bis neun Personen. Diese Größe dürfte für

1.2 Stabsarbeit

reaktive Stäbe sowieso kaum ausreichend sein und wird daher nicht als relevante Grenze erachtet. Wohl aber ergibt sich daraus grundlegend ein Ansatz zur Formung von »Arbeitsbereichen«. Solche Gruppen innerhalb des Stabes sind generell offen, nur bedingt formalisiert und zeichnen sich hauptsächlich durch eine themenbezogene, ggf. nur temporärere aber auf jeden Fall intensivere Zusammenarbeit als mit dem Rest der Funktionsträger:innen aus. Gruppen können sich auch überschneiden, was sich letztlich aus den wirkenden Informationskreisen ergibt, in denen Ausgleiche stattfinden (Homöostase). Aus den Gesichtspunkten der Teamarbeit ergibt sich weiterhin ein Hinweis auf die oben angesprochene Gliederungsbreite. Gruppenleitungen wirken nicht nur in ihre Gruppe hinein. Sie bilden ihrerseits auf Gruppenleitungsebene eine Gruppe. Auf dieser Ebene sind die Bedarfe an Koordination und Synchronisation je nach zu bearbeitender Aufgabe anders gelagert wie auf Arbeitsebene, weswegen die Gruppengröße sowohl größer (breitere Gliederung) wie auch kleiner (geringere Führungsspanne) sein kann. Aus den hier überblickten Zusammenhängen zwischen den beiden Leistungsmerkmalen »Fachkompetenz« und »Arbeitskraft« wird deutlich, dass die Idee der Installation eines Stabes, nämlich die Kapazitätserhöhung, stets im Blick behalten werden muss um die Geschwindigkeit und die Qualität der Informationsverarbeitung tatsächlich sicherstellen zu können.

Stäbe haben keine permanente Morphologie. »Den Stab« als »genau die eine vorgehaltene Form« gibt es weder im Allgemeinen noch in speziellen Anwendungsbereichen wie Katastrophenschutz, Polizei, Chemieindustrie oder Luftfahrt. »Der Stab« als »die verkörperte Einsatzleitung« ist einsatzspezifisch. Weil sich sein inneres Wesen aus den zu erreichenden Leistungsgrößen ergibt, hängt davon auch seine äußere Gestalt ab. Stäbe sind im Allgemeinen wandlungsfähig und können sich bei richtiger Einstellung von Fachkompetenz und Arbeitskraft jeder Führungsaufgabe des Gebietes ihrer Mutterorganisation annehmen (Generalinstrument im Sinne von generell und universal).

In einer ebenenmäßigen Darstellung eines Einsatzes steht »der Stab« als oberste Instanz als Führungsorgan zumeist »ganz oben«. Daraus folgt »vom Akteur im Einsatz« aus gesehen operativ ein sehr weiter Abstand. Diese operative Distanz ergibt sich aus dem Wesen einer arbeitsteiligen Organisation und ist daher ein übliches und nicht nur in der Einsatzführung anzutreffendes Phänomen. Mit der ebenenmäßigen Struktur/mit dem hierarchischen Aufbau gehen neben der operativen Distanz auch unterschiedliche zeitliche Orientierungen einher. Im Allgemeinen kann bei einem exemplarischen Aufbau mit drei Führungsebenen gesagt werden, dass die untere, mittlere und obere Ebene sich jeweils kurz-, mittel- und langfristig nach vorne orientieren. Diese Abgrenzung entlang der Zeit als eines der vier Grundelemente der Führung (neben Aufgaben, Räumen und Ressourcen) zählt zum Organisieren und ist eine Führungstätigkeit, die eng mit der Führungsphilosophie und damit mit der Enge/Weite der Kopplung des Führungssystems mit dem Ausführungssystem einhergeht. An dieser Stelle ist zur Stellung von Stäben als wichtiges Charaktermerkmal festzuhalten, dass ein Stab als Verkörperung der obersten Instanz relativ zu den nachgeordneten Führungsebenen aus organisationstheoretischen Gründen zwingend die zeitlich langfristigste Orientierung verfolgt. Die Schnittstellen des Stabes zu nachgeordneten Führungsorganen sind daher immer auch Schnittstellen zwischen unterschiedlichen Planungshorizonten und Arbeitswelten. Stabsarbeit beinhaltet deswegen immer auch die Aufgabe, an den Schnittstellen nach unten und oben von der eigenen Perspektive aus gesehen zwischen unterschiedlichen Zeitorientierungen zu vermitteln/zu übersetzen.

Merke:
Die Idee der Installation eines Stabes ist die Vergrößerung der Kapazität im Vergleich zu einer Einzelperson. Die Kapazität von Stäben kann beschrieben werden in den beiden Leistungsgrößen Fachkompetenz (Inhalt) und Arbeitskraft (Umsatz). Stäbe sind im Inneren von einem arbeitsteiligen Wesen und haben nach außen eine wandlungsfähige Gestalt. Stäbe orientieren sich in ihrer Arbeitswelt in die Zukunft.

Wie oben hergeleitet wurde, handelt ein Stab im Auftrag derjenigen Leitungsstelle, die ihn einsetzt. Stäbe sind daher aus organisatorischer Sicht die »Führungsstelle durch die bzw. von wo aus« geführt wird (prozessual bzw. räumlich). Die Leitungsstelle zeichnet sich durch ihre Verantwortung für die zu erledigende Aufgabe aus, die sich aus ihrer institutionellen Stellung ergibt. Sie ist in der Regel die letztverantwortliche Stelle in der Organisation und daher die höchste Instanz. Weil Stäbe im Auftrag der Leitungsstelle handeln (i. A.) und dabei je nach Delegation mit deren Befugnissen ausgestattet, auf jeden Fall aber mit deren Aufgabe betraut werden, »verkörpern« sie die höchste Instanz. Daraus ergibt die einleitend angesprochene, vermeintliche Exklusivität von Stäben: Stäbe sind eine »Einheit besonderer Ausprägung«, weil sie in der Regel die höchste Instanz in Führungssystemen verkörpern.

Stäbe stehen als ausführende Organe stellvertretend für ihre Mutterorganisation. Stäbe von Behörden und Organisationen mit Sicherheitsaufgaben sind daher, wie ihre Mutterorganisationen, gleichermaßen Sicherheitsorgane. Ausgehend vom staatlichen Schutzversprechen/von der Daseinsvorsorge wird an Sicherheitsorgane die Anforderung gestellt, drohende oder konkrete Gefahren rechtzeitig abzuwehren. Im nichtöffentlichen Bereich kann dieser Anspruch ähnlich gelagert sein. Die Grundlagen für suffiziente Einsätze werden in den Erstphasen gelegt. Daher müssen Führungssysteme gerade für die Erstphasen von auch unvorhergesehenen Maximal-

1.2 Stabsarbeit

ereignissen ausreichend reaktionsfähig (Rechtzeitigkeit) und leistungsfähig (Vermögen) sein, um schnell und wirkungsvoll reagieren zu können. An Stäbe als Sicherheitsorgane der Daseinsvorsorge, und je nach Erwartungshaltung auch an nichtöffentliche Stäbe, wird daher der spezielle Anspruch gestellt, gerade in Erstphasen von auch unvorhergesehenen Maximalereignissen eine ausreichende Leistungsfähigkeit erbringen zu können (Reaktionsfähigkeit).

> **Für den Anwendungsbereich der Führung von Einsätzen von Gefahrenabwehr und Krisenmanagement wird ein Stab folgendermaßen definiert:**
>
> Ein Stab ist allgemein-organisatorisch eine Stelle in der Aufbauorganisation. Stäbe zum Zwecke der Führung von Einsätzen in Gefahrenabwehr und Krisenmanagement beruhen in ihrer inneren Struktur bzw. in der Struktur der Einsatzleitung auf Systematiken der jeweiligen Mutterorganisationen. Stäbe sind systemtheoretisch im Einsatz als komplex-adaptives bzw. als soziotechnisches System das führende System. Ein Stab wird im Alltag vorgehalten in Form einer Führungsunit. Er wird als reaktives Mittel temporär eingesetzt und wird dadurch zum konkreten Führungsorgan. Ein Stab steht damit für den Spitzenbereich einer besonderen Aufbauorganisation. Als Führungsorgan ist der Stab die Führungsstelle, die im Auftrag der Leitungsstelle handelt. Dabei übt der Stab einerseits allgemeine Führungstätigkeiten aus und führt anderseits auch fachlich-organisationstypische Aufgaben aus. Je nach Delegation kann die Weisungsbefugnis gegenüber nachgeordneten Stellen und damit der Handlungsspielraum von reiner Beratung bei vollständigem Entscheidungsvorbehalt bis zu gänzlich selbstständigem Handeln reichen. In allen Fällen verbleibt bei der Leitungsinstanz trotz Delegation eine Kontrollpflicht. Das sich daraus ergebende Tätigkeitsspektrum hat variierenden Koordinations- und Entscheidungscharakter, wobei sich wesentliche (im Sinne kritischer) Entscheidungen bei den Funktionen der Stabs- und Einsatzleitung konzentrieren. An einen Stab besteht der Anspruch, als Art Generalinstrument innerhalb seiner (typischerweise hohen, aber nicht grenzenlosen) Leistungsfähigkeitsgrenzen unter den jeweiligen Umständen das bestmögliche Einsatzresultat herbeizuführen. Im speziellen Gesamtkontext der Mutterorganisation (Einsatz als Führungssystem, Ausführungssystem, Zielsystem, Umwelt) ist der Einsatzzweck, gesteuerte Zielsysteme zu stabilisieren oder wieder einzulenken sowie die organisationale Souveränität für die Mutterorganisation wahrzunehmen. Ein Stab schafft mit seiner Führungsleistung die Voraussetzungen für operative Einheiten (Ausführungsleistung) bzw. für die Entstehung der Bedeutung (Beratungsaufgabe). Führungsleistungen eines Stabes sind:
>
> - als Stab zu funktionieren (grundlegender Selbstzweck),
> - Einsätze (Bewältigungsmaßnahmen) führbar zu machen,
> - Zeitvorteile gegenüber dem natürlichen Ereignisverlauf zu erarbeiten und
> - den Ereignisfortgang zu beeinflussen.

1 Einführung in Führung und Stabsarbeit

Merke:

Stäbe sind in Einsätzen von Gefahrenabwehr und Krisenmanagement das Führungsorgan. Da sie die oberste Instanz verkörpern, besteht an sie als Generalinstrument ein hoher Anspruch. Durch die Führungsleistung des Stabes werden die Voraussetzungen für die Ausführungsleistung geschaffen.

Die Installation eines Stabes als Element einer einsatzbezogenen besonderen Aufbauorganisation hat zum Ziel, die Leistungsfähigkeit der Leitungsstelle zu erhöhen und die Alltagsorganisation zu entlasten. Das »Holen eines Stabes« oder »in die Stabsarbeit gehen« sind praktische Ausdrücke für das Eskalieren auf bestimmte Stufen und das anschließende Verfahren in einem gewissen Modus. Organisationstheoretisch wird damit ein Stab als temporäres Organ zur Bearbeitung einer bestimmten, weil zeitlich und zuständigkeitsmäßig abgegrenzten Situation eingesetzt. Dadurch wird aus einer Einlinienorganisation eine Stablinienorganisation. Das Übergehen in die Stabsarbeit steht daher für einen Wechsel in eine besondere Aufbauorganisation (BAO). Routinierte Führungspersonen mit großer Führungssystem- und Zielsystemkenntnis können in der Regel gut einschätzen, wann man »einen Stab braucht«. Allgemeingültige Kriterien, die eine »Stabslage« für alle Organisationsarten definieren würden, scheint es nach aktuellem Stand nicht zu geben. Da Stäbe in der Regel das am umfassendsten ausgebildete Führungsorgan sind und im Führungssystem der obersten Instanz dienen, können »Stabslagen« lediglich mit größeren oder größten bzw. besonders komplexen Einsätzen gleichgesetzt werden, die eben dieser Ebene und diesen Organen vorbehalten bzw. zugedacht sind. Der Begriff »Stabslagen« ist allerdings relativ und suggeriert, dass es einen absoluten Maßstab gäbe von dem sich ableiten ließe, welche Einsätze von Stäben geführt werden müssen. Bei der Verwendung des Begriffes wird erfahrungsgemäß selten dazu gesagt, wie Größe und Typus der Lage objektiv quantifiziert und qualifiziert werden; noch seltener wird die Leistungsfähigkeit des (alltäglichen) Führungssystems vor der Eskalation mit einbezogen und davon das Eskalationsbedürfnis abgeleitet. Aus diesem kurzen Abriss wird deutlich, dass Stäbe gewissermaßen auch für die Schwierigkeit des zu führenden Einsatzes stehen. Stabsarbeit ist also Modus (Verfahrensart) und Form (Verfahrensweise) zugleich. Um Stabsarbeit trainieren zu können, ist es wichtig, sich bewusst zu machen, womit diese Art und Weise der Führung einhergeht. Zur alleinigen Bezeichnung von Einsatzschwere oder Verfahrensweise sollte »die Stabsarbeit« aus Präzisionsgründen jedoch nicht verwendet werden.

1.2 Stabsarbeit

> **Merke:**
> Mit Stabsarbeit werden in der Praxis auch Führungsmodi auf höheren Eskalationsstufen und das Arbeiten in einer besonderen Aufbauorganisation gemeint. Mit Stabsarbeit werden hintergründig auch die Organisationsform (Stablinienorganisation), die Tätigkeit (das Führen) und der Kontext (Einsatz als Aufbieten einer Organisation zu ihrem Zweck) bezeichnet.

Bis hierher wurde ein Verständnis für Stäbe als Stellen im Allgemeinen und Stäbe als Führungsorgane im Speziellen von Gefahrenabwehr und Krisenmanagement geschaffen. Auf dieser Grundlage wird im Folgenden »die Stabsarbeit« als wahrnehmbares Erscheinen eines operierenden Stabes beleuchtet. Im einschlägigen Kontext ist damit üblicherweise die »Arbeit in Stabsformation bei Einsatzorganisationen, Behörden und Unternehmen zum Zwecke der Gefahrenabwehr und des Krisenmanagements« gemeint. Im Folgenden wird dieser Usus auf eine explizitere Ebene gehoben.

Der Begriff der Stabsarbeit vereint drei wesentliche Perspektiven in sich. Diese Blickrichtungen wohnen deswegen automatisch auch jeder Definition von Stabsarbeit mit inne. Das »Arbeiten eines Stabes« bezeichnet die objektivierte Außensicht und ermöglicht einen Zugang, um Vorgänge und Ergebnisse erfassen und beurteilen zu können. Das »Führen mit einem Stab« ist die subjektive Sicht der verantwortlichen Instanz, in deren Auftrag der Stab handelt (Einsatzleiter). Die Instanz muss aufgrund ihrer Stellung und damit ihrer Aufgabenzuständigkeit bei deren Erledigung für Erfolg und Misserfolg einstehen. Damit ermöglicht diese Perspektive einen Zugang zum Einsatzergebnis. Das »Arbeiten in einem Stab« umfasst die subjektiven Ansichten der Personen, die (als Teilverantwortliche) in einem Stab mitarbeiten (Stabsmitglieder) oder Personen, die sich in der Führungsbasis (Raum des Stabes) aufhalten. Aus dieser Blickrichtung kann erklärt werden, wie und warum sich die Personen in gewisser Weise verhalten. Beide Subjektiven sind Perspektiven von Personen als handelnde Subjekte/Akteure (Führungspersonen). Zusammengenommen kann ganz allgemein gesagt werden, dass »Stabsarbeit« »das Arbeiten eines Stabes aus unterschiedlichen Perspektiven« ist. Das »Arbeiten« wiederum ist ein wertschöpfend-prozessuales Verständnis, welches einen Zugang zu Arbeitsweise, Arbeitsmitteln, Arbeitsumgebung, Arbeitsorganisation, Arbeitsgrundlage und Arbeitsergebnis eröffnet. Darüber wird zudem auch klar, dass Stabsarbeit letztlich »Informationsverarbeitung« darstellt. In Abgrenzung zu körperlicher Arbeit ist Stabsarbeit also »Kopfarbeit/Wissensarbeit«. Aus dieser Sicht ist der Input in ein Führungssystem Daten als »Rohstoff« bzw. Informationen als »Vorprodukt«. Der Output aus dem Führungssystem als sein Produkt sind formale Steuerungsimpulse an das Ausführungssystem bzw. ein Rat als

1 Einführung in Führung und Stabsarbeit

kontextualisiertes Wissen/abgeleitete Bedeutung mit antizipierten Handlungserfordernissen an die zu beratene Instanz. Beides kann aufgrund von Syntax und Semantik auch als (Ausgangs-)Information bezeichnet werden, deren Gehalt und Konsequenz jedoch aufgrund der verarbeiteten Form dichter und weiterreichender ist als die Eingangsinformation. Stabsarbeit allerdings auf Informationsverarbeitung zu reduzieren wäre aus zwei Gründen zu kurz gegriffen. Erstens ist der Informationsverarbeitungsprozess nur nach außen, also in Richtung des Einsatzes als System, so prägnant, weil vom Output das Ausführungssystem und damit das Outcome als Wirkung im Zielsystem abhängt. Zweitens ist ein Stab im Inneren von seinen Abläufen her sehr heterogen, da es ein ganzes Bündel von acht (je nach Zählweise: neun) relevanter Prozesse gibt, die beim Arbeiten des Stabes ablaufen und bei denen das Umsetzen von Informationen im Wortsinn zentral ist:

- Entscheidungsprozesse (Kernprozess),
- Informationsmanagementprozesse (Zentralprozess),
- Führungsprozesse,
- Kommunikationsprozesse,
- Organisationsprozesse,
- Teamprozesse,
- Wahrnehmungsprozesse,
- Wissens- und Lernprozesse.

Diese Prozesse lassen sich zwar gut unterscheiden, sind einander aber nicht gänzlich distinkt, weil sie teilweise miteinander oder ineinander ablaufen. Diese allgemeinen Prozesse sind in allen Stäben zu finden. Die konkreten Geschäftsprozesse sind organisations- oder einsatzspezifisch. So gliedert sich das »Polizeigeschäft« des Einsatzes im Kern in die eigentliche Einsatzmaßnahme, den Verkehr, die Ermittlungen und die Öffentlichkeitsarbeit sowie unterstützend beispielsweise um Personelles, Verpflegung oder Einsatzmittel. Geschäftsprozesse von Einsatzleitungen im Katastrophenschutz sind die Situationserfassung, die Einsatzsteuerung, die Bedienung von Anforderungen mit Herbeiführung von Ressourcen, das Betreiben eines Logistiksystems oder das Betreiben eines Bereitstellungsraumes.

Das hier vorgestellte allgemeine Verständnis von Stabsarbeit sichert erstens die Universalität der Theorien für die unterschiedlichen Anwendungsbereiche. Zweitens ist über die Differenzierung in »das Arbeiten von/in/mit« gewährleistet, dass das Erleben des Führens beachtet wird und der Mensch damit im Fokus des Lernens und Trainierens steht. Detaillierte, ziel-, zweck- oder inhaltsorientiertere Definitionen der Stabsarbeit sind bereits kontextabhängige Anschauungen. Sie haben sehr wohl ihre

1.3 Einsätze und Führungssysteme

Berechtigung, können aber durch ihre Spezifität schon Erklärungsschwächen haben.

> **Merke:**
> Stabsarbeit ist begrifflich gesehen das Arbeiten (Prozess) und die Arbeit (das Ergebnis) eines Stabes (Element in der Aufbauorganisation). Alle weiteren Verständnisse bedürfen der genaueren Definition. Stabsarbeit hat drei Perspektiven: Die Blickrichtung des Stabsmitglieds, die Sicht der Führungsperson die mit einem Stab führt und der objektivierte Blick auf das Arbeiten des Stabes von außen. Das Arbeiten von/in/mit einem Stab dient nach außen letztlich der Informationsverarbeitung, um Steuerungsimpulse in den Einsatz geben zu können. Im Inneren eines Stabes läuft ein ganzes Bündel aus Prozessen gleichzeitig ab. Die konkreten Geschäftsprozesse sind organisations- und einsatzspezifisch.

Um Stabsarbeit erlernen und trainieren zu können, müssen die unterschiedlichen Blickrichtungen eingenommen und die sich dadurch ergebenden Ansichten verstanden werden können. Es bedarf eines Verständnisses für die einzelnen Prozesse und deren Zusammenwirken, um sie differenziert entwickeln und zu einem Gesamten zusammenfügen zu können. Führungspersonen und Stabsmitglieder müssen die Stellung von Stäben und den Zweck der Stabsarbeit verstehen und auf konkrete Einsätze übertragen können, um sich situationsangemessen verhalten zu können. Für Trainer:innen gilt dies gleichermaßen wobei hinzukommt, dass sie über ein gewisses Überblickswissen über typische Einsätze verfügen müssen, um Lerneinheiten und Simulationen auf das wirklich Relevante ausrichten zu können.

1.3 Einsätze und Führungssysteme

In diesem Abschnitt werden Einsätze als der Kontext betrachtet, in dem Stabsarbeit stattfindet. Zunächst wird der Charakter von Einsätzen analysiert und dargelegt, wie sich aus vorgegebenen Systematiken zu Führungssystemen konkrete Führungsorgane entwickeln. Dadurch wird klar, dass Stäbe zum Einsatz passen müssen, was durch die Betrachtung der tatsächlichen/effektiven Komplexität von Einsätzen verdeutlicht wird. Das Verständnis von Stabsarbeit als die stabsmäßige Führung von Einsätzen aus den vorherigen Abschnitten wird damit vervollständigt.

Die einleitenden Begriffsklärungen zur Führung im ersten Kapitelabschnitt führen unmittelbar zur Frage, wozu Stäbe in der Gefahrenabwehr und im Krisenmanagement eigentlich »da« sind. Hierzu müssen der Gesamtkontext (Einsätze) und die

1 Einführung in Führung und Stabsarbeit

Zuständigkeit von Stäben als führendes System (Führung in Abgrenzung zur Ausführung) mit betrachtet werden. Stabsarbeit als stabsmäßige Einsatzführung findet einsatzbezogen statt was bedeutet, dass Stäbe als besondere Aufbauorganisation »eingesetzt« werden: Ein Einsatz ist nach der Einsatzführungstheorie eine bestimmte Mission als Aufbietung der Organisation zu ihrem vorgegebenen Zweck. Er ist eine strukturelle und funktionale, zeitliche, räumliche, ressourcenmäße und organisatorische Klammer zur präemptiven oder reaktiven Bearbeitung eines schädlichen Ereignisses bzw. zusammenhängender schädlicher Ereignisse. Hieraus lassen sich wichtige Eigenschaften ableiten, worauf im Folgenden punktuell eingegangen wird.

Einsätze lassen sich hinsichtlich ihrer »zeitlichen Anordnung« zum Schadensereignis charakterisieren. Der Schaden kann bereits eingetreten sein, kann kurz bis lang bevorstehen oder sein Eintritt kann nicht abgesehen werden. Daraus ergibt sich, dass Stäbe vorwegnehmend für Gefahren oder zumindest zur Vermeidung größerer Gefährdungen (präemptiver Einsatz), vorbereitend für Einsätze (Vorbereitungsstab), reaktiv (als Einsatzleitung) und dabei von Beginn an oder nach einer Verantwortungsübernahme sowie nachbereitend (z. B. zur Übergabe in die Linienorganisation oder an die Sonderermittlungskommission) eingesetzt werden können. Die zeitliche Stellung der Führungsarbeit zum Schadensereignis gestattet die Unterscheidung in »Phasen«. Es können einzelne oder alle Phasen durchlaufen werden. In den Phasen unterscheiden sich Ziele und Erfordernisse. Daraus folgen Aufgaben und Arbeitsaufwände woraus sich wiederum ergibt, dass Einsätze wachsen und schrumpfen, was sich bildlich als an- und absteigender Graph darstellen lässt. Die Übergänge zwischen den Phasen sind fließend und können meist nur konstruktivistisch abgegrenzt werden. Weil sich die Handlungsmodi in den Phasen vor allem in Bezug der Zuordnung zur Alltagsorganisation her unterscheiden, bedürfen die Phasenübergänge einer reibungslosen Organisation durch eine ordnende Stelle. Im mechanischen Sinn entsteht bei der Berührung von Körpern stets Reibung, die wie bei der Haftung eines Fahrzeuges auf der Straße sogar erwünscht sein kann. Genauso wie in der Mechanik kann Reibung in Organisationen nur minimiert aber nicht gänzlich vermieden werden, weswegen die Reibungslosigkeit bei Phasenübergängen bei der Einsatzführung besser als »möglichst wenig Informationsverlust« bezeichnet werden sollte.

Merke:

Einsätze und Stabsarbeit können sich auf die Vorwegnahme von Gefährdungen, auf die Vorbereitung, auf die gegenwärtige Bewältigung oder die Nachbereitung von Ereignissen beziehen. Bei Phasenübergängen muss der Informationsverlust möglichst gering gehalten werden.

1.3 Einsätze und Führungssysteme

Die Merkmale eines Einsatzes bedingen die innere Struktur des jeweiligen Führungsorgans. Daher rührt das, was als »Typisches« von Stäben unterschiedlicher Organisationen bezeichnet wird. Einsatzorganisationen, Behörden und Unternehmen als Überkategorien lassen sich weiter untergliedern z. B. in Feuerwehr, Polizei, in Kommunal- oder Bundesverwaltungen oder in Wirtschaftsbranchen, wobei die Zuordnungen nicht ganz eindeutig sind. Jeder Organisationstypus hat sein eigenes inhaltliches »Aufgabenspektrum« als Art Genotyp, was den Führungsorganen ihr phänotypisches Erscheinen verleiht. Dieses Spektrum zu kennen ist zur Konstitution von Führungssystemen wichtiger als die Frage, ob die Schutzpolizei eine Behörde oder eine Einsatzorganisation sei und wo man sie deswegen einordnen solle. Exemplarisch genannt seien Sicherheits- und Ordnungseinsätze bei Fußballspielen der Polizei, Einsätze von Stäben für außergewöhnliche Ereignisse von Großstädten zur Organisation von Evakuierungen wegen Sprengmittelfunden oder der Arbeit von Crisis and Emergency Response Teams von IT-Unternehmen aufgrund von Datenabflüssen. Diese Aufgaben lassen sich hinsichtlich des »Typischen« recht gut beobachten und beschreiben. Wesentliche allgemeine Charaktermerkmale sind Zeitdruck, die Absehbarkeit von Dauer und Verlauf, Volatilität, Anteile von strategischen bzw. operativen Aufgaben, Anzahl beteiligter Akteure und deren Koordinationsbedarf sowie das Operieren unter Unsicherheit (wegen fehlender/unklarer/mehrdeutiger/zukunftsoffener Informationen). Umfangreicher und damit detaillierter kann der Charakter anhand von Komplexitätstreibern aus der Einsatzführungstheorie beschrieben werden. Diese allgemeinen und konkreten Merkmale charakterisieren die jeweilige »Führungsaufgabe«. Diese bedingt primär die innere Struktur des Stabes bzw. weiter gefasst des Führungssystems (Aufbauorganisation). Sekundär bedingt der Einsatzcharakter, insbesondere die Volatilität der Situation, die Abläufe im Stab (Ablauforganisation). Der Einsatzcharakter wiederum hängt vom typischen Geschäft der Mutterorganisation des Stabes (Feuerwehrgeschäft, Polizeigeschäft, Produktionsgeschäft, Aufsichtsgeschäft, Daseinsvorsorgegeschäft usw.) und von den in unterschiedlichen Bereichen üblichen Führungsphilosophien ab. Ohne Einbezug bzw. Berücksichtigung dieser grundlegenden Faktoren kann »die Stabsarbeit« nicht hinreichend konkret beschrieben werden.

Einsätze lassen sich zwar organisieren und damit zu gewissen Teilen auch gestalten. Ausführungssysteme, Zielsystem und Umwelt lassen sich aber nicht beliebig an das Führungssystem anpassen. Es kann nicht genau gesagt werden, »ab wann« strukturelle und prozessuale Festlegungen vonseiten der Führung beginnen, den Rest des Einsatzes im ungünstigen Sinne »zu überformen«. Die Erfahrung zeigt jedoch immer wieder, dass es Schwellen gibt ab denen die Beschränkung von eigentlich unschädlichen Freiheitsgraden als »Überorganisation« eher hemmend wirken. Ferner kann immer wieder beobachtet werden, dass mit viel Aufwand versucht wird, auf das Ausführungssystem verändernd einzuwirken, obwohl die Gestaltungsspielräume und die Möglichkeiten zur Anpassung des Führungssystems an vielleicht nicht ganz optimale Schnittstellen ausreichend wären. Insgesamt kann gesagt werden, dass das Führungssystem eher zum Einsatz passen muss, als dass der Einsatz an das Führungssystem angepasst werden kann, was im Folgenden vertieft wird.

Merke:
Die Merkmale von Einsätzen wirken sich auf die Struktur und die Prozesse der Stabsarbeit aus.

Der Begriff des Führungssystems kann im Kontext der Stabsarbeit vierfach verstanden werden. In einem ersten, eher normativen Verständnis bezeichnet er eine vorgegebene »Systematik« wie eine Dienstvorschrift oder eine Technische Norm. Darin werden allgemeine oder organisationsspezifische Festlegungen getroffen. In einer zweiten, eher systemtheoretischen Anschauung ist das Führungssystem ein Element eines Einsatzes als Gesamtsystem, zu dem das Ausführungssystem, das Zielsystem und die Umwelt zählen. In diesem Verständnis zeichnet sich vor allem durch seine Organisation im Sinne von Kohäsion aus. Es bezeichnet das Miteinander, also eine Ordnung. Es ist als führendes System »Teil eines Einsatzes«. In diesem Kontext kann es verstanden werden als Gesamtheit aller Elemente und Relationen zur Steuerung eines Einsatzes von der Leitungsstelle aus. Drittens kann ein Führungssystem praktisch verstanden werden und dabei in Vorhaltung und Reaktion unterschieden werden. Ein auf eine Organisation oder Gebietskörperschaft übertragenes normatives Führungssystem, welches vorgehalten, aber noch nicht aufgerufen ist, wird in diesem Buch als »Führungsunit« bezeichnet. Diese Unit ist spezialisierter als die allgemeine Systematik, aber noch nicht konkret als dass sie tatsächlich eingesetzt wäre. Mit der Aufbietung der Führungsunit und der Einbindung in einen Einsatz wird die Führungsunit zum konkreten »Führungsorgan«. Dieses Führungsorgan kann ein »Stab« sein, es gibt aber auch »kleinere Gremien«. Die Führungsstelle als Verkörperung der obersten Instanz stellt als führendes System zwar den wesentlichen Teil des Führungssystems eines Einsatzes dar, jedoch zählen auch die weiteren mit Führung befassten Stellen nachgeordneter Instanzen zum Führungssystem (z. B. die Leitungen der nachgeordneten Führungsebenen). Zusammengefasst kann ein vorgehaltener Stab also als »Führungsunit in Form eines noch nicht eingesetzten Stabes« bezeichnet werden. Die Analyse der Mehrdeutigkeit des Führungssystembegriffes zeigt, dass Stäbe auf Systematiken zurückgeführt werden können. Zudem bedeutet

1.3 Einsätze und Führungssysteme

es, dass systemtheoretisch gesehen das konkrete Führungsorgan auch das Führungssystem des Einsatzes im Sinne der steuernden Einheit sein kann. Hier schließt sich eine vierte, abschließende Erklärung an: Am Ende ist ein funktionierendes, also aktives, Führungssystem die Prozessierung/die Operationalisierung von Informationsgewinnung, Informationsverarbeitung zur Ausgabe von Steuerungsimpulsen.

Die Begriffe Führungssystem und Systematik bezeichnen also beide eine gewisse Ordnung. Die Systematik ist allerdings eine Vorgabe oder eine Regel und ist daher normativ. Das Führungssystem ist dahingehend deskriptiv, weil es ein vorhandenes System beschreibt/erklärt. Die Systematik ist allgemeiner; das System ist konkreter.

> **Merke:**
> Im Allgemeinen bzw. im systemtheoretischen Sinn haben Einsätze mehrere Elemente als Subsysteme. Sie bestehen aus einem Führungssystem, einem Ausführungssystem, dem Zielsystem und der Umwelt. Führungsunits sind vorgehaltene und vorbereitete Führungssysteme. Sie werden im konkreten Einsatz zum Führungsorgan.

Das führende System eines Einsatzes muss zum Einsatz passen. Als Systematiken bezeichnen Führungssysteme Vorgaben und Normen aus bestimmten Anwendungsbereichen. So bezeichnet ein Führungssystem beispielsweise der Feuerwehr- oder Polizei-Dienstvorschrift 100 die Systematik, wie ein Einsatz in diesen Geltungsbereichen zu organisieren ist. Speziell diese beiden Vorgaben machen zur Prozessgestaltung wie etwa zum Informationsmanagementsystem oder zur Betreuung von Einsatzabschnitten so gut wie keine Vorgaben. Deswegen sind sie »generischer Art« und lassen Freiheitsgrade. Sie bedürfen der »Übertragung« auf die jeweilige Organisation oder Gebietskörperschaft. Damit unterscheiden sie sich durch den Grad der Elaboration beispielsweise vom amerikanischen Incident Command System, in dem viele Abläufe mit vorgegeben sind. Die Adaption auf den eigenen Anwendungsbereich ist ein auslegender und entwickelnder Vorgang, der vom Führungssystem als Vorgabe zur Führungsunit als Vorhaltung führt. Im jeweiligen Einsatz »konkretisiert« sich die Führungsunit zum Führungsorgan im gegenwärtigen Fall. Diese Konkretisierung kann umso umfangreicher ausfallen, je größer, spezieller und langandauernder der Einsatz ist bzw. je weniger passend sich die vorgedachte Führungsunit für den Einsatz erweist. Die Konkretisierung findet erfahrungsgemäß zunächst im Bereich der informellen Abläufe als »praktische Übung« statt, was auch als Einsatzkultur bezeichnet werden kann. Damit wird beschrieben »wie es in diesem Einsatz genau gemacht wird«. An diesen Punkt wird im ▶ Kapitel 3.1.1 im Lagebewusstsein angeschlossen. Im Verlauf von größeren und größten Einsätzen kann die Konkretisierung aber auch sehr grundlegender Art sein, indem die Gliederungsbreite von beispielsweise sechs vorgegebenen Aufgabenbereichen auf eine deutlich breitere Struktur hin ausgeweitet wird, um angesichts einer gegebenen Aufgabenfülle einen sinnvollen Zuschnitt zu erreichen. Das bedeutet, dass wo einfach nur die »Stabsarbeit nach DV 100« (wenn es dies so gäbe) trainiert würde, es sich sehr wahrscheinlich um eine wenig übertragene und konkretisierte, generische Anschauung handeln dürfte. Wo gesagt wird, dass man »nach DV 100 arbeite« ist meistens gemeint, dass der Aufgabenzuschnitt den Beschreibungen in der Anlage der Dienstvorschrift entsprechen würde. »Nach etwas Arbeiten« meint im Wortsinn aber den wertschöpfenden Prozess und damit die Abläufe. Eine solch unkonkretes Verständnis greift angesichts der effektiven Komplexität von Einsätzen zu kurz und bildet die Realität von Maximalereignissen nicht ab. Die beschriebene Evolution von der Systematik zum führenden System ist ein aktiver Prozess, der von der verantwortlichen Stelle gesteuert werden muss.

Je nach Einsatzcharakter können administrative, organisatorische, operative, und taktische Aufgaben in unterschiedlichen Anteilen relevant sein. Dies ergibt sich aus den im ersten Kapitelabschnitt angesprochenen Modell der drei Führungsebenen, was unmittelbar mit der Mutterorganisation und den damit verbundenen Aufgaben zusammenhängt. Im Zweistabsmodell der Muster-Feuerwehr-Dienstvorschrift 100 wird anhand dieser Aufgabengebiete die Gesamtaufgabe anhand von Zuständigkeitsgrenzen in zwei Teilaufgaben geschnitten. Bei größeren und größten Ereignissen ist diese zielbildliche Trennung sinnvoll und bewährt, weil sich das Geschäft von Verwaltung und Gefahrenabwehr unterscheidet. Diese Systematik verleitet jedoch dazu, »immer« so vorzugehen. Aus führungstheoretischer Sicht spricht nichts dagegen, beispielweise in die stabsmäßige Feuerwehreinsatzleitung nach Bedarf punktuell einzelne Ämter aus der Kreisverwaltung einzubinden, ohne den Verwaltungsstab aufzubieten, wenn der Koordinationsbedarf dies zulässt. Das Aufbieten eines weiteren Organs, von dem aber nur wenige Teile gebraucht werden, würde die Zahl der Schnittstellen und damit den Koordinierungsaufwand erhöhen und die Effizienz damit tendenziell senken. Es gilt daher, in jedem einzelnen Fall den Zuschnitt des Führungssystems zwischen vorgegebener Systematik und vorliegendem Bedarf aus dem Einsatz zu prüfen und ggf. zu reorganisieren.

Durch die Auseinandersetzung mit dem Begriffsspektrum wird deutlich, dass der Einzelbegriff »Stabsarbeit« das sich dahinter verbergende Phänomen kaum umfassen kann. Die oft gehörte »klassische Stabsarbeit« kann es daher so nicht geben. Für Ausbildung, Training und Einsatz muss »das Führungssystem« als führender Teil des Einsatzes bzw. »die Führungsunit« als vorgehaltene institutionelle Organisation betrachtet werden, worin die Führungsperson als Akteur agiert. Daraus leitet sich

1.3 Einsätze und Führungssysteme

das »stabsmäßige Führen« als Tätigkeit ab. Trainer:innen müssen nicht unbedingt kompetent sein, um Führungssysteme entwickeln zu können. Sie müssen aber zumindest die Systematik des zu trainierenden Stabes verstanden haben. In diesem Buch wird das Entwickeln und Betreiben von Führungssystemen nur an wenigen Stellen gestreift. Im Fokus steht das beobachtbare und erlernbare Handeln des Führens als »handwerkliche«, weil methodische und dadurch wiederholbare Tätigkeit.

Der Komplexitätsbegriff ist weit verbreitet. Bei Einsätzen und deren stabsmäßiger Führung kommt man nicht umhin, sich mit ihm zu beschäftigen: Eine universale Definition oder formalisierte Darstellung gibt es aktuell nicht. Das Gegenteil ist die Simplizität. Als Alltagserfahrung bezeichnet sie eine gewisse Kompliziertheit, Undurchschaubarkeit oder Unverständlichkeit (Malik, 2014). Das letztliche Wesen von Komplexität lässt sich nur schwer fassen und ist in diesem Buch auch nicht relevant. Im Kontext der Einsatzführungstheorie ist sie schlicht eine »systematische Beschreibung des effektiven, weil tatsächlich zu bewältigenden Führungsproblems«. Hierzu wurde der Begriff der Komplexitätstreiber eingeführt, die innere und äußere Ursachen, Faktoren oder Auslöser im Einsatz beschreiben. Diese Treiber müssen vom Führungssystem gespiegelt (absorbiert) werden können. Steht einem Komplexitätstreiber (einem Problem) kein Absorber (keine zuständige Stelle, kein Vorgang, keine ausreichende Kapazität) gegenüber, so ist das Führungssystem unterkomplex und das Problem kann sich vergrößern. Das bedeutet allgemein, dass das Führungssystem die Komplexität des Einsatzes wiedergeben können muss. Daraus leitet sich ab, dass ein konkreter Stab als Führungsorgan »genauso komplex« sein muss wie der Einsatz, der von ihm geführt wird. Ein Stab muss also zum Einsatz passen.

Literaturtipp:

Im Buch »Einsätze wirksam führen« wird vorgestellt, wie die Komplexität von Einsätzen führbar gemacht werden kann:

Dominic Gißler: Einsätze wirksam führen, Verlag W. Kohlhammer, Stuttgart, 2021.

Die »strukturelle Komplexität« eines Einsatzes beschreibt die Vielzahl und die Vielfalt aller Elemente im Einsatz. Stark vereinfacht sind dies alle Stellen in der Aufbauorganisation, alle Akteure im Einsatz und alle relevanten Aspekte in der Umwelt. Aus ihr ergibt sich die »funktionale Komplexität«, die das Verhalten aller Systemelemente und damit sämtliche Zeitaspekte beschreibt. Grob gesagt sind dies alle Prozesse der Ablauforganisation, alle Handlungen von Akteuren im Einsatz, das Fortschreiten der Zeit und alle damit einhergehenden Veränderungen einschließlich relevanter Aspekte aus der Umwelt. Objektiviert gesehen ist die Komplexität eines Einsatzes also die »vollständige« Beschreibung des Aufbaus und der Abläufe (von Struktur und Funktion). Das bedeutet allgemein, dass das Führungssystem im Einsatz nur dann »vollständig« und somit ausreichend leistungsfähig ist, wenn die Aufbau- und Ablauforganisation den Anforderungen entsprechen. Für eine exakte Beschreibung des Einsatzcharakters ist es daher nicht ausreichend, nur von einem »komplexen Einsatz« zu sprechen. Vielmehr muss benannt werden, was genau »strukturell und funktional komplex ist«. Es ist zudem verkürzt, von »zu komplex« zu sprechen. Stattdessen sollte gesagt werden, bezüglich welcher Treiber-Absorber-Konstellation das Führungssystem »unterkomplex« ist. Was eine »hochkomplexe« Einsatzlage im Vergleich zu einer »nur« komplexen Einsatzlage ist, kann nach aktuellem Wissensstand nicht sinnvoll abgegrenzt werden. »Die Komplexität« eines ineffizienten oder gar ineffektiven Einsatzes ist zudem keine Entschuldigung – sondern vielmehr ein Hinweis darauf, dass möglicherweise das Führungssystem nicht angemessen organisiert war. Diese systematische Sichtweise darf nicht verwechselt werden mit der psychologischen Komplexität, welche die Wahrnehmung und das Erleben der Führungsperson beschreibt. In dieser Hinsicht sollte exakter von »Überforderung« gesprochen werden und benannt werden, »weswegen« die Führungsperson etwas nicht überblicken konnte oder beherrscht hat. Wo in diesem Buch die psychologische Komplexität als Wahrnehmung gemeint ist, wird dies ausdrücklich benannt. Für Trainer:innen und Anwender:innen bedeutet dies, dass bei der Entwicklung von Strukturen (Aufbauorganisation) und Prozessen (Ablauforganisation) kein »Schema-F« angelegt werden kann, sondern die Anforderungen und Besonderheiten des konkreten Einsatzes analysiert und adaptiert werden müssen.

Um den Menschen nicht zu überfordern, bedarf es aus der Perspektive von Stabsmitgliedern der Reduzierung der subjektiven Komplexität. Dies wird durch die Führungstätigkeit des Organisierens erreicht, wodurch vereinfacht gesagt die Führungsaufgabe in beherrschbare Teile geschnitten wird. Dazu zählt unter anderen die Führungsphilosophie (z. B. Führung mit Auftrag), Regeln (z. B. der Führungsrhythmus), Methoden (z. B. zur Ableitung der Bedeutung aus unstrukturierten Daten) oder die gezielte Anwendung von Technologien (z. B. zur Verarbeitung großer Informationsmengen). Um den Einsatz überhaupt erst führbar zu machen (zweite Führungsleistung) bedarf es der Verringerung der objektiven Komplexität auf ein handelbares Maß. Hierzu dient ebenso die Führungstätigkeit des Organisierens, indem eine Struktur und Abläufe festgelegt werden, die zusammen funktional sind. Letztlich handelt es sich dabei um Systemdesign. Mit dem Training von Stabsarbeit gehen viele Fragen zum Design der Führungsunit einher. Trainer:innen in der Stabsarbeit bedürfen also auch organisationstheoretischer Kompetenzen.

Merke:
Führungssysteme müssen die strukturelle und funktionale Komplexität von Einsätzen wiedergeben können.

1.4 Training zur Entwicklung und Unterhaltung

In diesem Abschnitt werden aus dem Verständnis der Stabsarbeit als stabsmäßige Führung von Einsätzen Handlungsbereiche für das Trainieren desselben abgeleitet. Hieraus ergibt sich der Beitrag als das, was Training in den Stadien der Entwicklung und der Unterhaltung von Führungssystemen leisten kann. Über den gesamten Abschnitt werden dadurch Anforderungen an das Training und an Rolle von Trainer:innen aufgezeigt.

1.4.1 Entwicklungsstadien

Bei weniger weit entwickelten Führungsunits gleicht das Training vielmehr einer »Systementwicklung«. Trainer:innen haben hierbei eher beratende, designende und organisationsentwickelnde Aufgaben. Hierbei stehen erfahrungsgemäß Fragen zur Aufbauorganisation von Einsätzen, zum Zuschnitt von Rollen oder zur Sitzordnung in der Führungsbasis im Vordergrund. Einsatzkonzepte über alle Führungsebenen und zu lateralen Schnittstellen gibt es meist noch nicht. Nicht selten herrscht in diesem Stadium eine gewisse Technologiehoffnung, weil man sich von Softwareanwendungen die Lösung von Problemen verspricht, die eigentlich durch einen höheren Entwicklungsgrad obsolet wären. Vereinfacht könnte man sagen, dass die Vorstellung über Stabsarbeit eher theoretischer Art ist. Nicht selten sind die Einsatzzahlen in diesem Stadium gering, was nicht nur mit dem Ereignispotenzial zu tun haben muss – denn mittelbar dürfte die Bereitschaft zur Eskalation in eine besondere Aufbauorganisation durchaus vom Vertrauen der Verantwortlichen in die Leistungsfähigkeit der Führungsunit abhängen. Aus Sicht eines Managementsystems geht es in diesen Stadien um die Entwicklung, Implementierung und Etablierung von Verfahrensweisen. Aus der Beratungspraxis heraus kann gesagt werden, dass für diesen grundlegenden Entwicklungszyklus »von der grünen Wiese aus« am Beispiel des Krisen-/Verwaltungsstabes einer Kreisverwaltung bei guter Mit- und Zuarbeit im besten Fall drei Jahre aufgewendet werden müssen. In Stäben mit einem überwiegend ehrenamtlich geprägten Personalpool muss mehr Zeit aufgewandt werden.

Mit höherer Entwicklung geht oft, aber nicht notwendigerweise, ein höherer Routinegrad einher. Aus Managementsystemsicht sind die wichtigsten Verfahrensweisen gefestigt und die Etablierung geht über in den kontinuierlichen Verbesserungsprozess. Der Fokus verschiebt sich weg von der Systementwicklung hin zur »Unterhaltung« des Führungssystems. Erfahrungsgemäß verschieben sich Trainingsbedarfe dann in den Bereich der Prozesse, es tauchen neuartige Fragen zur Führung im virtuellen Raum auf, die Führungspersonen wollen eher methodisch vorgehen, das Team stellt höhere Erwartungen an sich und ist in der Lage, mit den bestehenden Aufgabenzuschnitten flexibel umzugehen. Mit zunehmender Elaboration nehmen ungeschriebene Regeln zu und die Stabsmitglieder sind in der Lage, flexibel mit neuen Anforderungen umzugehen. In diesem Stadium kann die Stabsdienstordnung vom theoretischen Dokument zum Kapitel »Ablauforganisation« in einem übergeordneten Managementsystem zur Unterhaltung des Führungssystems werden. Es bildet sich eine Kultur heraus, die einerseits Vorgehensweisen stabilisiert und andererseits für (neue und längere) Stabsmitglieder zur Erklärungsressource wird. Bei weiter entwickelten Führungsunits kann eher im Wortsinne von »Training« als Kompetenzerhalt und -vertiefung gesprochen werden. Trainer:innen haben hier eher eine coachende Funktion. Wo man sich als Coach:in bei der grundlegenden Ausbildung noch allen Stabsmitgliedern gleichsam widmen musste, können nun gezielt schwächere Teammitglieder gefördert werden und mit dem Spitzenpersonal dessen Handeln reflektiert werden. Zur Unterhaltung eines gut entwickelten Führungssystems einer Kreisverwaltung (administrativ-organisatorische und operativ-taktische Komponente) wird bei einer externen Trainerrolle erfahrungsgemäß ein Stellenanteil von mindestens 0,75 Vollzeitäquivalenten (VZÄ) als notwendig erachtet. Bei hochentwickelten Führungssystemen von Hochrisikoorganisationen wie Chemieparks oder Luftfahrtunternehmen werden je nach Größe zwei bis fünf VZÄ aufgewendet, wobei solchen Stellen teilweise auch die grundlegende Ausbildung und eine gewisse Trainingsfunktion zugeordnet ist. Zum Kompetenzerhalt und zur Weiterentwicklung einer Führungsunit, wie etwa einer Technischen Einsatzleitung/eines Führungsstabes eines Landkreises, werden auf Erfahrungsbasis aus der Begleitung mehrerer Stäbe heraus unter guten Rahmenbedingungen für Stabsmitglieder gemeinsam und funktionsspezifisch jährlich jeweils etwa 30 h, für Einsatzleiter:innen und Stabsleiter:innen zusätzlich etwa 6 h sowie für das gesamte Führungssystem über alle Ebenen hinweg

1.4 Training zur Entwicklung und Unterhaltung

zusätzlich ein Systemtest als relevant erachtet, um eine ausreichende Leistungsfähigkeit sicherstellen zu können. Diese Erfahrungswerte können je nach Mutterorganisation, Einsatzhäufigkeit, Leistungsfähigkeit der Alltagsorganisation oder auch wegen normativer Vorgaben abweichen.

Aus der Gegenüberstellung der beiden Entwicklungsstadien wird geschlussfolgert, dass sich der Trainingsbedarf eines Stabes je nach »Reifegrad« des vorgehaltenen Führungssystems unterscheidet. Daraus ergibt sich die Notwendigkeit einer Trainingsbedarfsanalyse, die sich auf Dokumentreviews, strukturierte Gespräche, Arbeitsproben oder Einsatzauswertungen stützen kann. Trainer:innen sind je nach Bedarf des Führungssystems in unterschiedlichen Wissens- und Kompetenzbereichen gefordert. Wünschenswert wäre es, dass durch die Trainerrolle eine ganzheitliche Betreuung gewährleistet werden kann. Trainer:innen können idealerweise das gesamte Spektrum »von der grünen Wiese« über das »unterjährige Training« bis zur »Sicherstellung des Funktionierens des Führungssystems zusammen mit der/dem Stabsleiter:in in einem Einsatz« abdecken.

> **Merke:**
> Vorgehaltene Führungsunits können unterschiedliche Reifegrade haben, die sich qualitativ an der Elaboration (Ausarbeitung, Detailtiefe, Ausdrücklichkeit) bemessen lassen. Es kann grob zwischen Entwicklung und Unterhaltung des Führungssystems unterschieden werden. Aus managementtheoretischer Sicht kann konkreter in Entwicklung, Implementierung, Etablierung und kontinuierliche Verbesserung unterschieden werden. Je nach Reifegrad sind Trainer:innen eher als Entwickler:in oder eher als Coach:in gefordert.

1.4.2 Trainingsgebiete

Der Reifegrad der Führungsunit ist eine systematische Sicht auf die Dinge. Die menschliche Komponente der Stabsarbeit ist damit zwar gekoppelt und deswegen nicht unabhängig davon. Weil der Mensch als Subjekt/Akteur jedoch im Mittelpunkt des Führungssystems steht, sollte dieser Teil des Trainings von Führung und Stabsarbeit unbedingt im Vordergrund stehen. Hierbei gilt es, individuelle und kollektive Bedarfe zu unterscheiden.

Bezogen auf die einzelne Führungsperson können drei Trainingsgebiete identifiziert werden. Durch eine grundlegende Ausbildung gilt es, unscharf »Rollenklarheit« herbeizuführen um das vorgesehene Aufgabengebiet inhaltlich (strategisch-vorgehensmäßig) abdecken zu können. Beispielsweise sollen die Aufgaben des Lagezentrums in einem Polizeiführungsstab selbstständig wahrgenommen werden können. Mit zunehmenden Fortschritt kommen allgemeine Führungsmethoden hinzu, um der eigentlichen Anforderung an die stabsmäßige Einsatzführung entsprechen zu können. Beispielhaft soll die Leitung des Stabsbereichs Einsatz die Methode der Optionsentwicklung und Handlungsplanung auf neue Fälle übertragen und anwenden können. Mit der Anwendung der Werkzeuge der Stabsarbeit werden Schnittstellen überhaupt erst »erlebbar«: Im grundlegenden Bereich der Rollenklarheit »macht der S2 die Lage«. Wo im Fortgeschrittenen mit Werkzeugen gearbeitet wird »führt der S2 bei der Vorhersage die Feder und liefert dem S3 zur Machbarkeitsprüfung die Schlüsselinformation«. Im fortgeschrittenen Bereich werden theoretische Schnittstellen also mit einer systematischen (weil methodischen) Arbeitsweise zum Leben erweckt. Dadurch wird der Zugang zu einer vertieften Systemkenntnis des Führungssystems eröffnet. Dabei geht es um die Zusammenhänge, Abhängigkeiten und Wechselwirkungen. So sollen die Inhaber:innen der Rollen Stabsleitung und Arbeitsbereichsleitungen in der Lage sein, in laufenden Einsätzen potenzielle Schwachstellen in der Prozesslandschaft vor dem Sichtbarwerden im Einsatz zu erkennen und diese durch Reorganisation zu beheben. Dieser Fähigkeit kommt angesichts der heutigen und künftigen objektiven Komplexität von größeren und größten Einsätzen zunehmende Bedeutung zu. Diese drei Trainingsgebiete der Aufgabenwahrnehmung, der Methodenanwendung und der Systemkenntnis zielen eher auf die einzelne Führungsperson als Individuum. Sie können im grundlegenden Bereich sicherlich gut zentral und übergreifend ausgebildet werden, wie es beispielsweise in Einführungslehrgängen in die Stabsarbeit möglich ist. Im fortgeschrittenen Bereich gewinnen die genauen Festlegungen in der jeweiligen Führungsunit und somit die Zusammenarbeit jedoch sehr rasch an Bedeutung. Daraus ergibt sich das Erfordernis des Kompetenzerwerbs im jeweiligen Arbeitsumfeld bzw. im Rahmen der eigenen Führungsunit.

Die individuellen Trainingsgebiete vereinen sich in zwei kollektiven Gebieten, die ebenso in ein grundlegendes und ein fortgeschrittenes Level unterschieden werden können. Als Basis gilt es, aus den Stabsmitgliedern ein Team zu formen und dieses trotz Zu- und Abgängen im Personalpool zu erhalten. Neben der reinen Zusammenarbeit als Gruppe kommt der Etablierung einer förderlichen Arbeitskultur mit all ihren Bestandteilen eine große Bedeutung zu. Erfahrungsgemäß kann ein/e Trainer:in diesen Bereich nicht alleine abdecken, weswegen sich eine Teamleitungsrolle empfiehlt. Mit zunehmender Reife der Führungsunit geht es im gemeinschaftlichen Bereich letztlich darum, das Führungssystem »zum Funktionieren zu bringen«. Um es

1.4 Training zur Entwicklung und Unterhaltung

insbesondere in größeren und größten Einsätzen auch funktionsfähig zu halten, bedarf es der Anlage einer generischen Weiterentwicklungsfähigkeit, die sich aus den individuellen Fähigkeiten speist. An dieser Stelle wird der Beitrag von Training in Führung und Stabsarbeit sichtbar: Es geht darum, Führungspersonen dazu zu befähigen, Führungsunits zum Funktionieren zu bringen.

Lerneinheiten aus individuellen und kollektiven Trainingsgebieten bzw. auf grundlegendem und fortgeschrittenem Level können grundsätzlich in physischer oder in virtueller Präsenz stattfinden. Dabei gilt, dass das Format bedarfsgerecht sein muss und zum Lern- bzw. Kompetenzziel passen muss. Im grundlegenden Bereich sollte die individuell erfahrene Intensität höher sein, was erfahrungsgemäß in physischer Präsenz besser funktioniert. Wo es im (sehr!) fortgeschrittenen Bereich um das (sehr!) spezielle Kompetenzziel einer kollektiven Zusammenarbeit in einer Lagebesprechung per Videokonferenz geht und auf Vorerfahrungen aufgebaut werden kann, ist ein virtuelles Format angemessen.

Merke:
Das Training von Führung bezieht sich eher auf die Führungsperson. Das Training von Stabsarbeit bezieht sich eher auf das Kollektiv der Stabsmitglieder. Die Trainingsleistung ist es, eine gegebene Führungsunit zum Funktionieren zu bringen. In niedrigeren Entwicklungsstadien darf der Stab im Training nicht überfordert werden, weswegen manche Fragestellungen/Kompetenzen zu Beginn des Entwicklungszyklus hinten angestellt werden dürfen.

Die Inhalte von Einsätzen und die Umsetzung von Vorhaben als Ausführungsleistung werden in diesem Buch nicht betrachtet. Beide Konstrukte sind abhängig von den gesteuerten Zielsystemen und den Mutterorganisationen der Stäbe und damit nicht universal. Die Beschäftigung mit diesen Themen fällt eher in den Bereich der Einsatzstrategien und -taktiken und ist daher Inhalt von Standards der jeweiligen Organisationen. Wünschenswert wär es, dass diese Inhalte in allen Einsatzorganisationen nachvollziehbar über »Einsatzkunde« abgedeckt werden könnten. Diese Abgrenzung ist wichtig, aber sie stößt mehr oder weniger schnell an Grenzen. Zwar kann man sich gut mit Führung als universalem Konstrukt beschäftigen. Ab einem gewissen Punkt kommt man jedoch nicht umhin, sich mit dem »was« geführt wird zu befassen – also über das Vorgehen in bestimmten Situationen oder über die Zusammenarbeit mit nachgeordneten Stellen.

1 Einführung in Führung und Stabsarbeit

In diesem Buch wird lediglich der Führungsakt betrachtet, weil es sich für die Ausbildung und das Training von Führungspersonen empfiehlt, »das Führen« (Tätigkeit) vom »Einsatz« (Inhalt) an sinnvollen Punkten zu trennen und bei entsprechendem Lernfortschritt zusammenzuführen. Durch das bewusste Auseinanderhalten von allgemeiner Methodik und konkretem Vorgehen kann eine differenzierte Anschauung gewährleistet werden. Dadurch wird vermieden, dass das »Was« das »Wie« überlagert. Zudem hilft dieser übergeordnete Blick, um problematische Konstellationen erkennen und das Handeln anpassen zu können. Weil sich Trainings neben den Methoden der stabsmäßigen Führung immer auch um die Inhalte von Einsätzen drehen, kommen Trainer:innen nicht umhin, sich Wissen zu Strategien, Taktiken und dem zu steuernden Zielsystem anzueignen.

1.5 Ganzheitlicher Blick

In diesem Abschnitt werden zunächst überblicksartig einige theoretische Ansätze vorgestellt um Stäbe und Stabsarbeit systematisch modellieren zu können. Darüber werden die Abläufe als geeigneter Zugang für das Training herausgearbeitet. Im letzten Teil werden die zentralen Punkte des Kapitels im ganzheitlichen Ansatz des systematischen Führungssystems zusammengeführt und der Nutzen desselben für das Training aufgezeigt.

Für Wissenschaft und Training bedarf es allgemeiner und allgemeingültiger Modelle. Solche Modelle sind vereinfacht gesagt Darstellungen in abstrakter Form, die den Betrachtungsgegenstand formalisieren. Das wohl einfachste Modell um einen Stab formal darzustellen ist ein »Input-Output-Modell«. Seine Aussagekraft stößt allerdings schnell an Grenzen. Ohne Beschreibung der inneren Mechanismen bleibt buchstäblich im Dunkeln, wie der Input verarbeitet wird, weswegen ein solches Modell auch als »Black-Box-Modell« bezeichnet wird.

Zur formalen Darstellung von Delegation, Arbeitsteilung und der inneren Struktur des Stabes eignet sich ein Strukturorganigramm. Als Hierarchie stellt es die Über- und Unterordnung dar und nimmt über die umfassten Inhalte Abgrenzungen vor. Dieses Ebenen-Modell ist für Vorhaltung, Training und Einsatz gleichermaßen relevant, weswegen es neben einer Erklärungsressource ein eigenständiges Werkzeug darstellt. Hierauf wird in ▶ Kapitel 4 eingegangen. Weitere Möglichkeiten zur allgemeinen Darstellung sind etwa arbeitswissenschaftliche Modelle (um die Verrichtung zu erklären), ein Sankey-Diagramm (Visualisierung von Edukten und Produkten), Soziogramme (Darstellung von Interaktion), Punktdiagramme (Abbildung von Interaktionen oder Aktionen) oder auch die schematische Modellierung

1.5 Ganzheitlicher Blick

eines digitalen Zwillings des Stabes. Diese Möglichkeiten haben zwar auch realisierende Anteile, es überwiegen jedoch eher statische Elemente. Vorgänge und Abläufe in der Stabsarbeit lassen sich formal am ehesten als Prozessmodelle, Flow-Charts oder generell Harmonogrammen darstellen. Die jeweilige Darstellungsform hängt vom Erkenntnisinteresse ab.

Auf Basis vieler Ereignisanalysen kann konstatiert werden: In Einsätzen kommt es auf die Abläufe an, weil sich darin einerseits die Vorhaben realisieren und sich durch geschickte Abläufe auch eigentlich ungünstige Strukturen kompensieren lassen. Die Abläufe in Organisationen verbinden die Personen, Elemente und Güter miteinander. Prozesse als Sekundärorganisation werden auch als Funktion bezeichnet, was über den Wortstamm zu den Anforderungen führt: Prozesse in Stäben müssen funktionieren und sie müssen funktional sein. Die Abläufe sind daher der wohl am besten geeignete Ansatz, um Führung und Stabsarbeit verstehen und trainieren zu können.

In diesem Buch wird die Perspektive der »Gesamtheit der Abläufe im Stab während der Arbeit« eingenommen. Während dem Arbeiten eines Stabes läuft das in ▶ Kapitel 1.2 aufgezeigte Prozessbündel aus acht bzw. neun einzelnen Prozessen ab. Diese sind quasi übergeordnete theoretische Arbeitsabläufe, die in jedem Stab zu finden sind. Diese Abläufe finden nicht immer sequenziell statt (nacheinander), sondern können auch parallel (zeitgleich), iterativ (wiederkehrend) oder in speziellen Phasen (z. B. zur Entwicklung und Implementierung eines neuen Stabes, während gerade stattfindender Stabsarbeit oder in einer angespannten

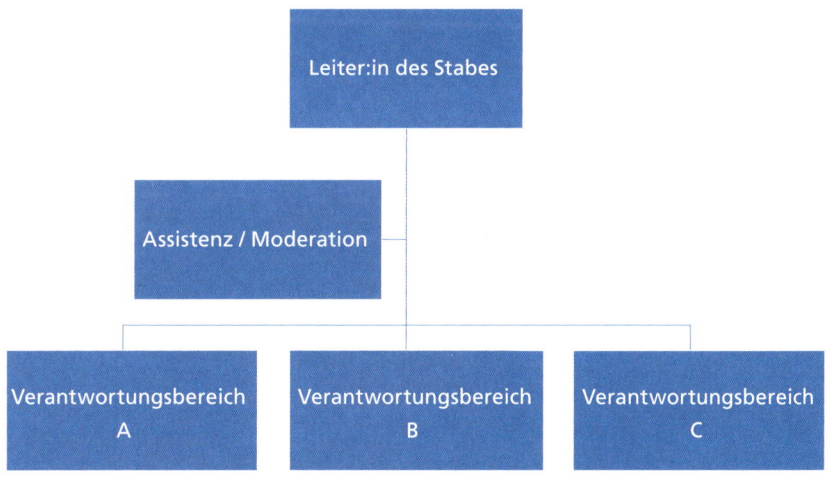

Bild 4: *Stab als Hierarchiemodell (Blick nach innen, ohne Einsatzleiter:in)*

1 Einführung in Führung und Stabsarbeit

Teamarbeitsphase) ablaufen. Die Aspekte haben dabei Überschneidungen, weswegen sie nicht immer ganz klar getrennt werden können. Diese Prozesse können jeweils mit etablierten wissenschaftlichen Modellen erklärt werden, sodass durch diese prozessuale Darstellung das eigentliche Arbeiten eines Stabes erklärbar gemacht wird. Insgesamt stellt dieses Prozessbündel die theoretischen Ansatzpunkte für Ausbildung und Training, für Ursachenforschungen oder allgemein für die (Neu-)Entwicklung von Stäben und Führungssystemen bereit. An ihnen sind die vorgestellten technischen Fähigkeiten (Werkzeuge der Stabsarbeit), die nicht technischen Fähigkeiten (förderliche Verhaltensweisen) und der Beobachtungsleitfaden zur Evaluation des Funktionierens des Stabes und des Vorgehens der Führungsperson

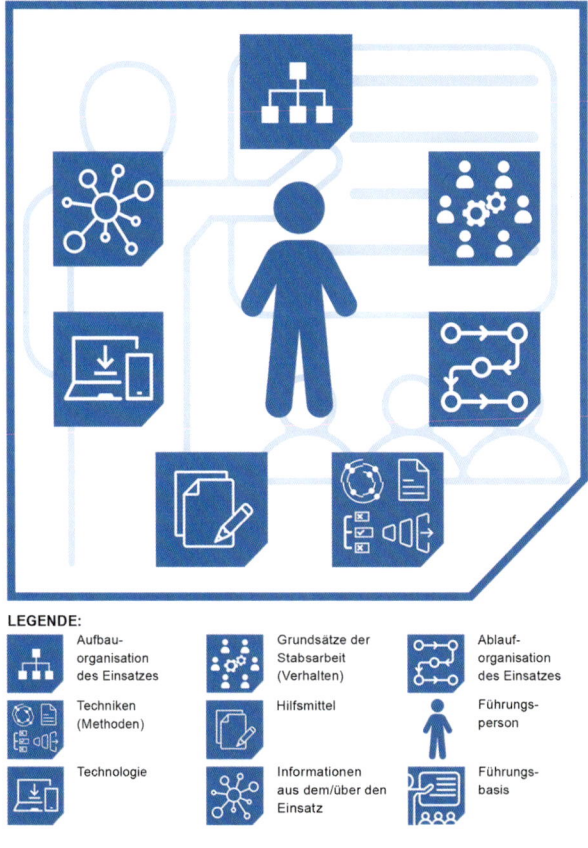

Ein vollständiges Führungssystem besteht aus der Führungsperson, den Inhalten, Führungsmitteln (Techniken, Technologien, Hilfsmittel), der Organisation (Aufbauorganisation, Ablauforganisation, praktische Übung) und der Führungsbasis.

Bild 5: *Objektmodell eines vollständigen Führungssystems*

LEGENDE:
- Aufbauorganisation des Einsatzes
- Grundsätze der Stabsarbeit (Verhalten)
- Ablauforganisation des Einsatzes
- Techniken (Methoden)
- Hilfsmittel
- Führungsperson
- Technologie
- Informationen aus dem/über den Einsatz
- Führungsbasis

1.5 Ganzheitlicher Blick

ausgerichtet. Weil die Prozesse in jedem Führungssystem vorkommen, sind sie ein universaler und gleichzeitig entscheidender Zugang. Über sie ist es darüber vereinfacht gesagt möglich, »jeden Stab zum Funktionieren zu bringen«.

Diesem Buch liegt ein ganzheitlicher Ansatz zugrunde. Es ist der Anspruch, alle günstigen und ungünstigen Konstellationen erklären zu können. In Einsätzen soll das in Trainings Gelernte reproduziert werden können, beispielsweise wie mittels eines Zeitstrahls Zeitvorteile erarbeitet wurden und damit umgangssprachlich vor die Lage gekommen wurde. Es soll in Training und Einsatz nachvollzogen werden können, wie es etwa aufgrund einer zwischenmenschlichen Störung zu inhaltlichen Missverständnissen und damit zu mangelhaften Führungsleistungen gekommen ist. Im einen Fall kann die Ursache in Werkzeugen und im anderen Fall in Human Factors liegen. Wo eine Theorie »die Führungsmittel« und »den Mensch« als Erklärungsressourcen nicht bereitstellt, ist sie ein stückweit unvollständig. Daher werden Stäbe als Ganzes und damit mit all ihren Elementen in einem gemeinsamen Kontext als »sozio-technisches System« verstanden.

In Fortführung der Einsatzführungstheorie wird ein Führungssystem zum Zwecke der Systematisierung definiert als das »Führende System im Einsatz« aus folgenden fünf wesentlichen Elementen mit sechs darunterliegenden Teilelementen. Es wird veranschaulicht im theoretischen Objektmodell eines vollständigen Führungssystems in Bild 5.

1. Führungsperson (steht für selbstgesteuerte menschliche Intelligenz und ist damit Kernelement für Initiative und Konation, als Transmitter von Inhalten),
2. Inhalte (Informationen als Güter),
3. Führungsmittel (Instrumente zur Realisierung von Prozessen)
   - 3.1 Techniken (Werkzeuge, Methoden),
   - 3.2 Technologien (Anwendungen, Mittel für Kommunikation und Informationsverarbeitung),
   - 3.3 Hilfsmittel
4. Organisation
   - 4.1 Aufbauorganisation (Struktur, zur Absorption von Komplexität)
   - 4.2 Ablauforganisation (Prozesse, zur Verarbeitung von Inhalten)
   - 4.3 Praktische Übung (Führungsphilosophie, Kultur, informelle Aspekte)
5. Führungsbasis (örtliche Führungsstelle, virtuelle Arbeitsumgebung, räumliche Systemgrenze)

Der Mensch wird als Element im Zentrum dargestellt, weil er bei der Stabsarbeit im Mittelpunkt steht. Er ist (derzeit) das einzige intelligente Element, welches zu Bewusstsein fähig ist und daraus Initiativen ergreifen kann. Die verantwortliche Instanz ist faktisch ein menschlicher Verantwortungsträger, der für Erfolg und Misserfolg einstehen muss. Weil Stäbe von der Idee her ein Mittel zur Kapazitätserhöhung sind, muss die Kapazität permanent mitgedacht werden. Daher sind der Mensch als Individuum mit seiner persönlichen Leistungsfähigkeit und die Menschen als Kollektiv mit ihrer Leistungsfähigkeit als Gruppe limitierende Faktoren. Die Einsatzführungstheorie und so auch dieses Buch sehen den Mensch daher im Mittelpunkt von Theorien zur Führung.

> **Merke:**
> Der Mensch steht in der Mitte der stabsmäßigen Einsatzführung. Er ist das Schlüsselelement für funktionierende Stäbe. Dem Verhalten von Führungspersonen kommt daher höchste Bedeutung zu. In Einsätzen kommt es auf die Abläufe an, weil sich darin Führung und Ausführung realisieren. Im Training von Führung und Stabsarbeit geht es zu großen Teilen um Anwendung, Verhalten und Abläufe.

Das Objektmodell des vollständigen Führungssystems basiert auf dem »Mensch-Maschine-Umwelt-System« (Spektrum, 2023), welches gelegentlich auch noch um die »Organisation« erweitert wird. Das Modell stammt aus dem Bereich der angewandten Psychologie und liegt beispielsweise der Arbeitsplatzgestaltung hinsichtlich des Zusammenwirkens von Mensch und Maschine zugrunde. Dabei werden auch eher ungünstige Umweltfaktoren wie ablenkende Geräusche, wenig Schlaf oder hohe Erwartungshaltungen mit einbezogen (Stressoren). Im Umkehrschluss können auch Umweltfaktoren dargestellt werden, die den Mensch in seiner Arbeit unterstützen wie z. B. Beleuchtung und Klima. Weil mit diesem Modell die Interaktionen der Menschen in ihrer Arbeitsumgebung gut veranschaulicht werden können, eignet es sich, um einen Stab in einer einfachen Form zu formalisieren (allgemein in abstrakter Form dazustellen). Da sich vom Menschen als Systemelement menschliche Faktoren ableiten lassen, können mit diesem Modell auch gewisse unerwünschte Handlungen erklärt werden. Um speziell das Verhalten von Menschen im Stab zu erklären, eignet sich das Wissensgebiet der »Human Factors«. Darunter werden kognitive, psychische und soziologische Einflussfaktoren verstanden. Human Factors sind sehr erkenntnisreich, aber sie reichen allein für die Erklärung des »Arbeitens im Stab« nicht aus. Mit dem Mensch-Maschine-Umwelt-System und den Human Factors können bis hierher der Rahmen (System) und das Verhalten des Hauptakteurs (Mensch) eines Stabes erklärt werden.

1.5 Ganzheitlicher Blick

Als »Führungsmittel« werden Instrumente verstanden, mit denen sich der Führungsakt durch das Handeln der Führungsperson realisiert. Sie können dreifach unterschieden werden. Der erste, eher handwerkliche Bereich sind »Werkzeuge«. Sie können auch als Methoden, Techniken oder generische Vorgehensweisen bezeichnet werden. (z. B. Modelle zum Problemlösen, Zeitstrahle, Planungsinstrumente). Sie werden eher manuell angewendet. Die zweite Unterkategorie umfasst »Technologien«, mit denen etwas operationalisiert wird. Dies können Anwendungen (z. B. Formvordruck, Software), Mittel zur Kommunikation und Informationsverarbeitung (z. B. Taschenrechner, Smartphone, Computer, Projektor, Smartboard) oder auch die Ausstattung der Führungsbasis sein. Technologien können mehr oder weniger automatisiert sein. Der dritte Bereich sind »Hilfsmittel« wie z. B. Bleistift und Papier oder transparente Schreibtischunterlagen, um Rollenkarten als »Spickzettel« bereitzuhalten. Hilfsmittel können je nach Anschauung auch zu Werkzeugen oder Technologien gezählt werden. Eine trennscharfe Unterscheidung ist nicht immer möglich, weil die drei Bereiche beispielsweise in Produktivitätsumgebungen wie digitalen Workspaces zusammenfallen. Wichtiger als die Unterscheidung sind die Anforderungen, die an Führungsmittel gestellt werden. Sie müssen so beschaffen sein, dass sie durch die Führungsperson (manuell) oder durch Automaten wie Computer (Automation) angewendet werden können. Mit ganzheitlichem Blick auf die Leistungsfähigkeit sind die Führungsmittel geeignet, wenn das Führungssystem mit ihnen in der Lage ist, unter bestimmten Bedingungen mindestens ausreichende Führungsleistungen zu erbringen.

Literaturtipps: Hintergrundwissen zu Stäben und Human Factors:
- Rudi Heimann; Gesine Hofinger (Hrsg.): Handbuch Stabsarbeit, Springer, 2022.
- Michael St. Pierre, Gesine Hofinger (Hrsg.): Human Factors und Patientensicherheit in der Akutmedizin, Springer, 2020.
- Benjamin Severin; Jörg Schmidt: Krisenmanagement der Stadt Köln, in: BRANDSchutz/Deutsche Feuerwehr-Zeitung, 10/2016.

»Ganzheitlichkeit« zeigt die Notwendigkeit zur gesamthaften Betrachtung auf. Gleichzeitig ermöglicht sie, das Ganze in seine Teile zu zerlegen. Hieraus ergeben sich für das Training Möglichkeiten zur gezielten Auswahl von Elementen. Das Training der Stabsarbeit als Ganzes ist theoretisch nicht unmöglich. In der Praxis können jedoch nie alle notwendigen Fähigkeiten, Prozesse und fachlichen Fragestellungen gleichzeitig adäquat berücksichtigt werden. Die technischen, nicht-technischen und fachlichen Fähigkeiten sollten deswegen schwerpunktmäßig in speziellen Lerneinheiten trainiert werden und in darauffolgenden Übungen zusammengeführt werden. ▶ Bild 6 zeigt die Unterscheidung der Fähigkeiten für Führung und Stabsarbeit überblicksartig und stellt persönliche Aspekte mit dar. Ob in einem Führungssystem das Level gut funktionierender Abläufe erreicht werden kann, hängt von allen vier Bereichen ab. Einsatzanalysen zeigen, dass jeder Punkt gleichermaßen ein K.-o.-Faktor sein kann. So können etwa die Werkzeuge beherrscht werden, das Verhalten angemessen und die berufsständige Kompetenz gegeben sein – aber unangemessene persönliche Einstellungen gegenüber der Aufgabe können die Führungsleistung stark mindern. Die Redewendung »Skill versus Attitude« bringt dieses Spannungsfeld auf den Punkt und deutet die Relevanz von Personalauswahl (aus einer Grundgesamtheit – wenn möglich) oder die Personalabwahl (Entsetzung aus einem Stab – wenn erforderlich) an. Im ▶ Kapitel 3 und 4 werden die notwendigen Werkzeuge und dazugehörige Verhaltensweisen vorgestellt und erklärt, wie man diese trainieren kann.

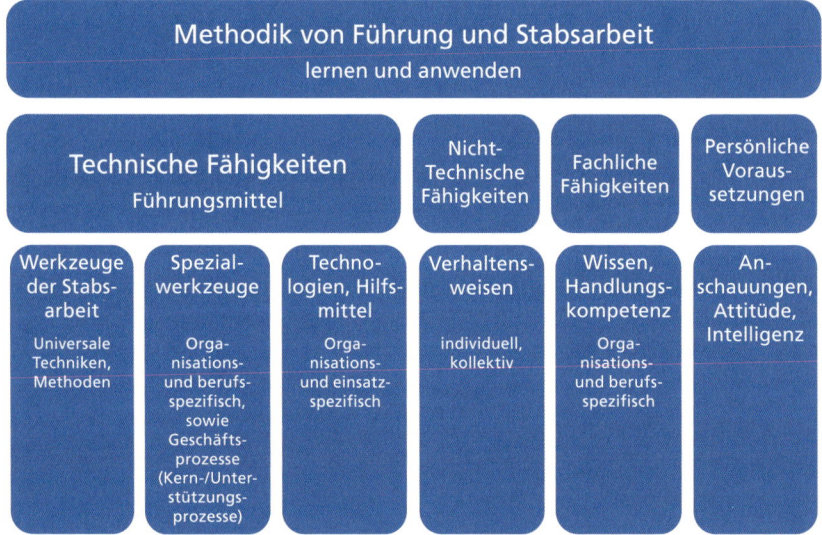

Bild 6: *Unterscheidung von Fähigkeiten, Fachwissen und Voraussetzungen für Führung*

Gutes Stabstraining hat zum Ziel, die Elemente eines Führungssystems miteinander in Form der Abläufe zu verbinden, darüber eine vorgehaltene Führungsunit zu einem funktionierenden Führungsorgan zu bringen und schlussendlich die Stabsmitglieder dazu zu befähigen, in ihrer Rolle als verkörperte höchste Instanz in einem Einsatz die

1.5 Ganzheitlicher Blick

Voraussetzungen für den Einsatzerfolg zu schaffen. Ohne Training bleibt ein Stab sinnbildlich ein Konglomerat mehr oder weniger lose verbundener Elemente, die nicht wirklich als Ganzes zusammenwirken. Dieses Buch kann nur Anregungen geben. Es enthält keine Patentlösung. Jeder Stab bzw. jede Organisation muss für sich eine bedarfsorientierte Strategie der differenzierten Integration, Spezifizierung oder auch Automatisierung der vorgestellten Methoden finden.

Die zahlreichen Einsatzbeispiele aus der Einsatzführungstheorie belegen die Wichtigkeit der Erarbeitung von Zeitvorteilen und von funktionierenden Aufbau- und Ablauforganisationen. Auch jüngere Einsatzanalysen zeigen, dass einige wenige Methoden ausreichen, um bei der Einsatzführung »das Richtige« zu tun. Diese Methoden werden in diesem Buch als Werkzeuge bezeichnet. Es wäre allerdings zu kurz gegriffen, die stabsmäßige Einsatzführung auf elf Werkzeuge zu reduzieren. Für ein Stabsmitglied in mitarbeitender Funktion mag es ausreichend sein, den Werkzeugkasten zu beherrschen. Die Stabsleitung und die Einsatzleitung benötigen darüber hinaus ein großes Hintergrundwissen zum Führungssystem, um es laufend an den konkreten Einsatz anpassen zu können und an seinen Stellschrauben die Leistungsfähigkeit modulieren zu können. Jede Führungsperson muss die vier wesentlichen Führungstätigkeiten beherrschen (Orientieren von Personen, Entscheiden, Organisieren von Elementen, Koordinieren von Abläufen). Und alle Personen müssen sich über ihre Rolle klar und sich der Stellung des Stabes gewahr sein (Systemkenntnis haben). Die Rolle wiederum hängt vom Aufgabenzuschnitt und somit von der Organisationsgattung ab. Dieses Spektrum zeigt, dass die Anforderungen an das stabsmäßige Führen hoch sind. Die in diesem Buch vorgestellten Werkzeuge bilden so gesehen die Basis für ein zeitgemäßes Verständnis über die stabsmäßige Einsatzführung. Diese Basis muss allerdings in den ganzheitlichen Kontext eingebettet sein.

Die Forschungserkenntnisse des Autors sowie seine Tätigkeit als Stabstrainer und Entwickler von Einsatzführungssystemen zeigen, dass die Güte der Einsatzführung letztlich immer von den handelnden Personen abhängt; die Stärke des Zusammenhangs variiert und hat oft, aber nicht immer etwas mit dem Entwicklungsgrad des Führungssystems zu tun. Die Führungspersonen setzen den Rahmen (designen das System) und schaffen dadurch die Voraussetzungen für Einsätze. Gleichzeitig sind sie im Einsatz die handelnden Akteure und können entweder fehlende Voraussetzungen kompensieren oder das vorgegebene System kolportieren. Im logischen Sinne sind die Führungspersonen daher »kontingent« was bedeutet, dass der Mensch eine Unwägbarkeit darstellt. Deswegen ist es erforderlich, diejenigen Voraussetzungen zu schaffen und Tätigkeiten und Werkzeuge vorzugeben, die zu Effizienz und Effektivität führen (Systemdesign) und gleichzeitig die Führungspersonen dazu anzuhalten, wie vorgesehen zu handeln (Ausbildung und Training von technischen Fähigkeiten und Verhalten gleichermaßen). Man kann sagen: Bei der Einsatzführung kommt es letztlich immer auf den Menschen an. Er muss deswegen im Mittelpunkt des Führungssystems stehen und verkörpert den Schlüssel zu »guter Einsatzführung«. Das Trainieren von Stäben als Entwicklungsarbeit hat daher viele systemische Gesichtspunkte.

Zusammenfassend wird geschlussfolgert, dass der Begriff »Stabsarbeit« in vielerlei Hinsicht zu kurz greift, um Wesen, Zweck und Tätigkeit des Konstruktes bzw. des Phänomens zu beschreiben. Vielleicht hat diese Verkürzung in den letzten Dekaden mit dazu beigetragen, dass Hintergründe verloren gingen und die Tiefe des Wissens in der anwendungsorientierten Ausbildung abnahm. Die Bezeichnung »stabsmäßige Führung von Einsätzen« mit dem Zusatz des Anwendungsbereichs wie »Feuerwehr, Katastrophenbewältigung, Polizei oder in einer Wirtschaftsbranche« wird dem Anspruch und der gesellschaftlichen Bedeutung eher gerecht. Mit dieser Formulierung wird deutlicher, worum es bei der Stabsarbeit eigentlich geht: Es geht um die Steuerung von Missionen, um etwas zu bewirken. Es geht um Führung von Einsätzen in stabsmäßiger Organisationsform. Es geht darum, Stabilität und Kontinuität zu gewährleisten und so mit Störungen im Zielsystem umgehen zu können. Darüber ist Stabsarbeit wesentlicher Faktor von gesellschaftlicher Resilienz. Stabsmäßig führen zu können bedeutet die Sicherstellung von Führungsfähigkeit. Stabsarbeit ist mittelbarer Teil der inneren Sicherheit. Damit ist Stabsarbeit mit Blick auf die deutsche Sicherheitsstrategie von indirekter nationaler Bedeutung. Das vorliegende Buch stellt sich dem daraus resultierenden Anspruch.

Bei allen Eigenheiten in den Anwendungsbereichen und Organisationstypen geht es bei der Stabsarbeit im Kern um Führung. Die Stabsarbeit kann sich also unterscheiden, ist aber als stabsmäßige Führung stets vergleichbar. Daher sind die Methoden des Führens und das Verhalten der Führungspersonen universal. Dieses Buch bietet deswegen Erkenntnisse für Angehörige und Trainer:innen von Stäben aus unterschiedlichen Organisationen.

2 Stabsarbeit | Lernen von Teams mit höchstem Erfolgsanspruch

In diesem Kapitel werden die Erkenntnisse der durchgeführten Studie »Stabsarbeit – Lernen von Teams mit höchstem Erfolgsanspruch« vorgestellt (Gißler und Fiedrich, 2016). Zunächst wird das Studiendesign erläutert. Danach werden erkannte Erfolgsmerkmale vorgestellt und aufgezeigt, was und wie der Wissensbereich der Stabsarbeit lernen kann.

Ziel der 2016 abgeschlossenen Studie war es, Erkenntnisse für die Weiterentwicklung der Stabsarbeit zu gewinnen. Inspiriert wurden diese Forschungen unter anderem durch die H!PE-Formel (vgl. Pawlowsky, 2012) und ihrer zugrundeliegenden Theorien wie etwa die High-Reliability-Theory. Auf Basis einer umfassenden Sichtung dieser Theorien wurde ein exploratives Forschungsdesign entwickelt, um gezielt herauszufinden, was Stabsarbeit von anderen Disziplinen lernen kann. Daraufhin wurden Stäbe von Feuerwehr und des Business Continuity Managements von Wirtschaftsunternehmen, Piloten auf einer Passagierfluglinie, Spitzen-Gourmetköche auf Weltklasseniveau, OP-Teams eines akademischen Lehrkrankenhauses sowie die Crew einer TV Live-Produktion bei ihrer jeweiligen Arbeit beobachtet und befragt. Diese Fallstudien wurden durch Hintergrundgespräche mit erfahrenen Krisenstäben von Feuerwehren, Petrochemie- und Automobilindustrie, mit Ausbildern von Kernkraftwerksfahrern sowie Trainern des Crew Resource Managements aus Militär und Medizin ergänzt. Aus den gewonnenen Erkenntnissen wurden »Erfolgsmerkmale« abgeleitet. Um herauszufinden, ob diese in der Stabsarbeit nützlich sind bzw. mit welcher Methode diese Merkmale überhaupt übertragen werden können, wurden sie in einen Kompetenzkatalog übersetzt. Auf Basis dieses Kompetenzkatalogs wurde eine Schulung entwickelt, um die vier wichtigsten Erfolgsmerkmale auf die Stabsarbeit übertragen zu können. Das so entwickelte Training wurde an drei verschiedenen Stäben getestet (Technische Einsatzleitung der Feuerwehren eines Landkreises; Unternehmenskrisenstab einer der größten Automobilzulieferer an einem Standort mit rund 7 200 Beschäftigten; Unternehmenskrisenstab angesiedelt beim Notfallmanagement eines Chemieparkbetreibers) und wurde nach dem Vier-Ebenen-Modell nach Kirkpatrick und den Prinzipien des Trainingsdesigns nach Merill (vgl. Hagemann, 2011) nach wissenschaftlichen Kriterien umfangreich evaluiert. Der Trainingseffekt wurde bezüglich des Zugewinns bzw. der Veränderung von Wissen, Einstellung und Verhalten gemessen. Es konnte gezeigt werden, dass die

Teilnehmer:innen ihre Kompetenzen erweitert haben und dass diese Kompetenzen für die Stabsarbeit als nützlich beurteilt werden. Die Studie hat den Charakter einer Feldstudie und war theoriegenerierend ausgerichtet. Die Erkenntnisse können aufgrund der Stichprobe nicht als allgemeingültig bezeichnet und als repräsentativ für die Grundgesamtheit aller Stäbe angenommen werden. Die Kernaussagen werden jedoch als von der Studie in die Praxis übertragbar beurteilt und liefern daher die Wissensbasis für dieses Buch.

Die Untersuchung wurde aus der Perspektive des Erfolgsanspruchs durchgeführt indem gefragt wurde, welche Faktoren den Teams in der Stichprobe helfen, ihre Aufgabe erfolgreich durchzuführen. Dazu wurde die sehr heterogene Stichprobe in der semantischen Klammer der »Teams mit höchstem Erfolgsanspruch« (ThE) zusammengefasst. Eine Organisation wird dann als ein ThE verstanden, wenn die mentale Repräsentation der Leistung besagt, dass die interessierten Parteien keinen Teilerfolg zulassen, sondern einen vollen Erfolg erwarten. Stäbe von Gefahrenabwehr oder Krisenmanagement zählen klar zu den ThE. Stäbe verkörpern aufgrund des Handelns im Auftrag für die verantwortliche Stelle die höchste Instanz in Führungssystemen. Sie haben deswegen eine besondere Stellung in der Architektur der Gefahrenabwehr bzw. des Krisenmanagements inne, weil sie buchstäblich das letzte Mittel sind, um ein Schadensereignis abzuwenden oder eine Krise in den Griff zu bekommen. Die Verantwortung für die Stabsmitglieder ist groß. Einerseits haben sie an sich selbst einen hohen Erfolgsanspruch. Dieser kann u. a. aus dem persönlichen Selbstverständnis, aus der Berufung zur Mitarbeit im Stab oder der Außergewöhnlichkeit des Organs resultieren. Andererseits verlassen sich die verantwortlichen Stellen implizit auf die Leistungsfähigkeit des Stabes. So gehen beispielsweise die Leitung einer Berufsfeuerwehr, die standortverantwortliche Leiterin eines Chemieparks oder der Accountable Manager einer Fluggesellschaft schlichtweg davon aus, dass »ihr« Stab ein Ereignis »bewältigt«. Eine überaus hohe Minderleistung oder gar ein Scheitern würde aus (geschäfts-)politischen Gründen nicht akzeptiert werden. Das Versagen eines Stabes würde sehr wahrscheinlich mit dem Versagen des Krisenmanagements und somit der politisch bzw. unternehmerisch verantwortlichen Personen gleichgesetzt. Zusätzlich resultieren aus der fortwährenden Risikominimierung in der Gesellschaft im Allgemeinen immer höhere Erwartungen an die Gefahrenabwehr. Diese zeigen sich zum Beispiel in einem gesteigerten »Serviceanspruch« der Bürgerschaft. Gleiches gilt für die Erwartungen der Kundschaft von Dienstleistungsunternehmen und kritischen Infrastrukturen (z. B. Fluggesellschaft, Reiseunternehmen, Energieversorger) oder Nachbarn und Anlieger von kritisch betrachteten Unternehmensstandorten (z. B. Chemiepark, Industriepark). Ein Zuver-

2.1 Schlüsselerkenntnisse aus der Studie

lässigkeitslevel von »quasi 100 %« (z. B. wenig Toleranz bei Flugverspätungen) und Informationen über das Ereignis »möglichst in Echtzeit« (z. B. bei einem sichtbaren Brand im Produktionsunternehmen) stehen hier symptomatisch für die offenkundig gestiegenen Ansprüche. Diese Erwartungen werden durch eine generell aufmerksame Öffentlichkeit in den sozialen Medien und hierüber auch in Onlinemedien und klassischen Medien verstärkt. Dies tritt erfahrungsgemäß immer dann besonders deutlich zutage, wenn etwas Außergewöhnliches oder Aufsehenerregendes passiert ist. Die medialen Deutungen legen daher zumindest einen der mittelbaren Erfolgsmaßstäbe für die Führung von Einsätzen fest. Zusammenfassend sind die inneren und äußeren Erwartungen an einen Stab also hoch. Der Erfolgsanspruch ist deswegen der gemeinsame Punkt für den Vergleich und die Übertragung der Studienerkenntnisse von den untersuchten ThE auf die Stabsarbeit. Daneben haben Stäbe mit den Teams aus der Studie noch weitere Gemeinsamkeiten und Parallelen mit der High Reliability Theory (Verlässlichkeitssysteme), worauf an dieser Stelle nicht weiter eingegangen wird.

Literaturtipps zu den Ursprüngen der herangezogenen Theorien:
- Charles Perrow: Normale Katastrophen, Campus Verlag, 1992.
- James Reason: Menschliches Versagen, Spektrum, 1994.
- Peter Pawlowsky; Norbert Steigenberger (Hrsg.): Die H!PE-Formel, Verlag für Polizeiwissenschaft, 2012.

2.1 Schlüsselerkenntnisse aus der Studie

In diesem Abschnitt werden die Schlüsselerkenntnisse vorgestellt und ihre Bedeutungen für die Stabsarbeit erläutert. In der Studie wurden insgesamt 53 Erfolgsmerkmale erkannt, von denen der Großteil für die Arbeit von Stäben in unterschiedlich starker Ausprägung relevant ist. Die Merkmale wurden in sechs unterschiedliche Kategorien eingeordnet und haben teilweise Schnittmengen. Folgende Tabelle 2 dient als Überblick.

2 Stabsarbeit | Lernen von Teams mit höchstem Erfolgsanspruch

Tabelle 2: *Ausgewählte Erfolgsmerkmale als zusammengefasstes Ergebnis der durchgeführten Studie*

Merkmalsgruppe	Ausgewählte Merkmale
Erwartungshorizont (11 Merkmale)	▪ Erwartungen an das Team kennen ▪ Erwartbarkeit von Szenarien kennen ▪ Chancen und Risiken des Handelns kennen ▪ Kritische Wendepunkte prospektiv erkennen können
Lagebewusstsein (7 Merkmale)	▪ Ziel des Handelns kennen und dieses für alle sichtbar visualisieren ▪ Wissen über Ressourcen, Aufgaben, Interaktion und Eigenschaften der Teammitglieder ▪ Ein gemeinsames »Big Picture« haben
Innerer Regelkreis (5 Merkmale)	▪ Eigenes Potential (Voraussetzungen), Prozess (Abläufe) und Ergebnis des Handelns kennen ▪ Grenzen des eigenen Handelns kennen ▪ Eindeutige, verständliche und unmissverständliche Kommunikation
Führungskultur (10 Merkmale)	▪ Besetzung und Wirkung von Schlüsselfiguren ▪ Speaking-Up (Wortmeldung und Minderheitsmeinung unter Autoritäten oder in der Gruppe) ▪ Abgestufte Entscheidungskompetenzen ▪ Leadership und Führung mit Auftrag
Entscheidungsfindung (6 Merkmale)	▪ Angemessenes Einsetzen-Können von intuitiven Entscheidungen ▪ Anwenden-Können eines rationalen Entscheidungsfindungsmodells ▪ Eigene Regeln und Prinzipen kennen
Teamkultur (14 Merkmale)	▪ Rahmenbedingungen der Mutterorganisation ▪ Umgang mit zwischenmenschlichen Konflikten und Aufgabenkonflikten ▪ Learning on the Job durch Reflexion

Einige der erkannten Erfolgsmerkmale konnten zum Studienzeitpunkt in der Praxis bereits beobachtet werden. Zum Beispiel wird das gemeinsame »Big Picture« (gemeinsames Bild in den Gedanken der Teammitglieder quasi als leitendes Bild) durch die Lagedarstellung gefördert, in Polizeistäben sind Entscheidungskompetenzen oft sehr klar geregelt und Unternehmenskrisenstäbe kennen die kritischen Punkte ihrer Produktionsprozesse in der Regel sehr gut. Diese Merkmale sollten

2.1 Schlüsselerkenntnisse aus der Studie

bewahrt und bestärkt werden (Systemkenntnis vom gesteuerten Zielsystem). Es kann allerdings gesagt werden, dass zum Studienzeitpunkt, wie auch heute, die meisten der erkannten erfolgsförderlichen Merkmale in Praxis oft nur in unausgesprochener Form, in Ansätzen oder sogar gar nicht zu beobachten sind. Das bedeutet, dass die Domäne der Stabsarbeit als Wissensbereich von den Teams anderer Disziplinen wichtige Dinge lernen kann. Dabei muss klar gesagt werden, dass diese Diagnose keinesfalls für alle Stäbe pauschalisiert werden kann. Dem Autor sind sehr wohl auch hochentwickelte Führungssysteme mit Stäben beeindruckender Performanz bekannt. Daher sollte jede:r Lesende selbst urteilen und ableiten, welche Gesichtspunkte relevant sind.

Im Vergleich mit den beobachteten Teams und im Vergleich mit allgemeinen Erkenntnissen aus der Human Factors-Forschung wird Wissen zu menschlichen Faktoren in der Stabsarbeit deutlich weniger beachtet. Die Alltagsorganisationen von Stäben sind insbesondere bei Einsatzorganisationen und Verwaltungen stark hierarchisch geprägt. Die Auswirkungen dieser Hierarchien können bis in die Stäbe (als Besondere Aufbauorganisation) reichen, was zu sog. Autoritätenhörigkeit, zur Unterdrückung von Meinungen und im weitesten Sinne zu schlechten Teamleistungen führen kann. Hierzu gehört auch eine Kultur für unvoreingenommene und ergebnisoffene Diskussionen. Daran schließen sich Lagebesprechungen an, die etwa wegen schlechter Vorbereitung und unspezifizierten Teilnehmerkreisen nicht selten als langweilig und ziellos empfunden werden und von Störungen durch Telefon und E-Mail geprägt sein können. Es kann nicht davon ausgegangen werden, dass im Stab immer alle Teammitglieder die notwendige gleiche Vorstellung vom gemeinsamen Ziel haben. Das ist einerseits eine Frage des Situationsbewusstseins. Andererseits scheinen Stäbe oft in Vermeidungszielen wie »es soll besser werden« oder undefiniert wie »wir wollen die Gefahr abwehren« zu denken. Positive Zieldarstellungen in messbaren und erreichbaren Formulierungen sind sehr selten zu beobachten. Insbesondere in Übungen muss »schlechte Kommunikation« häufig als Erklärung für Missverständnisse, zwischenmenschliche Spannungen oder sogar fachliche Fehler herhalten. Im Vergleich zu den Teams in der Studie wird in der Stabsarbeit meist nicht nach tiefer liegenden Ursachen für die beispielhaft beschriebenen Störungen gesucht.

Der gesamte Bereich von Ausbildung und Training in der Stabsarbeit scheint auf Basis der Studie Verbesserungspotential bezüglich der eingesetzten Lernmethoden zu haben. Dies wurde bei der Beobachtung von Piloten bei einem Recurrent Training auf einer Passagierfluglinie und bei einem Crew Resource Management-Training (CRM-Training) für Operationsteams im Krankenhaus besonders deutlich. Je nach Stab scheinen die Rolleninhaber ein unklares Verständnis von ihrer Aufgabe und eine geringe Sensibilität für die Bedarfe ihrer Teammitglieder zu haben. Bei der Beobachtung von Stäben sind immer wieder Personen zu bemerken, die sich nicht einbringen. Im Umkehrschluss weist dies auf Stabsleiter:innen und Trainer:innen hin, die es nicht schaffen, alle Ressourcen ihres Teams zu aktivieren. Das ist einerseits ein wichtiger Punkt der Teamarbeit, andererseits aber auch ein wesentlicher Aspekt der Lernkultur. In Stabsübungen und -trainings finden kaum strukturierte Nachbesprechungen (sog. After-Action-Reviews, ▶ Kapitel 3.2.2) unter Leitung von kundigen Trainierenden statt. Dahingegen sind in der Luftfahrt, im Kraftwerksbereich und verstärkt auch in der Medizin Methoden aus dem CRM wie der Experiential Learning Cycle oder das Double-Loop-Prinzip (▶ Kapitel 3.2) elementarer Bestandteil der Lernkultur und des didaktischen Rüstzeugs von Ausbildenden und Trainierenden. In Stabstrainings kommen Simulationen von Einsätzen als Lernfälle zur Anwendung. Die Autoren des »Handbuchs Simulation« stellen fest: »*Simulationstrainings, die ohne Fokus auf Human Factors und Crew Resource Management (CRM) durchgeführt werden, entsprechen nicht mehr dem aktuellen Stand der Wissenschaft*« (Rall und Oberfrank, 2016). Die Lernmethode der Simulation hat sich auch in der Stabsarbeit bewährt und sollte auch hier unbedingt mit Fokus auf die menschlichen Faktoren angewendet werden. Im Vergleich mit den beobachteten ThE wird durch die in der Stabsarbeit verbreiteten Ausbildungs- und Trainingsmethoden das Lernen weniger stark ermöglicht. Dabei scheinen Stäbe immer wieder unsensibel für die sog. nichttechnischen Kompetenzen (förderliche Verhaltensweisen) und sehr fokussiert auf fachliche Kompetenzen (z. B. berufsständische Kompetenzen für die Feuerwehr) zu sein. Eher »weichen« Aspekten wie der Trennung von Wahrnehmung und Interpretation oder einer unmissverständlichen Ausdrucksweise wird vergleichsweise wenig Aufmerksamkeit gewidmet. Eine plausible Erklärung hierfür können die jeweiligen Kulturen in Einsatzorganisationen sein. Darüber hinaus scheinen Stabsübungen zumeist mit sehr detaillierten Einsatzsimulationen stattzufinden. Es scheint dabei ein verbreiteter Anspruch zu sein, dass möglichst »realistisch« geübt wird. Das bedeutet, dass in Stabsübungen das gesamte Prozessbündel (▶ Kapitel 1.2) gleichzeitig trainiert wird. Dabei steht Lernen (Verstehen, Weiterentwickeln, künftige Fehler vermeiden) oft nicht im Vordergrund, sondern das Üben (Prozeduren ablaufen lassen, Funktionsfähigkeit erhalten). Das jeweilige individuelle Lernergebnis des Einzelnen dürfte hierdurch eher gering sein. Es stellt sich daher die Frage, in welchen Gefäßen in der Stabsarbeit stattdessen gelernt werden soll, wenn das Gefäß der verbreiteten Übungen eher weniger geeignet ist. Hinzu kommt, dass gerade in Übungen viel Wert auf umfangreiche Simulationen gelegt wird, wobei eigentlich klar ist, dass die Realität nie simuliert werden kann. Vielmehr scheint es sinnvoller zu sein, statt dem Realistischen das Relevante zu trainieren. Das kann dann je nach Bedarf

2.1 Schlüsselerkenntnisse aus der Studie

beispielsweise ein spezielles Werkzeug, Wissen über ein neuartiges Szenario, Fähigkeiten zur Teamarbeit oder zur Wahrnehmung sein. Lerneinheiten werden selten unterbrochen, sondern die Übung »läuft« durch und am Ende gibt es eine »Manöverkritik«. Unterbrechungen zum Wiederholen und »nochmal probieren«, die der Einheit einen Trainingscharakter verleihen, scheinen eher selten zu sein. Im Bereich der Ausbildung (grundlegende Befähigung) scheinen frontale Lernmethoden zu überwiegen. Hierdurch können aber kaum praktische Kompetenzen erzeugt, sondern eher deklaratives Wissen vermittelt werden. Da in der Stabsarbeit jedoch vor allem Kompetenzen und Haltungen (Skills and Attitude) benötigt werden, sind reflektierende Lernmethoden vielfach geeigneter, weil die Bedeutung beim Trainee selbst entsteht. Es scheint offensichtlich, dass in den meisten Stäben kaum in einem strukturierten Verfahren Defizite bezüglich einzelner Prozesse bzw. Führungswerkzeuge ermittelt und diese dann in einen kompetenzorientierten Trainingsplan überführt werden – also Ist-Stände systematisch erhoben und Defizite bearbeitet werden. Dies kann dem geschuldet sein, dass Stäbe bzw. die Organisationen sich selbst »beüben« und es keine externen Trainer:innen oder internen Stellen gibt, die den Stab aus einer Metaperspektive begleiten. Hinzu dürfte ein kaum vorhandenes Berichtswesen kommen, mit dem die Produktverantwortlichen/Organisationsleitungen über die Leistungsfähigkeit des Führungssystems informiert werden könnten. Weil Stabsmitglieder vermutlich eher nicht zwischen verschiedenen Stäben wechseln, findet hierüber wohl kaum ein Wissensaustausch statt. Kleeblattgleiche Zusammenarbeit zwischen Organisationen oder Gebietskörperschaften sind auch acht Jahre nach der Studie noch nicht bekannt. Gerade auch deswegen werden übergreifende Weiterbildungsstellen oder Trainer:innen als wichtig beurteilt. Im direkten Vergleich zu den beobachteten Spitzen-Gourmetköchen scheint es auch für die Stabsarbeit ratsam zu sein, einzelne defizitäre Kompetenzen gezielt zu trainieren und diese bei ausreichender Sicherheit im Stabsablauf zusammenzufügen (gezielt einen einzelnen Prozess aus dem Prozessbündel trainieren).

Bei den in der Studie beobachteten Teams, die keine Stäbe waren, ist gut zu erkennen gewesen, dass ihnen die an sie gestellten Erwartungen sehr klar waren. Es trat deutlich hervor, wie sie sich auf ihre Aufgaben und mögliche Störungen vorbereiten. So trainieren Piloten gezielt bestimmte Abläufe, die besonders relevant sind, aber nur sehr selten benötigt werden. Die Spitzen-Gourmetköche perfektionierten ihre individuellen und kollektiven Abläufe durch Übungen mit Trial-and-Error-Charakter und blieben dabei offen für Störungen, um flexibel zu bleiben. Das Team der TV-Live Produktion zeigte sich ebenso sensibel für Störungen und thematisierte diese oft im Gespräch. Es scheint auch für Stäbe sinnvoll zu sein, einen solchen Erwartungshorizont wie die untersuchten ThE zu haben. Dazu gehört zu wissen, welche Ereignisse (Ursachen und Auswirkungen in Form von Szenarien) erwartet werden. Auf dieser Basis kann definiert werden, welche Leistungen als Arbeitsergebnisse vom Stab erbracht werden müssen (erwartete typische Aufgaben und notwendige Wirkungen). Hierdurch wird einerseits klar, was der Stab »können« muss. Andererseits geht hieraus auch hervor, welche Fähigkeiten in Form von organisatorischen, technischen/technologischen und personellen Voraussetzungen gegeben sein müssen, damit das Führungssystem überhaupt Wirkungen erbringen kann. Darüber hinaus besteht an einen Stab die weitere Anforderung, in Stabsformation zusammenarbeiten zu können. Selbiges gilt im Speziellen auch für weitere Organe von Führungssystemen (beispielsweise Führungsgruppen in der Feuerwehr oder Notfallteams in der Industrie). Insgesamt können mit diesem Verfahren fachliche Aspekte der Leistungsfähigkeit eines Führungssystems individuell für jede Organisation definiert werden. Weil die Erwartungen damit messbar, nachvollziehbar und überprüfbar werden, ist es möglich, diese in Übungen oder Audits zu überprüfen. Hierdurch können Bewertungen von Beobachtern transparent werden. Weiterhin kann dadurch die Qualität von Ausbildungen, Trainings und Übungen bezüglich der fachlichen organisationsspezifischen Fähigkeiten verbessert werden, weil die Teilnehmenden wissen, was von ihnen erwartet wird und Lehrende zielgerichtet einwirken können. Dadurch wird insgesamt das fachliche Lernen verbessert. Übergeordnet kann die Organisationsleitung überprüfen, ob der Stab den Erwartungen entspricht und somit ihrer institutionellen Verantwortung gerecht werden. Zusammenfassend kann durch die Definition der Erwartungen eine Führungsunit angemessen konstituiert werden.

Die Studienergebnisse werden bezüglich der bei Stäben eingesetzten Methoden durch einen kurzen Exkurs zur militärische Führungsorganisation und um die Geschichte der Stabsarbeit ergänzt.

Die stabsmäßige Führung, so wie sie heute in Gefahrenabwehr und Krisenmanagement angewandt wird, hat ihren Ursprung im Militär. Entwicklungen wie in der katholischen Kirche, in der beispielhaft auch Beratungsorgane installiert wurden, dürften sich auf Gefahrenabwehr und Krisenmanagement nur in geringem Maße ausgewirkt haben. Die im Militärischen eingesetzten Mittel und Methoden sind dort heute weit entwickelt, detailliert festgeschrieben, universal bezüglich der zu erledigenden Aufgabe und bei den jeweiligen Streitkräften einheitlich. Eine frei zugängliche Dokumentation eines elaborierten Führungssystems ist die sog. FSO 17 der Schweizer Armee und das amerikanische ICS. In beiden Beispielen ist die Führung als Ganzes abschließend geregelt. Inwiefern eine solche Detailliertheit in ehrenamtlichen und nebenberuflichen Strukturen im deutschen Bevölkerungschutzwesen oder in der

2.1 Schlüsselerkenntnisse aus der Studie

Wirtschaft an Personen mit chronisch knapper Aus- und Fortbildungszeit vermittelbar wäre, soll an dieser Stelle nicht diskutiert werden. Stattdessen soll der hohe Grad der Elaboration betrachtet werden. Speziell im deutschen Bevölkerungschutzwesen, in dem die Vielfalt des deutschen Föderalismus zu spüren ist, dürfte das Gegenteil der Einheitlichkeit bekannt sein. Am Beispiel des deutschen Katastrophenschutzes bilden die FwDVen 100 der Länder den kleinsten gemeinsamen (und eigentlich auch einzigen) Nenner. Führungswerkzeuge sind quasi nicht standardisiert. Die aktuelle Vielfalt auf dem Markt der Einsatzführungsunterstützungssoftware (»Stabssoftware«) steht dabei stellvertretend für die Uneinheitlichkeit der Methoden. Es kann nicht davon ausgegangen werden, dass in jedem (öffentlichen und nichtöffentlichen) Stab die relevanten Führungswerkzeuge (▶ Kapitel 4) überhaupt bekannt sind. Dabei zeigt die Geschichte der zivilen Stabsarbeit in Deutschland klar, dass es zu spektakulären Führungsdefiziten kommen kann. Bei den Heidebränden 1975 gab es faktisch noch kein Führungssystem, woraufhin die damalige KAT-S DV 100 eingeführt wurde (vgl. Lamers 2021). Die Untersuchung des Mord- und Entführungsfalls Schleyer brachte 1978 gewisse Defizite im damaligen polizeilichen Führungssystem zutage (vgl. Deutscher Bundestag, 1978). Die Blockuppy-Proteste anlässlich der EZB-Eröffnung im März 2015 in Frankfurt/Main zeigten in großem Maßstab, dass auch heute noch mit neuartigen Szenarien gerechnet werden muss, wie die Einschätzung als »völlig neue Qualität« belegt (Reuters, 2015). Der Polizeieinsatz beim G20-Gipfel in Hamburg 2017 zeigte auf, wo die Grenzen der Führbarkeit von derartigen Einsätzen in Form der Testierung von außen als »Schwierigkeit des Auftrags, der Unerfüllbarkeit vielleicht,« liegen (Spiegel online, 2017). Die Untersuchung des Einsatzes bei der Flutkatastrophe im Ahrtal 2021 zeigte an den Tagen der Flut, dass das Führungssystem der Kreisverwaltung Ahrweiler der Komplexität der Erstphasen dieses Maximalereignisses nicht gewachsen war und die untere Katastrophenschutzbehörde damit ihrem Auftrag im Wortsinne (Schutz vor Katastrophen) nicht nachkommen konnte. »Standardisierung« oder »Einheitlichkeit« wird zur Vermeidung künftiger unzureichender Führungsleistungen nicht als geeigneter Ansatz angesehen. Zur Sicherstellung der Zusammenarbeit zwischen Organisationen sollte vielmehr nach »Kompatibilität« gestrebt werden. Hierin ist ein stückweit folgende Methode eingeschlossen: Die angesprochenen Beispiele haben ihre Ursachen nicht ausschließlich im technologischen oder organisatorischen Bereich, sondern zu meist großen Teilen im methodischen und menschlichen Bereich. Aus diesen Gründen werden die meisten und wesentlichen Verbesserungsmöglichkeiten im Bereich des Führungshandwerks gesehen.

Insgesamt gibt es im Bereich der Führungswerkzeuge der nichtmilitärischen Stabsarbeit offenbar Verbesserungspotentiale. Auftrag und Ziel des Einsatzes und damit der Stabsarbeit werden eher selten diskutiert, wobei Polizeistäbe dank vorbereiteter besonderer Aufbauorganisationen (BAO) und der üblichen umfangreichen Einsatzbefehle (und grafischer Befehle als Kurzform) eine Ausnahme darstellen. Erfahrungsgemäß werden in Übungen und Einsätzen Ziele nur sehr selten für alle sichtbar z. B. auf ein Flipchart niedergeschrieben. Je nach Bundesland sind in Feuerwehrstäben zwar sog. Zeitstrahle zur retrospektiven Darstellung verbreitet anzutreffen, aber in nur wenigen Stäben anderer Organisationen sind Werkzeuge zur Antizipation der künftigen Lageentwicklung etabliert. Interpretationsfreie Strategien werden ebenso selten formuliert und noch seltener visualisiert oder verschriftlicht. Diese Faktoren können zu den technischen Fähigkeiten bzw. zu den berufsständischen typischen Werkzeugen der Führung gezählt werden. Summa summarum sollte sichergestellt werden, dass Stäbe die notwendigen Werkzeuge zur stabsmäßigen Führung in ihrem Bereich kennen und sicher anwenden können.

> **Literaturtipps zu Hintergründen der Stabsarbeit:**
>
>
>
> Untersuchungsbericht zur Schleyer-Entführung (»Höcherl-Bericht«)
> http://dipbt.bundestag.de/doc/btd/08/018/0801881.pdf
>
> Untersuchungsbericht zur Flutkatastrophe 2002 in Sachsen (»Kirchbach-Bericht«)
> https://publikationen.sachsen.de/bdb/artikel/10825

2.2 Schlussfolgerungen

Aus den vorgestellten Erkenntnissen wird geschlussfolgert, dass die Domäne der Stabsarbeit von anderen Disziplinen lernen kann. Dieser Befund wird durch die Erkenntnisse von Stadie (2017) untermauert, der in einer Dissertation den Trainingsbedarf von Stäben untersucht hat. Die erkannten Weiterentwicklungsmöglichkeiten werden in gewissen Teilen als geeignet beurteilt, aktuell diskutierten Schwierigkeiten in der Stabsarbeit wie der Forderung nach einer Intensivierung und Erweiterung der Aus- und Fortbildung von Stabsangehörigen und dem Ruf nach einer konstruktiven Fehlerkultur (vgl. Lamers, 2021) zu begegnen. Die vorgestellten Entwicklungsperspektiven waren der ursprüngliche Anlass für dieses Buch. Gleichzeitig sind diese Aspekte auch die Ansatzpunkte für eine ganzheitliche Herangehensweise, um Stabsarbeit und Führung zu trainieren:

2.2 Schlussfolgerungen

1. Grundlegend sollte die Beachtung der nicht-technischen Fähigkeiten (Human-Factors) gestärkt werden. Eng damit verbunden ist die Anwendung bedeutungsorientierter Lernmethoden (Experiential Learning Cycle, Strukturierte Nachbesprechung, Double-Loop-Prinzip) und die Etablierung einer Trainerrolle. Diese Punkte werden im ▶ Kapitel 3 aufgegriffen.
2. Im Bereich der technischen bzw. berufsständischen Fähigkeiten sollten den Führungswerkzeugen als Handwerkszeug mehr Beachtung geschenkt werden. Hierzu werden im ▶ Kapitel 4 universale Methoden vorgestellt.
3. Die Kompetenzentwicklung sollte nach tatsächlichem Bedarf stattfinden. Dazu sollten fachliche Erwartungshorizonte entwickelt werden um abzustecken, was inhaltlich von einer Führungsunit erwartet wird. Dazu gehört auch, deren Leistungsfähigkeit regelmäßig zu evaluieren. Die Erwartungshorizont-Methode zur Ermittlung der erforderlichen fachlichen Leistungsfähigkeit wird im ▶ Kapitel 5 behandelt.

Bild 7: *Am Arbeitsplatz der TV-Liveproduktion*

2 Stabsarbeit | Lernen von Teams mit höchstem Erfolgsanspruch

Bild 8: *Das Team der Spitzen-Gourmetküche zeichnete sich durch eine hohe Motivation sowie durch routinierte Abläufe aus, die trotz dieser Routine flexibel gegenüber Störungen blieben.*

3 Verhalten in Stäben trainieren

In diesem Kapitel werden für die Führungsarbeit wichtige nicht-technischen Fähigkeiten in Form von förderlichen Verhaltensweisen erläutert und Methoden vorgestellt, wie diese trainiert werden können.

Die in einem Stab ablaufenden allgemeinen Prozesse (▶ Kapitel 1.2) sind bei genauer Betrachtung zu einem großen Teil nicht-technischer Natur. Die Arbeit in einem Stab ist Einzel- und Teamarbeit. Deswegen sind soziologische Prozesse ein elementarer Bestandteil des Arbeitens in einem Stab. Sie sind die Voraussetzung für die buchstäbliche »Zusammenarbeit« der Stabsmitglieder. Speziell laufen in einem Stab Wahrnehmungs- und Kommunikationsprozesse ab. Sie sind wichtig, um Informationen korrekt wahrzunehmen, zu verarbeiten und weiter zu geben. Gleichzeitig liefern sie den Stoff für das Informationsmanagement, welches an dieser Stelle eher wertschöpfend als Zentralprozess innerhalb eines Führungssystems verstanden wird. Das Entscheiden ist der Kernprozess der Führungsarbeit, weil darüber Einfluss auf den Ereignisfortgang genommen wird. Der Entscheidungsprozess speist sich aus den Informationen als Güter, die im Stab verarbeitet werden. Es beschäftigt sich zwar mit berufsständischen bzw. fachlichen Inhalten über das Ereignis und dessen Bewältigung, jedoch sind der Ablauf und die Effekte beim Entscheiden auch psychologischer oder gruppendynamischer Natur. In den Führungsprozessen gehen alle funktional-verwirklichenden Aspekte der Führung auf (▶ Kapitel 2.1). Dazu gehört auch das gemeinsame Anwenden von Techniken und Methoden des Führens (Werkzeuge der Stabsarbeit) im Rahmen der Menschenführung (Interaktion). Führungsprozesse realisieren sich damit in Teamarbeit. Wissens- und Lernprozesse sind dauerhafte Begleiter von Aus- und Fortbildung und der tatsächlichen Einsatzarbeit. Es ist deutlich erkennbar, dass diese Abläufe allesamt eher »weiche« Faktoren sind. Angesichts ihrer Wichtigkeit ist auch klar, dass sie entscheidend sind, um mit vorhandenen berufsständischen (technischen) Fähigkeiten (Organisation, Informationsmanagement, Führung, allgemein die Werkzeuge der Stabsarbeit) überhaupt in Stabsformation arbeiten zu können. Es kann zusammengefasst gesagt werden, dass die nicht-technischen Fähigkeiten die Voraussetzung für das Arbeiten des Stabes sind, weswegen ihnen große Bedeutung zukommt. Da diese nicht-technischen Fähigkeiten überwiegend im Verhalten der Stabsmitglieder sichtbar und spürbar werden, ist Führungs- und Stabstraining gewissermaßen immer auch eine Art Verhaltenstraining.

3 Verhalten in Stäben trainieren

Das für eine »gute« Stabsarbeit relevante Verhalten ist je nach Phase/Reifegrad der Führungsunit anders gelagert. Dies wird schematisch in ▶ Bild 9 unterschieden. Auf der ersten Ebene der Ausbildung von neuen Stabsmitgliedern wird quasi der Grundstein gelegt. Es gilt hier, die Stabsmitglieder sensibel für ihr eigenes Verhalten und das ihrer Teammitglieder zu machen. Wird ein neuer Stab konstituiert oder wächst der Personalpool durch Neuzugänge stark an, wird gewissermaßen auch die Prägung der Kultur im Stab begonnen. Weil die Stabsmitglieder in dieser Phase ihre erste Prägung erhalten, obliegt den Ausbildenden eine besondere Verantwortung.

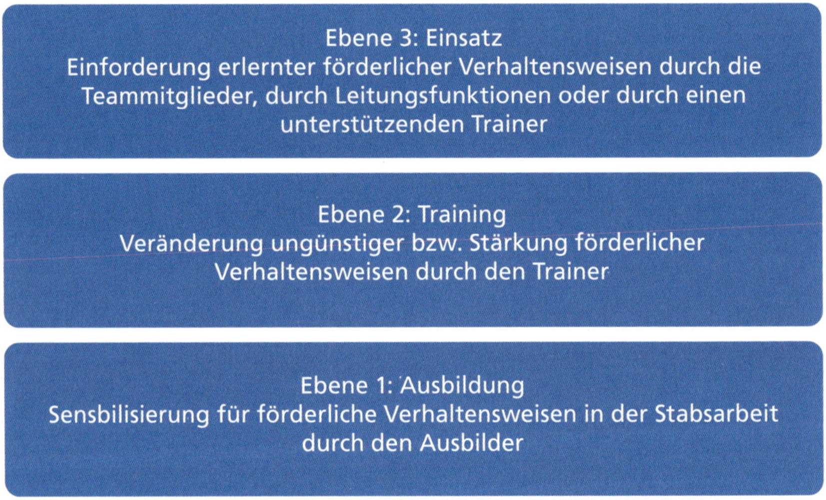

> **Ebene 3: Einsatz**
> Einforderung erlernter förderlicher Verhaltensweisen durch die Teammitglieder, durch Leitungsfunktionen oder durch einen unterstützenden Trainer

> **Ebene 2: Training**
> Veränderung ungünstiger bzw. Stärkung förderlicher Verhaltensweisen durch den Trainer

> **Ebene 1: Ausbildung**
> Sensibilisierung für förderliche Verhaltensweisen in der Stabsarbeit durch den Ausbilder

Bild 9: *Drei Ebenen der Relevanz nicht-technischer Fähigkeiten in der Stabsarbeit*

Auf der zweiten Ebene des Trainings ist es wichtig, defizitäre bzw. ungünstige Verhaltensweisen zu erkennen und diese zu verändern sowie förderliche Verhaltensweisen zu bestärken. Welche Fähigkeiten dies jeweils betrifft kann von der Tagesform, vom Ereignis, von der jeweiligen Teamzusammensetzung oder von der allgemeinen Kultur der Organisation abhängen. Im Training ist eine dauerhafte und engmaschige Begleitung des Stabes durch Trainer:innen wichtig. Je nachdem werden Trainer:innen auch als »Instruktoren« oder als »Facilitator« (engl. Moderator oder Schulungsleiter) bezeichnet. Diese Begriffe haben weitestgehend dieselbe Bedeutung und beschreiben die Aufgabe, den Trainingserfolg »herbeizuführen«. Damit grenzen sich Trainer:innen von den Funktionen von Übungsleitungen, von Regie- oder Simulationsteams ab. Diese haben eher eine steuernde bzw. simulierende

Funktion und treten dem Team gegenüber manchmal gar nicht in Erscheinung. Die Rolle als Trainer:in erfordert u. a. ein ausgeprägtes Verständnis für Human Factors und natürlich die Kenntnis über den Stab, seine Mitglieder und die Mutterorganisation. Trainer:innen sollten unbedingt mindestens die vorgestellten Methoden des Crew Resource Management beherrschen (▶ Kapitel 3.2) und idealerweise umfangreiche Erfahrungen im Bereich Erwachsenenbildung (Andragogik) haben. Da die Durchführung von Trainings und insbesondere von strukturierten Nachbesprechungen einen hohen Moderationsanteil hat, sollten hierfür einerseits gewisse Techniken beherrscht werden und andererseits Erfahrungen in der Diskussionsleitung vorhanden sein. Die technischen und fachlichen Abläufe der Organisation müssen nicht im Detail bekannt sein, aber mindestens so weit, dass strukturierte Nachbesprechungen zielorientiert durchgeführt werden können. Es ist zwar förderlich, aber keine unbedingte Voraussetzung, dass Trainer:innen umfangreiche Einsatzerfahrung mitbringen. Eine möglicherweise eingesetzte Videotechnologie zur Gewinnung von Bildmaterial für das Debriefing (engl. Nachbesprechung) muss souverän beherrscht werden. Umfangreiche Trainings können von mehreren Trainern begleitet werden, die sich dann jedoch auf die Federführung durch eine Person einigen sollten. Insgesamt müssen Trainer:innen authentisch und vom Team akzeptiert sein. Festgeschriebene Anforderungen an Trainer:innen in der Stabsarbeit gibt es allgemein nicht. Um bestimmte Aufgaben wie Einsatzanalysen durchführen zu können wird validiertes Überblickswissen und eine nachgewiesene Befähigung zum selbstständigen wissenschaftlichen Arbeiten als wichtige Voraussetzung gesehen. Je nach Fragestellung oder Problematik in Beratung oder Entwicklung sollten zudem unterschiedliche Perspektiven eingenommen werden können (z. B. Ehrenamt, berufliche Tätigkeit im Management, Führungspraxis auf unterschiedlichen Ebenen, Konzeption- und Implementierungserfahrung, Auditerfahrung).

Merke:

- Stäbe sollten nach der Ausbildung dauerhaft und engmaschig durch Trainer:innen begleitet werden.
- Stabstraining ist auch Systementwicklung und kontinuierliche Weiterentwicklung.
- Trainer:innen haben buchstäblich die Aufgabe, den Trainingserfolg »herbeizuführen« indem sie die Trainees zur Reflexion anleiten.
- Trainer:innen müssen authentisch sein und vom Team akzeptiert werden.

3 Verhalten in Stäben trainieren

In der Luftfahrt werden für Trainer:innen, die beispielsweise mit Piloten oder Kabinenbesatzungen arbeiten, Qualifikationen als Instruktor:in oder als sog. Train-the-Trainer gefordert. Diese Ausbildung für ausbildendes Personal in der Luftfahrt ist von der European Aviation Safety Agency (EASA) geregelt. Eine solche Qualifikation erscheint für Ausbilder:innen und Trainer:innen in der Stabsarbeit auf den ersten Blick hoch. Da die Qualität (Effektivität und Effizienz) von Stabstrainings durch gut qualifizierte Trainer:innen jedoch wahrscheinlich stark gesteigert werden kann, sollte nach Ansicht des Autors langfristig eine inhaltlich vergleichbare und vielleicht sogar einheitliche Qualifikation angestrebt werden. Im Bereich der Medizin haben sich in der Vergangenheit mehrere sog. Simulationszentren entwickelt, die auch die Kurse für Instruktor:innen anbieten – allerdings eben am Beispiel medizinischer Situationen. Die Teilnahme an einer solchen Ausbildung kann für Trainer:innen in der Stabsarbeit eine gute Möglichkeit sein, um Methoden des CRM zu erlernen und zu üben. Neben Trainingskompetenzen bedürfen Trainer:innen einen guten Überblick über das Wissensgebiet, wozu das Rezipieren aktueller Publikationen gehört. Eine reine (Laufbahn-)Ausbildung mit Fokus auf Einsatzkunde wird als nicht ausreichend erachtet.

In Einsätzen zeigt sich, wie nachhaltig Ausbildung und Training waren. Gerade in Stäben mit wenig Einsatzerfahrung kann es vorkommen, dass vieles vom Gelernten in stressigen Einsatzsituationen »über Bord geworfen« wird. Dabei kann diese Rückbesinnung auf Routinen (also auf erlernte förderliche Verhaltensweisen) in Stresssituationen möglicherweise dabei helfen, verloren gegangene Handlungssicherheit zurückzugewinnen. In Einsatzsituationen gilt es deswegen, die erlernten Verhaltensweisen einzufordern. Diese Aufgabe kommt jedem Teammitglied, aber insbesondere der/dem Leiter:in des Stabes, den Assistenzen und der/dem Moderator:in zu. Eine kaum verbreitete, aber sehr wirksame Möglichkeit ist, dass am Einsatz erfahrene Trainer:innen teilnehmen und unterstützen. Sie achten auf die nichttechnischen Abläufe des Einsatzes. Eine solche Rolle kann auch als Prozesswahrer bezeichnet werden und ggf. auch von der Assistenz des Leiters des Stabes wahrgenommen werden. Wird diese Aufgabe nicht explizit delegiert, liegt die Verantwortung für das »Funktionieren des Stabes als Stab« bei dem/der Einsatzleiter:in. Zusammengefasst ist Stabstraining also Methoden-, Prozess- und Verhaltenstraining sowie Systementwicklung und Transferunterstützung zwischen Vorbereitung und Einsatz.

3.1 Wichtige nicht-technische Fähigkeiten

In diesem Abschnitt werden die für die Stabsarbeit wichtigsten förderlichen Verhaltensweisen vorgestellt. Diese Verhaltensweisen basieren auf den Erkenntnissen der ThE-Studie, die nach tatsächlicher Relevanz für die Stabsarbeit beurteilt und teilweise zusammengefasst wurden.

Die Einstellung der Stabsmitglieder ist mitentscheidend für ihr Selbstverständnis als Führungsperson (Attitude). Im Positiven generieren sie daraus ihre Motivation und ihre Schaffenskraft. Eine negativ konnotierte Haltung kann zur kritisch-destruktiven Hinterfragung des Einsatzes, zur Rechtfertigung empfundener Hilflosigkeit, zu Resignation oder Gleichgültigkeit führen. Diese Faktoren entscheiden auf einer unteren Einstellungsebene darüber, ob eine Führungsperson über die darüberliegende Methodenebene zu letztlicher Selbstwirksamkeit kommen kann. Eine Interviewstudie hat gezeigt, dass in der Einsatzleitung bei der Bewältigung der Flutkatastrophe im Ahrtal 2021 durchaus resignative Aspekte zu tragen kamen (Herbe und Gißler, 2021). Die Förderung einer positiven Einstellung fällt in den Bereich nicht-technischer Fähigkeiten.

Um die doch recht abstrakten Fähigkeiten als Trainee umsetzen bzw. als Trainer:in anleiten und beobachten zu können, wurden die »Grundsätze der Stabsarbeit« mit dazugehörigen Merksätzen entwickelt (▶ Bild 1). Diese beschreiben das erwünschte förderliche Verhalten in positiver Form. Sie können auch als »Geisteshaltung« bezeichnet werden und spiegeln somit eine positive Einstellung wieder. Ergänzend zu diesen vorgestellten Grundsätzen werden an thematisch passenden Stellen bei der Behandlung des Erwartungshorizonts (▶ Kapitel 5.1) und beim Werkzeug Organisation (▶ Kapitel 4.2) weitere Grundsätze vorgestellt. Auf eine weitreichende theoretische Herleitung wird in den meisten Fällen verzichtet. Für theoriegeneigte Lesende sind in relevanten Fällen Quellen zum Hintergrundwissen angegeben.

Merke:
- Die Grundsätze der Stabsarbeit beschreiben förderliche Verhaltensweisen für die Stabsarbeit.
- Das förderliche Verhalten ergibt zusammen mit den Werkzeugen das Instrumentarium für die (stabsmäßige) Führung von Einsätzen.
- Die Einstellung (Attitüde) der Stabsmitglieder ist mitentscheidend für ihr Selbstverständnis und ihre Selbstwirksamkeit.

3 Verhalten in Stäben trainieren

3.1.1 Lagebewusstsein

Das Lagebewusstsein (engl. Situation Awareness) kann auch anders ausgedrückt werden als das »sich-bewusst-über-die-Lage-Sein«. Die Begriffe Lage und Situation werden oft synonym verwendet. Der Situationsbegriff wird als weniger statisch (die Lage »liegt«) verstanden und impliziert mehr komplexe Innenbeziehungen. Das Gegebene als »Situation« zu bezeichnen wird dem Charakter von Einsätzen daher eigentlich gerechter, wenngleich der Lagebegriff in der Domäne ähnlich belegt ist.

Es ist eine wichtige grundlegende nicht-technische Fähigkeit in der Stabsarbeit, Bedeutungen erfassen zu können, um eine passende Vorstellung über die Situation im Zielsystem zu erlangen. Um aus Fakten/Informationen (sog. Faktenlage) Wissen/Bedeutung (Rat, Urteil) zu generieren, bedarf es mehrerer Arbeitsschritte (Erhebung/Nacherhebung von Informationen, Kontextualisierung, Aggregation/Clusterung, Interpretation, Extrapolation, Umgang mit unsicheren Informationen, Ableiten von Schlussfolgerungen, Formulierung der Bedeutung). Hierzu werden im Folgenden kurz theoretische Hintergründe angesprochen und Verhaltensweisen insbesondere zur Fehlervermeidung vorgestellt.

> **Grundsatz: Lagebewusstsein fördern**
> 1. Trenne Wahrnehmung, Interpretation und Vorausdenken voneinander!
> 2. Hinterfrage, ob alle das Gleiche wissen und denken!
> 3. Kenne dein Ziel, tue das Richtige und sei wirkungsvoll!
> 4. Lagedarstellung und Lagebesprechung sind das gemeinsame Gedächtnis des Stabes. In der Besprechung verwirklicht sich die Führung.
> 5. Kenne dein Team, deine Aufgabe, die Aufgaben der Andern, eure Interaktion, eure Verantwortlichkeit und eure Ressourcen!

Im Bereich des Lagebewusstseins sind drei Aspekte wichtig für die Stabsarbeit. Das gleichnamige Modell der Situation Awareness erklärt, warum das Bewusstsein über die Situation möglichst fehlerfrei sein sollte, um Informationen richtig zu verarbeiten. Ein übereinstimmendes Shared-Mental-Model (dt.: geteiltes mentales Modell) ist wichtig, um eine identische Vorstellung von der gemeinsamen Aufgabe zu haben. In einem Transactive Memory (engl. Gemeinsames Gedächtnis) wird Wissen über das Team gespeichert. Wissen zur Aufgabe (zum Einsatz) wird im Shared-Mental-Model gespeichert, worauf unten eingegangen wird.

Das Modell des Lagebewusstseins beschreibt, wie Menschen Dinge wahrnehmen, verarbeiten und in die Zukunft überführen. Dabei liegt der Fokus darauf, wo und wie in der menschlichen Wahrnehmung Fehler passieren können. Das Bewusstsein für die

3.1 Wichtige nicht-technische Fähigkeiten

Lage muss sowohl individuell als auch auf der Ebene des Teams vorhanden sein. Einerseits beschreibt das Modell, wie jede Person für sich Dinge wahrnimmt, aber auch wie über die verschiedenen Organe des Führungssystems hinweg Dinge wahrgenommen werden, weiter transportiert und verarbeitet werden. Dieses Modell kann dabei helfen, im Führungssystem Ursachen für entstandene Fehler zu finden und diese in Zukunft zu vermeiden.

Die Situation Awareness wird in drei Ebenen eingeteilt (vgl. Badke-Schaub, 2008):

1. **Perception (Wahrnehmung):** Elemente der aktuellen Umwelt werden erfasst.
2. **Comprehension (Interpretation und Bewertung):** Ordnen und zusammenfügen von Informationen zu einem sinnvollen mentalen Modell. Ständig aktualisierender Prozess.
3. **Projection (Projektion in die Zukunft):** Entwicklung des Zustandes in die unmittelbare Zukunft.

Auf den drei Ebenen können allgemein verschiedene Fehler passieren (vgl. Badke-Schaub, 2008). Diese gilt es im Arbeiten von Stäben zu vermeiden.

- Auf Ebene 1: **Selektive Aufmerksamkeit und Fixierung**: Das natürliche Mittel zur Reduzierung der Komplexität der wahrgenommenen Umwelt kann leicht dazu führen, dass man sich auf die falsche Information fixiert.
- Auf Ebene 2: **Confirmation bias (Bestätigungsfehler)**: Ist einmal eine Sichtweise eingenommen worden, werden eher Informationen aufgenommen, welche diese Sichtweise belegen statt sie in Frage zu stellen.
- Auf Ebene 2: **Stereotype Fixation (Stereotypendenken)**: Menschen denken öfters in Schemata, welche auf typische Situationen angewendet werden. Dies kann dazu führen, dass man in einer Situation leichtfertig auf die Anwendbarkeit des gleichen Schemas schließt, weil die Situation auf den ersten Blick stereotyp erscheint.
- Auf Ebene 2: **Verfügbarkeitsheuristik**: Informationen, welche beispielsweise durch ständige Wiederholung oder kürzliche Besprechung im Gedächtnis verfügbar sind, werden mit höherer Wahrscheinlichkeit abgerufen. Im Umkehrschluss rücken Informationen und gespeicherte Methoden gedanklich in den Hintergrund, je seltener sie gebraucht werden.
- Auf Ebene 3: **Antizipation**: Vorhandenes Wissen aus Ausbildung, Training und Erfahrung helfen, vorausschauend auf die unmittelbare Zukunft zu handeln. Werden die Informationen der Ebene 2 nicht antizipiert, entstehen in Folge Handlungsfehler.

3 Verhalten in Stäben trainieren

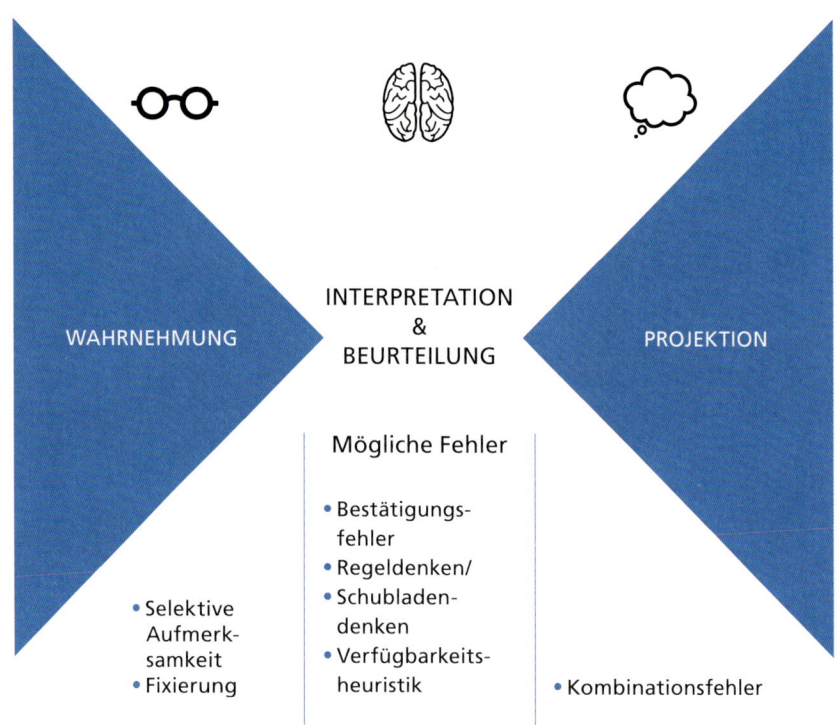

Bild 10: *Grafische Darstellung der Situation Awareness und möglicher Fehler (eigene Darstellung auf Basis von Badke-Schaub, 2008)*

Beim Arbeiten in Stäben kann man den Fehlern der Ebene 1 und 2 beispielsweise entgegen wirken, indem man gedanklich »einen Schritt zurück« tritt, um eine etwas unabhängigere Sichtweise einzunehmen. Dies kann erfolgen, indem man beispielsweise einzelne Punkte der aktuellen Lagedarstellung neu ansetzt, nach der Perspektive anderer Personen fragt oder bewusst überlegt, ob man gerade auf dem richtigen Weg ist. Hierdurch können mehr Informationen aufgenommen werden, die ggf. einer passenden Einordnung dienlich sind. Fehler auf der Ebene 3 können u. a. durch das richtige Anwenden von Methoden und eine vorurteilsfreie Denkweise vermieden werden. Zu einem »De-biasing« (quasi: aktive Gedankenfehlervermeidung) auf allen drei Ebenen kann das »Führen durch Fragen« in ▶ Kapitel 4.10.3 beitragen.

Führt man den gedanklichen Prozess von der individuellen Wahrnehmung aus weiter, kann man als nächsten Schritt die Verarbeitung der wahrgenommenen

3.1 Wichtige nicht-technische Fähigkeiten

Informationen verstehen. Ein »Shared-Mental-Model« kann stark vereinfacht als der »kleinste gemeinsame Wissens-Nenner« eines Teams verstanden werden. So bilden gemäß Badke-Schaub (2008) »*Menschen [...] mentale Modelle, also innere Repräsentationen von Merkmalen der inneren und äußeren Umwelt, um Ereignisse einordnen, bewerten, erklären und vorhersagen zu können.*«

Diese Vorstellungen sind selten bei allen Menschen gleich, weil jeder mit unterschiedlichen Erfahrungen, Annahmen und Zielen agiert. Deswegen ist es in der Stabsarbeit wichtig, dass »erfolgsrelevante« Aspekte des gedanklichen Modells von allen Stabsmitgliedern geteilt werden – also ein gemeinsames bzw. geteiltes mentales Modell entsteht. Dieses wird nach Manser und Burtscher (2008) definiert als »*organized understanding of relevant knowledge that is shared by team members.*«

Wichtig ist, dass das relevante Wissen (nicht: »alles« Wissen), von allen Teammitgliedern geteilt wird. Anders gesagt muss die »Vorstellung über die Situation/das Lagebewusstsein in relevanten Punkten innerhalb des Team übereinstimmen und dieses übereinstimmende Modell muss zur Realität passen«. Daraus ergibt sich der dringende Hinweis, dass keinesfalls »alle Informationen an die Lagewand« müssen, sondern dass durch Gespräche und geschickte Verarbeitung die Bedeutung der Fakten als gemeinsames gedankliches Modell transportiert werden muss. Im Shared-Mental-Model kann Prozesswissen, Erfahrungswissen, soziales Wissen zu Teammitgliedern oder Faktenwissen abgebildet sein. Das gemeinsame gedankliche Modell dient in erster Instanz der Erfassung, Verarbeitung und Projizierung der gemeinsamen Realität. In zweiter Instanz dient es der Entwicklung und Verfolgung eines gemeinsamen Ziels. Es ist ein »*Resultat der kommunizierten individuellen mentalen Modelle und ist somit eine Eigenschaft der Gruppe, die auf die individuellen Repräsentationen wieder zurückwirkt*« (Badke-Schaub, 2008). Übertragen auf eine Lagebesprechung kann man sich ein geteiltes mentales Modell als die Summe aller Informationen im Raum vorstellen, die in der Besprechung zusammengetragen werden (hierzu auch das Werkzeug Modell vom Ereignis, ▶ Kapitel 4.4) aus denen Bedeutungen abgeleitet werden und auf deren Basis das gemeinsame Ziel entwickelt wird, welches wiederum von allen Stabsmitgliedern in ihren Vorstellungen geteilt wird.

Die Weiterführung des gedanklichen Prozesses führt vom gemeinsamen gedanklichen Modell als gegenwärtige Vorstellung zu einer Art gemeinsamen Wissensspeicher des Teams. Das »Transactive Memory« kann im weitesten Sinne auch als »Teamgedächtnis« bezeichnet werden. Es ist eng mit dem Shared-Mental-Model verknüpft, darf aber aus theoretischer Sicht nicht mit diesem verwechselt werden. Je komplexer die Aufgabe wird, umso wichtiger wird zusätzlich zum gemeinsamen gedanklichen Modell als Vorstellung von der Aufgabe das gemeinsames Wissen über das Team und den Prozess (Badke-Schaub, 2008). Bildlich gesprochen werden aus

3 Verhalten in Stäben trainieren

einem gemeinsamen Speicher die Kompetenzen der Teammitglieder abgerufen. Somit können Aufgaben den Personen mit den passenden Kompetenzen oder der Funktion mit der entsprechenden Zuständigkeit zugewiesen werden. Dabei gilt, dass nicht jeder alles wissen muss – denn das ist schlichtweg nicht möglich. Vielmehr gilt, dass man wissen muss, wer es weiß und für wen eine Information relevant ist. Hieraus ergibt sich eine gewisse Achtsamkeit für die aufgabenbezogenen Bedürfnisse der Teammitglieder. Im Teamgedächtnis sollte auch emotionales und motivationales Wissen über die Teamkollegen enthalten sein, um in kritischen Situationen die Kollegen richtig einschätzen zu können (Badke-Schaub, 2008). Im Bereich der Human Factors wird eine Unterscheidung in vier unterschiedliche Modelle des Transactive Memory vorschlagen (Starke, 2005):

- Equipment-Modell: Wissen über die Technik und Ausrüstung.
- Aufgabenmodell: Bewältigung, Folgenabschätzung und Beschränkungen.
- Interaktionsmodell: Rollen und Verantwortlichkeiten, Kommunikationskanäle und Wissen über Informationsverortung.
- Teammitgliedermodell: Wissen über Stärken, Schwächen, Eigenheiten.

Diese vier Modelle sind ein wichtiger Ansatzpunkt für das Stabstraining. Ausbilder:innen und Trainer:innen sollten unbedingt darauf hinwirken, dass das Team sich untereinander und auch seine Arbeitsumgebung gut kennt. Dies ist Voraussetzung, um sowohl gemeinsam an einer verteilten Aufgabe zu arbeiten als auch um gemeinsam in kritischen, stressigen und persönlich belastenden Situationen als Team zusammenzuwirken. Aus diesen psychologischen Aspekten ergibt sich, dass sich Ausbildung zu den meisten Themen auf konstituierte Führungsunits (»stehender/geschlossener Stab«) richten und Trainings eigentlich immer in der eigenen Umgebung der Führungsunit stattfinden sollten. Einerseits, weil in einem bestehenden Gruppengefüge die vier Bestandteile des Transactive Memory bereits stärker ausgebildet sind als in zufällig zusammengestellten Ausbildungsgruppen. Andererseits soll das Training genau das Transactive Memory eines bestimmten Stabes fördern – und dazu sind seine Teammitglieder erforderlich. Im ▶ Kapitel 2.1 wurde festgestellt, dass nicht alle Prozesse in einem Führungssystem formalisiert (niedergeschrieben) werden können, sondern auch wichtige Abläufe im informellen Bereich verbleiben können. Dieses Prozesswissen als praktische Übung fällt in den Bereich des Transactive Memory.

3.1 Wichtige nicht-technische Fähigkeiten

3.1.2 Entscheiden

Für den Ereignisfortgang ist das Entscheiden wortwörtlich »entscheidend«. In einer chronologischen Idealvorstellung schafft es die Voraussetzungen für nachfolgende Tätigkeiten. Entscheidungen zu treffen wird als Kernprozess der Stabsarbeit verstanden, weil darüber Einfluss auf den Ereignisfortgang genommen wird. Zwar wird dabei über technisch-fachliche Aspekte befunden (»Inhalt der Mission«), das Entscheiden an sich ist jedoch eine nicht-technische Fähigkeit. Im weiteren Sinne kann das Beherrschen von Entscheidungsfindungsprozessen auch als generische Fähigkeit zum Problemlösen verstanden werden. Im Folgenden werden hierzu verschiedene Gesichtspunkte betrachtet und Vorgehensweisen vorgestellt. Der Fokus liegt dabei auf dem Training.

Literaturtipp:

In der Theorie über die wirksame Einsatzführung werden Unterschiede zwischen rationalen und intuitiven Entscheidungsmodellen ausführlich beleuchtet und viele spezielle Instrumente vorgestellt.

Dominic Gißler: Einsätze Wirksam führen, Verlag W. Kohlhammer, Stuttgart, 2021.

Grundsatz: Entscheidungsfindung beherrschen
1. Sei achtsam, konzentriere dich auf Fehler und lehne Vereinfachungen ab!
2. Denke in Netzen, ertrage Unbestimmtes und lasse dich nicht ablenken!
3. Sei flexibel und erkenne Unerwartetes früh!
4. FOR-DEC (Facts, Options, Risks und Benefits, Innehalten, Decision, Execution, Check) hilft dabei, strukturiert und mit weniger Emotionen Entscheidungen vorzubereiten und Maßnahmen gezielt umzusetzen.
5. Intuition und Rationalität sind gleichberechtigt, aber haben Vor- und Nachteile: Intuitive Methoden sind schneller; rationale Methoden sind gründlicher. Achtung – handle nur dann intuitiv, wenn dein Erfahrungsschatz ausreichend ist und deine Erfahrungen die Richtigen sind!
6. Einsätze hoher Komplexität erfordern eine überwiegend analysegeleitete Einsatzführung. Wähle anhand deines Erfahrungsschatzes und des Einsatzproblems die passenden Instrumente aus! Lasse dich zu Beginn von deinen Erfahrungen leiten und reflektiere regelmäßig, ob du zusätzlich analytisch vorgehen solltest.

> 7. Erstelle eine Tabelle! Stelle Handlungsoptionen, Ressourcen und Aufwände tabellarisch dar, prüfe die Machbarkeit und vergleiche die Vor- und Nachteile der Optionen untereinander. Diese Abwägung ist gleichzeitig ein Teil der Einsatzdokumentation.

Bei anstehenden Entscheidungen ist es allgemein wichtig, unvoreingenommen zu denken – auch wenn dies aus psychologischer Sicht quasi unmöglich ist. Dazu gehört, sich ggf. frei von Emotionen zu machen und so seine eigenen Vorlieben ein Stück weit auszublenden. Das schließt daran an, dass man seine eigenen Entscheidungstendenzen kennen sollte (hierzu das Werkzeug der Strategieentwicklung, ▶ Kapitel 4.6). Gerade wenn es um komplexe Sachverhalte geht, kann es sinnvoll sein, sich das Problem als »Netz« vorzustellen und sich damit die Zusammenhänge und Wechselwirkungen zu veranschaulichen (Dörner, 2003). Hierbei ist es einerseits wichtig, nicht allzu stark zu vereinfachen und somit wichtige Zusammenhänge mit »weg-zu-vereinfachen«. Hieraus kann eine Unbestimmtheit resultieren – genau wie auch aus unsicheren oder unklaren Lagebildern. In der zur Verfügung stehenden Zeit wird man es kaum schaffen, alle unklaren Aspekte aufzulösen. Deswegen sollte man sich dazu anhalten, Unbestimmtes in gewissen Teilen zu ertragen und sich klar zu machen, dass es momentan nicht klarer zu bestimmen ist (Entscheiden unter Unsicherheit). Da sich Situationen jederzeit ändern können, sollte man im Geiste flexibel bleiben. Das meint natürlich nicht, die Strategie permanent umzuwerfen. Vielmehr ist es wichtig, seine Wahrnehmung nicht auf Erwartetes zu verengen (Fixierungsfehler ▶ Kapitel 3.1.1), sondern auch sensibel für Unerwartetes zu bleiben.

Entscheidungshilfen wie Checklisten oder Algorithmen sind wertvolle Unterstützungsmittel, die in nahezu jeder Hilfsorganisation oder jeder Krisenorganisation bereits standardmäßig vorgegeben sind. Dabei ist zu beachten, dass Checklisten lediglich Erinnerungshilfen und Handlungsanleitungen darstellen, um nichts zu vergessen und eine Reihenfolge einzuhalten (Gawande, 2013). Zur Anwendung wird dennoch die Fachkompetenz des Stabsmitglieds benötigt. Klarlisten oder auch Entscheidungsalgorithmen sind vereinfacht gesagt immer nur so gut, wie ihr Anwender. Generell gilt, dass auch das beste Entscheidungsmodell noch keinen guten Entscheider macht, wenn es am Fachwissen, dem Situationsbewusstsein oder an der persönlichen Eignung mangelt. Deswegen ist jedes Entscheidungsmodell (auch das Folgende) wie alle anderen Werkzeuge der Stabsarbeit im Gesamtkontext der Kompetenzen des Anwenders zu betrachten.

3.1 Wichtige nicht-technische Fähigkeiten

Ein für die Stabsarbeit geeignetes Entscheidungsmodell ist FOR-DEC. Es stammt ursprünglich aus der Luftfahrt und wird heute auch im Bereich von Kraftwerken und der Medizin eingesetzt. Auf Basis der 1992 von einer bei der Deutschen Lufthansa gegründeten Arbeitsgruppe CRM erbrachten Resultate wurde eine Gedächtnisstütze gesucht, welche die geforderten Ablaufschritte eines Urteils- und Entscheidungsprozesses identifiziert: Indem jedem Buchstaben eine Leitfrage zugeordnet wurde, entstand das Akronym FOR-DEC (Hofinger, Proske, Soll und Steinhardt, 2014).

Wie bei allen Modellen gilt, dass FOR-DEC idealtypisch ist und in der Praxis Abweichungen zulässig sind. Das Modell ist generisch, weswegen es grundsätzlich in jeder Organisation eingesetzt werden kann. Insbesondere Hilfsorganisationen haben in ihren Dienstvorschriften eigene Entscheidungsmodelle festgelegt. Insgesamt haben derartige Entscheidungshilfen gewisse Schnittmengen. Sie unterscheiden sich aber in ihrer Nähe zur menschlichen Intuition, in der Eignung zur Erinnerung unter Stress und leider auch in Aspekten von Vollständigkeit, Eindeutigkeit, und Korrektheit. Die Praxistauglichkeit all der Entscheidungsmodelle (und auch von FOR-DEC) mögen Lesende selbst beurteilen und sich persönliche Favoriten auswählen.

Das FOR-DEC Modell hilft dabei, sich in Entscheidungsprozessen an wichtige Schritte zu erinnern – beispielsweise, auch »wirklich« die Optionen abzuwägen und nicht nur »schnell darüber hinweg« zu gehen. Im Stabsablauf (▶ Kapitel 4.1) steht es in der Mitte und kann als Verbindungselement verstanden werden, was die drei Hauptelemente miteinander verknüpft. Gleichzeitig kann FOR-DEC auch als Werkzeug für schnell zu treffende Entscheidungen (eher »quick and dirty« im Vergleich zum gesamten Stabsablauf) eingesetzt werden. FOR-DEC kann in der Ausbildung und im Training zur Erzeugung von Routinen eingesetzt werden. Dabei obliegt es der Lehrperson, den situativen Sinn von rationalen Entscheidungen gegenüber rein intuitiven Entscheidungen zu vermitteln. Die erforderliche Argumentation dafür findet sich in der Theorie der wirksamen Einsatzführung. Zum Training von Entscheidungen können auch fachfremde Situationen herangezogen werden, wodurch intuitives Handeln ein stückweit erschwert wird und rationale Methoden in den Vordergrund rücken. FOR-DEC kann auch im Einsatz angewendet werden. Es hilft, sich in neuartigen Situationen Sicherheit zu verschaffen oder ein in Diskussionen abdriftendes Team wieder »einzufangen«. Wie bei allen Verhaltensweisen gilt es, diese auch aktiv einzufordern. Die Aufforderung »Lasst uns mal ein FOR-DEC machen« ist quasi ein Signal an das Team, sich zur Sache zu besinnen. Das Statement »Dazu erstellen wir eine Tabelle« führt als Minimumansatz zu einem strukturierten Entscheidungsfindungsprozess und steht im Einsatz als Erinnerung an das vorbereitende Training. Die ersten vier Teile des FOR-DEC-Modells bilden quasi ein »Schweizer Taschenmesser«, was sich in der Ausbildung und im Training als

3 Verhalten in Stäben trainieren

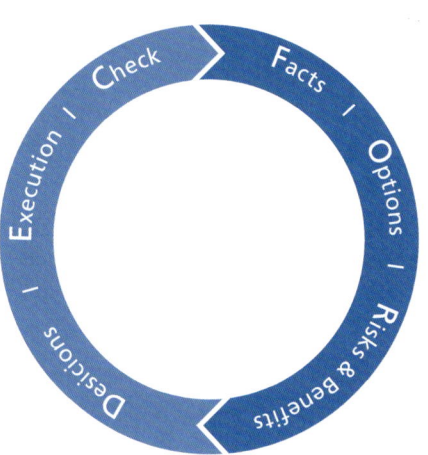

Bild 11: *Das Entscheidungsmodell FOR-DEC*

ABKÜRZUNG	STICHWORT	BESCHREIBUNG
F	Facts Fakten	Was ist eigentlich Sache?
O	Options Optionen	Welche Möglichkeiten haben wir?
R	Risks & Benefits Risiken & Chancen	Was spricht wofür?
-		Der Bindestrich steht für ein Innehalten kurz vor der eigentlichen Entscheidung.
D	Decision Entscheidung	Was tun wir also?
E	Execution Ausführung	Wer tut was, wann, wie?
C	Check Überprüfung	Ist alles noch richtig? Wurde alles erledigt?

geschickte Metapher eignet. Der folgende schematische Ablauf kann sich individuell auf einem Schreibblock oder kollektiv auf einem Whiteboard realisieren lassen. Von einem Zeitstrahl und möglichen szenarischen Verläufen (Fakten) aus, erfolgt eine kurze Rückwärtsplanung mit impliziter Machbarkeitsprüfung (Optionen). Anschließend werden die Vor- und Nachteile ausdrücklich verglichen. Der Befund und das gewählte Vorgehen (Entscheidung) werden ausdrücklich festgehalten. Diese zu einem »Minimalansatz« komprimierten Elemente sind eine praktische Möglichkeit, wie die Wissens- und Kompetenzfülle zum Entscheiden in stabile Abläufe (Routinen) überführt werden können.

3.1 Wichtige nicht-technische Fähigkeiten

Literaturtipps:
- Dietrich Dörner: Die Logik des Misslingens, Rowolt, 2003.
- Garry Klein: Natürliche Entscheidungsprozesse. Über die »Quellen der Macht«, die unsere Entscheidungen lenken. Junfermannsche Verlagsbuchhandlung, 2003.
- Rudi Heimann; Stefan Strohschneider; Harald Schaub (Hrsg.): Entscheiden in kritischen Situationen: Neue Perspektiven und Erkenntnisse, Verlag für Polizeiwissenschaft, 2014.
- Jürgen Honegger: Vernetztes Denken und Handeln in der Praxis, Versus, 2013.
- Atul Gawande: Checklist-Strategie. Btb, 2013.
- Frederic Vester: Die Kunst vernetzt zu denken, Deutscher Taschenbuch Verlag, 2002.

3.1.3 Kommunikation

Der Kommunikation kommt in der Stabsarbeit eine zentrale Bedeutung zu. Durch sie realisiert sich alles, was bewirkt werden soll, wie im ▶ Kapitel 2 hergeleitet wurde. Da Informationen das Gut der Führungsarbeit sind, ist die Kommunikation als Übermittlungsprozess die Grundlage für quasi »alles« im Führungssystem. Die Kommunikation verknüpft also sinnbildlich das Team und sein Handeln miteinander. Das eindeutige Kommunizieren-Können ist deswegen eine wichtige nicht-technische Fähigkeit in der Stabsarbeit, wozu im Folgenden grundsätzliche Gesichtspunkte beleuchtet werden. Kommunikationstechnologien werden an dieser Stelle nicht betrachtet. Sie werden eher zum Informationsmagementsystem gezählt (prozessuales Verständnis).

Grundsatz: Kommunikation verknüpft Team und Handeln
1. Kommuniziere eindeutig und zielführend!
2. Denke in W-Fragen!
3. »*Sag was dich bewegt!*« (Rall, Dieckmann und Hackstein, 2013)

Im allgemein bekannten Sender-Empfänger-Modell nach Schulz von Thun kann Kommunikation folgendermaßen beschrieben werden:
- Ein Sender codiert eine Nachricht.
- Ein Empfänger empfängt und decodiert sie.
- Unterwegs können Störungen auftreten.

3 Verhalten in Stäben trainieren

- Nachrichten können auf verbalen (Sprache) und nonverbalen (Körpersprache, schriftlich) Kanälen übermittelt werden.

Dabei hat eine Nachricht vier Seiten:
- Sachinformation
- Appell
- Selbstoffenbarung
- Beziehungsinformation

In Stäben sind – wie auch im alltäglichen Leben – immer wieder Kommunikationsfehler zu beobachten. Dabei handelt es sich oft um Missverständnisse, die mit dem Sender-Empfänger-Modell bzw. den vier Seiten einer Nachricht gut erklärt werden können. Weil gerade Informationen im Bereich der Selbstoffenbarung und des Appells großes Potential für Missverständnisse bergen, sollte man im Team stets auf eine offene Äußerung dessen achten, was einen bewegt und welches Gefühl man bei der Sache hat. So kann auch sozialen Spannungen vorgebeugt werden. Typische Kommunikationsfehler im Stab sind nach Quellmelz (2013) folgende:
- Unklarheiten und Missverständnisse – Entstehen z. B. aus dem Gebrauch uneinheitlicher Terminologie.
- Form- und Interaktionsfehler – Entstehen z. B. aus mangelnder Trennung zwischen Überlegung und Anweisung oder Hör- und Verständnisschwierigkeiten.
- Psychologische Kommunikationsfehler – Entstehen v. a. durch Vermischung von Sach- und Beziehungsaufgaben.

Dabei sollte man sich immer vor Augen halten, dass Kommunikation nicht mit dem »Gesagten« endet, sondern mit dem »Begreifen« weitergeht. Kommunikation ist eine Synthese aus Information, Mitteilung und Verstehen (Berghaus, 2011). Kommunikation ist doppelt kontingent, was bedeutet, dass sie unterschiedlich interpretiert werden kann und dadurch Fehler in der Beziehung »Sagen und Verstehen« generiert werden können. Kommunikation kann
- anders formuliert (Form) als gemeint (Information) sein und
- anders mitgeteilt (Botschaft) als formuliert (Form) sein sowie
- anders verstanden (Datum) werden als mitgeteilt (Botschaft) und
- anders angenommen (Information) werden als mitgeteilt (Botschaft) (Berghaus, 2011).

3.1 Wichtige nicht-technische Fähigkeiten

Negative Missverständnisse aus Trainings können als positive Verstärker genutzt werden. In zwei verschiedenen Trainings wurde einmal die Abkürzung ETB (Einsatztagebuch) als ETP (elektrische Tauchpumpe) und BFU (Bundesstelle für Flugunfalluntersuchung) als BFE (Beweissicherungs- und Festnahmeeinheit) verstanden. Zwar nahmen die Simulationen aufgrund dieser Missverständnisse Verläufe, die in Einsätzen hätten kritisch werden können. In den Debriefings nach den Simulationen entstand bei den Trainees jedoch eine hohe Sensibilität für den Umgang mit Abkürzungen. In einem Fall wurde die Abkürzung sogar zu einem geflügelten Wort, das sich im Wortschatz des Stabes quasi als Kulturelement hält. Durch ein gutes Debriefing wurde ein eigentlich ungünstiges kommunikatives Element also zur positiven Verstärkung genutzt.

In der Stabsarbeit muss innerhalb des Stabes und zu Schnittstellen außerhalb des Stabes auf eine eindeutige Kommunikation geachtet werden. Der Sender sollte dafür das Ziel seiner Kommunikation kennen, um zielführend formulieren zu können. Ein mögliches Muster kann sein, in W-Fragen zu denken. Hierdurch kann man sich dazu anleiten, eine relativ eindeutige Nachricht für den Gegenüber zu formulieren. Solche W-Fragen sind in Tabelle 3 im ISBAR-Modell enthalten. Dieses Modell kann eine Trainingshilfe sein. Es hilft dabei, sich zu eindeutiger Kommunikation anzuhalten. Das englische Akronym wurde vom Autor um ein deutschsprachiges Akronym ergänzt.

Tabelle 3: *Übersicht ISBAR-Modell (mit Änderungen und Ergänzungen nach Rall, Dieckmann und Hackstein, 2013, Übersetzung des Akronyms VoSiHEE durch den Autor)*

ABKÜRZUNG Englisch/deutsch		STICHWORT	PRÜFFRAGE/W-Fragen
I	Vo	Introduction Vorstellung	Wer bin ich (Sender)? Was ist mein Antrieb, die Nachricht zu senden?
S	Si	Situation	Was ist los? Warum möchte ich die Information übermitteln?
B	H	Backround Hintergrund	Was geschah bisher (mit Relevanz für das aktuelle Geschehen)?
A	E	Assessment Einschätzung	Wie schätze ich die Situation ein? Welche Probleme oder Risiken gibt es? Welche Zusatzinformationen/Begleitumstände sind zu bedenken?

3 Verhalten in Stäben trainieren

Tabelle 3: *Übersicht ISBAR-Modell (mit Änderungen und Ergänzungen nach Rall, Dieckmann und Hackstein, 2013, Übersetzung des Akronyms VoSiHEE durch den Autor) (Fortsetzung)*

ABKÜRZUNG Englisch/deutsch	STICHWORT	PRÜFFRAGE/W-Fragen
R E	Recommendation Empfehlung, Vorschlag	Was will ich erreichen? Was ist meine Empfehlung oder meine Frage? Wie schließe ich die Kommunikation rund und schlüssig ab?

Insgesamt sollte es Teil der Ausbildung sein, den Stabsmitgliedern grundlegende Kenntnisse für unmissverständliche Kommunikation im Führungssystem zu vermitteln. Hierzu gehört auch die Fähigkeit, Geführte bzw. nachgeordnete Stellen (z. B. Einsatzabschnitte) durch geschicktes Fragen oder mittels Vorlagen dazu zu befähigen, in Lagemeldungen die relevanten Informationen wiederzugeben. In der Trainingsphase obliegt es den Trainerinnen/Trainern, aus ihrer Metaperspektive (sich anbahnende) Missverständnisse zu erkennen, den Trainees die Möglichkeit einer Verhaltensänderung aufzuzeigen und bei dieser nachhaltig zu unterstützen.

3.1.4 Teamarbeit, Führung und Umgang mit Fehlern

Die Kultur im Stab wird stark vom gegenseitigen Umgang miteinander, von der Menschenführung und vom Umgang mit Fehlern geprägt. Erfahrungsgemäß wirkt sich die Kultur der Mutterorganisation stark auf die Kultur des Stabes aus. Im Folgenden werden wichtige Faktoren und Verhaltensweisen vorgestellt, die insgesamt eine gute Teamarbeit im Stab begünstigen. Wo die Kultur der Mutterorganisation eher ungünstig ist, stellt es eine große Herausforderung dar, eine förderliche Einsatzkultur zu entwickeln. Einzelne Aspekte werden für einen guten Lesefluss unter Führung und dem Umgang mit Fehlern behandelt, aber aufgrund ihrer Bedeutung unter die Grundsätze zur Teamkultur gefasst.

> **Grundsatz Teamkultur: Das Team ist die Voraussetzung für die Aufgabenarbeit**
> 1. *»Fehler und Erfolg entspringen der gleichen Quelle«* (Ernst Mach zit. nach Leonhardt, 2011).
> 2. Gib ehrliche und konstruktive Rückmeldungen! Zwischenmenschliche Störungen haben Vorrang!
> 3. Ergreife die Verantwortung, wenn du etwas besonders gut kannst!

3.1 Wichtige nicht-technische Fähigkeiten

> 4. Kenne die Menschen und Rollen im Team und berücksichtige deren Fähigkeiten!

Stäbe treten nur selten in genau der personellen Konstellation zusammen, in der sie ausgebildet wurden oder trainieren. Zwar kennen sich die Teammitglieder in der Regel mehr oder weniger gut untereinander, aber nur ein kleinerer Teil wird auch im Alltag zusammenarbeiten oder schon einmal gemeinsam im Einsatz gewesen sein. Gerade auch im Bereich von Einsatzorganisationen kann nicht ausgeschlossen werden, dass bis dahin unbekannte Personen in den Stab entsandt werden und diese somit neu ins Team kommen. Weil sich der Stab als Gruppe deswegen im Voraus nur bedingt formieren kann, kommt der Förderung der Teamarbeit im Einsatz eine hohe Bedeutung zu. Das bedeutet nicht, dass Teamentwicklungsstrategien aus dem Alltag für Stäbe grundsätzlich nicht geeignet sind, aber sie unterliegen eindeutig der großen Schwierigkeit, dass die Teams wechselnd zusammengesetzt sind.

Modelle zur Teamarbeit wie die fünf Stufen der Teamentwicklung nach Tuckman (forming, storming, norming, performing, adjourning) oder das Rollenmodell nach Belbin (je drei kommunikationsorientierte, handlungsorientierte, wissensorientierte Rollen) treffen eher auf Gruppen im Alltag zu und weniger auf Stäbe, die ad hoc zusammentreten (Hagemann, 2011). Weil in einer Einsatzsituation beispielsweise die »Spielregeln« des Teams nicht erst ausgehandelt werden können, ist es wichtig, in Trainings eine für die Teamarbeit förderliche Stabskultur zu etablieren, damit diese in den Einsatz »hineinwirken« kann. Gelingt die Etablierung einer eigenen Kultur nicht, wird die Stabsarbeit plausibler Weise eine Prägung durch die Kultur der jeweiligen Mutterorganisation erfahren. Um in kritischen, stressigen oder persönlich belastenden Situationen zusammenarbeiten zu können, ist es sehr wichtig, sich zu kennen – und zwar idealerweise über die reine funktionale Rolle hinaus. Nur dann können die jeweiligen Fähigkeiten und Charaktereigenschaften angemessen eingeschätzt und auch berücksichtigt werden. Es obliegt den Trainerinnen bzw. Trainern und im Einsatz der/dem Leiter:in des Stabes, auf eine gute Teamarbeit zu achten. Denn es ist klar: »*Die Leistung einer Gruppe basiert […] auf der erfolgreichen Kommunikation und dem konstruktiven Umgang mit Konflikten [und] […] den Lernprozessen innerhalb der Gruppe*« (Franken, 2010). Diese Aspekte sind alle »menschengemacht«. Hierdurch wird deutlich, dass das Team Voraussetzung ist, um die fachliche Aufgabe in Stabsformation bearbeiten zu können.

Unter Leadership wird im weitesten Sinne verstanden, die Aktivitäten der anderen Teammitglieder zu leiten und zu koordinieren, eine gute Atmosphäre herzustellen und andere zu motivieren, Aufgaben im Team zu verteilen sowie planen und organisieren zu können, ohne dabei eine formale Leitungsrolle übertragen bekommen zu haben (Hagemann, 2011). Es ist wichtig, dass Teammitglieder die Verantwortung ergreifen (dürfen), wenn sie etwas besonders gut können – denn nicht immer entscheidet die an die Aufgabenzuständigkeit gebundene fachliche Kompetenz, sondern oft auch die persönliche Kompetenz. Formale Rollen wie Stabsleiter:in und Leadership als Phänomen der Teamarbeit sind also unabhängig voneinander und ergänzen sich.

Feedbackkommunikation ist ein wichtiges Element guter Teamarbeit und speziell auch des Trainierens. Dabei gilt es, dem Gegenüber seine Wahrnehmung wertungsfrei mitzuteilen und konstruktiv zu sein. Ziel soll sein, dass dem Gegenüber eine mögliche Verhaltensänderung aufgezeigt wird, ohne belehrend zu sein. In einem offenen und ehrlichen Umgang weiß jede/r, woran sie/er mit ihrem/seinem Gegenüber ist. Dabei gilt, dass Feedback keinen Zwang zur Änderung erzeugt! Eine konstruktive Rückmeldung darf man annehmen, muss man aber nicht. Vielmehr sollte man die Rückmeldung als Anlass nehmen, über sich nachzudenken und kritisch zu reflektieren. Es dauert erfahrungsgemäß eine ganze Zeit lang, bis man als Trainer:in eine »echte« Feedbackkultur in einer vorgehaltenen Führungsunit etabliert hat. Eine solche Kultur ist wichtige Voraussetzung, um wirksame Veränderungsprozesse einleiten zu können. Es gilt, dass zwischenmenschliche Störungen immer Vorrang haben sollten, damit diese nicht die Aufgabenarbeit beeinträchtigen. Im Folgenden finden sich einige allgemein bekannte Feedbackregeln, die für die Teamarbeit wichtig sind.

Das Expertenmodell der Teamarbeit der US Navy (▶ Bild 12) zeigt positive Verhaltensweisen für ein Team auf. Es kann dabei unterstützen, weniger gute Momente der Teamarbeit zu reflektieren und daraus positive Verhaltensweisen abzuleiten. Es sei darauf hingewiesen, dass es eine Vielzahl derartiger Modelle gibt, wobei das hier Vorgeschlagene für die speziellen Bedingungen in einem Stab gut geeignet scheint.

> **Grundsatz Führungskultur: Führe mit Auftrag, aufgabenorientiert und situationsangemessen! Lasse andere an deiner Macht teilhaben! Halte Hierarchien flach!**
> - Nutze Assistenz!
> - Reflektiere dich mit Vertrauten!
> - Jeder Fall ist ein Lernfall – in allen Bereichen!

3.1 Wichtige nicht-technische Fähigkeiten

Tabelle 4: *Allgemeine Feedbackregeln*

Beim Feedback geben	Beim Feedback empfangen
Beschreiben, nicht interpretieren	Gezielt und direkt um Feedback bitten
Ich-Botschaften senden	Bei angebotenem Feedback ggf. um einen anderen Zeitpunkt bitten
Zeitnah und noch aktuell	Aufmerksam zuhören
Zur rechten Zeit, zu einem relevanten Punkt	Nachfragen, ob das Feedback so gemeint ist, wie man es verstanden hat
Zweck mitteilen	Nicht verteidigen oder rechtfertigen
Kurz, konkret	Dankbar sein für die Ehrlichkeit des Gegenübers

1. INFORMATIONSAUSTAUSCH
- Übermittlung von relevanten Informationen zur richtigen Zeit an die richtige Person
- Informationssammlung aus allen relevanten Quellen
- Periodische Updates der Situation liefern, um das Gesamtbild zu bewahren

2. INFORMATIONSÜBERMITTLUNG
- Angemessene Terminologie nutzen
- Ausuferndes Gerede vermeiden
- Deutlich sprechen
- Vollständige Berichte mit den Daten in der angemessenen Reihenfolge liefern

3. HILFESTELLUNG
- Hilfestellung anbieten, nachfragen und annehmen wenn erforderlich
- Fehler erkennen und korrigieren sowie Korrekturen von anderen annehmen

4. TEAM INITIATIVE UND FÜHRUNG
- Prioritäten festlegen
- Führung, Unterstützung & Vorschläge anderen Teammitgliedern anbieten

Bild 12: *Expertenmodell der Teamarbeit der US Navy (Abbildung nach Smith-Jentsch et. Al, 1998, aus Hagemann, 2011)*

3 Verhalten in Stäben trainieren

Die Führungskultur ist ein wichtiger Teilaspekt der gesamten Kultur des Stabes. Sie wird klar durch die/den Einsatzleiter:in, durch die/den Leiter:in des Stabes, durch Ausbilder:innen und Trainer:innen geprägt. In Polizeiführungsstäben kennen die Stabsmitglieder die potentiellen Polizeiführer:innen meist recht gut aus der Alltagsorganisation, wo sie als Führungskräfte eingesetzt sind. In Einsatzsituationen kann bei Teammitgliedern immer Unsicherheit beobachtet werden, wie man sich auf die unterschiedlichen Arbeitsweisen und Persönlichkeiten der Einsatzleiterin/des Einsatzleiters einstellen soll. Hinter diesem Beispiel verbirgt sich die allgemeine Problematik der Kontingenz der Führungsperson. Diese besagt, dass der Mensch z. B. wegen subjektiver Präferenzen, wegen eines Persönlichkeitsmerkmals oder auch wegen sozialer Spannungen eine Unwägbarkeit im Führungsakt darstellt. Kultur ist allgemein eine Erklärungsressource. Indem etwa gesagt wird »Du bist neu hier? Schau, wir machen das hier bei uns auf diese Art und Weise«, erklärt ein bestehendes Teammitglied einen Usus bzw. das Übliche. Wo in Verwaltungen, Einsatzorganisationen und in der Wirtschaft Personalwechsel für Diskontinuität sorgen, kann erfahrungsgemäß keine elaborierte Kultur entwickelt werden. In wenigen Fällen wurde schon erlebt, dass es quasi gar nichts »Verbindendes« in einem Stab gab. Im Militär ist Führung prozessual standardisiert, weswegen Personalwechsel dort erfahrungsgemäß eher auf die persönlichen Aspekte der Zusammenarbeit beschränkt sind und sich methodische Fragen weniger stellen. Das Training von stabsmäßiger Führung hat daher auch zum Ziel, zwischen der verantwortlichen Person (Einsatzleiter:in, führt) und ihrem Stab (Team, Mitglieder werden geführt und führen selbst) auf persönlicher und methodischer Ebene eine einheitliche Vorgehensweise zu etablieren. Darüber kann die individuelle Handlungssicherheit gestärkt werden.

Merke:
Der Mensch kann aufgrund seiner Eigenschaften nicht als Konstante gesehen werden. In Führungsunits muss daher eine Führungskultur etabliert werden (Abläufe, Methoden, Routinen), die individuelle Persönlichkeitsaspekte ausgleicht. Kultur gibt Handlungssicherheit.

Stabsleiter:innen sollten unbedingt »Mikromanagement« vermeiden und den Blick aufs Ganze im Stab haben; gleiches gilt für Einsatzleiter:innen die den Blick auf den ganzen Einsatz brauchen. Das ist leichter gesagt als getan und indiziert, dass auch Spitzenpersonal Trainingsbedarf haben kann. Die Philosophie »Führung mit Auftrag« kann dabei helfen, sich zur Führung mit Zielen anzuhalten und das Vorgeben von detaillierten Lösungswegen zu vermeiden. Aus Beobachtungen der Übungspraxis im

3.1 Wichtige nicht-technische Fähigkeiten

Katastrophenschutz kann man zu dem Eindruck gelangen, dass Stäbe im Vergleich zur ihrer meist zugedachten Stellung als oberste Instanz des Einsatzes ein zu operatives und zu wenig strategisches Aufgaben(selbst)verständnis haben. Wo dem so ist, setzt sich das Aufgabenverständnis in Ausbildung, Übung und Einsatz über die Führung mit Auftrag nach unten fort, was zu einer geringeren Selbstständigkeit/einer verringerten Fähigkeit zur Selbstständigkeit von nachgeordneten Organen führt, als sie vor allem bei Maximalereignissen erforderlich wäre. Das Prinzip der Führung mit Auftrag stößt aus der Sicht der obersten Ebene da an Grenzen, wo untere Ebenen die erforderliche Eigenständigkeit nicht erbringen können. Grundsätzlich sollte der Führungsstil aufgabenorientiert sein – also sachlich orientiert und persönliche Aspekte außen vorlassend. Dabei sollte man stets situationsangemessen agieren. Bemüht man das bekannte Kontinuum, kann dies von einem autoritären Stil bis zu einem sehr kooperativen Stil reichen. Für einen ersten Zugang können Stilkonzepte geeignet sein; um Führung allerdings stichhaltig erklären zu können, reichen diese nicht aus, wie in der Theorie der wirksamen Einsatzführung dargelegt wird. Dabei kann es einen Zusammenhang mit zeitkritischen und weitreichenden Entscheidungen geben. In solchen Situationen ist vom Stab eine hohe Geschwindigkeit in der Beratung des Entscheiders und der Umsetzung der Maßnahmen gefragt. Dies wird ab und an mit der Notwendigkeit einer autoritär getroffenen Entscheidung gleichgesetzt. Das muss allerdings nicht zwangsläufig so sein und kann auch nicht immer so sein: Wenn die Autorität alleine wüsste, was es zu tun gälte, könnte sie immer autoritär vorgehen und könnte als integrale Führungsperson wirken. Das Argument der Autorität negiert daher die Idee der Stabsarbeit als Kapazitätsvergrößerung (▶ Kapitel 2.2) und kann daher nicht gelten. Wo aufgrund von Zeitdruck eine »autoritäre« Vorgehensweise gewünscht ist, mein dies eigentlich, dass in dem Moment eine stringente und zielorientierte Moderation (Führung durch den Prozess hindurch) für erforderlich gehalten wird, um das gewünschte Ergebnis zu erbringen. Hierdurch kann trotz Zeitdruck eine ausreichende Grundlage geschaffen werden (Beratung des Entscheiders), um eine Entscheidung bei möglichst wenig Unsicherheit zu treffen. Es wird passender befunden, anstelle von Autorität von »Intensität« des Wirkens der Führungsperson zu sprechen. Der Bedarf, wie intensiv in den Stab hinein gewirkt werden muss, muss sicher erkannt werden können. In Folge muss das intensive Auftreten auch beherrscht werden. Letztlich muss das Team verstehen und damit umgehen können, dass sich die Intensität, wie die Führungsperson in den Stab wirkt, verändern kann. Dieses Verständnis und der Umgang damit fallen in den Bereich der Kultur. Führende und Geführte müssen sich gewissermaßen aufeinander einschwingen.

3 Verhalten in Stäben trainieren

Verantwortung geht immer auch mit Befugnis und damit subtil mit Macht einher. Zwar ist Führung positiv belegt, wie im ▶ Kapitel 2.1 dargelegt wurde, aber dennoch können Zwischentöne eine unterbewusste Rolle spielen. Die Delegation von Verantwortung an Stabsmitglieder für Teilaufgaben ist deswegen gewissermaßen auch das Teilen von Macht. Hierdurch kann (persönliche Eignung vorausgesetzt) die Identifikation mit der Aufgabe gestärkt werden. Zudem kann die Geschwindigkeit im Führungssystem erhöht werden, weil die Konsultation einer höheren Instanz überflüssig wird. Der Machtbegriff ist an dieser Stelle bewusst gewählt, weil die Teilung von Macht auch zeigt, dass Einsatzleiter:innen und Stabsleiter:innen keine Patriarchen sind, die Macht natürlicherweise besitzen, sondern diese nur aufgrund auch ihrer eigenen Rollen und damit erfolgter Delegationen ausüben können.

Die Notwendigkeit einer inneren, hierarchischen Struktur im Stab ergibt sich aus der Organisationstheorie, wie bei der theoretischen Betrachtung in ▶ Kapitel 2 deutlich wurde. Wie flach oder steil diese Hierarchie »gelebt« wird, resultiert aus der Kultur des Stabes. Dabei müssen nicht alle zwangsläufig »per Du« sein. Flache Hierarchien sind von Eigeninitiative, Interdisziplinarität und manchmal matrix- oder netzwerkartiger Zusammenarbeit sowie von Eigenverantwortung geprägt. Hierdurch wird unter anderem das »Speaking Up« gefördert, worunter in etwa das zu Wort melden bei abweichenden Meinungen gemeint ist. Hierdurch kann beispielsweise der negative Groupthink-Effekt vermieden werden, bei dem Gruppen einmütig bestimmte (falsche) Entscheidungen treffen. Formale Über- und Unterstellungsverhältnisse müssen nicht zwangsläufig zu Distanziertheit führen. Formale Verantwortung und gelebte Zusammenarbeit schließen sich also nicht aus.

Leitungsaufgaben sind vielfältig. So muss nach oben berichtet und im Innenverhältnis die Aufgabe fachlich gesteuert werden: Es muss auf die Teamarbeit, auf die Leistung und persönliche Umstände Einzelner geachtet werden und dabei sollte man den Stab und sich selbst auch noch aus einer Metaperspektive betrachten. Zwischen Lagebesprechungen finden Arbeitsbesprechungen statt, die nächste Lagebesprechung muss bereits wieder vorbereitet werden und in derselben muss moderiert, mitgedacht, beurteilt, organisiert und auf die Uhrzeit geachtet werden. Gerade in volatilen Situationen gerät eine einzelne Person mit dieser Bandbreite an Aufgaben nicht selten an die Grenze ihres Leistungsvermögens. Das kann zu Stress führen, dessen negative Auswirkungen sich auf das Team übertragen können: Der Ton wird rauer, alle erlernten Verhaltensweisen werden über Bord geworfen, die Stimmung wird schlecht und niemand weiß, weshalb eigentlich. Die/der Leiter:in des Stabes sollte ein Vorbild sein, wozu neben einer charismatischen Ausstrahlung und ordnungsgemäßem Verhalten auch eine gewisse Ruhe, Gelassenheit und Souveränität gehören. Um sich zu entlasten, ist es als Leiter:in des Stabes eine gute Möglichkeit,

3.1 Wichtige nicht-technische Fähigkeiten

Bild 13: Stabsarbeit ist Teamarbeit. In der Kommunikation verknüpft sich Team und Handeln, wie in der abgebildeten Diskussionsszene. Die Führungskultur muss auch kritische Diskussionen ermöglichen, um durch abweichende Meinungen zu verhindern, dass der Stab in eine »falsche Richtung denkt« (sog. Groupthink-Effekt). Das »Führen durch Fragen« hilft beim nach-vorne-Denken.

sich Assistenz zu nehmen. Die Aufgaben der Assistenz können weit reichen und sind insgesamt als »Entlastung ohne eigene Befugnisse« zu verstehen. In der Praxis sind bei professionellen Stäben mittlerweile häufig Führungsduos aus Einsatzleiter:in und Stabsleiter:in anzutreffen, wobei diese Aufgabenteilung allerdings keine Assistenzfunktion darstellt, sondern eher eine Stellvertretung (was durch Aufgabenübernahme auch zu Entlastung führt). Gelegentlich gibt es auch Führungstrios. Aus Erfahrung hat sich bewährt, dass Stabsleitungen als Stellvertretungen selbst über die Qualifikation bzw. Kompetenz für die einsatzleitende Funktion verfügen sollten. Allerdings reichen die Personalressourcen dafür leider nur selten aus. Führungspersonen müssen sich einerseits ihrer Verantwortung für den Einsatz und andererseits auch ihrer Wirkung als Führungskraft im Stab bewusst sein. Da auch Führungskräfte nicht frei von Fehlern sind, sollten sie sich ebenso konstruktive Rückmeldungen einholen. Dabei kann es eine gute Möglichkeit sein, sich mit Vertrauten zu reflektieren. Ein solcher Vertrauter kann die eigene Assistenz sein, zu der idealerweise auch im Alltag eine Arbeitsbeziehung besteht. Insgesamt sollten sich Stabsleiter:innen und Einsatzleiter:innen ihrer Verantwortung und Strahlkraft ins Team unbedingt bewusst sein und deswegen auf eine gute Führungskultur achten.

3 Verhalten in Stäben trainieren

Ein konstruktiver Umgang mit Fehlern ist eine wichtige Voraussetzung für eine gute Teamarbeit. Fehler sind ein alltägliches Phänomen und deswegen auch ein alltäglicher Begriff. Im Kontext von Teamarbeit und Stabstraining muss der Begriff allerdings differenzierter betrachtet werden. Die »Human-Factors-Theorie« betrachtet den Menschen in seiner technischen und sozialen Umwelt (vgl. hierzu der ganzheitliche Blick in ▶ Kapitel 1.5). Nach dieser Theorie liegt die Schuld für die Fehlbarkeit des Menschen nicht bei dem Individuum selbst, sondern bei der mangelhaft konstituierten Umwelt. Der Fehlertyp kann nach dem kognitiven Stadium unterschieden werden: Bei der Ausführung wird von »Patzern« gesprochen, bei der Speicherung von »Schnitzern« und im Bereich der Planung von »Fehlern« (Reason, 1994). Bei vielen speziellen Abläufen gibt es eigene Fehlertypen so wie etwa beim Lagebewusstsein (▶ hierzu Kapitel 3.1.1). An dieser Stelle soll nicht tiefer in die Theorie menschlicher Fehler eingestiegen werden. Für theoriegeneigte Lesende sei auf die weiterführende Literatur verwiesen. Im Bereich des Stabstrainings sollten sich Ausbilder:innen, Trainer:innen und Stabsmitglieder stets vor Augen halten, dass Menschen subjektiv richtig handeln können, dabei aber objektiv Fehler begehen können. Gründe können etwa Irrtümer oder Unwissen sein. Wird wissentlich ein Fehler begangen, so ist dies absichtsvoll (Vorsatz). Bei allen Handlungen (insbesondere bei den Fehlern anderer) sollte man sich vor Augen halten, dass (meistens) niemand absichtlich etwas Falsches macht oder eine schlechte Leistung erbringt. Die Gründe können vielschichtig und manchmal auch nur schwer nachvollziehbar sein wie etwa sprachliche Missverständnisse, eine unpassende Interpretation oder eine persönliche schlechte Tagesform. Man sollte davon ausgehen, dass alle Teammitglieder eine gute Absicht haben, aber eben nicht immer die gewünschte Leistung erbringen (können). Leonhardt (2011) bringt dies im Kontext einer Diskussion über die Sicht auf Fehler im Human-Factors-Bereich der Deutschen Flugsicherung in einem Zitat von Ernst Mach auf den Punkt: *»Fehler und Erfolg entspringen der gleichen Quelle, nur das Resultat vermag das Eine vom Anderen unterscheiden.«* In ▶ Bild 14 sind die Ursachen menschlicher Fehler in einfacher Form dargestellt. Im Stabstraining kann die Suche nach diesen Ursachen eine ausreichende Erklärung für einen geschehenen Fehler sein, woraus sich in der Regel bereits implizit Möglichkeiten zur Fehlervermeidung ergeben.

Das Verhalten der Stabsmitglieder, der Verantwortlichen und der Organisationsleitung bei einer unerwünschten Handlungsabweichung kann im weitesten Sinne auch als Fehlerkultur bezeichnet werden. Darunter wird die Art und Weise verstanden, wie mit Fehlern, Ursachen und Folgen umgegangen wird. Aus einer anderen Sichtweise sind Fehler quasi viel wertvoller als Erfolge. Denn Erfolgsrezepte lassen sich oftmals nicht ganz genau so umsetzen, wie man sie beobachtet hat. Fehler (die

3.1 Wichtige nicht-technische Fähigkeiten

andere gemacht haben) lassen sich dahingegen (bei sich selbst) recht gut vermeiden. Jeder Fall (ob positiv oder negativ) sollte gerade deswegen als »Lernfall« verstanden werden. Dies trifft vor allem in Trainings, aber auch im Einsatz zu. Es kann nicht ausgeschlossen werden, dass im Einsatz auch beispielsweise strafrechtlich relevante Fehler geschehen, womit selbstverständlich ehrlich umgegangen werden muss. Der Ruf nach einer besseren Fehlerkultur im Alltag wird gerade in Einsatzorganisationen häufig mantraartig vorgetragen. Weil Einsätze ein stückweit außerhalb der allgemeinen Aufbauorganisation liegen, bietet sich hier für Einsatzleiter:innen und Stabsleiter:innen die Chance, mit dem Team relativ frei von Alltagszwängen zu arbeiten und »wirklich« eine Fehlerkultur zu leben.

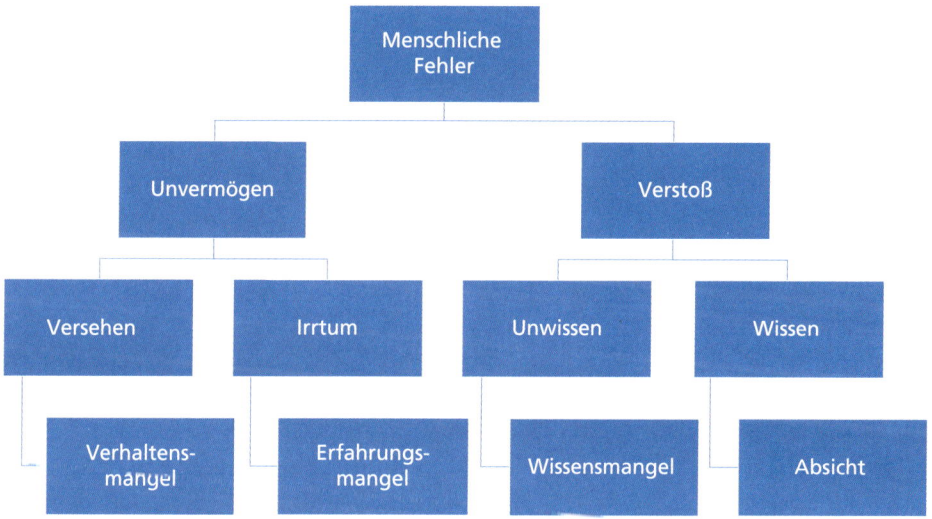

Bild 14: *Einfache Unterscheidung der Ursachen menschlicher Fehler (nach Brühwiler und Grabner, 2010, Originalquelle geht vermutlich zurück auf Reason, 1990)*

Bei der Betrachtung des gesamten Stabes in seinem Stabsraum mit seinen Arbeitsmitteln und seiner Organisation (zusammengefasst: Führungsbasis) kann das folgende SHEL(L)-Modell ein guter Ansatz sein, um fehlerbegünstigende Faktoren zu identifizieren und zu minimieren.

3 Verhalten in Stäben trainieren

Tabelle 5: *Das SHEL(L)-Modell (nach Edwards, 1972, zit. Aus Hardt und Dziambor, 2010, und ergänzt in der letzten Zeile um einen Gedanken aus einem Vortrag von Hofinger, 2015).*

SHEL(L)-Kategorie	Beispiel eines fehlerbegünstigenden Faktors
Software = (Prozess-)Organisation	▪ Fehlen von Checklisten ▪ Fehlende Kontrollmechanismen
Hardware = Technik, Material, mobile Strukturen	▪ Ähnlichkeit und somit leicht verwechselbare Produkte oder Inhalte (Look-alike-Problem)
Environment = Arbeitsplatz, immobile Strukturen	▪ Platzmangel ▪ Ungünstige Faktoren wie Licht, Lärm etc.
Lifeware = Mensch	▪ Vgl. »AM I SAFE-Modell« (Tabelle 6)
Lifeware = Teilnehmer oder Dritter oder Selbstreflexion	Wechselwirkung zwischen ▪ Teilnehmer und Dritten ▪ dem Teilnehmer mit sich selbst

Über alle Systembetrachtungen hinweg darf nicht vergessen werden, dass der Mensch schlussendlich das entscheidende Element in der Stabsarbeit darstellt. In der Fliegerei findet die persönliche Leistungsfähigkeit bei Cockpit- und Kabinenbesatzungen eine große Beachtung. Aus diesem Bereich stammt auch das folgende AM I SAFE-Modell. Darin sind geistige und körperliche Faktoren (sog. Modulatoren) aufzeigt, die die persönliche Leistung herabsetzen können.

Tabelle 6: *AM I SAFE-Modell (nach Hardt und Dziambor, 2010)*

AM I SAFE-Kategorie	Leistungsmodulator
Attidude	Eigene Motivation und Einstellung (autoritär, impulsiv, invulnerabel, machoartig, resigniert)
Medikation	Medikation
Illness	Krankheit
Stress	Beruflicher oder privater Stress
Alcohol	Alkohol- oder Drogeneinfluss
Fatique	Schlafdefizit, Erschöpfung
Eating	Hunger, Durst, Nikotinmangel

3.2 Bedeutungsorientierte Trainingsmethodik

Im Bereich der Stabsarbeit ist die Sensibilität für diese Faktoren wahrscheinlich nicht so ausgeprägt wie in der Luftfahrt. So wird gerade bei Einsatzorganisationen häufig davon gesprochen, dass die Müdigkeit ein Problem darstelle – aber während eines laufenden Einsatzes hat der Autor noch kein Stabsmitglied erlebt, welches um Ablösung gebeten hat. Möglicherweise spielt im Allgemeinen die Befürchtung eine Rolle, das Eingeständnis von Müdigkeit oder Krankheit könne eine Schwäche sein (Was die Relevanz des Modells allerdings wieder belegen würde). Eine geringe eigene Motivation und eine abwehrende Einstellung scheint gerade bei Stabsübungen gelegentlich relevant zu sein, da diese Termine oftmals ungelegen kommen und man den Kopf aufgrund des Alltagsgeschäfts »nicht frei bekommt«. Wer keine Lust auf Stabsarbeit hat, wird auch nicht die höchste Leistungsbereitschaft zeigen. Erfahrungsgemäß ist die Verpflegung bei Übungen und Einsätzen gerade bei Einsatzorganisationen kein Problem – doch möglicherweise sind diese Mahlzeiten manchmal vielleicht ein wenig zu »schwer«. Es scheint sinnvoller zu sein, leicht verdauliche Energiespender anzubieten statt dick belegte »Leberkässemmeln«. Wahrscheinlich kann eine so hohe Sensibilität für die persönliche Leistungsfähigkeit von Stabsmitgliedern wie in der Luftfahrt nicht erreicht werden. Dennoch sollte der körperlichen und geistigen Leistungsbereitschaft sowie der Motivation der Stabsmitglieder ein hohes Augenmerk gewidmet werden.

Literaturtipps zur Teamentwicklung:

Cornelius Buerschaper; Susanne Starke (Hrsg.): Führung und Teamarbeit in kritischen Situationen, Verlag für Polizeiwissenschaft, 2008.

Michael Lülf: Sozialkompetenz und Teamentwicklung bei Einsatzkräften, W. Kohlhammer Verlag, Stuttgart, 2018.

3.2 Bedeutungsorientierte Trainingsmethodik

Das Erlernen der vorgestellten Verhaltensweisen erfordert geeignete Trainingsmethoden. In diesem Abschnitt werden entsprechende Vorgehensweisen auf Basis der Methoden des Crew Resource Managements vorgestellt und in der gemeinsamen Klammer der »Bedeutungsorientierung« zusammengefasst. Unter Bedeutung wird die Tragweite, der Belang oder der Sinn von individuellen und kollektiven

3 Verhalten in Stäben trainieren

Handlungen sowie die Folgen von Sachverhalten in größeren Zusammenhängen verstanden. Die Orientierung bezeichnet die Perspektive, aus der Lerneinheiten durchgeführt werden, aus der eine Sache betrachtet wird oder wohin man sich orientieren sollte.

Eingangs wird das Crew Resource Management erläutert. Davon ausgehend werden jeweils ausgewählte Modelle zum erfahrungsbasierten Lernen (Experiential Learning Cycle), zur strukturierten Nachbesprechung (After-Action-Review) und zum nachhaltigen Lernen (Double-Loop-Prinzip) vorgestellt. Diese Methoden werden anschließend in einen übergeordneten Trainingsablauf (Team Dimensional Training) eingeordnet und es wird eine Strategie zur Integration des bedeutungsorientierten Lernens vorgeschlagen, die in die Unterhaltung von Führungsunits hineinreicht. Dabei steht ein Überblick über die ganzheitliche Vorgehensweise im Vordergrund. Für theoretisch Interessierte wird auf die weiterführende Literatur verwiesen.

In der Stabsarbeit wird mit unterschiedlichen Lernsituationen gearbeitet. So kommen Schulungen, Seminare mit interaktiven Lernformen, Planbesprechungen, Stabsrahmenübungen oder Vollübungen zur Anwendung (Hofinger, Heimann und Kranaster, 2021). Je nach Lernziel bzw. je nach Auditierungsziel (▶ Kapitel 5) muss aus diesen didaktischen Konzepten das Passende ausgewählt werden. Die theoretischen Konzepte beschreiben allerdings nur den »Rahmen«, wie die Einheit abläuft. Innerhalb dieses Rahmens ist es notwendig eine Trainingsmethodik einzusetzen, die das Lernen bestmöglich fördert. Hierzu eignen sich Techniken und Strategien des Crew Resource Managements. In manchen Disziplinen wird das Training auch als »Intervention« bezeichnet was deutlich macht, dass es sich um einen korrigierenden Eingriff handelt. Das Crew Resource Management (CRM) kann als »Trainingsmethode« wie auch als eine Art von »Fähigkeit zur Mobilisierung aller Ressourcen im Team« verstanden werden. Daher wird es je nach Bereich auch als Team Resource Management bezeichnet. Eine spezifische Definition für Einsatzorganisationen oder für Stabsarbeit ist aktuell nicht bekannt. Seinen Ursprung als Trainingsmethode hat das CRM in der Aviatik:

»Mit Zunahme der Größe und Komplexität der Luftfahrzeuge im zweiten Weltkrieg stieg auch die Anzahl der beteiligten Crewmitglieder, um diese zu betreiben. Damit hat ein bis dahin noch wenig relevantes Thema schnell an Bedeutung gewonnen: Zusammenarbeit im Team (crew coordination). [...] In mehreren evolutionären Phasen entwickelte sich CRM vom reinen Individualtraining, über das Cockpit Training zwischen Pilot, Co-Pilot und Flugingenieur, hin zum umfassenden Teamtraining, welches das Arbeitsfeld, inklusive aller sicherheitsrelevanten Schnittstellen, ins Zentrum des Trainings stellt. Alle diese Maßnahmen führten auch zur kulturellen

3.2 Bedeutungsorientierte Trainingsmethodik

Entwicklung in Richtung eines verstärkten Sicherheitsgedankens in der Luftfahrt.«
(Lang, Ruppert, Schneibel und Urban, 2010)

In den vergangenen Jahren schritt die Verbreitung des CRM in der Medizin stark voran. Eine Definition aus diesem Bereich stammt von Rall und Lackner (2010), wonach CRM als eine Art von Fähigkeit verstanden wird: »*[...] das Wissen, was getan werden muss, auch unter den ungünstigen und unübersichtlichen Bedingungen der Realität eines medizinischen Notfalls in effektive Maßnahmen im Team umzusetzen [...]. CRM dient zur Prävention und Management von kritischen Ereignissen bei Individuen wie Teams [...]*«. Sehr weit gefasst ist CRM also eine Art Fähigkeit zum Selbstmanagement (des Einzelnen, der Gruppe). In einfachen Beobachtungen kann dies als »strukturiertes Vorgehen« wahrgenommen werden. Aus psychologischer und didaktischer Sicht besteht ganz klar ein sehr großer Unterschied zwischen der Definition als Trainingsmethode oder der Definition als Fähigkeit, was an dieser Stelle allerdings nicht vertieft wird, weil CRM übergeordnet als »Strategie« verstanden wird. Das Verständnis von CRM als Strategie für Trainings oder Instruktion gestattet eine Übertragung auf die Stabsarbeit ohne große Aufwände. Eine solche Strategie hat am Beispiel von Crews und Teams aus Hochverlässlichkeitsorganisationen (High Reliability Organisations) das Ziel »*in der effektiven Nutzung aller verfügbaren Ressourcen (d. h. Menschen, Ausrüstung und Informationen) zu trainieren, um ihre Zusammenarbeit zu verbessern und damit ihre Leistung zu erhöhen und um so die Wahrscheinlichkeit möglicher menschlicher Fehler mit tragischen Konsequenzen für Mensch und Umwelt zu reduzieren und die Sicherheit und Zuverlässigkeit zu erhöhen*« (Hagemann, 2011).

Das CRM hat zum Ziel, menschliche Fehler zu vermeiden und bezieht sich damit klar auf Human Factors. Ein solcher Faktor ist allgemein die Kommunikation. Im Bereich der Medizin erscheint dieser Aspekt sogar zentral, wie die folgende Veranschaulichung des CRM-Konzepts als eine Art »Molekül« aus den »Atomen« Situation Awareness, Teamwork, Entscheidungsfindung, Aufgabenmanagement sowie verbaler und nonverbaler Kommunikation zeigt:

»*Kommunikation ist das Bindeglied (der Klebstoff) zwischen den anderen Komponenten der ›Human Factors‹ im Kontext von Handlungssicherheit in komplexen Situationen. Jedes einzelne Atom des CRM-Moleküls ist notwendig, aber alleine nicht wirksam; ohne suffiziente [ausreichend funktionierende] Kommunikation zerfällt das Molekül in seine Einzelelemente.*« *(Rall und Lackner, 2010)*

Zusammenfassend kann aus Sicht der Fähigkeiten gesagt werden, dass CRM eine Sammlung von Teamwork-Kompetenzen ist, die es erlauben die situationsbedingten Anforderungen zu bewältigen, welche ein einzelnes Teammitglied überfordern würden (Hagemann, 2011). Aus strategischer Perspektive wird CRM an dieser Stelle umrissen als die ganzheitliche und nachhaltige Förderung einer besonderen Kultur der Zusammenarbeit von Teams über das Berufstechnische hinaus. CRM als Trainingsmethode wird hier verstanden als Technik zum bedeutungsorientierten Lernen, deren Funktionieren im weiteren Verlauf noch erläutert wird.

CRM ist als Trainingsmethode in der Luftfahrt (z. B. Flugzeuginstandhaltung, Cockpit oder Kabine) und im Bereich von Kraftwerken (z. B. Leitwarte) über bestimmte Regelwerke quasi vorgeschrieben. Darüber hinaus wird es unter anderem auch in konventionellen Kraftwerken, in der Medizin (z. B. Anästhesie, Chirurgie, Notfallrettung) oder allgemein bei interdisziplinärer Zusammenarbeit (z. B. im Rettungshubschrauber zwischen fliegendem und medizinischem Personal) angewendet. Die wissenschaftliche Fundierung von CRM und dessen objektiver Nutzen scheint klar gegeben zu sein. So wird in Evaluationsstudien und Metaanalysen die Nützlichkeit von CRM aus Sicht der Teilnehmenden hervorgehoben; auf wissenschaftlicher (also: objektivierter) Basis sei nachgewiesen, »*dass CRM-basierte Interventionen je nach Zielgruppe und unterschiedlichen Bedingungen der Interventionen größtenteils effektiv sind und einen Nutzen in Form von positiv veränderten Einstellungen, einer Wissenserweiterung, einer positiven teamarbeitsförderlichen Verhaltensänderung und einer Reduzierung von Fehlern in den Organisationen aufweisen*« (Hagemann, 2011). Im Bereich von Feuerwehr, Polizei und allgemein in Wirtschaftsorganisationen sind CRM-Strategien eher wenig verbreitet.

Das Crew Resource Management wird je nach Gebiet auch als Cockpit Resource Management, als Team Resource Management (TRM) oder Anesthesia Crisis Resource Management (ACRM) bezeichnet: Die Schwerpunkte unterscheiden sich je nach Berufsfeld, wobei es auch Gemeinsamkeiten gibt. Dies kann beispielhaft an einem Vergleich zwischen Cockpit und Anästhesie aufgezeigt werden. In beiden Disziplinen wurden nicht-technische Fähigkeiten identifiziert, die jeweils zusätzlich zu den eigentlichen Aufgaben als Pilot oder Anästhesist wichtig sind. Diese Fähigkeiten können mittels sog. »Behavioural-Marker-Systems« (sinngemäß: beobachtbare Schlüsselverhaltensweisen bzw. Verhaltensmarker) evaluiert werden. Wie in Tabelle 7 zu sehen ist, sind die Situation Awareness und die Entscheidungsfindung in beiden Disziplinen wichtig, obwohl zwischen den beiden Berufen große Unterschiede bezüglich der Tätigkeit und der Arbeitsumgebung bestehen (vgl. Hagemann, 2011).

3.2 Bedeutungsorientierte Trainingsmethodik

Tabelle 7: *Exemplarische Gegenüberstellung nicht-technischer Fähigkeiten in Cockpit und Anästhesie (nach Hagemann, 2011)*

Wichtige nicht-technische Fähigkeiten im Cockpit	Wichtige nicht-technische Fähigkeiten in der Anästhesie
Kooperation	Aufgabenmanagement
Führung und Management-Fähigkeiten	Teamarbeit
Situation Awareness	Situation Awareness
Entscheidungsfindung	Entscheidungsfindung

CRM bezieht sich stets auf typische Abläufe im jeweiligen Team wie beispielsweise das Abwickeln aller Vorgänge bei einem Druckabfall in der Kabine eines Passagierflugzeugs oder bei einer Lagebesprechung zur Entscheidungsfindung in der Stabsarbeit. Die dafür notwendigen technischen Fähigkeiten, die eingesetzten Werkzeuge und berufstypischen Tätigkeiten sind dabei die Grundlage, um die nicht-technischen Fähigkeiten in Anspruch nehmen zu können. Vereinfacht gesagt sind die typischen Abläufe quasi der Anlass oder der Grund, um beispielsweise die Teamarbeit thematisieren zu können. Dabei werden inhaltliche Themen behandelt wie Führung oder Followership, Kommunikation und Kooperation, Entscheidungsfindung, Situation Awareness, Stress und Workload Management oder Aufbau und Nutzung gemeinsamer mentaler Modelle (Hagemann, 2011). Reduziert dargestellt handelt es sich beim CRM nicht um ein Techniktraining (»wie man den Stift richtig hält«), sondern um ein Teamtraining (»wie alle gemeinsam zum Erfolg des Schreibens beitragen«). An diese Verhaltensweisen in Form der nicht-technischen Fähigkeiten und deren »Marker«, wie man sie sichtbar macht, wird im Verlauf dieses Kapitels und bei der Evaluation von Stabsarbeit im ▶ Kapitel 5 immer wieder angeknüpft.

Literaturtipps zur bedeutungsorientierten Trainingsmethodik:
- Peter Mistele; Uwe Bargstedt (Hrsg.): Sicheres Handeln lernen: Kompetenzen und Kultur entwickeln (Schriftenreihe der Plattform Menschen in komplexen Arbeitswelten e. V.), Verlag für Polizeiwissenschaft, 2010.
- Achim Hackstein; Vera Hagemann; Florentin von Kaufmann; Helge Regner (Hrsg.): Handbuch Simulation, Stumpf + Kossendey, 2016.
- Marcus Rall; Peter Dieckmann; Achim Hackstein: Crew Resource Management in der Leitstelle. Leitsätze für die Arbeit von Disponenten, Stumpf + Kossendey, 2013.

> - Susanne Starke: Kreuzfahrt in die Krise: Wie sich kritische Situationen im Planspiel trainieren lassen (Polizeiwissenschaftliche Analysen), Verlag für Polizeiwissenschaft, 2005.
> - Matthia Quellmelz: Entwicklung und Evaluation eines psychologischen Trainings für Stabsmitglieder und Leitstellendisponenten der Feuerwehr, Verlag Dr. Kovač, 2013.
> - Vera Hagemann: Trainingsentwicklung für High Responsibility Teams, Pabst, 2011.

3.2.1 Erfahrungsbasiertes Lernen

Die Methoden des CRM beruhen didaktisch darauf, dass im Team aus gemachten Erfahrungen gelernt wird. Dieses sogenannte erfahrungsbasierte Lernen wird als Experiential Learning Cycle nach einem Modell von David A. Kolb dargestellt (vgl. Kluge, 2016). Das Modell beschreibt, wie erwachsene Menschen aus erlebten Situationen Erfahrungen ziehen und auf Basis des Erlernten ihr Verhalten verändern.

Der Experiential Learning Cycle ist ein Modell, das unabhängig von der Situation wie Ausbildung, Training, Simulation oder Einsatz ist. Im Folgenden wird es anhand einer Trainingssituation erläutert. Da es sich um ein idealtypisches Modell handelt, sind Abweichungen in der Realität zulässig. Zu Beginn macht das Team eine gemeinsame Erfahrung. Dabei geht es meistens um negative Erfahrungen wie einen Fehler oder Missverständnis (»Statt der von mir bestellten 100 Mahlzeiten sind 1 000 Mahlzeiten geliefert worden«). Allerdings können auch positive Situationen vorkommen, was erfahrungsgemäß seltener besprochen wird, aber öfters besprochen werden sollte. In einem zweiten Schritt wird die gemachte Erfahrung individuell und im Team reflektiert. In diesem Schritt geht es eher um die Ursachensuche. Das Rekapitulieren und Spiegeln des eigenen Verhaltens ist die wohl häufigste Methode (»Der Empfänger hat mir rückgemeldet, dass er meine handschriftliche Zahl 100 als Zahl 1 000 gelesen hat. Ich habe auf der Bestellung undeutlich geschrieben«). Das Beobachten von Dritten, die ein ähnliches Problem haben ist auch eine Möglichkeit, um sein eigenes Verhalten (»das geht mir genauso«) zu reflektieren. Ein wirksames, aber in der Anwendung anspruchsvolles Mittel ist die Selbstbeobachtung der Trainees. Dabei wird die Lernsession auf Video aufgezeichnet, auf dem sich die Teilnehmenden später selbst aus der Metaperspektive erleben können. Eine strukturierte Nachbesprechung ist für das Reflektieren ein geeignetes Mittel (vgl. hierzu ▶ Kapitel 3.2.2). Im dritten Schritt wird eine Schlussfolgerung gezogen. Damit wird das Erlebte und Reflektierte gewissermaßen abstrahiert. Diese Abstrahierung ist

3.2 Bedeutungsorientierte Trainingsmethodik

wichtig, um es von der spezifischen Einzelsituation auf andere Problemstellungen mit der gleichen oder ähnlichen Ursache übertragen zu können. Dies wird als Integration abstrakter Konzepte verstanden (»Meine undeutliche Schrift hat zu diesem Missverständnis geführt. Das kann in anderen Fällen jederzeit wieder passieren«). In einem vierten Schritt wird die Schlussfolgerung in einen Plan umgesetzt und ausprobiert (»Ich schreibe in Zukunft deutlicher, damit ein solches Missverständnis nicht noch einmal passiert. Das probiere ich gleich mal aus! Ich schreibe deutlich und stelle den Ziffern in Klammern die ausgeschriebene Zahl hinten an.«). Durch das Ausprobieren wird in einem erneuten Durchlauf des Modells eine neue Erfahrung gewonnen, die dann als positive Erfahrung reflektiert werden kann (»Seit ich deutlicher schreibe, ist kein derartiges Missverständnis mehr geschehen. Ich schreibe deswegen weiterhin so deutlich«). Die Bezeichnung des letzten Schrittes als aktives Experimentieren hat dem Modell quasi seinen Namen verliehen. Dadurch wird verdeutlicht, dass der Mensch durch Ausprobieren lernen kann.

Der Experiential Learning Cycle ist im CRM-Bereich eine essentielle Erklärung dafür, wie Lernen funktionieren kann. Vereinfacht gesagt ist Wissen keine Kompetenz – wenn man sich durchliest wie eine gute Lagebesprechung im Stab funktioniert, kann man deswegen noch lange keine gute Lagebesprechung durchführen.

Bild 15: *Experiential Learning Cycle als didaktische Grundlage für erfahrungsbasiertes Lernen (nach Kluge, 2016)*

3 Verhalten in Stäben trainieren

Gerade wenn in Lernsituationen Verhalten verändert werden soll, eignet sich das Lernen aus persönlichen Erfahrungen besonders gut. In der Trainingspraxis ist es notwendig, die Reflexionsphase aktiv methodisch zu unterstützen, worauf sich der nächste Abschnitt der strukturierten Nachbesprechung bezieht.

3.2.2 Strukturierte Nachbesprechung

Das Reflektieren von Erfahrungen aus einer Trainings- oder Einsatzsituation ist kein Selbstläufer. Es ist notwendig, diesen Schritt aktiv methodisch zu unterstützen, was in der Regel durch eine strukturierte Nachbesprechung erfolgt. Diese kann auch unscharf als Debriefing bezeichnet werden, dem strenggenommen Rebriefings und ein Pre-/Initial Briefing vorangehen. Im Folgenden wird eine für die Stabsarbeit geeignete Methode vorgestellt, die im Englischen als After-Action-Review (AAR) bezeichnet wird. Eingebettet wird diese Methode in den beispielhaften Trainingsablauf nach dem Team Dimensional Training (TDT), was eine spezielle Form eines Selbst-Korrekturgesprächs darstellt (Hagemann, 2016). Bei Interventionen im Sinne eines positiv-korrigierenden Eingriffs ist unbedingt eine als geschützter Raum empfundene Lernatmosphäre notwendig, in der die Trainees die Sicherheit und Gewissheit haben, offen sprechen zu können.

Das AAR als Methode hat seine Wurzeln im amerikanischen Militär und wird in Ausbildung und Einsatz als eine Standardprozedur angewendet, um aus kritischen Momenten zu lernen (Hagemann, 2011). Die US-Armee definiert das AAR folgendermaßen:

»*An after-action-review (AAR) is a professional discussion of an event, focused on performance standards, that enables soldiers to discover for themselves what happened, why it happened, and how to sustain strengths and improve on weaknesses.*« (United States Army, 1993 zit. nach Hagemann, 2011)

Sinngemäß ist die strukturierte Nachbesprechung eine Methode, mit der Ereignisse insbesondere hinsichtlich Leistungs- und Regelaspekten rückblickend besprochen werden können, sodass die Teilnehmenden in die Lage versetzt werden zu verstehen, was passierte, warum es passierte und wie man Stärken nutzen und Schwächen verbessern könne. Ein AAR läuft nach der US-Armee folgenermaßen ab (Hagemann, 2011):

3.2 Bedeutungsorientierte Trainingsmethodik

1. Besprechung des beabsichtigten Ergebnisses (Soll-Zustand).
2. Besprechung des erzielten Ergebnisses (Ist-Zustand). Thematisierung von Handlungen, die dazu geführt haben, dass das beabsichtige Ergebnis erreicht wurde.
3. Thematisierung spezifischer Handlungen, die verhindert haben, das beabsichtige Ergebnis zu erreichen.
4. Festlegung zukünftiger Ziele/Ergebnisse.
5. Besprechung welche Handlungen die Wahrscheinlichkeit erhöhen können, die zukünftigen Ergebnisse zu erreichen.

Dabei sind beim AAR folgende Regeln zu beachten (Hagemann, 2011):
- Alle beteiligten Teammitglieder und alle sonstigen beteiligten Personen sollten teilnehmen.
- Das AAR sollte am Trainingsort oder alternativ in einer Umgebung stattfinden, wo sich das Team wohlfühlt.
- Das AAR sollte mit einer Zusammenfassung der Ergebnisse und mit einer positiven Stimmung enden.
- AARs sollten regelmäßig und regulär durchgeführt werden. Es sollte also fortwährende Praxis sein. Sie sollten als sog. Lernspirale arbeitsbegleitend sein und die Phasen der Reflexion, Analyse und Reintegration abwechseln.

Der Erfolg der strukturierten Nachbesprechung hängt erfahrungsgemäß maßgeblich von der Fragetechnik und vom Auftreten der Trainerin/des Trainers ab. Auf deren Rolle wurde bereits zuvor detailliert eingegangen.

Zusammenfassend ist die strukturierte Nachbesprechung also gewissermaßen ein Problemlöseprozess, in dem Stärken und Schwächen im Team identifiziert, Lösungen abgeleitet und diese in zukünftige Veränderungen überführt werden können. Dabei wird gezielt der Reflexionsprozess im Modell des Experiential Learning Cycle unterstützt. Eingebettet wird die strukturierte Nachbesprechung in einen übergeordneten Trainingsablauf, der im übernächsten Abschnitt erläutert wird. Im folgenden Abschnitt wird kurz auf das Lernen nach dem Double-Loop-Prinzip eingegangen, welches der strukturierten Nachbesprechung einen lernförderlichen Charakter verleiht.

3.2.3 Lernen nach dem Double-Loop-Prinzip

Die Bandbreite des in einem Stab ablaufenden Prozessbündels (▶ Kapitel 2.2) vermittelt einen Eindruck, wie vielfältig man sich (unpassend) verhalten kann. Ziel des Verhaltenstrainings in der Stabsarbeit ist es, positives Verhalten zu erzeugen, damit der Stab eine gute Führungsleistung erbringen kann. Hierzu kann es logischerweise auch notwendig sein, den einzelnen Stabsmitgliedern aufzuzeigen, dass ein bestimmtes gezeigtes Verhalten für die gute Leistung des Stabes unter gewissen Bedingungen kontraproduktiv sein kann. Dies kann alle Verhaltensbereiche der im Stab ablaufenden Prozesse von u. a. der Wahrnehmung, über das Informationsmanagement, die Teamarbeit bis hin zum Entscheiden betreffen. Um einen lang anhaltenden Lerneffekt zu erzeugen ist es notwendig, dass die/der Trainer:in das Stabsmitglied wirklich »erreicht« und einen Reflexionsprozess auslöst. Das ist erfahrungsgemäß aus zwei Gründen notwendig.

Erstens haben Erwachsene im Gegenteil zu relativ unerfahrenen Kindern bereits gefestigte Denk- und Verhaltensmodelle. Die Erklärung, »das habe ich schon immer so gemacht«, ist ein deutlicher Hinweis hierauf. Wenn Verhalten verändert werden soll, müssen bestehende und fest verankerte Denk- und Verhaltensmodelle verändert werden. Ein Erwachsener kann der Anweisung, »mach das anders, nämlich so…« zwar ausführen, aber verstehen, warum er sein Verhalten ändern soll, wird er ohne Reflexion wahrscheinlich nicht. Nachhaltiges Lernen erzeugt ein Verständnis dafür, »warum« man etwas tun soll. Im Kontext der Stabsarbeit bedeutet dies, die möglichen Folgen und Auswirkungen seines Verhaltens beispielsweise auf das Team oder die Leistung des Stabes zu kennen, dies zu reflektieren, die Ursache herauszufinden und das Verhalten aus eigenem Antrieb heraus zu verändern.

Zweitens macht niemand absichtlich einen Fehler. Wenn Trainer:innen im After-Action-Review eine schlechte Leistung rückmelden müssen, weil der Stab eben genau diese Leistung erbracht hat, dann greift das naturgemäß das Kompetenzempfinden jedes einzelnen Stabsmitglieds an. Schließlich herrscht die Überzeugung, dass man ja sein Bestes gegeben habe. Gerade in solchen Situationen ist unbedingt ein geschützter Raum notwendig, in dem die Teilnehmer die Sicherheit und Gewissheit haben, offen sprechen zu können. Um bei einer solchen Nachbesprechung keine »Abwehrhaltung« aufkommen zu lassen, ist es notwendig, dass die Teilnehmer selbst erkennen, was verändert werden muss und nicht das Gefühl haben, dass die/der Trainer:in ihnen vorschreibt, wie sie sich zu verhalten haben.

Bei einem einfachen Lernen (Single-Loop) sagt die/der Trainer:in dem Trainee vereinfacht gesagt nur, was gemacht wurde und was eigentlich hätte getan werden sollen. Dies leitet nicht zur notwendigen Reflexion des eigenen Verhaltens an. Beim von den Autoren des »Handbuchs Simulation« als »tiefes Lernen« bezeichneten Double-Loop-Learning hingegen sagt die/der Trainer:in dem Trainee »was er gemacht hat (beobachtbares Verhalten!), sagt ihm klar und unmissverständlich, was aus seiner Sicht das richtige, erwartete Verhalten gewesen wäre, und fragt dann offen und ehrlich neugierig, was der Teilnehmer denkt, wie es dazu kam, was er erreichen wollte etc. Wenn jetzt eine gute psychologische Sicherheit herrscht, erzählt der Teilnehmer sein mentales Modell, und der Instruktor kann mit dem Teilnehmer zusammen die wirkliche Ursache des Fehlers herausfinden« (Rall, 2016).

Ein nachhaltiges Lernen kann also durch eine gemeinsame Suche nach der Ursache für das Verhalten gefördert werden. Grundlegend ist dabei die positive Grundannahme, dass der Lernende es richtig machen will. Davon ausgehend setzt das Double-Loop-Lernen auf folgende Schritte (nach Rall, 2016 und Rall und Op Hey, 2016):

- Die Suche nach dem Grund des Fehlers erfolgt gemeinsam zwischen Lernendem und Trainer. Die gemeinsame Analyse ermöglich eine Reflexion.
- Eine »Normalisierung« des Fehlers zeigt dem Lernenden auf, dass es »normal« ist, an dieser Stelle Fehler zu machen. Hierdurch wird vermieden, dass sich eine einzelne Person alleine gelassen fühlt. Zudem können so andere Stabsmitglieder erkennen, dass sie sich eventuell schon einmal in einer ähnlichen Situation genauso verhalten haben wie der aktiv angesprochene Lernende. Hierdurch wird auch für andere Anwesende das Lernen ermöglicht.
- Die 3B-Fragetechnik vermeidet, uneffektive oder gar schädliche Fragen zu stellen. Das 3B steht dabei für:
    – Beobachtung (objektiv als das, was wirklich war),
    – Beurteilung/Stellungnahme (subjektiv, Sichtweise des Trainers)
    – und Befragung (Sicht des Trainees und dessen mentales Modell).
- Human Factors und CRM-Aspekte können viele Ursachen erklären. Durch diese Erkenntnis, dass nicht etwa mangelnde fachliche Ausbildung der Grund ist, wird die Relevanz der Lernsituation auch für die anderen Trainingsteilnehmer erhöht.

Am Ende steht die Erarbeitung realitätsstabiler Lösungen. Nachdem die wirklich zugrundeliegende Ursache gefunden wurde, wird gemeinsam mit den Teilnehmenden überlegt, wie man den Fehler in Zukunft bereits bei seiner Entstehung verhindern kann. Dabei ist es wichtig sich vor Augen zu führen, »was« genau in Zukunft beachtet werden muss, »warum« diese Änderung notwendig ist und »wie« man mit potentiellen Widerständen und Problemen im Alltag umgehen soll.

Zusammengefasst ermöglicht das Lernen nach dem Double-Loop-Prinzip den trainierenden Stabsmitgliedern, selbst eine Erkenntnis darüber zu gewinnen, warum gezeigte Verhaltensweisen entstanden sind und wie diese nachhaltig verändert werden können. An Trainer:innen stellt diese Methode hohe Ansprüche. Nicht selten kommen auch übergeordnete, systematische Probleme zur Sprache, die mit der eigentlichen Lerneinheit nur wenig zu tun haben. Beispielsweise kommt es in Stabstrainings gerade im Feuerwehrbereich immer wieder vor, dass missverständliche und unvollständige Nachrichten auf Papier versandt werden, wodurch außerhalb von Simulationen der Einsatzerfolg gefährdet werden könnte. Die Teilnehmer:innen fühlen sich häufig gehemmt, den Adressaten »einfach mal anzurufen« oder »anzufunken«, also die Dinge vorab zu besprechen und danach in einer schriftlichen Nachricht zu bestätigen. Aus einsatztaktischer Sicht spricht hier nichts dagegen, solange die Telefone oder der Sprechfunk funktionieren. Hierzu müssen jedoch übliche Muster (»Das haben wir noch nie so gemacht!«) durchbrochen und die Hemmschwelle zu telefonieren überwunden werden. Das Ableiten und Vereinbaren einer auch im Alltag funktionierenden Lösung, die ja »eigentlich nur den Stab betrifft« ist eine sehr anspruchsvolle Aufgabe für Trainer:innen. Für Leser mit weitergehendem Interesse sei das »Handbuch Simulation« (Hackstein et al., 2016) empfohlen.

3.2.4 Übergeordneter Trainingsablauf

Die bis hierher vorgestellten Elemente des erfahrungsbasierten Lernens müssen in einen gemeinsamen Rahmen für das Training eingepasst werden. Ein mögliches Modell für einen solchen übergeordneten Trainingsablauf ist das Team-Dimensional-Training (TDT), welches auch als Guided-Team-Self-Correction (Angeleitete Selbstkorrektur des Teams) bezeichnet wird (Hagemann, 2011). Diese Bezeichnung macht deutlich, dass dieser Prozess eine Anleitung braucht, wobei die Hauptleistung vom trainierenden Team erbracht wird. Die Anleitung erfolgt durch eine/n Trainer:in. Eine Intervention auf Basis des TDT hat vier Stufen und kann auch wiederkehrend als Kreis dargestellt werden. Der im Folgenden vorgestellte Ablauf des TDT basiert auf Hagemann (2011) und wurde für die Belange der Stabsarbeit modifiziert. Die Vorstellung des Trainingsablaufs wird durch eine beispielhafte Lernsituation anhand eines Planspiels konkretisiert. Ziel dieser exemplarischen Intervention ist es, för-

3.2 Bedeutungsorientierte Trainingsmethodik

derliches Verhalten im Bereich des Lagebewusstseins, der Kommunikation und der Teamarbeit an der stabstypischen Aufgabe des Informationsmanagements zu trainieren.

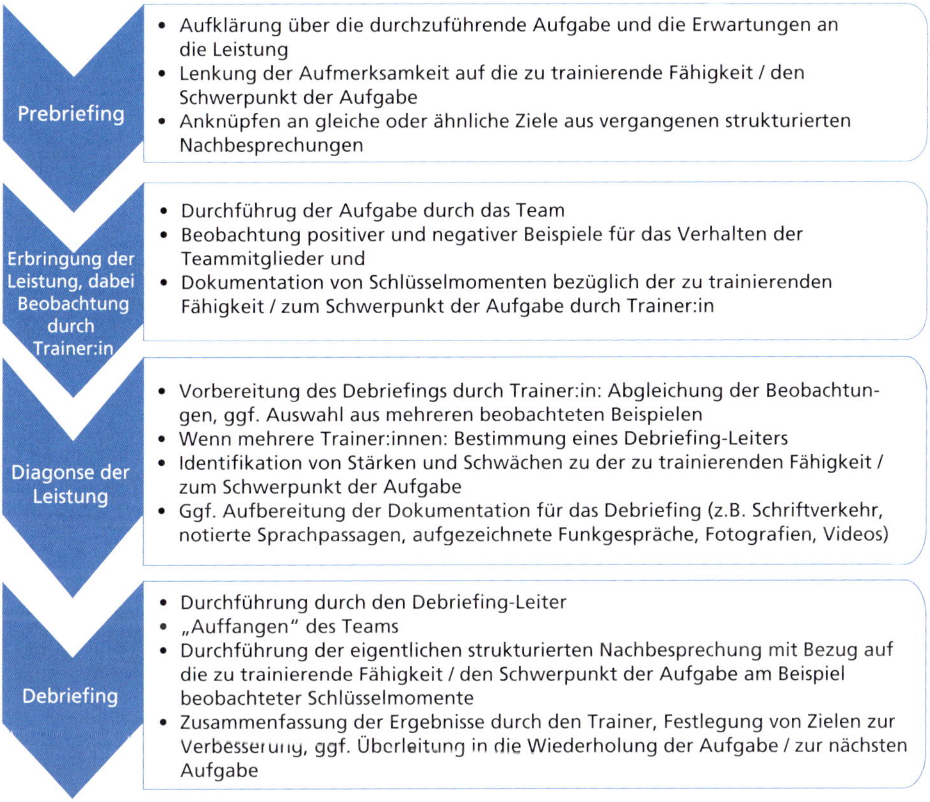

Prebriefing
- Aufklärung über die durchzuführende Aufgabe und die Erwartungen an die Leistung
- Lenkung der Aufmerksamkeit auf die zu trainierende Fähigkeit / den Schwerpunkt der Aufgabe
- Anknüpfen an gleiche oder ähnliche Ziele aus vergangenen strukturierten Nachbesprechungen

Erbringung der Leistung, dabei Beobachtung durch Trainer:in
- Durchführug der Aufgabe durch das Team
- Beobachtung positiver und negativer Beispiele für das Verhalten der Teammitglieder und
- Dokumentation von Schlüsselmomenten bezüglich der zu trainierenden Fähigkeit / zum Schwerpunkt der Aufgabe durch Trainer:in

Diagonse der Leistung
- Vorbereitung des Debriefings durch Trainer:in: Abgleichung der Beobachtungen, ggf. Auswahl aus mehreren beobachteten Beispielen
- Wenn mehrere Trainer:innen: Bestimmung eines Debriefing-Leiters
- Identifikation von Stärken und Schwächen zu der zu trainierenden Fähigkeit / zum Schwerpunkt der Aufgabe
- Ggf. Aufbereitung der Dokumentation für das Debriefing (z.B. Schriftverkehr, notierte Sprachpassagen, aufgezeichnete Funkgespräche, Fotografien, Videos)

Debriefing
- Durchführung durch den Debriefing-Leiter
- „Auffangen" des Teams
- Durchführung der eigentlichen strukturierten Nachbesprechung mit Bezug auf die zu trainierende Fähigkeit / den Schwerpunkt der Aufgabe am Beispiel beobachteter Schlüsselmomente
- Zusammenfassung der Ergebnisse durch den Trainer, Festlegung von Zielen zur Verbesserung, ggf. Überleitung in die Wiederholung der Aufgabe / zur nächsten Aufgabe

Bild 16: *Vierstufiger Ablauf einer Intervention zum Training nicht-technischer Fähigkeit in einem Stab auf Basis des Modells des Team Dimensional Trainings (nach Hagemann, 2011)*

Der Trainingsablauf zielt auf die Durchführung einer strukturierten Nachbesprechung ab. Dafür muss jedoch zuerst eine Situation geschaffen werden, aus der gelernt werden kann. Solche Lernsituationen können »echte« Stabsaufgaben beinhalten, die mit allen Elementen eines Stabes bearbeitet werden. Bei solchen Lernsituationen werden potentiell alle acht Prozesse im Stab inklusive der Anwendung von Technologien gefordert. Dieses Setting ist also eher breit. Es ist andererseits auch möglich, die Aufgabe auf die wesentliche zu trainierende Fähigkeit zu reduzieren. Dies sind in der Regel keine echten Einsätze, sondern sog. Planspiele, die jedoch unbedingt strukturelle Ähnlichkeiten mit einer stabstypischen Aufgabe haben müssen. Hierbei werden nur wenige Prozesse und kaum technologische Arbeitsmittel eingesetzt. Derartige Lernsituationen sind deutlich schmäler, dauern kürzer und haben einen klaren Fokus. Dabei erfordern sie dieselben Abläufe, Techniken, Technologien und Verhaltensweisen wie eine Stabsaufgabe – sehen aber eben »anders aus«. »Fehler« treten deutlicher und mittelbarer hervor, weil die Situation »aufs Wesentliche« eingegrenzt ist. Die Ergebnisse von Planspielen bedürfen allerdings der Übertragung auf die Stabsarbeit. Dies sollte ggf. in einem weiteren, direkt anschließenden Durchlauf erfolgen. Jeder durchgeführten Lerneinheit sollte eine ausführliche Beschreibung zugrunde liegen, in der das Lernziel bezüglich Wissen, Einstellung, Verhalten, die eingesetzte Methode, Ablauf und Dauer sowie benötigte Lernmittel dargestellt sind. Hierauf wird an dieser Stelle nicht weiter eingegangen. Für Lesende mit weitergehendem Interesse zum Entwickeln von Lerneinheiten sei das »Handbuch Simulation« (Hackstein et al. 2016) empfohlen.

Die Vorbesprechung (engl. Prebriefing) stellt als erste Stufe den Einstieg in die eigentliche Intervention dar. Darin leitet die/der Trainer:in in die Aufgabe ein. Es ist

Bild 17: Der Trainer führt das Prebriefing durch. Dabei weist er auf die Erwartungen an das Team hin und lenkt den Fokus auf die zu trainierende Fähigkeit. Im abgebildeten Planspiel hat das Team ein Rätsel zu lösen. Anhand der auf den Zetteln bei den Teilnehmern verteilten Informationen zu einem fiktiven antiken Rätsel muss ein Lösungsweg gefunden werden.

3.2 Bedeutungsorientierte Trainingsmethodik

wichtig und fair, den Trainees zu sagen, worauf in dem Training geachtet wird. Schließlich soll keine unangekündigte Leistungsmessung durchgeführt werden, sondern es soll gelernt werden. Daher sollten die Erwartungen an die Leistung des Stabes thematisiert werden. Hierdurch wird fast automatisch die Aufmerksamkeit auf die zu trainierende Fähigkeit, einen Aufgabenschwerpunkt oder ein Prozess aus dem Prozessbündel gelenkt. Es kann sein, dass es bereits ähnliche Trainings gab. Dies kann schon länger zurückliegen oder auch gerade erst eine halbe Stunde her sein, wenn es sich um einen zweiten Durchgang derselben Aufgabe handelt. In beiden Fällen sollte an das Ergebnis und insbesondere die gesetzten Ziele aus der vergangenen Nachbesprechung angeknüpft werden.

Bild 18: *Während der Arbeit an der Aufgabe beobachtet der Trainer das Geschehen (nicht im Bild) und achtet auf die zu trainierenden Fähigkeiten. In diesem Planspiel kommt es auf das Lagebewusstsein, die Kommunikation und die Teamarbeit an. Das Flipchart ist ein Arbeitsmittel, welches auch in der Stabsarbeit eingesetzt wird.*

In der zweiten Stufe wird die eigentliche Aufgabe durchgeführt. Diese Aufgabe kann eine echte oder eine fiktive Stabsaufgabe sein. Während der Durchführung der Aufgabe beobachtet die/der Trainer:in, inwiefern sich die Teammitglieder bezüglich der zu trainierenden Fähigkeit/zum Schwerpunkt der Aufgabe verhalten. Dabei ist es wichtig, sowohl auf Schwächen als auch auf Stärken zu achten. Je mehr Trainer:innen die Beobachtung unterstützen, desto eher kann die Beobachtungsaufgabe nach Schwerpunkten oder nach Rolleninhabern verteilt werden. Schlüsselmomente sollten unbedingt durch die/den Trainer:in dokumentiert werden, um den Teammitgliedern die Selbstreflexion zu erleichtern. Dabei sollte insbesondere auf die »Ursachen« geachtet werden, da diese aus Teamsicht erfahrungsgemäß weniger gut nachvollzogen werden können als die Auswirkungen. Die Dokumentation auf Fotos oder Video kann darüber hinaus den Teammitgliedern eine Selbstbeobachtung ermöglichen. Die Dokumentation darf die Teamarbeit auf keinen Fall stören, weswegen aktives Fotografieren eher ungeeignet ist. Eine bessere, einfache und kostengünstige Möglichkeit hierfür sind leistungsfähige Videokameras wie Action-Kameras aus dem Outdoorbereich. Diese können Bilder mit einem Winkel von bis zu 170° abbilden, sodass auch ganze Stabsräume erfasst werden können. Wenn die Tonspur für die Nachbesprechung (Debriefing) genutzt werden soll, muss die Kamera ggf. näher an Protagonisten bzw. bei wahrscheinlichen Schlüsselpositionen im Raum aufgestellt werden. Durch die Steuerung und den Schnitt per Smartphone ist die Auswahl von Schlüsselstellen und die Aufbereitung für das Debriefing unmittelbar möglich. Mit Video- und Audiotechnik ausgestattete Simulationsräume für die Stabsarbeit sind kaum verbreitet, weswegen an dieser Stelle nicht darauf eingegangen wird. Aus Erfahrung kann gesagt werden, dass die Technologie und die strukturierte Nachbesprechung unbedingt sicher beherrscht werden muss, um Videodokumentationen wirkungsvoll und angemessen einsetzen zu können.

Die Diagnose der vom Team erbrachten Leistung ist die dritte Stufe. Da das eigentliche Debriefing so zeitnah wie möglich stattfinden sollte, ist eine rasche Auswertung wichtig. Dabei werden die Beobachtungen der Trainer:innen verglichen und ggf. aussagekräftige Beispiele ausgewählt. Dabei gilt: Weniger ist oft mehr! Erfahrungsgemäß ist es besser, eher weniger (wirklich kritische) Punkte zu debriefen und diese im nächsten Durchlauf zu verbessern, als (alle beobachteten) Aspekte anzubringen. Das Team muss stets den Überblick haben können, worauf geachtet werden soll. Die Beispiele bzw. Schlüsselmomente werden hinsichtlich ihrer Aussagekraft für Stärken und Schwächen ausgewählt. Dabei sollte man sich auf die im Prebriefing angekündigten Schwerpunkte beschränken. Ergänzende Beobachtungen können ggf. zu einem späteren Zeitpunkt angebracht werden. Dokumentationen sollten für das Debriefing unbedingt aufbereitet werden und nicht in Rohform präsentiert werden. So sollten Videos nicht in ganzer Länge gezeigt werden, sondern lediglich Schlüsselstellen. Ergebnis der Diagnose ist quasi ein Debriefing-Ablaufplan entlang von Beispielen. Es kann hilfreich sein, sich als Trainer:in einen Fragekatalog zu den einzelnen Schritten der strukturierten Nachbesprechung zu erstellen. Hierdurch kann einerseits das spontane ungünstige Formulieren von Suggestivfragen vermieden werden und andererseits stets ein wenig vorausgedacht werden. Das Debriefing sollte federführend von einer Person durchgeführt werden. Dabei sollte

3.2 Bedeutungsorientierte Trainingsmethodik

auf möglicherweise bestehende gute Beziehungen zwischen Trainer:innen und Team geachtet werden. Wenn mehrere Trainer:innen anwesend sind, sollte deswegen ein/e Debriefing-Leiter:in bestimmt werden.

Bild 19: *Die Dokumentation der Arbeit des Stabes ist ein gutes Hilfsmittel zur Diagnose der Leistung und ermöglicht den Trainingsteilnehmern eine Selbstbeobachtung und -reflexion. Um Videodokumentationen wirkungsvoll und angemessen einsetzen zu können, muss die/der Trainer:in die Videotechnologie und die Methode der strukturierten Nachbesprechung unbedingt sicher beherrschen.*

Die vierte Stufe ist das Debriefing. Es gilt, das Team zuerst emotional »aufzufangen« und die richtige Stimmung für das Debriefing zu erzeugen. Die strukturierte Nachbesprechung (▶ Kapitel 3.2.2) ist der Kern des Debriefings. Die/der Trainer:in leitet durch die Schritte der strukturierten Nachbesprechung. Hierbei tritt sie/er als Moderator:in auf und hat den Lernerfolg buchstäblich »herbeizuführen« indem die Trainees zur Reflexion anleitet werden. Sie/er verlinkt Beispiele miteinander, begrenzt Redebeiträge und sorgt für die Einhaltung von Diskussions- und Feedbackregeln. Am Ende ist die/der Trainer:in für die Herstellung eines Committments als selbstverpflichtendes weiteres Vorgehen zuständig. Je nachdem kann es notwendig

3 Verhalten in Stäben trainieren

Bild 20: Der Trainer moderiert die strukturierte Nachbesprechung anhand von ausgesuchten Beispielen und anhand der Bedürfnisse des Teams. Dabei ist es seine Leistung, den Lernerfolg des Teams herbeizuführen. In der abgebildeten Szene wird die Ursache für ein Missverständnis beim Lösen des Rätsels im Planspiel herausgearbeitet.

sein, dass sie/er Ziele formuliert und diese dem Team als Vorschlag unterbreitet. In jedem Fall endet ein Trainingsdurchlauf mit einem Ziel, das in der nächsten Situation beachtet oder ausprobiert werden soll. Dies kann eine Bestärkung oder die Änderung bisherigen Verhaltens sein. Je nachdem, ob direkt ein weiterer Trainingsdurchlauf folgt, um eine Verhaltensänderung auszuprobieren (▶ Experiential Learning Cycle, Kapitel 3.2.1), geht das Debriefing in das Prebriefing des nächsten Durchlaufs über.

Insgesamt stellt das Team Dimensional Training als didaktisches Konzept eine Möglichkeit dar, wie Methoden des CRM in einen übergeordneten Trainingslauf eingebettet und somit in die Stabsarbeit implementiert werden können. Zusammenfassend kann bis hierher gesagt werden, dass sich bei der Anwendung von CRM (als Training, Kompetenz oder Strategie), das Lernziel stets auf die nichttechnischen Kompetenzen und dabei im weitesten Sinne auf die Teamarbeit unter den jeweiligen besonderen Bedingungen des Teams bezieht. Berufsständische Fähigkeiten stehen dabei eher weniger im Fokus, sind aber gewissermaßen der Anwendungsfall, an dem trainiert wird. Das Lernen erfolgt, indem der Trainee die Bedeutung der Situation selbst erkennt, wozu er in einer strukturierten Nachbesprechung angeregt wird. CRM-Strategien erzeugen also eine Art des Lernens, die bedeutungsorientiert ist. Im folgenden Absatz wird diese Art des Lernens auf die Stabsarbeit übertragen.

3.2.5 Integration von bedeutungsorientierten Lernmethoden in die Stabsarbeit

Nach dem Einblick in das Funktionieren von Teams mit höchstem Erfolgsanspruch und der Darlegung der Wichtigkeit nicht-technischer Fähigkeiten wird im Folgenden aufgezeigt, warum Methoden aus dem CRM für die Stabsarbeit relevant sind, warum sie geeignet sind, und damit begründet, weshalb sie eingesetzt werden sollten. Abschließend wird aufgezeigt, wie bedeutungsorientierte Methoden für das Lernen in Ausbildung, Training und für die Praxis in Einsätze integriert werden können.

Stabsarbeit ist aufgabenteiliges Arbeiten und damit Teamarbeit. Ein funktionierendes Team ist die Voraussetzung, um überhaupt inhaltlich arbeiten zu können. Alle Faktoren für »gute« Teamarbeit wie Rollenverteilung, Umgang mit Konflikten oder eindeutige Kommunikation sind in der Stabsarbeit relevant. Besonders wichtig ist das »gemeinsame mentale Modell«. Es wird im Folgenden etwas weiter gefasst als »Repräsentation des Einsatzes und seiner Teile.« Die Teile umfassen auch das Führungssystem, damit die Stabsmitglieder und damit sämtliche Prozesse. Das gemeinsame mentale Modell ist damit zentral für das aufgabenteilige Arbeiten, für die gesamte Sache an sich, für das Rollenverständnis der Mitarbeitenden und ist Ausgangs- und Fluchtpunkt von Kommunikation. Aus ihm ergeben sich die Tragweite der kollektiven Handlungen, der Belang von individuellen Handlungen, der Sinn des Einsatzes und die Folgen von kleinen Aspekten im größeren Zusammenhang – also die Bedeutung. Das gemeinsame mentale Modell und die Bedeutung stehen also in sehr engem Zusammenhang und resultieren aus dem Situationsbewusstsein. Über bedeutungsorientiertes Lernen kann daher das Zustandekommen passender mentaler Modelle gefördert werden, was wiederum Voraussetzung für funktionierendes aufgabenteiliges Arbeiten und damit für die Stabsarbeit ist. Bedeutungsorientiertes »Arbeiten« fördert somit »gute Stabsarbeit«. Diese Arbeitsweise kann am ehesten über bedeutungsorientiertes »Lernen« implementiert werden, worauf im Folgenden eingegangen wird.

»Wo es um die Bedeutung geht, steht das Relevante im Mittelpunkt. Was relevant ist, versteht man wenn man sich etwas bewusst macht. Bewusst-Machen führt zu Situationsbewusstsein.« Über diesen Ansatz kann wiederum das Unrelevante weggelassen werden, was mittelbar Wirtschaftlichkeit und Wirksamkeit fördert. Aus dieser Sicht werden einige Gründe als wichtige Argumente gesehen, warum das Lernen in der Stabsarbeit so effizient und effektiv wie möglich gestaltet werden sollte.

Erstens wird es als selbstverständliches Ziel angesehen, dass Einsatzorganisationen, Behörden und Unternehmen leistungsfähige Führungsunits vorhalten »wollen« und die Domäne der Stabsarbeit die Führungsfähigkeit sicherstellen »möchte«, um damit ihren Aufträgen und Ansprüchen gerecht werden zu können. Man muss sich dafür »an den Besten« orientieren (zum Beispiel an den ThE) und nicht am Durchschnitt (der zudem selten auf validen Benchmarkts beruht). Dafür erscheint es u. a. notwendig, dass technische und fachliche Fähigkeiten von Stäben bzw. Stabsmitgliedern in ausgewogener Relation zum Verhalten der Stabsmitglieder stehen. Um »den Besten« speziell im Bereich des Verhaltens nahe zu kommen, sollte das Lernen in der Stabsarbeit stärker bedeutungsorientiert erfolgen.

Zweitens erfordern die im ▶ Kapitel 2 überblicken besonderen Bedingungen in Stäben angemessene Lern- und Arbeitsmethoden. So sind beispielsweise die gestellten Erwartungen hoch, die zu bewältigenden Situationen oftmals kritisch und darüber die subjektive Beanspruchung hoch. Zudem sind die Teamzusammensetzungen teilweise diskontinuierlich und es treffen unterschiedliche Berufs- und Statusgruppen bzw. Personen mit verschiedenen Qualifikationen aufeinander. Das Lernen bzw. Arbeiten unter diesen Bedingungen ist anspruchsvoll. Diesen Ansprüchen kann mit Methoden aus dem CRM entsprochen werden.

Daran schließt drittens an, dass solche Methoden quasi eine automatische Möglichkeit sind, um den Menschen in den Mittelpunkt der Führungsarbeit zu stellen. Damit wird dem ganzheitlichen Ansatz aus dem ▶ Kapitel 1.5 entsprochen.

Viertens eröffnen Methoden aus dem CRM Leistungssteigerungen innerhalb der gegebenen Rahmenbedingungen. So sind Zeitressourcen zur Aus- und Fortbildung chronisch knapp und die Grundgesamtheit möglichen Personals ist begrenzt. Insbesondere im Bevölkerungsschutzwesen werden heterogene Zustände moniert, die je nach Anschauung zu unterschiedlichen Vorgehensweisen führen können, wenn diese nicht abgeglichen werden. In einem laufenden Einsatz können Personen aus unterschiedlichen Bundesländern mit Methoden aus dem CRM ad hoc zu einem Team geformt, mentale Modelle abgeglichen und ein Commitment herbeigeführt werden. Führungspersonen fällt diese Aufgabe sowieso zu. Ob dafür CRM oder andere (Gesprächs-)Techniken angewendet werden ist letztlich egal. Darüber hinaus können mit der passenden Methode auch Erfahrungen, Wissen und Vorgehensweisen jedes Entwicklungsstandes zwischen Teammitgliedern abgeglichen und damit beispielsweise auch haupt- und ehrenamtliche Personen integriert werden. Diese Herausforderung gibt es überall, wo Personen aus unterschiedlichen Organisationen und Kulturen zusammenarbeiten. Über Führungsebenen hinweg kann mit den passenden Routinen Verständnis für die Rolle des Vor- und Nachgeordneten geschaffen werden, und damit Kollegialität und Zusammenarbeit gefördert werden.

Zusammengenommen können über bedeutungsorientiertes Arbeiten in Führungsorganen heterogener Zusammensetzung Ressourcen aktiviert werden, die ohne Teamstrategie hinter Widerständen, Schutzbehauptungen oder persönlichen Vor-

3.2 Bedeutungsorientierte Trainingsmethodik

behalten verborgen bleiben könnten. Voraussetzung dafür ist allerdings, dass Verantwortliche (in diesem Fall: v. a. Stabsleiter:in, auch Einsatzleiter:in) sensibel sind für das Funktionieren ihres Führungsorgans. Methoden aus dem CRM, mit denen passende mentale Modelle gefördert werden können, haben daher das Potential, die Attitüde von Teammitgliedern positiv zu beeinflussen.

Fünftens sollte generell zunächst vorhandenes Potential genutzt werden, bevor etwaige zusätzliche unterstützende bzw. kompensierende Modi etabliert werden. Zwar wird das Qualifizierungspotential v. a. aus zeitlicher Sicht im ehrenamtlich geprägten Bevölkerungsschutz als wahrscheinlich ausgeschöpft gesehen, nicht aber die Möglichkeit zur Verbesserung der Effizienz von Führung durch Verringerung von Reibungsverlusten. Da CRM im Bevölkerungschutzwesen (außer in der Notfallrettung und vereinzelt bei Feuerwehren) noch nicht verbreitet ist, sollte zunächst hier angesetzt werden. Alternativen, wie die Erhöhung des Anteils professioneller (im Sinne beruflicher) Kräfte der Stabsarbeit im Bevölkerungsschutz, der Einsatz sog. fliegender Stäbe und die Stärkung des technologischen Ansatzes durch Stabssoftwares wie Lamers (2021) vorschlägt mögen auf den ersten Blick gute Lösungen sein, die sicherlich einen elementaren Beitrag zur Effizienzsteigerung des Bevölkerungschutzwesens leisten können und angesichts von Rückständen bei der Digitalisierung ihre Berechtigung haben. Für Defizite im Verhaltensbereich von Lagebewusstsein, Kommunikation, Teamarbeit und Führung in Stäben, wie sie in der Fläche beobachtet werden können, sind diese Maßnahmen allerdings keine wirkliche Alternative zu einer stärkeren Beachtung menschlicher Faktoren in der Stabsarbeit.

Sechstens können strukturierte Nachbesprechungen als Bestandteil des CRM helfen, simulationsbedingte Unschärfen auszugleichen. Bei Trainings und Übungen von Stäben fehlt in den allermeisten Fällen echtes »Systemfeedback«. Mit den verbreiteten Simulationsmethoden können in der Regel nur oberflächliche, von Trainern oder Regieteams erzeugte »Resultate« zurückgemeldet werden. Diese Resultate beruhen letztendlich auf mehr oder weniger stark vorgedachten Überlegungen, wie sich die Maßnahmen des Führungssystems über das Ausführungssystem im Zielsystem wohl ausgewirkt »hätten«. Es kann immer wieder beobachtet werden, dass Simulationen nicht stichhaltig genug sind um kritischem Hinterfragen von Stabsmitgliedern standhalten halten zu können, die krampfhaft den Fehler außerhalb ihres Stabes suchen. Immer wieder werden schlechte Übungsresultate einer »schlechten Übungsleitung« oder »unrealistischen Bedingungen« zugeschrieben. In Bezug auf das Kompetenzempfinden des Einzelnen kann dies aus psychologischer Sicht auch als externales Attribuieren erklärt werden. Schlussendlich kommt immer wieder das Argument »in Wirklichkeit wäre das aber anders.« Hierdurch werden eine Reflexion und somit der Lerneffekt verhindert. In diesen Fällen entscheiden die Qualitäten der Lehrperson über den Erfolg der Lernsituation. Es obliegt ihr, die Kritik an der Simulation anzunehmen und den Trainee auf eine Metaebene mitzunehmen auf der sie/er selbst reflektieren kann, wie sich ihr/sein Verhalten bzw. die Maßnahmen des Stabes unter bestimmten Bedingungen wohl ausgewirkt hätten. Davon unbenommen sind strukturierte Nachbesprechungen auch ohne »kritische Tendenzen« der Teilnehmenden sehr gut geeignet, um Trainees anzuregen zu projizieren, ob ihre Maßnahmen »wirklich« die von ihnen erdachten Wirkungen erzielt hätten. Hierbei können in einer entsprechenden Atmosphäre sehr umfassende, konstruktive Betrachtungen entstehen, aus denen viele Lehren gezogen werden können. Gelegentlich werden hierbei sogar Erkenntnisse gewonnen, die sich in Einsatzkonzepten oder Standardprozeduren niederschlagen. Erfahrungsgemäß gelingt es als Trainer:in leider nicht immer, alle Stabsmitglieder auf diese Metaebene mitzunehmen und zu einer solch weitreichenden Reflexion mit anspruchsvollen Extrapolationsleistungen anzuregen. Es bleibt ein Spagat, eine solche Nachbesprechung mit einer sehr aktiven zahlmäßigen Minderheit »laufen zu lassen« und zu riskieren, den Großteil der Gruppe »abzuhängen« – oder dem Stab einen möglichen Lerneffekt vorzuenthalten. Abschließend muss auch gesagt werden, dass die Kritik an der Qualität von Simulationen nicht selten auch tatsächlich gerechtfertigt ist. In solchen Fällen dürfen sich Lehrpersonen, Regieteams und Übungsleitungen keinesfalls dem eigenen Lernen verweigern, sondern sollten selbstredend eine eigene strukturierte Nachbesprechung durchführen. So wurde in einem Fall eine Übungsleitung beobachtet, die von einem starken Korpsgeist geprägt schien und Trainingsergebnisse abseits der von ihr als Usus angesehenen Erwartungen kaum zulassen konnte. Letztlich brauchen Simulationen zwingend Nachbesprechungen, wie die Autoren des Handbuchs Simulation festgestellt haben. Weil Lernen in der Stabsarbeit faktisch immer Simulationsanteile hat, bedarf es eben auch strukturierter Nachbesprechungen. Zum »echten« CRM ist es dann nur noch ein kleiner Schritt.

Gelegentlich werden Vorbehalte gegenüber dem bedeutungsorientierten Lernen laut, die bei genauem Hinhören eigentlich die pauschale Ablehnung »von CRM« sind. Dieses Buch ist kein Plädoyer für eine »krampfhafte« Integration des Crew Resource Management in die Stabsarbeit, »weil es uns die Luftfahrt und jetzt auch die Medizin vormachen.« Vielmehr erscheinen die bedeutungsorientierten Lernmethoden schlicht als vielversprechender Ansatz für effiziente und effektive Ausbildung, Trainings und Einsätze. Das Wissen dazu ist vorhanden und kann von beispielsweise Ausbildungsinstituten und Multiplikatorinnen und Multiplikatoren rezipiert werden.

Alle Punkte zusammengenommen ergeben, dass »Lernen und Arbeiten« für bzw. bei stabsmäßiger Führung von Einsätzen das Zustandekommen passender mentaler

3.2 Bedeutungsorientierte Trainingsmethodik

Modelle fördern muss, weil diese zentral sind. Es geht um das Situationsbewusstsein! Daraus wird geschlussfolgert, dass in einem Feld die Methoden des Lernens in der Stabsarbeit bedeutungsorientiert sein müssen. Darüber kann das eigentliche Arbeiten im Einsatz auf die Bedeutung ausgerichtet werden. Dies kann durch gezielte Anwendung der hier vorgestellten Methoden aus dem CRM-Bereich erfolgen.

Neben der Lern- und Arbeitsmethode sollte in einem anderen Feld die Didaktik und das gesamte übergeordnete Programm zum Kompetenzerwerb und Kompetenzerhalt angemessen sein. Wichtige Punkte sind dabei z. B. die Kombination aus Blended-Learning und Präsenz, Abstimmung von Einzel- und Gruppenphasen, Unterscheidung zwischen Wissensvermittlung und Verhaltensanleitung sowie die Abfolge von Trainings und Systemtests (Übungen). »Das Relevante« muss in ein Ziel übersetzt und mit einer passenden Methode gelehrt werden. Neben der »Effizienz des Lernens« sollte dabei unbedingt auf die »Effizienz der Maßnahme« geachtet werden. Die wichtigste Stellschraube dabei ist die Zentralität des Lernorts gegenüber der Dezentralität der Maßnahme. Wo der Erkenntnis gefolgt wird, dass Stabstraining auch Systementwicklung ist, da überwiegen die Vorteile des Trainings von Führungsunits (»geschlossene Stäbe« anstelle von einzelnen Personen) und in der eigenen Arbeitsumgebung (»im eigenen Stabsraum« anstelle von Simulationszentren).

Die Bedeutungsorientierung kann in der Stabsarbeit durch eine trainings- und übungsbegleitende Strategie erfolgen, mit der Methoden des CRM implementiert und erforderliche Kompetenzen im Verhältnis zu bisherigen Schwerpunkten in ihrer Wichtigkeit betont werden. Dabei müssen organisationsspezifische Anforderungen und jeweilige stabstypische Arbeitsweisen mitberücksichtigt werden. Es wird ein dreiphasiger Entwicklungsablauf vorgeschlagen, der im Folgenden idealisiert vorgestellt wird. Als Hilfsgrößen zur Unterscheidung zwischen den Entwicklungsstadien werden sowohl die aktuell beherrschten Fähigkeiten als auch die in der praktischen Stabsarbeit aktuell gezeigte Performanz (▶ Performanzlevel, Kapitel 6.3) herangezogen. Dieses Vorgehen dient schlussendlich der Sicherstellung der vom Stab erwarteten Leistungsfähigkeit.

In einem ersten grundlegenden Ausbildungsteil werden erste technische Fähigkeiten (Universale Werkzeuge der Stabsarbeit und organisationsspezifische Spezialwerkzeuge) sowie fachliche Fähigkeiten (organisations- und domänenspezifsches Fachwissen und Fachkompetenzen) vermittelt und die Lernenden für nicht-technische Fähigkeiten sensibilisiert (Verhalten). Dieser Teil kann sowohl stabsübergreifend als auch im jeweiligen Stab durchgeführt werden. Hierdurch sollten die Teilnehmenden dazu befähigt werden, einfache typische Szenarien aus dem Erwartungshorizont der Disziplin bzw. der Organisation in Stabsformation zu bewältigen. Zudem sollten die Stabsmitglieder zu diesem Zeitpunkt die Performanz zeigen

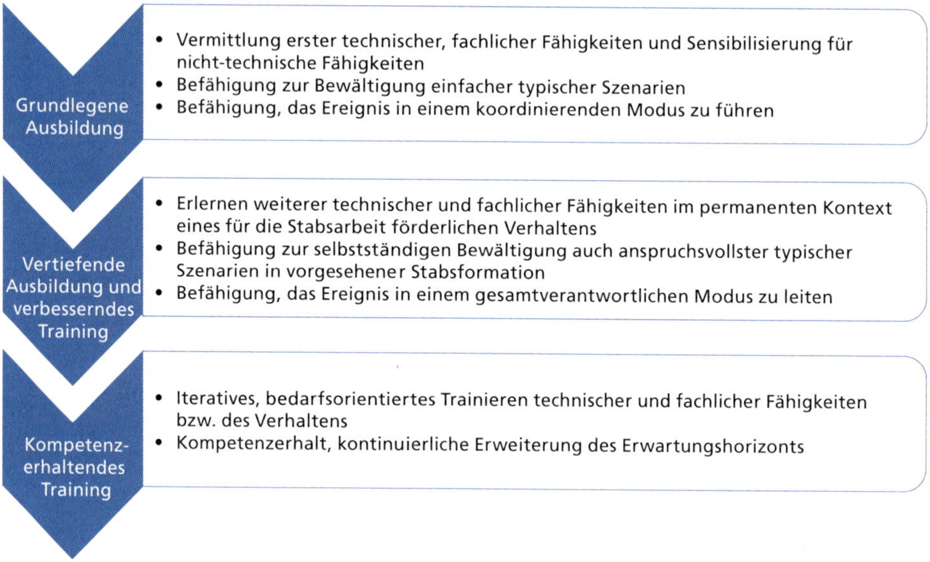

3 Verhalten in Stäben trainieren

Grundlegene Ausbildung
- Vermittlung erster technischer, fachlicher Fähigkeiten und Sensibilisierung für nicht-technische Fähigkeiten
- Befähigung zur Bewältigung einfacher typischer Szenarien
- Befähigung, das Ereignis in einem koordinierenden Modus zu führen

Vertiefende Ausbildung und verbesserndes Training
- Erlernen weiterer technischer und fachlicher Fähigkeiten im permanenten Kontext eines für die Stabsarbeit förderlichen Verhaltens
- Befähigung zur selbstständigen Bewältigung auch anspruchsvollster typischer Szenarien in vorgesehener Stabsformation
- Befähigung, das Ereignis in einem gesamtverantwortlichen Modus zu leiten

Kompetenzerhaltendes Training
- Iteratives, bedarfsorientiertes Trainieren technischer und fachlicher Fähigkeiten bzw. des Verhaltens
- Kompetenzerhalt, kontinuierliche Erweiterung des Erwartungshorizonts

Bild 21: *Musterhafter Aufbau von drei fähigkeitsorientierten bzw. performanzorientierten Lernphasen zur Sicherstellung der erwarteten fachlichen und stabstypischen Leistungsfähigkeit von Stäben*

können, ein Ereignis in einem koordinierenden Modus zu führen (Lage erfassen + Stab wirkt ohne kritische Entscheidungen steuernd ein). Ausgestattet mit diesen ersten Kompetenzen erfolgt in der vorgesehenen Stabsformation ein ausgewogenes, aufeinander aufbauendes und bedarfsorientiertes Lernen weiterer technischer und fachlicher Fähigkeiten, was stets im Kontext eines förderlichen Verhaltens erfolgen muss. Dieser zweite, vertiefende Teil soll die Teilnehmenden dazu befähigen, weitere typische Szenarien aus ihrem Erwartungshorizont in der vorgesehenen Stabsformation selbstständig zu bewältigen. Mit zunehmender Souveränität der Teilnehmenden bzw. des Stabes bezüglich technischer und fachlicher Fähigkeiten wandelt sich der Charakter des Lernens von der Ausbildung (Befähigung) durch die Fokussierung nicht-technischer Fähigkeiten (Verhalten) hin zum Training (Verbesserung). Wenn die Performanz gezeigt werden kann, ein Ereignis in einem gesamtverantwortlichen Modus zu leiten (Lage erfassen + koordinieren + Stab kann kritische Entscheidungen treffen und umsetzen) sollte damit einhergehen, in Simulationen auch die anspruchsvollsten Szenarien aus dem Erwartungshorizont bewältigen zu können. An dieser Schwelle geht das Lernen in die dritte Phase eines iterativen Trainings über (Kom-

3.2 Bedeutungsorientierte Trainingsmethodik

petenzerhalt, Erweiterung Erwartungshorizont). Der Fokus liegt bedarfsorientiert auf technischen und fachlichen Fähigkeiten bzw. dem Verhalten.

4 Werkzeuge der Stabsarbeit

In diesem Kapitel werden für die Stabsarbeit wichtige technischen Fähigkeiten in Form von Führungswerkzeugen (Methoden, Techniken) vorgestellt. Die Werkzeuge sind für die Praxis ein Instrument und für das Training ein Interventionsansatz. Damit können bei Trainees Handlungskompetenzen erzeugt und Führungspersonen ein Verständnis für Führung als systematische, reproduzierbare Tätigkeit vermittelt werden. Die Werkzeuge sind universal, auch wenn an manchen Stellen auf den Bevölkerungsschutz bzw. Geschäftsprozesse aus solchen Stäben eingegangen wird. Zum besseren Transfer sind an relevanten Stellen die Signets der Werkzeuge aus dem Werkzeugkasten abgebildet (▶ Bild 2).

Die in einem Stab ablaufenden Prozesse (▶ Kapitel 2.2) sind bei genauer Betrachtung zwar zu einem großen Teil nicht-technischer Natur und realisieren sich überwiegend in Verhaltensweisen. Dennoch sind Führungsprozesse, Informationsmanagementprozesse und Organisationsprozesse elementar für die Führung als Ausübung einer institutionellen Rolle (▶ Kapitel 2.1) und verleihen der Stabsarbeit als stabsmäßige Führung ihren Charakter. Zusammen mit dem Verhalten ergeben die Werkzeuge (Instrumente und Vorgehensweisen) das Handwerk der (stabsmäßigen) Führung von Einsätzen (Instrumentarium).

Jedes Handwerk hat sein Werkzeug. Führungsarbeit kann als ein Handwerk in der arbeitsteilig organisierten Welt verstanden werden. Führungsarbeit ist Bestandteil von Industrie, Verwaltung, Dienstleistung, Gewerbe, Militär und von der Gefahrenabwehr. Dabei sind die Techniken im Grunde universal. Im Kern geht es darum, Aufgaben, Räume und Ressourcen über die Zeit zu gliedern, um Ziele zu erreichen. Dabei hat Führung stets zum Ziel, Wirkungen zu erzeugen, indem Ressourcen in Resultate transformiert werden (Malik, 2014). Führungsarbeit wie auch der Beruf des Managens muss sich daher an den Ergebnissen messen lassen, die mit den gegebenen Ressourcen erzielt werden.

Bei den Werkzeugen der Stabsarbeit gelten die gleichen Faustregeln wie in jedem Handwerk, wonach für einzelne Fälle Spezialwerkzeug notwendig ist. Das bedeutet, dass zur Bewältigung mancher Ereignisse oder für hochspezialisierte Organisationen das Instrumentarium erweitert werden muss. Heimwerkende bekommen sicherlich den Nagel in die Wand, werden sich mit dem Tausch eines Verbrennungsmotors in einem PKW jedoch schwertun. Ohne intensive Ausbildung oder großes Talent wurde noch niemand Meister:in des Fachs. Das bedeutet, dass der Umgang mit den Werkzeugen der Stabsarbeit geübt werden muss, um so manchen Kniff zu erlernen.

4 Werkzeuge der Stabsarbeit

Der Werkzeugkasten eröffnet Möglichkeiten im Bereich der Standardisierung und Ausbildung. So sind die Werkzeuge generische Verfahren für typische Führungsaufgaben. Durch ihre stabsspezifische Anpassung bzw. ihre verbindliche Einführung kann das Vorgehen in einem Stab (innere Prozesse im Führungssystem zur Informationsverarbeitung) standardisiert werden. Diese Standardisierung kann bis zur ganzheitlichen Gestaltung eines Stabsraums reichen (▶ Bild 23). Die Werkzeuge können beim Erlernen des Führungshandwerks unterstützen. Für Lehrpersonen ist es immer wieder anspruchsvoll, ein sinnvolles didaktisches Gerüst zu entwickeln. Die Metapher des Werkzeugkastens für das Führungshandwerk hält eine Menge an Anknüpfungspunkten bereit. Die Implementierung der Werkzeuge in bestehenden Stäben sollte durch Trainer:innen begleitet werden. Die zugehörigen Merkhilfen beschreiben den Umgang mit den Werkzeugen und das durch sie zu erreichende Ziel. Mit diesen Merksätzen kann man sich während der Stabsarbeit an die Werkzeuge erinnern. Zudem ergeben sich daraus Interventionsansätze für strukturierte Nachbesprechungen, in denen insbesondere in Trainings das Verhalten bezogen auf die Anwendung der Werkzeuge reflektiert werden.

Merke:
Durch das Ansetzen der Werkzeuge an den Informationen des Einsatzes ergeben sich bildlich gesprochen Werkstücke in Form von Lagebildern, Analysen, Vorhersagen, Strategien, Maßnahmenbündeln und Dashboards. Diese Werkstücke als interne Produkte des Führungsorgans sind das Steuerungsmodell. Das Steuerungsmodell erklärt insgesamt, wie der Stab den Einsatz steuert.

In den folgenden Abschnitten werden die Werkzeuge der Stabsarbeit vorgestellt. Das grundlegende Instrument, welches quasi allen Führungstätigkeiten den Rahmen verleiht, ist der Stabsablauf. Er wird im Folgenden erläutert.

Literaturtipp zum Beruf des Managens und zu universalen Führungswerkzeugen:
Fredmund Malik: Führen, Leisten, Leben, Campus Verlag, 2014.

4 Werkzeuge der Stabsarbeit

4.1 Der Stabsablauf

Der Stabsablauf ist ein Prozessmodell der Stabsarbeit. Dieses Werkzeug dient dazu, den Entscheidungsablauf, den Handlungszyklus, die Lagedarstellung sowie individuelles und kollektives Denken und Handeln zu fördern und zu lenken. Der Stabsablauf nimmt sowohl Elemente des Deming-Kreises, als auch der FwDV 100 auf, so dass er anschlussfähig an andere Führungsmodelle ist. Der Stabsablauf ist ein generisches Modell was bedeutet, dass sich aus ihm konkrete Vorgänge generieren. Modelle sind ein stückweit immer Idealvorstellungen, weswegen Abweichungen und Anpassungen zulässig und sogar notwendig sind. Der Stabsablauf geht von einer rational-analytischen Führungsperson aus, was nicht heißt, dass v. a. beim Entscheiden intuitives Vorgehen ausgeschlossen ist. »Nur mit dem Stabsablauf« kann man genauso wenig führen, wie man »nach der Dienstvorschrift 100« führen kann. Es gilt, Führungsvorgänge und Modelle jeder Art mit Methoden und Führungsmitteln zu hinterlegen und sie somit zu konkretisieren.

> **Grundsatz: Der Stabsablauf**
> 1. Halte dich an den Stabsablauf: Er hilft beim Denken, Visualisieren, Lagebesprechen, Entscheiden, Handeln!
> 2. Nutze die Werkzeuge der Stabsarbeit!
> 3. Der Stabsablauf kann zur Einsatzvorbereitung, in Ausbildung, Training und im Einsatz genutzt werden.
> 4. Führungsvorgänge jeder Art sind Idealvorstellungen und Modelle. Generiere daraus konkrete Vorgänge, indem du die Schlagworte mit Methoden und Führungsmitteln hinterlegst!

Der Stabsablauf besteht aus drei Hauptelementen **(Fakten/Lage | Beurteilen und Planen | Handeln)**, dazugehörigen Teilelementen **(Ist: Analyse und Bewertung, Prognose | Soll: Optionen | Entscheidung, Ausführung, Kontrolle)** sowie zwei unterstützenden Elementen **(Einsteigen | Innehalten)**. Das Entscheidungsmodell FOR-DEC kann als Verbindungselement verstanden werden, das die drei Hauptelemente miteinander verknüpft. Gleichzeitig kann der FOR-DEC Kreis (▶ Kapitel 3.1.2) auch als Werkzeug für schnell zu treffende Entscheidungen (»quick and dirty«) bzw. die drei Hauptelemente als Werkzeug für zeitaufwändigere Entscheidungen mit hohem Rechercheanteil interpretiert werden. Die praktische Umsetzung des Stabsablaufs erfolgt mit der Hinterlegung der Werkzeuge der Stabsarbeit in den folgenden Abschnitten. Nicht zu jedem Teilelement oder Stichwort im Stabsablauf

4.1 Der Stabsablauf

gibt es ein wörtlich entsprechendes Werkzeug. Die dazugehörigen Führungsmittel müssen individuell hinterlegt werden.

Der Stabsablauf bzw. der individualisierte Führungsvorgang sollte im Stabsraum gut zu sehen sein. Da in der Stabsarbeit immer auch wieder Ausbildung bzw. Training stattfindet, kann auf das Modell Bezug genommen werden. Gerade aus Sicht des Innehaltens ist die permanente Sichtbarkeit des Stabsablaufs wichtig. Es kommt immer wieder vor, dass man das Gefühl hat, »keinen Gedanken fassen zu können«, eine geistige Blockade auflösen muss oder sich im Team uneins über das weitere Vorgehen ist. In solchen Momenten ist es sehr wertvoll, wenn der Stabsablauf Orientierung bietet.

Der Stabsablauf stellt in einem einzigen Modell vier Prozesse dar, die in der Stabsarbeit gleichzeitig ablaufen. Grundlegend ist er ein Entscheidungsmodell und soll helfen, komplizierte Entscheidungen nachvollziehbar zu treffen. Der Stabsablauf ist ein Modell vom Handlungszyklus der Führung als Institution. Es stellt dar, wie Probleme beurteilt und Lösungen dafür gefunden werden. Hieraus ergibt sich der dritte Prozess. Das Modell des Stabsablaufes ist eine Grundlage für die Darstellung der Situation, das Ereignis- und Einsatzmodell und für die Gestaltung des Stabsraumes. Im Bereich der FwDV 100 fasst das Hauptelement Fakten/Lage die Aufgabe des S2 zusammen. Im Polizeiführungsstab findet sich darin der Aufgabenkomplex Lagefeld wieder. Das Beurteilen und Planen sowie das Handeln ist eine klassische Aufgabe des operativen und strategischen S3. In Ressortstäben ist das Hauptelement Fakten/Lage eine Unterstützungsaufgabe, die ressortübergreifend wirkt. Das Beurteilen und Planen ist im Ressortstab eher eine Leitungsaufgabe mit unterschiedlich hoher Unterstützung aus den fachlichen Ressorts. Das Handeln erfolgt wiederum klar in den fachlichen Ressorts, wobei das Teilelement der Kontrolle auch zentral als Unterstützungsaufgabe erfolgen kann. Bei der praktischen Arbeit können die einzelnen (Haupt-)Elemente auf unterschiedlichen Wänden, Tafeln, Flipcharts oder Mediengeräten dargestellt werden. Bei geschickter Anordnung im Stabsraum ergibt sich ein logischer Aufbau wie in der folgenden Abbildung zu sehen ist. Die Visualisierung in diesem Stabsraum (▶ Bild 23) folgt der gleichen Richtung und Reihenfolge wie die Elemente des Stabsablaufs. Die Wichtigkeit der gemeinsamen Betrachtung von Stabsablauf und Führungsbasis wird durch das entsprechende Signet an dieser Stelle verdeutlicht. Die Blickrichtungen der Stabsmitglieder weisen dabei auf diejenigen Elemente an den Wänden, die sie für ihre Arbeit überwiegend benötigen. Auf dem Smartboard werden je nach momentanem Bedarf unterschiedliche Elemente aus dem Stabsablauf angezeigt. Dies führt zum vierten Prozess, der dargestellt wird. Der Stabsablauf ist ein Modell für individuelles und kollektives Denken und Handeln. Durch die einheitliche Denk- und Arbeitsweise aller Stabs-

4 Werkzeuge der Stabsarbeit

mitglieder ergibt sich in der Lagebesprechung ein ganzheitliches Bild, dessen Elemente gut ineinanderpassen. Zusammengefasst ist der Stabsablauf eine universale Blaupause für das praktische Arbeiten des Stabes als Führungsorgan bzw. für die einzelne Führungsperson. Mit diesem Modell ist die Erschließung quasi jeder fachlichen Führungsaufgabe möglich, weswegen der Stabsablauf als generisch bezeichnet werden kann.

4.1 Der Stabsablauf

Bild 22: *Der Stabsablauf als Prozessmodell der Stabsarbeit*

4 Werkzeuge der Stabsarbeit

Bild 23: Die Elemente des Stabsablaufes sind im Stabsraum von links nach rechts dargestellt. Die Organisation und die Strategieentwicklung sind außerhalb des Fotobereichs visualisiert. Diese Darstellung ist logisch aufeinander aufbauend und hilft dabei, sich im Stabsraum zurecht zu finden. Das Flipchart ist mobil und wird je nach Bedarf zur Arbeit an verschiedenen Elementen des Stabsablaufs eingesetzt.

Der Stabsablauf unterscheidet sich in einem wesentlichen Punkt von verbreiteten Entscheidungsmodellen: Er ist nicht »linear« (adressiert aber wohl ein analytisches Vorgehen). Er entspricht daher eher dem menschlichen Naturell (begrenzt rational) und somit dem praktischen Vorgehen. Die Elemente von linearen Modellen bauen aufeinander auf: Auf die Feststellung der Lage folgt die Beurteilung, daraufhin fällt ein Entschluss und es wird ein Auftrag erteilt. Solche Modelle gehen also idealtypisch davon aus, dass die Entscheidungsfindung als Kern der Stabsarbeit stringent einer »sequenziellen Logik« folgt. In der Regel haben solche Modelle durch Pfeile dargestellte, zwingend vorgegebene Richtungen. Bei konsequenter Auslegung können einzelne Elemente nicht ausgelassen werden – weil sie eben logische Voraussetzung für den Folgeschritt sind. Solche Modelle zählen zu den rationalen Entscheidungstheorien. Allerdings setzt sich immer mehr die Erkenntnis durch, dass der Mensch eher kein rationales Entscheidungswesen ist, sondern den Großteil seiner Entscheidungen vielmehr intuitiv begründet. Eine plausible Erklärung für die geringe Praxistauglichkeit linearer Führungsvorgänge mit rationalen Entscheidungsmodel-

4.1 Der Stabsablauf

len als Grundlage ist also, dass sie für den Menschen als eher intuitives Entscheidungswesen nicht »gemacht« sind. Der hier vorgestellte Stabsablauf kommt ohne Richtungspfeile aus. Das Modell gestattet deswegen bei konsequenter Auslegung, dass die drei Hauptelemente wie Puzzleteile zusammengefügt werden können und nicht zwingend in vorgesehener Reihenfolge aufeinander folgen müssen. Zugrunde liegt die Erkenntnis aus der Praxis, dass am Anfang v. a. von größeren und größten Ereignissen selten ein konkretes Ziel steht, sondern vielmehr ein mehr oder weniger definiertes Gefühl. Was am Ende zu entscheiden ist, kann am Anfang kaum vorhergesehen werden. Zu Beginn sollte eher gefragt werden, was eigentlich das Problem ist. Probleme sind meist einfacher zu erfassen, als dass exakte Ziele formuliert werden können – und wer das Problem beschreiben kann, hat das Ziel zumindest unausgesprochen in Form der Zielabweichung vor Augen (Problem-Aufgaben-Struktur). Führungsarbeit bei einem unbekannten Ereignis gleicht vielmehr einer »Puzzlearbeit aus strategisch relevanten Einzelschritten« als einem

Bild 24: Auf dem interaktiven Whiteboard werden Elemente aus dem Stabsablauf angezeigt, die je nach Situation gerade benötigt werden. Die Rolleninhaber Produktion und Verkauf (vorne links) sowie Schutz und Sicherheit (vorne rechts) blicken aufgrund ihres Sitzplatzes automatisch auf die Elemente Zeitstrahl und Vorhersage sowie Analyse und Beurteilung. Der Leiter des Stabes (stehend) kann von seinem Sitzplatz (rechts am Tischende) die gesamte Darstellung im Stabsraum überblicken. Die unterstützenden Funktionen Maßnahmennachverfolgung (hinten links sitzend) und Lagedarstellung (hinten Mitte sitzend) sind für die Darstellungen hinter ihren Sitzplätzen bzw. am Computer zuständig.

schnurgeraden Vorgehen. Insgesamt vermeidet der Stabsablauf theoretische Schwächen anderer Führungsmodelle und bildet das Vorgehen praxisnaher ab.

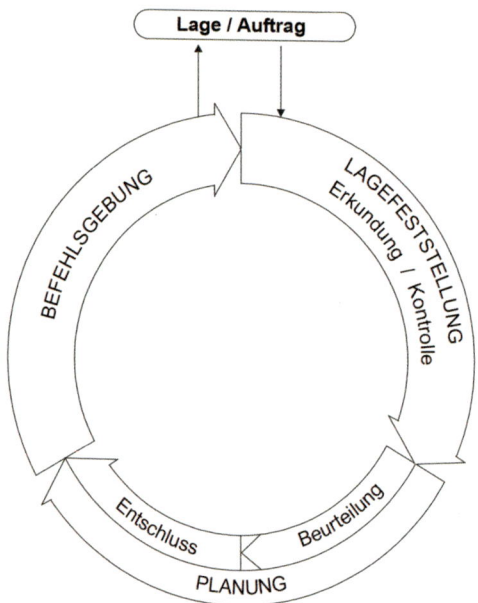

Bild 25: *Führungsvorgang der Feuerwehr-Dienstvorschrift 100 als lineares Entscheidungsmodel*

4.2 Führungsrhythmus

Durch den Führungsrhythmus wird die Führung als Vorgang getaktet und dadurch die Zeit organisiert. Der Rhythmus als Gemeinsamkeit umspannt quasi die gesamte Ablauforganisation und zählt zu den koordinierenden Tätigkeiten. Im Folgenden wird eine praktische Perspektive eingenommen. Hintergründe finden sich in der Theorie der wirksamen Einsatzführung.

Merke:

Die Zeit ist das zentrale Element, das sich durch den gesamten Einsatz hindurchzieht. Synchronisiere alle Organe im Einsatz! Dadurch wird von oben nach unten Verlässlichkeit erzeugt und von unten nach oben die Informationsqualität verbessert.

4.2 Führungsrhythmus

> Die Taktung richtet sich nach dem Reaktionsbedarf. Der Reaktionsbedarf hängt von den Erfordernissen der jeweiligen Führungsebene (taktisch – operativ – strategisch) und den Eigenschaften des Ereignisses ab. Präsenzstäbe haben engere Taktungen als Konferenzstäbe.
> Besprechungen brauchen Vorbereitungs- und Nachbereitungszeit. Wähle Besprechungszeitpunkte deswegen klug aus!

Der Führungsrhythmus beschreibt die zeitliche Gliederung eines Einsatzes. Er wird im Wesentlichen durch die Frequenz der Entscheidungszyklen bestimmt, die für den Kernprozess der Führungsarbeit stehen. In einer Idealvorstellung laufen Arbeitsphasen auf Besprechungen zu, die wiederum Arbeitsphasen nach sich ziehen. Diese Formalisierung gelingt in der Praxis mehr oder weniger gut, aber sie muss auf jeden Fall angestrebt werden. Die Taktung ergibt sich aus dem Reaktionsbedarf: Wenn der Reaktionsbedarf hoch ist, muss der Führungsrhythmus schnell sein. Die Ursache für einen hohen Reaktionsbedarf kann in der Führungsphilosophie (Befehlstaktik bzw. eine enge Führung) liegen. Dieser Aspekt kann mittels Auftragstaktik (Delegation von Befugnissen und Zuständigkeiten) beeinflusst werden. Der Reaktionsbedarf ergibt sich auch aus dem Ereignis (Volatilität des Einsatzgeschehens) oder der Aufgabenart (hoher Anteil operativer Aufgaben), was allerdings Gegebenheiten sind und damit allenfalls durch Einziehen zusätzlicher Führungsebenen (Installation vorgeschalteter Organe) beeinflusst werden kann (Puffern, Stufenreaktion). Die Organisationsphilosophie und somit die Kopplung wirkt sich also direkt auf die Taktung aus. Die Taktung wiederum wirkt sich vorwärts auf das Einsatzgeschehen (Zeitvorteile) und rückwärts auf die nachgeordneten Führungsebenen aus (Beschleunigung, Arbeitsaufwand). Das zeigt, dass die Organisationsphilosophie und der Führungsrhythmus zwei wichtige »Stellschrauben« sind, die passend zueinander justiert werden müssen. Der Rhythmus schließt an das »Organisieren der Zeit« an (▶ Kapitel 4.6).

Der Takt darf im Extremfall einerseits nicht dem Zufall überlassen werden (Unregelmäßigkeit). Dies erzeugt im Einsatz keine Verlässlichkeit gegenüber nach- und vorgeordneten Stellen. Durch die Bekanntheit der Zeiträume in denen »der Stab« über Bedarfe befindet (Anforderungen), Entscheidungen trifft (Einfluss nimmt) oder einen aktuellen Situationsbericht erstellt (monitort), entsteht für die anderen Führungsorgane im Einsatz Planungssicherheit. Sie können ihre Arbeit darauf ausrichten und dadurch »pünktlich zuarbeiten«.

Andererseits darf der Einsatz auch nicht in »fiktive« Sitzungsrhythmen gezwängt werden. Dies verringert die Informationsverarbeitungsqualität. Vielmehr muss der Bedarf des Einsatzes diagnostiziert werden. Grob gesagt haben Präsenzstäbe von Einsatzorganisationen bzw. Einsätze mit hohem Koordinierungsaufwand eine enge

Taktung. Das kann soweit führen, dass z. B. direkt an der Schadenstelle gar nicht zwischen Arbeits- und Besprechungsphase unterschieden werden kann, weil beides so eng aneinander liegt. Ressortstäbe von Verwaltungen und der Wirtschaft bzw. Einsätze mit großen Planungsanteilen haben weitere Taktungen. So können Vorbereitungsstäbe der Polizei bei Arbeitsaufnahme ein Jahr vor dem Event mit einer Besprechung im Wochenabstand auskommen.

Aufgrund faktisch gegebener Verarbeitungszeiten kann es nie einen aktuellen Informationsstand im Wortsinn geben. Es ist eigentlich ein unerreichbares Ziel, den »derzeitigen« Zustand des Zielsystems abbilden zu wollen. Es geht vielmehr darum zu wissen, um welchen Zeitversatz das Modell bereits veraltet ist. Durch einen gleichmäßigen Rhythmus kann zumindest gesagt werden, dass die Informationen z. B. »regelmäßig wiederkehrend bis auf eine Stunde hin veralten«. Da sich Stabsarbeit bzw. die Zuständigkeit der obersten Instanz auf strategische und damit nicht-gegenwärtige Aspekte bezieht, ist dies unschädlich. Das Wissen um den Informationsstand ist ein Aspekt von Informationsqualität. In Verbindung mit standardisierten Abfragen, deren Formate und Inhalte zum Modell vom Ereignis und vom Einsatz passen, »schwingt« sich durch Vorgabe eines regelmäßigen Rhythmus der Einsatz »ein«. Plausibler Weise kann dadurch die chaotische Phase zu Einsatzbeginn deutlich verkürzt werden – in etwa auf die Dauer von zwei Takten. Indem die Takte von allen Führungsorganen auf den Führungsebenen aufeinander abgestimmt sind, kann die schnellstmögliche Reaktionszeit (kürzest mögliche Latenzzeit) auf dem formalen »Dienstweg« erreicht werden. Für Bedarfe, die aufgrund ihrer Dringlichkeit nicht eingetaktet werden können und die delegierte Kompetenz der unteren Ebenen überschreiten, muss es geregelte Bypässe »nach oben« geben. In einer Idealvorstellung sind die Besprechungszeiten der unteren Ebene stets versetzt zur übergeordneten Ebene, damit bei deren Besprechung die Ergebnisse der vorgeordneten Stelle vorliegen. Nicht immer können Organe so synchronisiert werden. Wo die Zeit nicht abgestimmt werden kann, muss der Inhalt abgestimmt werden. Überschneidungen oder gleichzeitig laufende Planungen erzeugen Nachsteuerungsbedarf bis hin zu Abstimmungschaos. Zudem können Pläne oder gar begonnene Umsetzungen obsolet werden, was Ressourcenverschwendung gleichkommt und damit Ineffizienzen erzeugt. Es muss unbedingt beachtet werden, dass Besprechungen Vorbereitungs- und Nachbereitungszeit brauchen und deswegen geschickt über Arbeitstage und Kalenderwochen verteilt werden müssen. Hierauf wird im ▶ Kapitel 4.10 eingegangen. Insgesamt führt ein vorgegebener Führungsrhythmus zu Synchronität der Arbeit der unterschiedlichen Organe (systematische Organisation).

Zur Veranschaulichung einer hohen Taktung ist in ▶ Bild 26 ein einstündiges Modell eines Präsenzstabes mit einem eher trägen Informationsmanagementsystem

4.2 Führungsrhythmus

dargestellt (Nachrichtenvordrucke mit zentralistischer Verarbeitung durch eine Sichtungsstelle – dies ist kein Plädoyer für dieses System!). Der zugrundeliegende Rhythmus von 120 min ist sehr eng und der Ablauf deswegen anspruchsvoll. Vernünftigerweise kann davon ausgegangen werden, dass ein schnellerer Ablauf nicht zu bewältigen ist, da Softwareunterstützung lediglich die Übermittlungs- und Kollektionszeit verringert, aber nicht den Beratungsbedarf. Um sich orientieren zu können, sind feste Zeitabstände und noch besser fixe Zeitpunkte wichtig. 15- oder 45-minütige Abstände würden Besprechungszeitpunkte im Zifferblatt »versetzen«. Allenfalls könnte noch ein halbstündiger Ablauf gewählt werden, was aber trotz optimierter Laufzeiten als zu knapp eingeschätzt wird.

4 Werkzeuge der Stabsarbeit

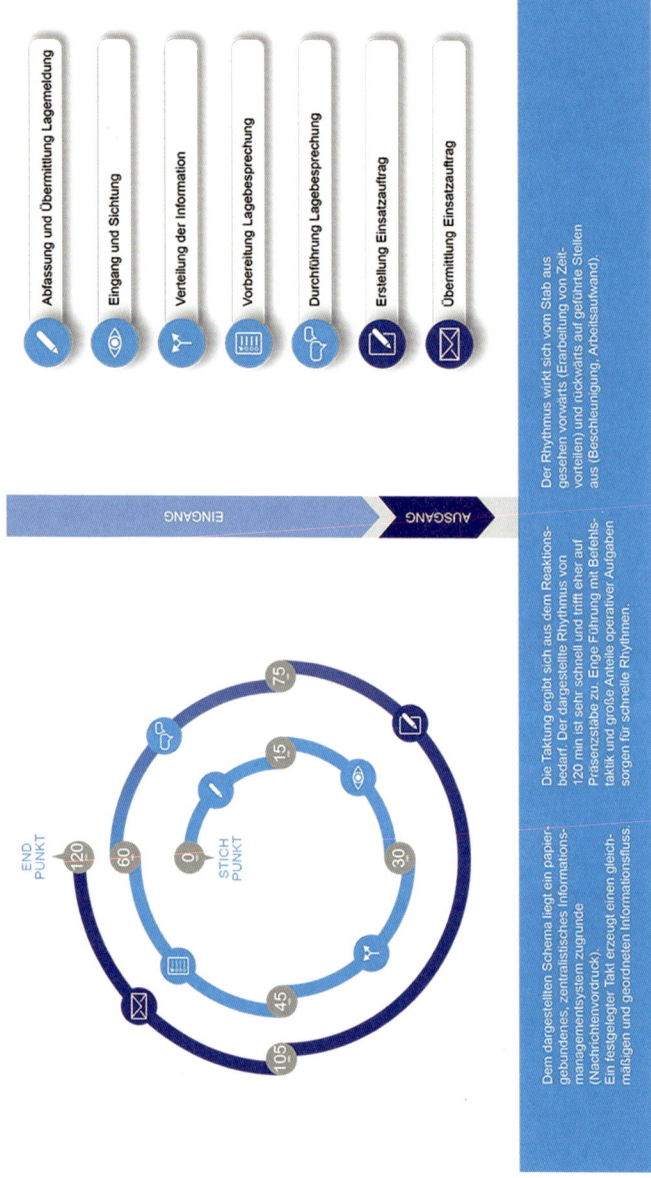

Bild 26: *Führungsrythmus*

4.3 Aufbau- und Ablauforganisation

Die Organisation (als Wesen, nicht als Institution) bezeichnet im Allgemeinen das innere Regelwerk eines arbeitsteiligen Systems und kann formale und informelle Aspekte haben. Sie besteht aus zwei Teilen. Die Aufbauorganisation (Primärorganisation, Struktur) regelt, wie sich Stellen auf Aufgaben spezialisieren. Die Ablauforganisation (Sekundärorganisation, Funktion, Prozesse, Abläufe) regelt, wie sich die spezialisierten Stellen koordinieren. Ein Stab ist nur dann »vollständig organisiert«, wenn die Struktur und die dazugehörigen Abläufe geregelt sind. Das Organisieren und Koordinieren steht für die gleichnamigen Führungstätigkeiten.

4.3.1 Aufbauorganisation festlegen

Im Strukturorganigramm (oft auch ungenau als »Organigramm« bezeichnet) werden die Arbeitsteilung und die Zuständigkeiten festgelegt. Dieses Werkzeug dient dazu, die umfassende Gesamtaufgabe in sinnvolle, einfacher bearbeitbare und leistbare Teilaufgaben zu zerlegen und die Verantwortung für Teilbereiche bestimmten funktionstragenden Personen zu übertragen. Solche Unterteilungen sind alltäglich. Die Gesamtaufgabe ist vernünftigerweise durch eine einzelne Person nicht zu lösen, weil sie »zu komplex« (im Sinne von zu speziell) und zu umfangreich ist. Das Organisieren des Stabes (im Inneren) und damit des Einsatzes (gesamte Aufbauorganisation) dient dazu, durch Zerlegung die Komplexität des Ganzen zu verringern, sodass Teilaufgaben einfacher zu bewältigen sind (▶ Kapitel 2). Die Organisation als das Regelwerk entscheidet zu großen Teilen darüber, wie wirksam der Einsatz als Mission sein kann.

Beim Teilen der Aufgaben (»Aufgabenzuschnitt«) muss auf eine möglichst hohe Funktionalität geachtet werden. Damit ist im Wortsinn (»Funktion«) gemeint, den Ablauf betreffend, vom »Ende« ausgehend zu denken. Das Denken von »Zuständigkeiten« her ist gerade in Verwaltungen weit verbreitet. Um Führungssysteme für Einsätze zu entwickeln ist dieser Ansatz eher ungeeignet. Ziel ist es, so wenig Nahtstellen verschiedener Verantwortlicher wie möglich entstehen zu lassen, an denen zusammengearbeitet werden muss (»Schnittstellen«). Das bedeutet, dass so wenig wie möglich geteilt werden soll. Es kann deswegen notwendig sein, Aufgaben im Einsatzverlauf umzuorganisieren, sodass die Bearbeitung sinnvoll vom Ablauf und vom Themenzuschnitt bleibt. Da Stabsarbeit gerade bei dynamischen ad hoc-Ereignissen quasi immer mit Ressourcenengpässen einhergeht, sollten die Aufgaben immer auf das unbedingt notwendige Maß reduziert werden. Dies kann durch Auslagern der

Aufgabe an die Alltagsorganisation oder eine ganz andere Organisation erfolgen. Ein Beispiel dafür ist die Verlagerung der Aufgabe »interne Kommunikation« ins Backoffice der Alltagsorganisation im ▶ Bild 28. Eine weitere Möglichkeit der Verringerung der Komplexität (objektiv) ist das Zurückstellen von Aufgaben durch Priorisierung. Die Komplexitätsverringerung durch »Weglassen« von Aufgaben auf ein realisierbares Maß findet quasi schon automatisch statt, indem Unnötiges nicht gemacht wird. Neben der objektiven Verringerung von Komplexität durch Einstellung von Stellschrauben im Führungssystem muss auch die subjektive Komplexität (wie die Führungsperson die Arbeit erlebt) im Blick behalten und ggf. reduziert werden. Gerade aber bei Ressourcenengpässen ist das Weglassen eine Entscheidung, die weitreichend sein kann und dann bewusst getroffen werden muss, wenn beispielsweise Gebiete aufgegeben werden müssen. Um den Stab und den Einsatz sinnvoll organisieren zu können, sollten sich die Verantwortlichen die (widersprüchlichen) Ziele der Aufgabe unbedingt vor Augen führen, um somit stets das »große Ganze« im Blick halten zu können. Angesichts dieser anspruchsvollen Aufgabe kann das Organisieren eines Stabes und eines Einsatzes zurecht als Führungskunst bezeichnet werden.

Der Stab steht für eine besondere Aufbauorganisation, die für ein bestimmtes Ereignis zuständig ist. Bei den meisten Einsatzorganisationen, bei Verwaltungen und bei Wirtschaftsorganisationen gibt es neben dem Einsatz immer auch noch ein Tagesgeschäft, das durch die Linienorganisation bzw. Alltagsorganisation weiterbearbeitet wird. Durch die Übertragung der Verantwortung für das Ereignis an die/den Einsatzleiter:in wird gleichzeitig auch die Zuständigkeit von den alltäglichen Aufgaben abgegrenzt. Durch diesen Schritt wird im theoretischen Sinne der Stab als besondere Aufbauorganisation quasi mit Befugnissen, Ressourcen, Aufgaben und Pflichten ausgestattet. Die Abgrenzung des Einsatzes vom Alltagsgeschäft muss ausdrücklich erfolgen und bekannt gemacht werden, um unklare Zuständigkeiten zu vermeiden. In der Praxis erweist sich dies als große Herausforderung, gerade wenn sich Einsatzräume, betroffene Prozesse oder benötigte Ressourcen überschneiden. Kompetenzgerangel oder eine »Abschiebu33ng« von Verantwortung zwischen Stab und Alltagsorganisation sind starke Indizien für eine unscharfe Abgrenzung. Die obersten Ebenen haben solche Fragen so rasch wie möglich zu klären.

Mit der Verteilung von Zuständigkeiten wird Teilverantwortung delegiert (das Handeln im Auftrag, ▶ Kapitel 2). Die damit einhergehenden Befugnisse (»was darf ich selbst entscheiden?«) sollten im Stab unbedingt thematisiert werden, um die Rollenklarheit zu fördern. Damit wird die Voraussetzung für »Systemkenntnis« geschaffen (»wie das abläuft«). Es werden fachliche Aufgaben und Unterstützungsaufgaben unterschieden. Die FwDV 100 gibt mit den Sachgebieten eine schematische Organisationsstruktur vor, die im Einsatz konkretisiert werden muss. In diesem

4.3 Aufbau- und Ablauforganisation

Fall beginnt die Arbeitsteilung meist bei der Ordnung des Raumes und endet bei der Zuweisung von Unterstützungsaufgaben. Stäbe von Polizeien haben ereignisspezifisch vorbereitete Strukturorganigramme als Teil des Einsatzbefehls. Diese Arbeitsweise ist sehr elaboriert und spart bei ad hoc-Einsätzen Zeit. Zudem wird hierdurch bereits im Voraus für klare Zuständigkeiten gesorgt. Regelungen für Stäbe von Verwaltungen geben meist ebenso eine Organisationsstruktur vor. Stäbe von Wirtschaftsorganisationen organisieren die Arbeitsteilung zumeist in Ressorts, die der allgemeinen Zuständigkeit der Linienorganisation ähneln. Allerdings kommen auch Ressortstäbe nicht ohne Unterstützungsaufgaben wie Lagedarstellung, Protokollierung, Moderation oder eine zentrale Maßnahmennachverfolgung aus. Aufgaben können Schnittmengen haben. Das bedeutet, dass sie von mehreren Funktionsbereichen mehr oder weniger stark gemeinsam bearbeitet werden müssen. Arbeitsbereiche haben Schnittstellen zu vor- und nachgelagerten Aufgaben. Die Art und Weise der buchstäblichen Zusammenarbeit und das Vor- und Nacheinander an den Schnittstellen wird in der Ablauforganisation geregelt.

Bild 27: *Nach der Entwicklung des Organigramms (am Whiteboard links neben der Moderatorin) sagt der Leiter des Stabes (am Kopfende des Tisches) ausdrücklich, dass er die Organisation nun so festlege. Hiermit überträgt er Teilverantwortung an die Stabsmitglieder.*

Bei der Entwicklung der Aufbauorganisation des Einsatzes und damit auch der inneren Struktur des Stabes muss auf eine gewisse Anschlussfähigkeit an die Alltagsorganisation geachtet werden. Das bedeutet am Beispiel von Wirtschafts-

4 Werkzeuge der Stabsarbeit

organisationen, dass die für die Ereignisbewältigung zu erledigende Aufgabe im Stab sich in der Linienorganisation wiederfindet und andersherum. Damit wird die Abstimmung und die zukünftige Übergabe bei Einsatzende erleichtert. Versätze zwischen der besonderen und allgemeinen Aufbauorganisation können zu Reibungsverlusten und Kompetenzunklarheiten führen. Das Strukturorganigramm muss über die gesamte Einsatzdauer weiterentwickelt und aktuell gehalten werden. Die Organisation sollte immer verbreitert werden können, um auf umfangmäßige Vergrößerungen des Einsatzes reagieren zu können (Skalierbarkeit). Bei allen Organisationen ist es wichtig, dass die Eskalation von der Alltagsorganisation in den Stab unterbrechungsfrei und ohne (bzw. mit möglichst wenig) Reibungsverlust möglich ist. Dies kann unter anderem dadurch gewährleistet werden, dass die von Anfang an mit dem Ereignis befassten Personen aus der Alltagsorganisation in den Stab wechseln und gleichzeitig eine Art Rumpf-Stab bilden, der unmittelbar ohne Alarmierungszeit eingesetzt werden kann (Köstler, 2016).

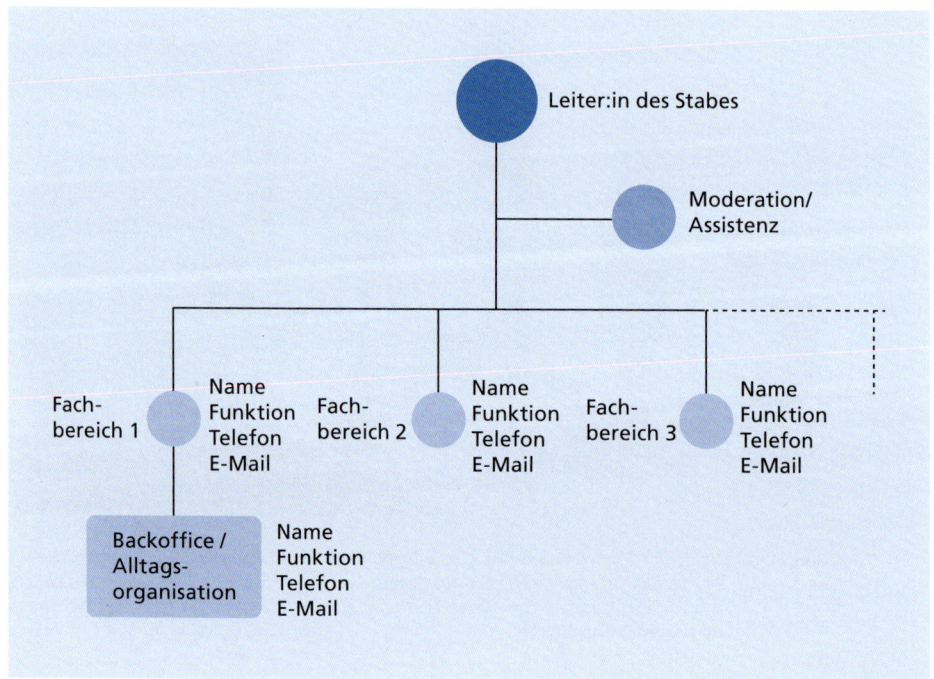

Bild 28: *Schematische Aufbauorganisation eines Stabes mit Elementen aus dem Informationsmanagementsystem*

4.3 Aufbau- und Ablauforganisation

> **Grundsatz Organisation: Subjektive Komplexität reduzieren!**
> 1. Lege die Organisation des Stabes und des Einsatzes fest!
> 2. Reduziere die Komplexität der Aufgabe durch funktionale und sinnvolle Organisation!
> 3. Reduziere die Aufgabe auf das unbedingt notwendige Maß und kenne alle (widersprüchlichen) Ziele!
> 4. Erinnere dich und deine Teammitglieder an eure Kompetenzen und Befugnisse!
> 5. Entwickle die Stabsorganisation so, dass sie an die Alltagsorganisation anschlussfähig ist!
> 6. Gliedere die Gesamtaufgabe in sinnvolle Teilaufgaben! Benenne Schnittstellen und Schnittmengen ausdrücklich!
> 7. Entwickle die Organisation über die Phasen des Ereignisses weiter!
> 8. Es kommt auf die Abläufe an! Prozesse müssen funktional und effizient sein.

Ein Strukturorganigramm kann bereits vorbereitend erstellt werden, so dass es bei einem Einsatz rasch befüllt werden kann. Je nach Vorbereitungsgrad gibt es für unterschiedliche Einsatztypen vorbereitete Aufbauorganisationen, die beispielsweise wie in Polizeiführungsstäben nur noch ausgefüllt werden müssen. Solche vorbereiteten Strukturen entbinden jedoch nicht von der Prüfung, ob die vorgedachte Struktur den tatsächlichen Anforderungen aus dem Einsatz (noch) entspricht. Personennamen und Kontaktdaten in der Darstellung schränken zwar die Übersichtlichkeit ein, können aber die praktische Arbeit erleichtern. In dem auf ▶ Bild 29 dargestellten Organigramm ist eine häufige Konstellation aus dem Bereich der Wirtschaftsorganisationen zu sehen. Dabei ist klar zu erkennen, dass es sich um einen Ressortstab (Schutz und Sicherheit, Produktion und Verkauf, Kommunikation intern und extern) mit Unterstützungsaufgaben (Maßnahmen, Lage, Moderation) handelt. Die Teilaufgabe Kommunikation wird insgesamt von einer Person verantwortet. Die externe Kommunikation führt sie auch selbst praktisch durch. Die interne Kommunikation jedoch wird von der Alltagsorganisation als sogenanntes Backoffice durchgeführt, was durch die abgegrenzte Aufgabe im unteren Rechteck dargestellt wird.

4 Werkzeuge der Stabsarbeit

Bild 29: Das Strukturorganigramm unterteilt die gesamte Führungsaufgabe in fachliche Teilaufgaben (Schutz und Sicherheit, Produktion und Verkauf, Kommunikation) und Unterstützungsaufgaben (Maßnahmennachverfolgung, Lagedarstellung, Moderation). Dabei ist die Gesamtverantwortung für die Aufgabe klar dem Leiter des Stabes zugeteilt. Die Auslagerung der internen Kommunikation ins Backoffice stellt eine Entlastung des Verantwortlichen im Stab dar.

Bild 30: Die schematische Aufgabenteilung nach FwDV, 100 aus der sich das Innere eines Führungsstabes ergibt

Bei Stäben nach FwDV 100 handelt es sich um Aufgabenstäbe. Mit den Sachgebieten S1 bis S6 ist die Grundstruktur bereits vorgegeben. Insbesondere im Bereich Einsatz bedarf diese Grundgliederung jedoch der einsatzbezogenen Verfeinerung in Ope-

4.3 Aufbau- und Ablauforganisation

ration und Strategie. Räumliche und aufgabenbezogene Einsatzabschnitte sollten im Führungsorgan unbedingt gespiegelt werden, indem sie festen Ansprechpersonen im Stab zugeordnet werden. Hierdurch wird das Aufbauen direkter Kontakte ermöglicht, wodurch wiederum eine gute Zusammenarbeit begünstigt wird. Ein praktisches Beispiel kann sein, den Einsatzabschnitt 1 (EA-1) durch die Unterfunktion S3-1 im Stab bezüglich der Einsatzmaßnahmen zu spiegeln und durch die Unterfunktion S2-1 bezüglich der Lageinformationen zu spiegeln. Dadurch können leistungsfähige Abläufe eher realisiert werden, als wenn »ein/e Funktionsträger:in alles macht« oder wenn Situationsmeldungen und Bedarfe »nur« über eine Zentralstelle ein- und ausgehen »dürfen«. Durch konsequente Fortsetzung dieser Organisation innerhalb der Abschnittsleitung des EA-1 (dort: Führungsgruppe) kann erreicht werden, dass dort S3/die einsatzabschnittsleitende Person und S2 die »Spiegelpersonen« sind. Bei diesem Spiegelmodell ist bezüglich direkter Kontaktaufnahme durch Einsatzabschnittsleiter:in mit Einsatzleiter:in/Stabsleiter:in Bedacht geboten, um an etablierten Kontaktstellen nicht zu stark »durchzugreifen«. Dennoch dürften (und müssen sogar) die Leitungen und die Arbeitenden über die jeweiligen Ebenen untereinander kommunizieren, da sie unterschiedliche Bedarfe haben (politische, strategische oder operative Belange) und selbst auch Informationsungleichgewichte ausgleichen wollen (Homöostase). Insgesamt muss die Struktur des Führungssystems geeignet sein, um die Komplexität des Einsatzes aufzunehmen (zu absorbieren). Auf die Hintergründe dazu wird in der Theorie der wirksamen Einsatzführung eingegangen.

4.3.2 Ablauforganisation festlegen

Mit Strukturorganigrammen lassen sich keine Abläufe erklären (allenfalls der »Dienstweg« als Berichtsweg zur vorgeordnete Stelle). Ohne Ablauforganisation ist das Regelwerk eines Stabes somit unvollständig. Analysen von Einsätzen zeigen: Es kommt auf die Abläufe an. Die Funktionalität von Prozessen ist entscheidend dafür, ob die bestmögliche Effizienz (Ressourcenschonung) und die erwünschte Wirkung im Zielsystem (Stabilität) erreicht werden können. Genauso wie die Struktur geregelt werden muss, müssen auch die Prozesse geregelt werden. Ziel ist es, die Arbeitsabläufe lückenlos aufeinander abzustimmen. Abläufe werden in Prozessschaubildern dargestellt, aus denen sich ganze Prozesslandkarten ergeben können. Daran wiederum können auch Arbeitsanweisungen angehängt sein. Hierdurch können Vorgänge in ihrer zeitlich-funktionalen Richtung gut veranschaulich werden. Gelegentlich werden Prozesse mit der »Stabsdienstordnung« gleichgesetzt. Teilweise ist das zutreffend, der »Dienst« im Stab beschreibt ein stückweit »das Arbeiten« als Ablauf.

Schematische Entscheidungsmodelle wie der Führungsvorgang nach FwDV 100 sind keine Ablauforganisation nach Maßstäben der Organisationswissenschaften bzw. der Betriebswirtschaftslehre. Vor diesem Hintergrund macht die Feuerwehr-Dienstvorschrift 100 zu Abläufen im Einsatz faktisch keine Vorgaben, weswegen man strenggenommen »nach DV100« nicht führen kann (lediglich die Aufbauorganisation nach DV100 gliedern). Die Übertragung der DV100 auf Gebietskörperschaften erfolgt in Bezug auf die Stabsarbeit üblicherweise in Stabsdienstordnungen. Erfahrungsgemäß greifen die Stände, Tiefen und Breiten der Stabsdienstordnungen in der Fläche, v. a. mit Hinblick auf Methoden/Techniken, hinsichtlich von Möglichkeiten und Regelungsbedarfen zu zeitgemäßer Kommunikationstechnologie, sowie zur gesamthaften Einbettung aller Führungsorgane in den Einsatz allerdings deutlich zu kurz, wenn der Maßstab angelegt wird, dass der »gesamte Einsatz« damit erklärt werden können soll. Erfahrungsgemäß kann dem ganzheitlichen Organisationsbedarf der Erstphasen von Einsätzen nur mit einem entsprechenden, deutlich weiter gefassten Konzept entsprochen werden, welches von der Eskalation bis zur Deeskalation über die Organisation der Zeit bis zur Methodik alle Aspekte zumindest soweit regelt, dass der Einsatz »reibungslos« (also: ohne Informationsverluste) über die Erstphase hinaus automatismengleich anläuft. Ein solches Einsatzführungskonzept bezieht sich auf Einsätze im Allgemeinen und bedarf für spezielle Ereignistypen der Ergänzung durch Standardeinsatzpläne/SOPs (Standard Operating Procedure)/Taktiken/Strategien. Die Tiefe von Stabsdienstordnungen ist erfahrungsgemäß meist nicht ausreichend, als dass »alle Produkte« des Stabes stichhaltig geregelt wären und Fähigkeiten nachvollziehbar dargestellt wären. Stabsdienstordnungen sind zudem vom Begriff her schon auf ein bestimmtes Führungsorgan festgelegt (der Stab). Tatsächlich aber bedarf es der Regelung aller Abläufe im gesamten Einsatz. Die Gesamtheit dieser Prozesse kann am ehesten von einem »Einsatzführungskonzept« wiedergegeben werden, von dem sich ein Teil auf den Stab im engeren Sinn beziehen kann (sofern dies bei entsprechender Ausgestaltung noch erforderlich ist). In Einsatzführungskonzepten kann zudem in eigenen Kapiteln die Vorhaltung mitbetrachtet werden, was in Stabsdienstordnungen eher ungeschickt platziert sein kann. Insgesamt werden Einsatzführungskonzepte als Good Practice verstanden, um die FwDV100 zu übertragen und Abläufe auf den gesamten Einsatz gesehen zu organisieren.

Die hier dargelegten prozessualen Fragestellungen sind vernünftigerweise nur in der Vorhaltung (also vorbereitend) zu klären. Dennoch muss im Einsatz eine Stelle für das Funktionieren des Stabes als solcher sowie für die Funktionalität der Abläufe im

4.3 Aufbau- und Ablauforganisation

gesamten Einsatz zuständig sein, um Friktionen erkennen und Prozesse anpassen zu können. Ohne ausdrückliche Delegation verbleibt diese Verantwortung bei der Rolle der einsatzleitenden Person, von der diese Aufgabe kaum geleistet werden kann. Es empfiehlt sich, die Rolle der Stabsleitung als prozessqualitätsverantwortliche Stelle zu benennen.

Merke:
Es kommt auf die Abläufe an!
Prozesse müssen so leistungsfähig sein, dass alle Bedarfe und Formate aus dem Einsatz verarbeitet werden können.
Denke die Abläufe aller Arbeitsschritte einmal durch und entwickle daraus Arbeitsanweisungen und Rollenkarten!
Strukturen müssen angepasst werden, wenn sich daraus keine leistungsfähigen Prozesse ergeben können.

Die Primär- und Sekundärorganisation muss als Gesamtes gedacht werden. Wo »Prozesse nicht funktionieren« muss einerseits die Regelung des Ablaufs und andererseits auch der Aufgabenzuschnitt untersucht werden. Nicht selten können Reibungen vermieden werden, wenn Aufgaben anders zugeschnitten werden. Prozesse müssen so leistungsfähig sein, dass sie mit Reservekapazitäten die vorhersehbaren Bedarfe aus dem Einsatz abbilden können. Zu dieser Kapazität gehören die handelnden Personen, die erforderliche Zeit für jeden Vorgang, passende Kanäle im Informationsmanagementsystem, um das jeweilige Datenformat in unmissverständlicher Qualität und möglichst schnell übermitteln zu können, sowie erforderliche Spezialwerkzeuge und Führungsmittel. Informelle Aspekte, wie dass ein Prozess ein kollegiales Miteinander ermöglichen muss, bedürfen unbedingt der Beachtung. Diese allgemeinen Anforderungen werden im Folgenden konkretisiert.

Im Katastrophenschutz wird üblicherweise mit Zentralstellenmodellen gearbeitet. Erfahrungsgemäß funktionieren solche Modelle jedoch nur mit einem hohen Standardisierungsgrad. Schon eine unleserliche Handschrift (nicht-standardisiert) kann erhebliche Qualitätsmängel nach sich ziehen. Freitextmeldungen enthalten oft nicht die von der Führungsstelle intendierten Informationen. Wo nicht standardisiert werden kann, weil Inhalte vorher unklar sind, weil Inhalte sich nicht standardisieren lassen, wo es auf Zwischentöne ankommt oder wo schlicht nicht ausreichend standardisierend auf die Gegenstelle eingewirkt werden, bedarf es daher eines anderen Organisationsmodells. Bei der Wahl der Organisation gilt es zudem, die Kapazität zu berücksichtigen: An Zentralstellen können Flaschenhälse entstehen, weswegen die vorhersehbare Arbeitskraft einschließlich Reserven und einer entsprechende Informationskanalkapazität vorgehalten werden können muss. Ferner gilt es, die Effizienz zu bedenken: Die Trennung zwischen »Erfassung« und »Verarbeitung« kann sinnvoll sein. Es kann aber auch sinnvoll sein, beides an einer Stelle zu bündeln um Rückfragen zu verringern und damit die Qualität »inhärent« zu erhöhen. Es sei darauf hingewiesen, dass Zentralstellen nicht per se das passende Organisationsmodell sind, auch wenn sie verbreitet sind (sich aber nur selten in der Praxis bewähren mussten und die Modelle v. a. vor dem Hintergrund zeitgemäßer Technologien daher nicht wirklich als überprüft gelten können). Diese Wichtigkeit wird durch das entsprechende Signet an dieser Stelle betont.

Single-Points-of-Contact (SPOC) sind eine Variante eines Zentralmodells, mit dem fachliche Anfragen bereits vorsortiert an der richtigen Stelle landen (eher dezentral, aber noch nicht »ganz« verteilt). Ein Beispiel ist das zu Beginn dieses Abschnitts angesprochene Spiegelmodell: Die Einsatzabschnittsbetreuung mit »allen Anliegen« kann im Stab durch eine einzige Funktionsstelle erfolgen. Die Analogie zur »Kundenbetreuung« suggeriert das passende Bild und es kann bei großen Einsätzen sein, dass diese/r Betreuer:in quasi nur telefoniert und E-Mails entgegen nimmt (von außen gesehen, Front-End). Die Funktion muss bei einer solchen Belastung verdoppelt werden, sodass eine zweite Person in Innenrichtung des Stabes arbeiten kann (Back-End). Die Anpassung des Zuschnitts der Arbeitsteilung ist ein Beispiel für die Anpassung des Strukturorganigramms aus der Prozessentwicklung heraus. Diese betreuende Funktion innerhalb des Stabes kann alle Bedarfe aufnehmen, für eine entsprechende Informationsqualität sorgen und kann anschließend die einzelnen Sachverhalte im Stab mit den entsprechenden Stellen klären. Zur Reduzierung der Informationsmenge können den Einsatzabschnittsleitungen »Bestellformulare« übermittelt werden, in denen Ähnlich wie in Katalogen nur die Bestellmengen eingetragen werden müssen (Standardisierung). Die Übermittlung kann elektronisch als Dokument (E-Mail-Anlage oder Dokument in einer Cloud) erfolgen. Bei IT-Ausfall können die Formulare auf Papier als Redundanz dienen (»rudimentärer Prozess«). Das gesamte Formularwesen muss mit nachgelagerten Instrumenten und Bezeichnungen kohärent sein. Damit ein Führungssystem als Teilsystem des Einsatzes »funktioniert« bedarf es einer solch detaillierten Betrachtung. Bei Maximalereignissen muss davon ausgegangen werden, dass die Prozessentwicklung beim Anwachsen der Einsatzleitung teils in wenigen Stunden in »Progress« (also parallel zur eigentlichen Einsatzarbeit) erfolgt. Die Sicherstellung der Leistungsfähigkeit der Prozesse und damit auch der (ad-hoc) Weiterentwicklung obliegt als »Administrator:in« des Führungssystems der/dem Stabsleiter:in.

4.3 Aufbau- und Ablauforganisation

Das hier dargelegte Modell mag gerade aus Sicht des Katastrophenschutzes personalintensiv erscheinen. Die Einsatzpraxis (nicht: die Übungspraxis) größerer und größter Einsätze aller Organisationsgattungen sowie konzeptuelle Überlegungen bei der Systementwicklungen zeigen aber klar, dass Führungsorgane auf oberster Ebene auch bei Führung mit Auftrag Kapazitäten im Bereich von 50 bis teils über 100 Vollzeitäquivalenten erfordern. Als Stichworte seien die Einsatzleitungen der Polizei bei politischen Gipfeln oder die Einsatzleitungen der betroffenen Landkreise bei der Flutkatastrophe 2021 genannt. Es sei deutlich gesagt, dass das Führungsorgan die Kapazität haben muss, den Einsatz zu spiegeln was bedeutet, dass Abläufe und Strukturen des Führungssystems bedarfsgerecht sein müssen.

Es ist ratsam, die eigene Landschaft der »Produkte« des Stabes einmal zu kartieren. Die einzelnen Produkte sollten entlang des Prozesses auf Arbeitsschrittebene aufgelöst und Funktionstragende und Führungsmittel zugeordnet, die Zusammenarbeit an den Übergabepunkten der Arbeitspakete durchdacht und Qualitätsmerkmale als Schlüsselindikatoren für die Performanz des Prozesses festgelegt werden. In der Ausbildung können Trainees dadurch ein gutes Systemverständnis entwickeln. In Entwicklungsphasen kann die erforderliche Arbeitskapazität in Form von Stabsmitgliedern ermittelt werden. In Reviews können »Flaschenhälse« identifiziert werden. In Einsätzen dienen die Schlüsselindikatoren der Stabsleitung als Anzeige dafür, ob das Führungssystem »läuft«. Die einzelnen Arbeitsschritte können in Rollenkarten und Arbeitshilfen aufgehen. Diese Abläufe sind fachlicher Natur und nicht zu verwechseln mit dem allgemeinen Prozessbündel, das in der Stabsarbeit abläuft. Die sich ergebene Produkt- und Prozesslandkarte ist in vollständiger Form »die Ablauforganisation«. »Gute« im Sinne vollständiger Stabsdienstordnungen stellen zumindest die Schlüsselprozesse dar. Folgende Prozesse stehen beispielhaft für die Produktlandkarte eines Stabes im Katastrophenschutz (fünf Kernprozesse mit Außenwirkung, vier Unterstützungsprozesse die eher nach Innen wirken, ein Steuerungsprozess). In den ▶ Kapiteln 4.4 und 4.9 werden einzelne Prozesse gestreift. Die Prozesse beschreiben im weitesten Sinne gleichzeitig Fähigkeiten, die vom Stab erbracht werden können müssen.

- Anzeige von Schlüsselinformationen auf dem Dashboard
- Bestellwesen und Herbeiführung von Ressourcen
- Dokumentationswesen
- Einsatzabschnittsbetreuung, Strategieentwicklung und Auftrags-/Befehlswesen als Einsatzsteuerung
- Finanzverwaltung
- Informationssammlung und Erstellung von Textbausteinen für externe/interne Öffentlichkeitsarbeit und Warnung
- IT-Support und Kommunikationsmittelbereitstellung

- Sicherheit und Arbeitsschutz
- Situationserhebung und Erstellung des Modells von Ereignis und Einsatz
- Warnwesen

4.4 Ereignismodell, Einsatzmodell und Dashboard

Das »Modell vom Ereignis« kann auch Lagedarstellung, Ereigniskonto oder Schadenskonto genannt werden. Das »Modell vom Einsatz« ist eher ein Steuerungstableau oder ein Gefahrenabwehrkonto. Dieses (kombinierte) Werkzeug dient dazu, in verkleinertem Maßstab und in abstrakter Form das Ereignis, das zu lösende Problem sowie Einsatzmaßnahmen darzustellen, um darüber steuern zu können. Beide Modelle können in einem »Dashboard« aufgehen. Dieses Instrument ist eine Anzeige der strategisch relevanten Steuerungsgrößen des Einsatzes und adressiert an die Stabsleitung und die Einsatzleitung im weitesten Sinne.

Der Werkzeuggattung des Modells liegt die Erkenntnis zugrunde, dass im Bereich von Feuerwehr und Katastrophenschutz die Lagedarstellungen in »klassischem Sinne« (wenn es die Klassik denn gäbe) oft nicht die relevanten Steuerungsvariablen zeigen (weil sie räumlich und operativ fokussiert sind) sowie im Verwaltungsbereich oft keine »Vorstellung« anzutreffen ist, was man denn auf eine Lagekarte einzeichnen sollte (weil sich Prozesse schwer in geografischen Karten darstellen lassen). Zudem wurde erkannt, dass es in Stäben jeder Art manchmal dem Zufall obliegt, was für alle sichtbar visualisiert wird, der Nutzen von gemeinsamen Darstellungen nicht reflektiert wird (»Wir zeigen immer die Aufgabenliste an.«) und sogar die Stabs- und Einsatzleitungen manchmal gar nicht genau in Worte fassen können, was sie »unbedingt sehen müssen« (und sich auf Nachfrage nicht selten »Live-Bilder von der Einsatzstelle« wünschen, obwohl zwischen ihnen und der Operation manchmal bis zu drei Führungsebenen liegen und somit dem Erfordernis der Abgrenzung der zeitlichen Zuständigkeit nicht mehr entsprochen wird). Von den drei Modellarten Ereignis, Einsatz und Steuerung wird sich versprochen, dass Stäbe als oberste Führungsorgane passende Auflösungen wählen, die relevanten Variablen fokussieren, eine übereinstimmende gemeinsame Vorstellung vom Einsatz entwickeln und darüber rasch den Wirkpfad im Einsatz erkennen können. Momentaufnahmen wie Fotografien, kartenbasierte Bilder oder räumliche Skizzen sind nicht dazu geeignet, Zeitaspekte abzubilden. Dabei geht es beim Führen doch genau um die Zeitlichkeit. Ereignismodelle müssen daher alle Grundelemente der Führung (Aufgaben, Räume, Ressourcen, Zeit) in den für den konkreten Einsatz erforderlichen Ausprägungen umfassen.

4.4 Ereignismodell, Einsatzmodell und Dashboard

Modelle sind stets nur Abbilder der Wirklichkeit und kommen deswegen mit wenigen Detailinformationen aus. Modellieren bedeutet quasi »zu vereinfachen ohne weg-zu-vereinfachen«. Die Modelle von vorgeordneten (operativeren) Führungsorganen ergeben nicht einfach »zusammen« die Sicht des höchsten Führungsorgans. Vielmehr bedarf es der Aggregation (nicht einfach Addition) und der Ableitung von Bedeutungen (in Bezug auf kritische Punkte und auf Steuerungsgrößen). Die Ereignis- und Einsatzmodelle der verschiedenen Führungsebenen unterscheiden sich in ihrer »Auflösung«. Der Detailgrad und die Fokusse hängen von den Aufgabenarten ab (taktisch, operativ, strategisch). Zusammengefasst kann gesagt werden, dass jedes Führungsorgan das für sich »Relevante« sehen können muss. Erfahrungsgemäß erfordert die Modellierung auf jeder Ebene einen gewissen Anteil manueller Arbeit. Diese Arbeit ist ausschlaggebend dafür, ob »die Bedeutung« des Modellierten transportiert werden kann. Die Bedeutung wiederum ist wesentlich für das Situationsbewusstsein und am langen Ende für die Wirksamkeit der Führungsarbeit.

Bild 31: *Der Stab ist zu Beginn seiner Arbeit noch mit der Organisation beschäftigt. Auf dem Whiteboard im Hintergrund (rechts neben Stehtisch) wurde bereits ein Themenspeicher eröffnet und darin drei Punkte notiert.*

Einsatzmodelle müssen schon allein aus rein logischen Gründen zu den Aufgaben der jeweiligen Führungsebene passen (z. B. taktisch, operativ, strategisch, ggf. im Krisenmanagement sogar normativ). Die Sicht auf »den Einsatz« wird daher mit jeder Ebene abstrakter, übergeordneter, weitreichender, aggregierter und damit voraussetzungsvoller. Auf unteren Ebenen kann die Modellierung noch intuitiv erfolgen, weil »die Realität« von materieller Gestalt ist und damit visuell, haptisch bzw. von der Dimension her gut zu erfassen ist. Auf oberen Ebenen bezieht sich Führung mit Prozessen und Schnittstellen in Form der Zeit oder auch in Form politischer Fragestellungen hauptsächlich auf immaterielle Punkte. Diese zu modellieren, erfordert einen analytisch-rationalen Ansatz. Die Abgrenzung zeigt, dass schon allein aus rein logischen Gründen die »Lagedarstellung im Stab« keine »Zusammenfassung von Lagekarten aus den Einsatzabschnitten« sein kann (außer der Stab befasst sich aufgrund des Einsatzcharakters wirklich nur mit operativen Aufgabenstellungen). Als oberste Führungsebene und damit als strategisches Organ hat ein Stab die Aufgabe, Voraussetzungen/Rahmenbedingungen für die operative Ausführung zu schaffen. Hieraus ergeben sich die Steuerungsgrößen, die der Stab als »seine Sicht« auf den Einsatz braucht. Für den strategischen Geschäftsanteil im Einsatz müssen also Rahmenbedingungen ins Verhältnis zu kritischen Indikationen der Ausführungsleistung gesetzt werden. Dieser Teil bezieht sich im Wesentlichen auf das Funktionieren des Führungssystems. Für das operative Einsatzgeschäft bzw. um Zielsystemkenntnis zu erlangen, muss der Ist-Zustand des Zielsystems bzw. des Ausführungssystems ins Verhältnis zum Soll-Zustand gesetzt werden. Diese Kenngrößen können qualitativer/grafischer Art oder auch quantitativer/kennzahlmäßiger Art sein. Die »Anzeige« dieser Indikationen ist quasi das »Cockpit« bzw. exakter das Dashboard des Einsatzes. Das Erkennen, Generieren, Verarbeiten und Anzeigen dieser Informationen ist ein anspruchsvoller Prozess. Nicht in jedem Einsatz (und damit auch nicht in jeder Übung) ist der Prozess in Gänze erforderlich. Wenn ein Stab in einem Maximalereignis allerdings »wirklich« strategisch gefordert ist und metaphorisch sozusagen »ein Startup-Unternehmen mit tausenden Mitarbeitenden« aufbauen und betreiben muss, dann ist diese Steuerungskompetenz auf einer Metaebene für die Einsatzeffizienz erfolgskritisch.

Die Entwicklung des Modells vom Ereignis als Prozess besitzt mehrere (teils vorgelagerte) Teilschritte. Zu Beginn steht die Generierung und Erhebung von Informationen, die anschließend analysiert, beurteilt und in die Zukunft projiziert werden. Diese serielle Auflistung ist lediglich der Gliederung des Buchs geschuldet. In der Praxis laufen diese Teilschritte parallel, mit zeitlichen Versätzen und wiederkehrend ab. Die Modelle werden also iterativ entwickelt bzw. fortgeschrieben. Die Schritte sind daher wie im Stabsablauf (▶ Kapitel 4.1) »puzzleartig« zu verstehen. Das Werkzeug der Modellentwicklung deckt mehrere Aspekte im Stabsablauf ab. Es bezieht sich im Wesentlichen auf die Führungstätigkeit des Orientierens. Die nächsten Abschnitte bauen schematisch vom Einstieg über die Einleitung und die Modellierung bis zum Dashboard aufeinander auf.

4.4 Ereignismodell, Einsatzmodell und Dashboard

Bild 32: *Die vorhandenen Informationen werden in der ersten Lagebesprechung zusammengetragen. Das für die Lagedarstellung zuständige Stabsmitglied (stehend) hat vorbereitend bereits einige Informationen erhoben, sammelt nun weitere Informationen ein und entwickelt das Modell vom Ereignis. Die restlichen Stabsmitglieder hören zu, denken mit und notieren relevante Aspekte für ihre Aufgabe (vorne links).*

4.4.1 Einsteigen

Grundlegend gilt es, die Arbeitsbereitschaft herzustellen. Hierzu gehören sämtliche Fragen zur personellen Besetzung und dem Betrieb, worauf nicht näher eingegangen wird. Trotz des Drangs mit der Arbeit beginnen zu wollen ist es wichtig, sich zu Beginn im Team an bewährte Methoden, im jüngsten Training festgelegte Vorgehensweisen oder allgemein an leistungsförderliches Verhalten zu erinnern. Hierfür bieten die Grundsätze der Stabsarbeit (▶ Bild 1) geeignete Merksätze. Insbesondere für Stabsmitglieder mit wenig Erfahrung ist es wichtig, kurz zur Struktur und den Abläufen »abgeholt« zu werden.

Nach ggf. auch nur überwiegend hergestellter Arbeitsbereitschaft gilt es, fachlich in den Einsatz einzusteigen. Durch Zeitversätze beim Personal und Informationsvorsprünge von Funktionen, die an der Eskalation beteiligt waren, ergibt sich in der Praxis nicht selten ein Einstieg »Zug um Zug«. Aus Zeitgründen kann nur selten abgewartet werden »bis alle da sind«, weswegen hinzukommende Funktionen eingeführt (»gebrieft«) werden müssen. In einer einleitenden Besprechung werden

4 Werkzeuge der Stabsarbeit

die Rollen der Stabsmitglieder festgelegt, die am Einsatz beteiligten Akteure aufgezeigt und die Verantwortlichkeiten des Stabes sowie der Funktionsbereiche abgegrenzt, was an das Organisieren in ▶ Kapitel 4.3 anknüpft. Ferner erfolgt die fachliche Einleitung in die Aufgabe. Anhand der folgenden Fragen und mittels dem »Führen durch Fragen« (▶ Kapitel 4.10.3) können die für das Ereignis- und Einsatzmodell erforderlichen Informationen generiert werden. Damit beginnt die eigentliche Einsatzführung. Der Einstieg ist eine orientierende Führungstätigkeit. Damit wird die Basis für das gemeinsame Situationsbewusstsein gelegt und die Kultur erfährt ihre erste Prägung.

Einstieg
- Schaffe ein gemeinsames Situationsbewusstsein im Team!
- Erinnere dich und deine Teammitglieder an »Die Grundsätze der Stabsarbeit«!
- Führe die Stabsmitglieder fachlich in das Ereignis ein!
- Hole die Mitarbeiter des Stabes ablauforganisatorisch ab!

4.4.2 Einleitung in die Aufgabe

Die fachliche Einleitung in die Aufgabe dient dazu, einen Überblick über das Geschehen zu erlangen und ein Bewusstsein für die Situation zu entwickeln. Es hat sich bewährt, dazu Stichpunkte auf einem Flipchart zu notieren (▶ Tabelle 8). Damit wird das Problem aufgerissen. Meist überholt sich die erste Erfassung der Situation rasch, was aber nicht schlimm ist weil der Sinn des Einsteigens im Begreifen liegt. Das Flipchart kann als guter Ausgangspunkt für das Modell des Ereignisses dienen. In der folgenden Tabelle sind allgemeine Stichpunkte aufgeführt, mit denen man in die erste Lagebesprechung einsteigen kann bzw. die erste Lagebesprechung bereits vorbereiten kann. Eine gute weniger textuelle, sondern eher grafische Methode zur ersten Lageerfassung ist ein Netzplan (Mind-Map). Hiermit können bereits erste erkannte Zusammenhänge zwischen den Punkten dargestellt werden. Anhand der Fragen und daraus entstehender Visualisierungen wird das Problem beschrieben und eingegrenzt. Daran schließt das Werkzeug der Analyse und Prognose an. Je nach praktischer Übung kann als Einstieg auch bereits die Sammlung von Problemen und zugehöriger Aufgaben gehören, die als Gegenüberstellung den Inhalt des Einsatzes beschreiben (P-A-Struktur).

4.4 Ereignismodell, Einsatzmodell und Dashboard

Tabelle 8: Stichpunkte zum Problemaufriss

1. NAME für das Ereignis vergeben?
2. WAS ist passiert?
3. WANN ist es passiert?
4. WO ist es passiert?
5. WIE LANGE hält es SCHON an?
6. WIE LANGE hält es NOCH an?
7. WIE VIELE PERSONEN sind betroffen? Was sind unterschiedliche Betroffenheiten?
8. WIE VIELE TIERE sind betroffen? Was sind unterschiedliche Betroffenheiten?
9. WIE ist die UMWELT betroffen?
10. WELCHE PROZESSE sind betroffen? Wie ist die Performanz?
11. WIE groß ist die AUSDEHNUNG?
12. WER wurde schon BENACHRICHTIGT?
13. WELCHE Standard Operating Procedures (SOPs) wurden bereits ausgelöst?
14. WER ist schon im EINSATZ?

Bei bekannten, vorgedachten Ereignissen kann es vorbereitete Handlungsprozeduren geben. Diese werden Einsatzkonzepte, Standardeinsatzkonzepte oder Standard Operating Procedures (SOPs) genannt. Während der Einleitung in die Aufgabe muss einerseits thematisiert werden, dass bestimmte SOPs ausgelöst wurden und was dies für die Situation bedeutet. Andererseits kann es möglich sein, dass der Stab zumindest in der Erstphase nach vorgegebenen Prozeduren agieren soll. In diesem Fall sollte geprüft werden, ob die vorgesehenen SOPs bei dem aktuellen Ereignis tatsächlich anwendbar sind. Dies kann rasch mithilfe der folgenden Prüffragen erledigt werden.

4 Werkzeuge der Stabsarbeit

Tabelle 9

1.	Gibt es einen Notfallplan, Einsatzplan oder Standard Operating Procedures?	NEIN →	Verfahren wie bei andersartigen, neuartigen, unbekannten Ereignissen
		JA →	Prüfen, ob es sich wirklich um das gedachte Ereignis handelt

Prüfpunkte

2.	Ist die Ursache die Gedachte?	JA	
		NEIN →	Anwendbarkeit prüfen!
3.	Stehen die gedachten Mittel zur Verfügung?	JA	
		NEIN →	Anwendbarkeit prüfen!
4.	Ist die Auswirkung die Gedachte?	JA	
		NEIN →	Anwendbarkeit prüfen!
5.	Ist der Kontext der Gedachte?	JA	
		NEIN →	Anwendbarkeit prüfen!

Abschluss

6.	Kann nach Plan verfahren werden?	JA →	Plan anwenden! Überprüfung der Gültigkeit der Grundannahmen auf Wiedervorlage nehmen!
		NEIN →	Verfahren wie bei andersartigen, neuartigen, unbekannten Ereignissen!

In der Regel stehen für den Einsatz rechtliche oder organisatorische Modi zur Verfügung. Beispielsweise kann im öffentlichen Bereich eine Katastrophe festgestellt werden oder im Bereich von Wirtschaftsorganisationen ein bestimmtes Incidentlevel erreicht sein. Während der Einleitung in die Aufgabe muss thematisiert werden, in welchem (rechtlichen) Modus sich die Organisation befindet und was dies für die Situation bedeutet. In manchen Fällen kann der Stab diesen Modus selbst festlegen oder auf die Feststellung hinwirken. In diesem Fall müssen die Notwendigkeit, Vor- und Nachteile sowie Konsequenzen der Modi im Team thematisiert werden. Die Abstimmung des Auftrages und die Festlegung des Modus ist auf oberster Ebene abzustimmen.

Wenn die Prüfung zwar das Erfordernis der Übernahme der Einsatzleitung ergibt, aber der Stab z. B. aufgrund (noch) zu geringer Besetzung nicht ausreichend leistungsfähig ist, gilt es abzuwägen, ob durch eine Übernahme mit (zu) schwachem

4.4 Ereignismodell, Einsatzmodell und Dashboard

Führungsorgan oder durch den Verbleib der Verantwortung im vorhergehenden Modus der größere Schaden entstehen kann (Verhältnismäßigkeitsprüfung). Dabei stellt sich rasch die Frage, was quasi fahrlässiger wäre (nicht zu übernehmen oder zu übernehmen ohne führungsfähig zu sein). Im Kern handelt es sich dabei um ein moralisches Dilemma (Trolley-Problem), welches kaum ohne Konsultation der normativen Ebene gelöst werden kann.

Tabelle 10

Nr.	Prüfpunkt		
1.	In welchem Modus muss das Ereignis geführt werden? • Alltagsorganisation • Koordinierungsbedürftiger Notfall • Sonderlage • Besondere Einsatzlage • Katastrophenvoralarm • Katastrophenzustand • Phase 1/2/3	PRÜFEN →	Modus festlegen, rechtssicher feststellen, verkünden!
2.	Wenn die Einsatzleitung übernommen werden muss: Ist der Stab ausreichend leistungsfähig?	PRÜFEN →	Übernahme erst, wenn Betriebsfähigkeit und Leistungsfähigkeit sichergestellt ist Oder Verhältnismäßigkeit prüfen bei Übernahme mit nicht ausreichend leistungsfähigem Stab

4.4.3 Themenspeicher eröffnen

Themenspeicher sind Hilfsmittel, um Stichpunkte für einen späteren Zeitpunkt zu sichern. Erfahrungsgemäß ergeben sich über alle Phasen der Stabsarbeit Punkte, die zum gegebenen Zeitpunkt unklar sind, eher weniger wichtig sind oder für deren Bearbeitung gerade keine Kapazitäten frei sind. Solche Aspekte müssen gesichert werden, damit sie nicht verloren gehen. Hierfür haben sich zum einen individuelle Themenspeicher bewährt, die jedes Stabsmitglied für seinen Aufgabenbereich führt. Weil übergeordnete oder strategisch relevante Aspekte für den ganzen Stab wichtig sind, sollten solche Themen zudem in einem für alle sichtbaren Themenspeicher festgehalten werden. Die Zuweisung von Verantwortlichen oder Fälligkeiten ist meist nicht notwendig. Das Führen des gemeinsamen Themenspeichers ist eine Neben-

4 Werkzeuge der Stabsarbeit

Bild 33: Das Modell vom Ereignis setzt sich aus Informationen zum Ereignis und zur Gefahrenabwehr zusammen. Der Ereignisraum ist hier kartografisch in zwei verschiedenen Auflösungen dargestellt. Zentrales Element ist die Tabelle auf Metaplankarten (betroffene Personen, betroffene Produktionshallen). Diese kann in eine elektronische Tabellenkalkulation überführt werden. Die Uhrzeit des Informationsstandes ist mit angegeben. Gefahrenabwehrinformationen sind nicht abgebildet.

aufgabe, die ohne Weiteres von jedem Stabsmitglied wahrgenommen werden kann. Es hat sich jedoch bewährt, diese administrative Aufgabe bei der Stabsleitung bzw. deren Assistenz anzusiedeln.

4.4.4 Ereignisinformationen

Die Informationen zum Ereignis sind ein Abbild der Realität. Sie bilden quasi das Zielsystem ab, in dem der Stab operiert und welches er stabilisieren bzw. stabil halten möchte. Es ist nicht möglich, die Ereignisinformationen ganz genau wie die Realität darzustellen (sonst würde es sich nicht mehr um ein Modell handeln und die Führung würde »am lebensgroßen Objekt« stattfinden). Die Ereignisinformationen im Modell haben im Vergleich zur Realität eine »gröbere Auflösung« und sind »ausgewählt«. Die Betrachtungsweise von Stäben ist also »selektiv hinsichtlich strategischer Belange«. Um das Modell nicht zu überfrachten, sollten nur diejenigen Informationen aufgenommen werden, die notwendig sind um das Ereignis bewältigen zu können.

4.4 Ereignismodell, Einsatzmodell und Dashboard

Bild 34: *Der Leiter von Produktion und Verkauf stellt die Auswirkungen der Havarie auf die Produktion schematisch am interaktiven Whiteboard dar. Diese prozessuale Sicht eines Krisenstabes aus der Wirtschaft kann auf Stäbe von Verwaltungen beispielsweise übertragen werden als »Störungen der Infrastruktur in der Stadt«. In Einsätzen geht es um Schutzziele (eher von Schutzgütern) und Kontinuitätszielen (eher Prozesse einschließlich der gesellschaftlichen Funktionssysteme wie Verkehr, Versorgung, Bildung, usw.).*

Jede Führungsebene von taktisch, operativ über strategisch bis ggf. sogar normativ (mit Abstufungen) hat andere Aufgaben, damit übergeordnete Sichtweisen und hat daher anders gelagerte Informationsbedarfe. Es sollten nur diejenigen Informationen erhoben und dargestellt werden, die »steuerungsrelevant« sind. Diese Relevanz ergibt sich einerseits darüber, weil die Größe als Indikator für Maßnahmen und somit deren »Wirksamkeit« steht. Andererseits können Informationen relevant sein, weil sie Auskunft über Systemzustände geben und damit für das »Einsatzziel Stabilität« stehen. Derzeit lassen sich im Bevölkerungsschutz nur wenige Größen »instantan« messen und können somit Auskunft über den »aktuellen« Zustand des Zielsystems geben. Die Entwicklungen etwa zu »Lagebildern der Bevölkerung«, die zunehmenden Möglichkeiten zum Datenabgriff über Einsatzstellennetzwerke, etwa zu Fahrzeugdaten und Sichtungsergebnissen, oder Allgemein der Nutzung von georeferenzierten Standorten werden künftig jedoch »aktuellere« Modelle zulassen. In abgegrenzten und besser digitalisierten Zielsystemen wie Industrieparks können Systemzustände schon heute instantan gemessen werden. Dabei gilt es trotz vermeintlichen Nutzens zu beachten, dass die richtige Betrachtungsebene (für Stäbe bzw. für die oberste Instanz) gewählt wird. Zur Kenntlichmachung der »Aktualität« muss stets die Uhrzeit des Informationsstandes des Modells angegeben werden. Insgesamt muss die Auswahl der Informationen bewusst erfolgen und die Modellierung auf den Zweck des Einsatzes hin orientiert sein.

Modelle mit Ereignisinformationen werden üblicherweise als »Lagedarstellung« bezeichnet. Dieser Begriff greift angesichts der Bedeutung dieses Werkzeugs, seiner Komplexität und letztlich auch der absehbaren technologischen Möglichkeiten zu kurz. Situationsdarstellung, Zielsystemmodell, Problemmodell oder schlicht der digitale Zwilling des Einsatzraumes können passendere Bezeichnungen sein. Künftig werden Daten über das Ereignis wahrscheinlich aus den Einsatzstellen-Ökosystemen abgegriffen werden können. IT-Schnittstellen und Applikationen zur Informationsverarbeitung werden zur Generierung des Ereignismodells daher immer wichtiger. Um den Einsatzraum modellieren zu können, müssen Daten, Fotografien und Informationen unbedingt georeferenziert sein. Räumliche und nichträumliche Informationen müssen zusammengeführt werden können. Die IT-Systeme, die Daten generieren, müssen im Einsatz gemanagt werden können. Diese Aspekte zeigen, dass die Erstellung von Einsatzmodellen künftig Spezialistinnen und Spezialisten, etwa aus den Bereichen Digitalkartografie und Softwareadministration, benötigt. Was bisher als Lagedarstellung bezeichnet wurde, beinhaltet künftig auch Tätigkeiten wie Data-Science.

Zu Darstellung von Ereignisinformationen kommen unterschiedliche Formate in Betracht. Die Lagedarstellung kann z. B. aus Karten, Prozess- oder Fließschemata, Systembildern oder Zeichnungen bestehen. Darin können im weiteren Verlauf bei der Analyse und Beurteilung (▶ Kapitel 4.5) wichtige Größen, kritische Zusammenhänge oder günstige Steuerungsmöglichkeiten eingezeichnet werden. Für die Führungsarbeit können auch Metainformationen über das Ereignis relevant sein. Sowohl Medienberichterstattungen oder Auswertungen aus Sozialen Medien als auch Mobilitäts- oder Konsumdaten können Rückschlüsse auf das eigentliche Ereignis zulassen. Ereigniskonten sind eine zahlenmäßige Darstellung von Schlüsselinformationen. Sie erlauben eine rechnerische Verarbeitung und indizieren wichtige Zustände. Dieser zahlmäßigen Verarbeitung kommt eine hohe Bedeutung zu. Es kann beinahe als »trauriger Klassiker« bezeichnet werden, dass die Angaben über Verletztenzahlen zwischen Feuerwehr, Klinik und Polizei nicht nur in Übungen immer wieder abweichen. Um dies zu vermeiden sind eine klare Kategorisierung (Grenze zwischen »verletzt« und »schwer verletzt«) und eine eindeutige Zählweise notwendig (Wird ein verletzter Polizist als »verletzte Einsatzkraft« oder als »verletzte Person« gezählt?). Bei weniger umfangreichen Ereignissen mag ein Ereigniskonto überflüssig erscheinen, weil beispielsweise die Einsatzstellen im Stadtgebiet auf der

4.4 Ereignismodell, Einsatzmodell und Dashboard

Lagekarte schnell abgezählt werden können. Um den Stab als Führungssystem bei einer überraschenden Vergrößerung des Einsatzes mitskalieren zu können, ist ein funktionierendes Ereigniskonto jedoch eine unbedingte Voraussetzung. Ereigniskonten können bereits vorbereitend in einer Tabellenkalkulation als Blanko angelegt werden. Um Zeitvorteile erarbeiten zu können ist die Erfassung von Tendenzen unbedingt erforderlich. Die Ereignisinformationen sind im Vergleich zum Dashboard sehr detailliert. Aus ihnen werden durch Aggregation und Verhältnisbildung die Steuerungsgrößen des Einsatzes gewonnen.

Merke:
- Die Lagedarstellung im Stabsraum und die gedanklichen Vorstellungen bilden das Modell vom Ereignis.
- Sei gewahr, dass das Modell vom Ereignis stets eine gröbere Auflösung als die Realität hat!
- Nimm diejenigen Informationen auf, die notwendig sind um das Ereignis bewältigen zu können!
- Strukturiere die Ereignisinformationen und die Einsatzinformationen so, dass du sie sowohl für die Verwaltung des Ereignisses als auch für die Vorhersage nutzen kannst!
- Aus den Modellen von Ereignis und Einsatz werden die Steuerungsgrößen des Einsatzes gewonnen, die im Dashboard dargestellt werden.

Ereignisinformationen können als »Konto« geführt werden. Ereigniskonten werden umso unübersichtlicher, je umfangreicher sie werden. Ein Konto sollte deswegen nach denjenigen Datenfeldern gegliedert werden, die besonders zentral sind. In der Regel sind dies räumliche Aufteilungen (Einsatzabschnitte) und thematische Zusammenhänge (Personen/Sachen/Zustände). Das Ereigniskonto sollte so dargestellt werden, dass jedes Stabsmitglied die für seine Rolle relevanten Informationen auf einen Blick erfassen kann. Das bedeutet allerdings nicht, dass das Ereigniskonto jederzeit »für alle sichtbar« sein muss. Vielmehr können die Informationen beispielsweise aus geteilten Dokumenten entnommen oder gar automatisch abgezogen werden. Folgende Tabelle gibt einen Überblick über mögliche Kategorien.

Tabelle 11 Ereignisinformationskategorien

1. Rauminformationen
    - Präzisieren in z. B. Gebietskörperschaft, Produktionsstätte, Gebäude
    - Beschreibung durch z. B. Eigennamen, Koordinaten, Streckenangaben

Tabelle 11 – Fortsetzung

Ereignisinformationskategorien
2. Zeitinformationen • Beginn und Ende des Ereignisses mit Angabe von Datum, Uhrzeit und Zeitzone • Ursache abgeschlossen/fortdauernd/potentiell wiederkehrend
3. Personenschaden • Vermisst • Tot • Schwer verletzt • Mittel verletzt • Leicht verletzt • Betroffene (z. B. geschädigt, obdachlos, evakuiert, versorgungsbedürftig, erkrankt, arbeitsunfähig) • Exponierte Personengruppen (z. B. Einsatzkräfte, schutzbedürftige Personen, Personen öffentlichen Lebens) • Tendenzen: Wird eine Zu- oder Abnahme bei jeweiligen Punkten erwartet? • Relevanz: Welche Punkte sind für welches Führungsorgan relevant – z. B. welcher Anteil obdachloser Personen muss durch welche Stelle untergebracht werden?
4. Tierschaden • Tot • Verletzt • Tiere besonderen Werts oder Schutzbedarfs • Tendenzen: Wird eine Zu- oder Abnahme bei jeweiligen Punkten erwartet?
5. Sachschaden • Beschreibung in Kategorie (z. B. Wohngebäude, Schulen, öffentliche Gebäude, Produktionsstätten, Lebensmittelmärkte, Verwaltungsgebäude, Wasserversorgung, Stromversorgung, Verkehrsweg) mit Angabe des Ortes • Schadensniveau, welches durch Laien/Spezialisten einzuschätzen ist (Präzisieren in z. B. unbewohnbar/eingeschränkt bewohnbar, nutzbar/eingeschränkt benutzbar, nicht wiederaufzubauen/in bestimmtem Zeitraum wiederaufzubauen) • Relevanz: Welche Punkte sind für welches Führungsorgan relevant – z. B. wozu führt die Nichtnutzbarkeit bestimmter Gebäude?

4.4 Ereignismodell, Einsatzmodell und Dashboard

Tabelle 11 – Fortsetzung

Ereignisinformationskategorien
6. Umweltschaden • Stoff (Beschreiben durch z. B. UN-Nr., CAS-Nr., Konzentration, Zustand, Form, chemische/physikalische/toxikologische/kanzerogene Eigenschaften) • Menge • Ausmaß (z. B. Fläche, Länge, Raum) • Grenzwerte (z. B. AGW, Umweltgrenzwerte, Lebensmittelgrenzwerte, Trinkwassergrenzwerte) • Tendenzen: Wird eine Verschärfung oder eine Entspannung erwartet?
7. Zustandsinformationen • Produktivität der Anlagen im Unternehmen • Verkehr auf umliegenden Zubringerwegen (Straße, Schiene, Wasser) • Öffnung/Schließung von Versorgungseinrichtungen wie Läden, Arztpraxen, Apotheken, Kindertagesstätten, Schulen
8. Metainformationen • Stimmungen, Deutungen, Auslegungen, Bedürfnisse, Bedenken • Berichterstattungen, Wissensstände • Verhalten von Personen im Zusammenhang mit dem Ereignis wie z. B. Mobilität
9. Hintergründe • Ursachen (z. B. technische/naturwissenschaftliche/soziologische/politische Beschreibungen) • Direkte/indirekte Zusammenhänge • Verstärkende/mindernde Faktoren • Sich selbst verstärkende Faktoren

Um das Ereigniskonto funktional und übersichtlich darstellen zu können, wird eine gewisse Routine benötigt. Folgende Tipps können hilfreich sein:

- Grundstruktur des Ereigniskontos ist eine Tabelle.
- Metaplankarten sind die Basis. Man beginnt gedanklich auf Papier und sollte die digitale Form der Tabellenkalkulation bereits mitdenken.
- Jedes Konto hat mindestens drei Zeilen:
    - Zeile 1: Name der Kategorie
    - Zeile 2: unterteilt in 4 Zellen für Attribute
    - Zeile 3: Quelle

4 Werkzeuge der Stabsarbeit

- Jedes Konto hat mindestens zwei Spalten:
  - Spalte 1: Variablennamen
  - Spalte 2 ff.: Variablen
- Aktualisierungen erfolgen, indem eine zusätzliche Metaplankarte über die bisherige Metaplankarte gepinnt wird.
- Kontostände werden Fett mit Filzschreiber geschrieben.
- Attribute werden dünn mit Kugelschreiber geschrieben.
- Man muss mit den Angaben rechnen können. Die Informationen sollten deswegen die gleichen Einheiten haben. Es sollten möglichst wenige Attribute miteinander kombiniert werden, weswegen idealerweise in jeder Zelle nur eine Angabe in einem automatisch verarbeitbaren Format stehen sollte.

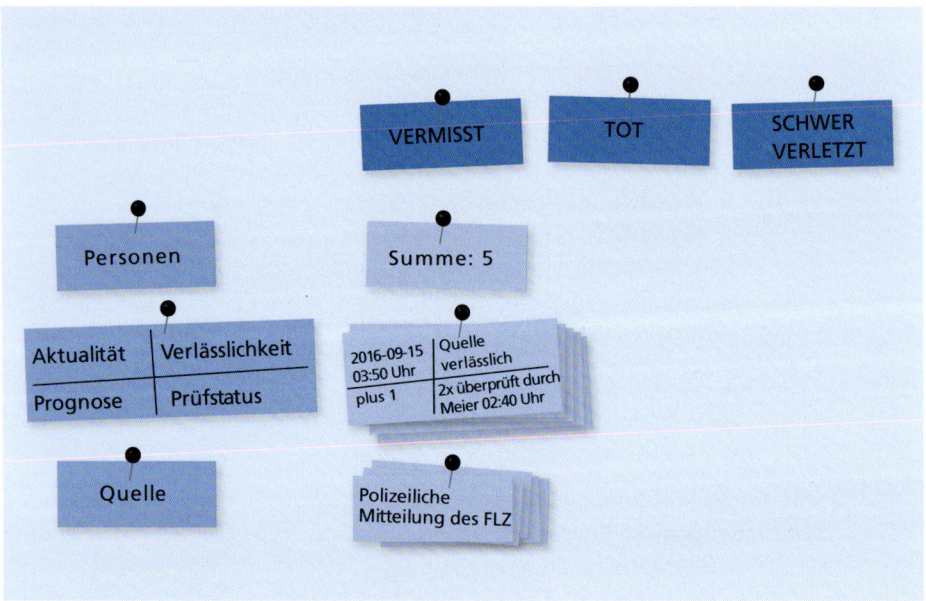

Bild 35: *Beispiel eines einfachen Ereigniskontos*

Bild 35 zeigt ein eher einfaches Ereigniskonto. Dieses wächst mit dem Ereignis in seinem Umfang bzw. in seiner Detaillierung an. Die Erweiterung muss so erfolgen, dass der Informationsgrad, die Übersichtlichkeit und die Logik nicht leiden. Hierbei können die nachfolgenden Punkte beachtet werden:

4.4 Ereignismodell, Einsatzmodell und Dashboard

- Untergruppen für z. B. Unterteilungen in Einsatzabschnitte werden unter der Kategorie-Summe eingefügt.
- Farbige Metaplankarten müssen Bedacht eingesetzt werden, denn Farben leiten den Betrachter gezielt auf einzelne Informationen. Signalfarben können Informationen in einen falschen Kontext rücken.
  - Achtung – die Farbvielfalt von Metaplankarten ist stark eingeschränkt.
  - Gelbe bzw. blaue Metaplankarten sollten zurückhaltend eingesetzt werden.
  - Rote bzw. grüne Metaplankarten sollten nur in Einzelfällen eingesetzt werden.

Bild 36 zeigt ein eher umfangreicheres Ereigniskonto.

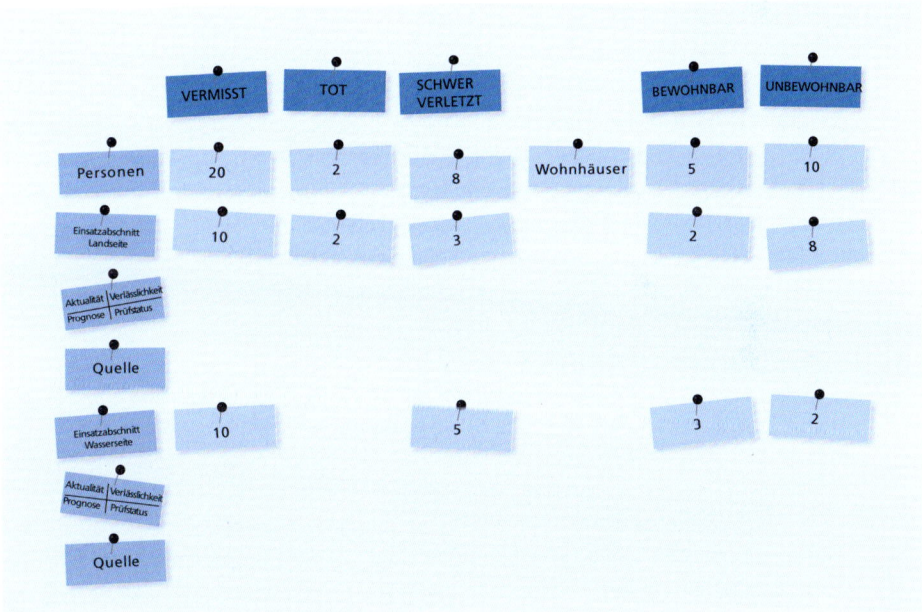

Bild 36: *Beispiel eines umfangreicheren Ereigniskontos*

4.4.5 Einsatzinformationen

Die Informationen zum Einsatz sind ein Abbild der Realität. Sie bilden quasi das Ausführungssystem bzw. die beteiligten Organisationen und Stellen ab, welche die Steuerungsimpulse des Stabes als Führungssystem in Form von Maßnahmen im Zielsystem umsetzen. Die Einsatzinformationen können auch als »Gefahrenabwehrinformationen« verstanden werden, was für Einsatzorganisationen von höherer Relevanz ist, als für Verwaltung und Wirtschaft. Unbenommen davon brauchen Stäbe aller Gattungen ein Modell vom Einsatz – schon allein um die beabsichtigten Wirkungen antizipieren und die Maßnahme dazu beurteilen zu können. Daher können die Einsatzinformationen auch als Steuerungstableau bezeichnet werden, über das Maßnahmen umgesetzt und auf ihre Wirkung kontrolliert werden. In Anlehnung an die Problemanalyse stellt das Einsatzmodell quasi den kritischen Pfad der Bewältigung dar.

Die Informationen zum Einsatz sind ein Modell über die Maßnahmen. Um künftige Entwicklungen vorhersagen zu können, ist belastbares Zahlenmaterial notwendig. So kann bei einem tagelangen Einsatz von Rettungskräften ohne Zahlen weder der Bedarf an Verpflegung noch der benötigte Kraftstoff für die Fahrzeuge hergeleitet werden. Das Einsatzmodell muss genau solche Schlüsse ermöglichen. Es gilt »Think big – Denke groß!« Die stabsmäßige Einsatzleitung einer Katastrophe soll (wenn überhaupt) große taktische Einheiten verwalten und hierfür mit entsprechenden Parametern arbeiten. Starke nachgeordnete Führungseinheiten in den Einsatzabschnitten können die Informationsverwaltung im Stab spürbar entlasten. Wo die »Flughöhe« nicht passt und auf oberster Steuerungsebene zu viele Detailinformationen über den Einsatz ankommen gilt es, Schwächen aller Führungsorgane gemeinsam zu erkennen und zu beheben, sodass jedes Organ »das Relevante« erhebt und steuert. Auch hier gilt es, die passende Auflösung zu wählen. Details, die nicht benötigt werden oder Attribute, die bereits auf einer vorgelagerten Ebene verarbeitet werden, müssen nicht (nochmals) erfasst werden.

Das Gefahrenabwehrkonto ist eine strukturierte Darstellung der wesentlichen Informationen zu den eingesetzten Einheiten. Es wird umso unübersichtlicher, je umfangreicher es wird. Es scheint in der Praxis kaum mehr praktikabel zu sein, die Gefahrenabwehrinformationen in nicht-elektronischer Form sinnvoll verarbeiten zu können.

Das Einsatzmodell ist ein Spiegel der Ablauforganisation, was am folgenden Beispiel einer Katastropheneinsatzleitung verdeutlicht wird. Der Workflow von der Registrierung von Einheiten am Checkpoint, dem Abruf vom Halte- oder Kopplungspunkt bzw. aus dem Bereitstellungsraum, der Übergabe in den Einsatzraum,

4.4 Ereignismodell, Einsatzmodell und Dashboard

über Übernachtung, Verpflegung und Wartung sowie die Entlassung aus dem Einsatz und die nachträgliche Korrespondenz ist Teil der Ablauforganisation (▶ Kapitel 4.3). Dieser Prozess, seine Teilaufgaben, Schnittstellen und Arbeitsmittel wie Formulare, Datenbanken und Gesprächsleitfäden sollten als Teil der Einsatzvorbereitung bereits vorhanden sein. Das Gefahrenabwehrkonto nimmt die einzelnen Prozessschritte auf und vereinigt sie quasi in Form eines einheitlichen Datensatzes. Dieser Datensatz muss zeitliche und räumliche Veränderungen der eingesetzten Einheiten abbilden und anwachsen können. Die Uhrzeit der Informationsstände muss unbedingt mit angegeben werden, gerade auch weil Vorhersageelemente enthalten sind. Die zugehörige Datenbank kann als Tabellenkalkulation vorab angelegt werden, wenn die zugehörigen Abläufe klar geregelt sind. Je standardisierter gearbeitet werden kann, umso eher kann die Datenbank im Voraus angelegt werden. Hierzu sollte unbedingt auch der Aufbau, die Reihenfolge und die Formate von Meldungen gehören. Ein Beispiel für einen sehr speziellen Informationstyp ist die blockweise Übermittlung von Informationen zu Verletzten nach NATO-Standard. Wo in Einsätzen eher generisch gearbeitet wird oder sich das Erfordernis eines »großen« Einsatzmodells erst im Verlauf ergibt, kann das Einsatzmodell auch während des laufenden Einsatzes iterativ entwickelt und implementiert werden. Das Arbeiten im nicht-standardisierten Bereich stellt an die verantwortliche Person hohe Ansprüche. Zusammengefasst sind die Einsatzinformationen das »Einsatzmodell« über das, wie ein Tableau, die Maßnahmen gesteuert und aus dem Informationen für nachgelagerte Prozesse abgeleitet werden können.

Folgende Tabelle gibt einen Überblick über mögliche Kategorien in Bezug auf das obenstehende Fallbeispiel. Anschließend wird schematisch gezeigt, wie eine papierhafte Tabelle aussehen kann.

4 Werkzeuge der Stabsarbeit

Tabelle 12 **Gefahrenabwehrinformationskategorien**

Organisation	Einheit/ Fähigkeiten	Status	Zeit, Raum, Organisation
• Einsatzorganisation • Behörde • Unternehmen, Abteilungen • Spontanhelfer:in (Laie, Professionell mit Geräten) • Lfd.Nr./Ordnungszeichen	• Taktische Einheiten • Kapazität, Skill • Anzahl Personen • Anzahl Pkw • Anzahl Großfahrzeuge • Anzahl und Art Maschinen	• Alarmiert in Bereitschaft • Alarmiert in Marsch • Am Haltepunkt • In Bereitstellung • Eingesetzt • In Ruhe • Entlassen	• Status: Uhrzeit, Datum • Prognose: Uhrzeit, Zeitraum, Datum • Raumzuordnung • Kontakt • Verantw. Person, Kontaktperson als Single Point of Contact • Spezifische Bedarfe mit Prognose

Folgende Abbildung zeigt ein einfaches Gefahrenabwehrkonto.

4.4 Ereignismodell, Einsatzmodell und Dashboard

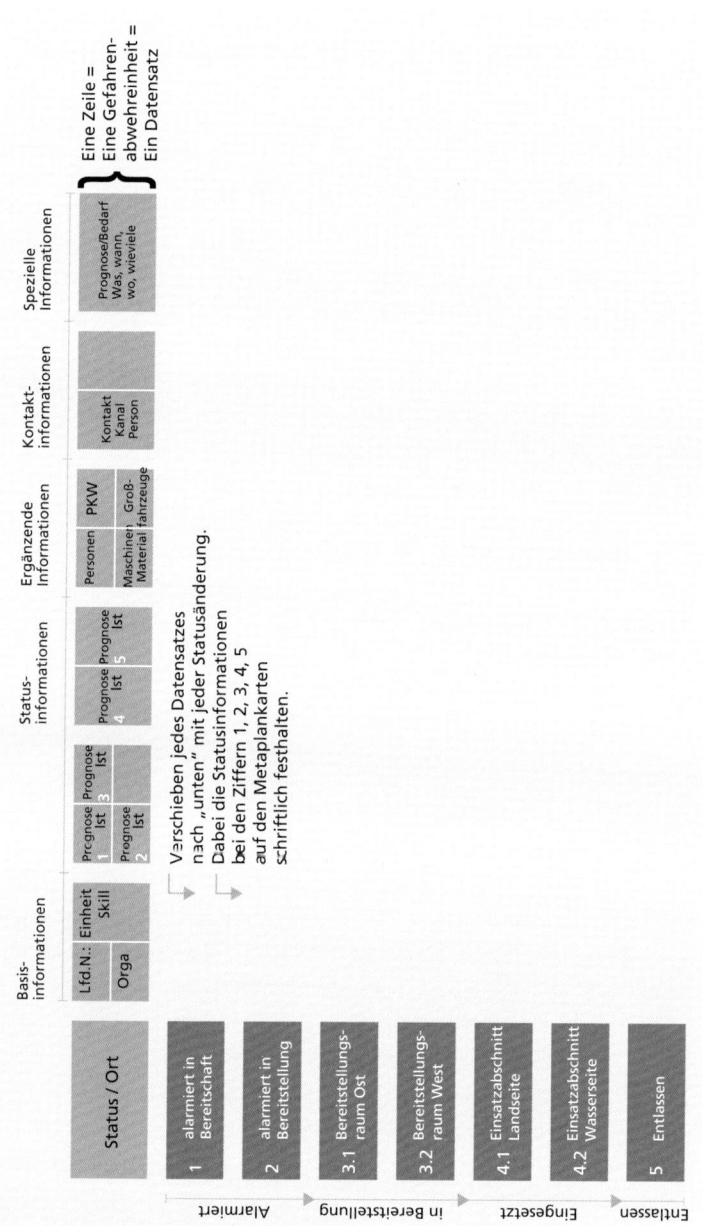

Bild 37: *Einfaches Gefahrenabwehrkonto*

4 Werkzeuge der Stabsarbeit

Um das Gefahrenabwehrkonto funktional und übersichtlich darstellen zu können, wird eine gewisse Routine benötigt. Folgende Tipps können hilfreich sein.

- Grundstruktur ist eine Tabelle.
- Metaplankarten sind die Basis. Sie kleben der Länge nach aneinander. Man beginnt gedanklich auf Papier und sollte die digitale Form der Tabellenkalkulation bereits mitdenken.
- Erweiterungen erfolgen, indem weitere Metaplankarten für vorgesehene/ zusätzliche Attribute angeklebt werden.
- Aktualisierungen erfolgen, indem eine zusätzliche Metaplankarte über die bisherige Metaplankarte gepinnt wird.
- Je nach Granularität kann eine Metaplankarte vier Attribute enthalten.

Um prospektiv planen zu können, löst die Tabelle die Einheiten nach ihrem Status (Zeit bzw. Raum) auf. Die Zugehörigkeit zur Einsatzorganisation wird zwar oft verwendet, ist jedoch eigentlich ein untergeordnetes Ordnungsmerkmal.

- Kontostände werden Fett mit Filzschreiber geschrieben.
- Attribute werden dünn mit Kugelschreiber geschrieben.
- Zur reinen Verwaltung der Einheiten durch den Stab reichen die Attribute auf den Metaplankarten 1 und 2 aus.
- Um dem Stab das »vor-die-Lage-kommen« zu ermöglichen, sind die Attribute auf den Metaplankarten 3, 4 und 5 notwendig.
- Farben sollten lediglich zur Verbesserung der Übersicht zwischen den Attributgruppen angewendet werden:
    - Weiß = Organisation, Einheit, Fähigkeit
    - Blau = Status
    - Grün = Prognose
- Zettelstellungen werden oft als Attribute verwendet (z. B. senkrecht für »in Marsch«). Diese Stellungen können unbeabsichtigt aufgehoben werden (z. B. durch Wind). Die in diesem Werkzeug gewählte schriftliche Darstellung verhindert einerseits, dass Informationen durch Zettelstellungen ungewollt verloren gehen und ermöglicht andererseits die Nachvollziehbarkeit.

4.4 Ereignismodell, Einsatzmodell und Dashboard

4.4.6 Informationen verarbeiten und Wissen managen

Das Informationsmanagement ist der Kernprozess der Stabsarbeit, der idealtypisch an Entscheidungsprozesse (reaktiv) und Wissensmanagementprozesse (Speicherung) anschließt. An die Informationsverarbeitung bestehen daher gewisse Anforderungen. Informationen sind das »Gut«, das verarbeitet und gespeichert wird. Die Grundwerte der Vertraulichkeit, Verfügbarkeit und Integrität gelten auch in der Einsatzführung. Die Verfügbarkeit kann an dieser Stelle auch so verstanden werden, dass die Informationsverarbeitung stets erweitert werden kann. Die Informationen im Stab müssen verlässlich sein. Deswegen muss sichergestellt sein, dass die Informationen wahrhaftig (der Realität entsprechend) und richtig (den Tatsachen entsprechend) sind. Im Folgenden wird grundlegend auf die Informationsqualität eingegangen, was eher bei Spezialaufgaben wie Personendatenüberprüfung bei Suchen oder Ermittlungen relevant ist. Dabei kann es erforderlich sein, Informationen vor der weiteren Verwendung zweifach oder dreifach zu überprüfen. Dabei bedeutet »Validieren«, die Gültigkeit und Eignung zu prüfen. »Verifizieren« bedeutet, die Korrektheit einer Information zu prüfen. Zudem bedeutet »Authentifizieren«, die Echtheit einer Quelle zu prüfen und »Falsifizieren«, eine Information zu entkräften oder zu widerlegen. Diese Qualitätssicherung muss nicht zwangsläufig »im Stab« geschehen, sondern sollte idealerweise in den dem obersten Führungsorgan vorgelagerten Organen stattfinden. Die Verantwortung für die systematische Sicherstellung der Informationsqualität verbleibt jedoch in jedem Fall bei der obersten Instanz.

Merke:
- Arbeite so, dass du die Informationsverarbeitung stets vergrößern kannst! Ereignisse werden meist größer statt kleiner.
- Halte dich und deine Teammitglieder zu nachvollziehbarer und sicherer Informationsverarbeitung an!

In folgender Tabelle sind mögliche Prüfpunkte für die Erhebung, Darstellung und Verarbeitung von Informationen dargestellt. Die Tabelle zeigt auch, wie schematisch die Informationsqualität verbessert werden kann.

4 Werkzeuge der Stabsarbeit

Tabelle 13

Stichwort	Erläuterung
Erweiterbarkeit ermöglichen	Durch geschickte visuelle Darstellung/Befestigung an der Wand das Anwachsen jedes Kontos mit der Ereignisgröße zu einer Datenbank ermöglichen
Informationen überprüfen	Je nach Kritikalität der Information abwägen, ob eine doppelte oder dreifache Prüfung der Informationen notwendig ist
Aktualität darstellen	Information mit Datum, Uhrzeit, Quelle sichtbar kennzeichnen
Prüfstatus/Verlässlichkeitsniveau angeben	<ul><li>Zweite/Dritte Prüfung in Bearbeitung mit prüfender Person, Datum, Uhrzeit</li><li>Zweite/Dritte Prüfung abgeschlossen durch prüfende Person, Datum, Uhrzeit</li><li>Information beruht auf Interpolation/Ableitung mit Quelle, ableitende Person, Datum, Uhrzeit</li></ul>
Prognose ermöglichen	Zu erwartende Veränderungen von Informationen mit prognostiziertem Zeitpunkt/Zeitrahmen abfragen
Nachvollziehbarkeit herstellen	Auf Originalquelle jeweils mit Erreichbarkeit, Kanal, prüfender Person, Datum und Uhrzeit sichtbar verweisen. Keine Informationen löschen (z. B. keine entlassenen Kräfte vom Whiteboard löschen)
Dokumentation durchführen	Originalmeldung im Originalwortlaut/Originalbild getrennt von geprüften Meldungen ablegen
Interpretationsfehler vermeiden	Die reine Information von der Bewertung, Beurteilung und dem Vorausdenken getrennt halten (vgl. Lagebewusstsein, ▶ Kapitel 3.1.1).

Für die Durchführung der Überprüfung kann die folgende Tabelle einige Hinweise geben.

Tabelle 14

Nr.	Stichwort	Erläuterung
1.	Vier- bzw. Sechsaugenprinzip wahren	Erstprüfer, Zweitprüfer und Drittprüfer müssen verschiedene Personen sein
2.	Beeinflussung vermeiden	Dem Zweitprüfer und Drittprüfer nicht die eigene Vermutung mitteilen

4.4 Ereignismodell, Einsatzmodell und Dashboard

Tabelle 14 – Fortsetzung

Nr.	Stichwort	Erläuterung
3.	Nachvollziehbarkeit herstellen	Meldungen der Erstquelle, Zweitquelle, Drittquelle jeweils mit Erreichbarkeit, Kanal, prüfender Person, Datum und Uhrzeit sichtbar kennzeichnen
4.	Dokumentation durchführen	Originalmeldung und geprüfte Meldungen im Originalwortlaut/Originalbild ablegen
5.	Überprüfungsfehler vermeiden	Die mehrfache Erhebung einer Information bei der gleichen Person am Ereignisort ist keine diversitäre Prüfung, sondern eine doppelte Erhebung bei der gleichen Quelle
6.	Interpretationsfehler vermeiden	Die reine Information von der Bewertung, Beurteilung und dem Vorausdenken getrennt halten (Drei Ebenen des Lagebewusstseins)

4.4.7 Dashboard

Das Dashboard ist der »zentrale Blick« des Stabes (und damit der Einsatzleitung) auf den Einsatz. Es ist eine Art Tableau und vereint wichtige Aspekte vom Ereignis- und Einsatzmodell. Auf dem Dashboard werden strategisch relevante Steuerungsgrößen des Einsatzes angezeigt. Organisations- bzw. managementtheoretisch handelt es sich um einen Report/Rapport (Bericht) der permanent fortgeschrieben wird. Es kann anschaulich mit der Anzeige im Armaturenbrett eines modernen Kraftfahrzeugs verglichen werden. Der Begriff des Cockpits kann zutreffend sein, dürfte aber in den meisten Fällen zu weit greifen, weil damit buchstäblich auch die Stellhebel gemeint sind. Da sich Einsätze selten genau gleichen bzw. Führungspersonen unterschiedliche Schwerpunkte legen, muss das Dashboard angepasst werden können. Das Berichtswesen unterscheidet sich also je nach Einsatz. Beispielhaft können Ressourcen (Ladestand und Reichweite der Fahrzeugbatterie), Zeitpläne (Tabellarische Routenplanung des Navigationsgeräts), Details oder Übersichten (Zielort oder Landkarte in großem Maßstab), externe Eingaben (Videoquelle vom gekoppelten Smartphone, Bilder von Verkehrskameras), Prognosen (Wettervorhersage, Verkehrssituation) oder auch der Einsatzverlauf (Fahrverhalten) angezeigt werden.

Als Bericht adressiert das Dashboard primär an die Stabs- und Einsatzleitung. Als solcher darf er nicht statisch, mechanisch, zu Dokumentationszwecken oder als Entlastung (»melden macht frei«) verstanden werden. Vielmehr berichtet darin der

Stab (Organ, das im Auftrag handelt) an die beauftragende Stelle (Stabsleitung, Einsatzleitung) über die Mission (den Auftrag), deren Fortgang und den Zustand des Zielsystems. Das Dashboard darf nicht mit Anträgen, Entscheidungsvorschlägen oder Strategien verwechselt werden. Es enthält auch keine Elemente der Problemanalyse, sondern allenfalls kritische Größen, die der besonderen Beobachtung bedürfen, oder sehr wichtige Controls, die Zustände indizieren, damit Probleme wiedergeben und gleichzeitig eine Aufgabe beschreiben. Vielmehr ist es »das Modell« über den Einsatz schlechthin, anhand dessen gesteuert wird. Sekundär adressiert das Dashboard an wichtige Funktionsbereiche, um deren Beitrag zum Einsatz sichtbar zu machen. Drittens muss es dem gesamten Stab zumindest in der Gesamtbedeutung bekannt sein, um die eigenen Beiträge darin und die Konsequenzen der Beiträge anderer für das eigene Handeln verstehen zu können. Das Dashboard ist nicht gleich dem Ereignis- und Einsatzmodell. Diese sind jeweils Instrumente, die im Stab »auf Arbeitsebene« oder »in den Sachgebieten« angewendet werden. Vereinfacht kann gesagt werden, dass »die« wichtigen Punkte aus den Funktionsbereichen (kritische Variablen) im gemeinsamen Modell über das Führungshandeln (Dashboard) aufgehen.

Das Dashboard beinhaltet zwei wesentliche Informationsarten: Den Fortgang des Einsatzes und den Zustand des Zielsystems. Die Praxis zeigt, dass das »Anzeigen« einer Lagekarte oder eines Gewässerpegelstandes, das »Wissen«, dass die Kräfteverwaltung »an dieser Wand projiziert« oder das »Besprechen« in der Lagebesprechung, wie viele Personen »erwartet werden« nicht zuverlässig dazu führen, dass die Bedeutung dieser Informationen erfasst und in Folge das Handeln daran ausgerichtet wird. Schlüsselinformationen, die für den Fortgang des Einsatzes zentral sind, bedürfen daher, neben einer geeigneten verbalen Kommunikation, einer fokussierten Darstellung. Diese Informationsart stellt den einen wesentlichen Teil des Dashboards dar. Der andere Teil ist der Zustand des Zielsystems. Dazu zeigen Indikatoren an, wie es um kritische Stabilitätsgrößen bestellt ist und wie sich diese voraussichtlich entwickeln. Durch Gegenüberstellung von Ist und Soll ergibt sich relativ einfach das Einsatzziel (Problem-Aufgaben-Struktur). Darüber können Maßnahmen auf die erwünschten Wirkungen kontrolliert werden. Die Kombination der beiden Informationsarten zeigt den Mehrwert dieses Instruments: Über das Dashboard kann gesteuert werden. Je länger eine Mission andauert, je öfters Leitungsfunktionen wechseln, je größer der Umfang eines Einsatzes ist oder je größer strategische Anteile sind, umso wichtiger wird es, über eine einheitliche Sicht auf den Einsatz zu steuern. Ein Dashboard ist daher auch ein Mittel zur Standardisierung. Führungspersonen an Schlüsselstellen können damit ihre Selbstwirksamkeit stark

4.4 Ereignismodell, Einsatzmodell und Dashboard

erhöhen: Wer bis zum Horizont, also bis zum Absehbaren, den Überblick hat, der hat einen Weitblick. Überblick ist also Voraussetzung für Weitblick. Das Überblicken-Können, also das inhaltlich-visuelle Erfassen, garantiert allerdings noch keine Übersicht. Der Blick reicht nämlich nur so weit, wie er physikalisch oder kognitiv reichen kann. Eine Sicht ist dahingegen eine aktiv zu erbringende Gedankenleistung. Übersicht ist die Voraussetzung dafür, um den gesamten Einsatz verstehen und steuern zu können. Es ist eine elementare Voraussetzung für eine wirksame Einsatzführung, sich als Führungsperson und unbedingt als Einsatzleiter:in eine »strategische Übersichtsposition« zu erarbeiten. Das Dashboard kann daher als prozessualer und moderner »Feldherrenhügel« verstanden werden. Es trägt schon allein durch seine Erarbeitung stark dazu bei, dass ein Bewusstsein über die Situation erlangt wird und schafft damit die Voraussetzungen, dass der Einsatz wirksam sein kann.

Das Dashboard ist eine führungstheoretische Erklärung des Modells, über das der Stab als Führungsorgan den Einsatz als Mission steuert. Praktisch gesehen kann das Dashboard erklären, was »an der Wand angezeigt wird«. Es geht aber deutlich über die reine Festlegung hinaus, was auf der Videowall »an welche Stelle angeordnet wird«. Umgekehrt kann das Dashboard erklären, warum ein Stab beispielsweise auf eine bestimmte Entwicklung nicht reagiert hat: Wenn eine Größe im Steuerungsmodell nicht vorkommt oder unpassend in Bezug zu Vergleichsgrößen gesetzt wird, dann sind auch die Reaktionen unpassend. Prozessual zählt das Dashboard im Wesentlichen zu den Wahrnehmungsprozessen (und ist damit Teil der Situation Awareness), umfasst aber auch Führungs- sowie Wissens- und Lernprozesse. Aus psychologischer Sicht kann es als Shared Mental Model des Teams (Aufgabenwissen) und zumindest partiell auch als Transactive Memory (Wissen über das Team) verstanden werden. Insgesamt dient das Dashboard der Sichtbarmachung von immateriellen oder nicht direkt sichtbaren und damit wahrnehmbaren Größen oder Aspekten im oder über den Einsatz.

Folgende Prüfpunkte können helfen, die Größen für das Dashboard auszuwählen:

- Zielgruppe: Für welche Funktionsstellen ist die Größe von Relevanz? Müssen alle Stabsmitglieder die Größe präsent haben, um ihr Handeln daran ausrichten zu können?
- Auflösung: Ist die Information für die Stabs- oder Einsatzleitung als oberste Instanz relevant zu Wissen?
- Inhaltliche Bedeutung: Ist die Variable kritisch für den Einsatzfortgang? Ist sie ein Indikator für die Stabilität, den Zustand oder eine Wirkung?

- Strategische Bedeutung: Ergibt sich aus der Größe/Vorhersage/Annahme/Festlegung eine Richtung, an der man sich ausrichten kann? Findet sich die Einsatzstrategie darin wieder? Ist der kritische Pfad zwischen Ereignis- und Einsatzteilen erkennbar?
- Ermöglichung von Steuerung: Kann anhand der Information etwas bewirkt werden? Ist das Dashboard auf die Zukunft ausgerichtet? Beziehen sich Einsatzinformationen auf die getroffenen Prognosen und festgelegten Leitlinien?
- Zeitlichkeit, Schnittstellen, Übereinstimmung: Fokussieren das Dashboard und die Zeitstrahle in den Funktionsbereichen die gleichen Zeitabschnitte? Stimmen Informationen und Anschauungen zwischen Dashboard und Funktionsbereichen überein? Wird an Schnittstellen zusammengearbeitet?
- Besonderheit: Ist ein Problem oder eine Maßnahme erfolgskritisch, ein K.-o.-Faktor oder von politischer Relevanz?
- Anschlussfähigkeit: Werden wichtige Prozesse aus dem Alltag gemonitort?
- Überblick, Weitblick, Übersicht: Schafft das Dashboard die Voraussetzungen, damit der Stab/die Einsatzleitung eine strategische Übersichtsposition einnehmen kann, um kritische Entwicklungen erkennen zu können um in Folge weitsichtig agieren zu können?

Aus den dargelegten Zielen, Anforderungen, und Erklärungen kann im konkreten Einsatz die Konfiguration des jeweiligen Dashboards abgeleitet werden. Zur Erstellung des Dashboards gilt es, die anzuzeigenden Inhalte in geeignete (semi-)quantitative Größen oder grafische Darstellungen zu überführen. Qualitative Inhalte bzw. textsprachliche Inhalte sind eher weniger geeignet. Wenn begrenzte Projektionsflächen (z. B. nur ein Beamer) vorhanden sind, oder Videowalls wiederum unzählige Möglichkeiten zulassen, ist eine Auswahl bzw. eine Begrenzung der im Stabsraum für alle sichtbaren Darstellungen erforderlich. Zur Erstellung können Bildschirmteiler, Präsentationsprogramme oder einfache programmierte Tabellenkalkulationen verwendet werden. Aus der Managementpraxis heraus empfiehlt sich, in Präsentationssoftwares entsprechende Folienmaster und Layouts anzulegen, die im konkreten Einsatz als Vorlage bzw. Ausgangspunkt für die Anpassung dienen. Durch regelmäßige Sicherung in einem unveränderbaren Dateiformat kann eine zeitliche Dokumentation erfolgen.

Das Dashboard muss nicht »jederzeit« für alle sichtbar sein. Sein erster Mehrwert ergibt sich vielmehr durch den Prozess der gemeinsamen »Erstellung« und der

4.5 Analyse und Beurteilung

dadurch stattfindenden Sensibilisierung. Sein zweiter Mehrwert ergibt sich durch die regelmäßige Kenntnisnahme durch die Stabs- und Einsatzleitung und die Bezugnahme in Besprechungen.

4.5 Analyse und Beurteilung

Das Analysieren und Beurteilen kann auch Aufgliederung und Problemfeststellung genannt werden. Dieses Werkzeug dient dazu, zwischen den Sachverhalten Beziehungen herzustellen, um das Problem zu erfassen und seine Bedeutung verstehen zu können. Die einfachste Analyse ist das Aufreißen von Problemen und die Zuordnung von Aufgaben (P-A-Struktur). Hat das Ereignis einen großen Umfang oder wird es verschriftlicht, so sind Analyse, Bewertung und Beurteilung als aufeinander aufbauende Schritte zu verstehen, an deren Ende ein Urteil oder eine Diagnose steht. Grundlage der Analyse ist das Modell des Ereignisses. Die Bewertung des Istzustands erfolgt am Sollzustand. Das Urteil über die Bedeutung der Abweichung zwischen Soll und Ist stellt den formalen Anlass für die Mission dar. Das Erkennen der Wirkbeziehungen zwischen den Sachverhalten eröffnet den Ansatzpunkt für die Bewältigungsstrategie. Der modellhafte Charakter von Ereignissen kann im übertragenen Sinne in der Vorstellung des Menschen z. B. linear, exponentiell und/oder selbstverstärkend sein. Für jede der drei Ereignisarten werden spezielle Analysewerkzeuge benötigt.

Die Analyse und Beurteilung ist eines der beiden wichtigsten Werkzeuge für die Stabsleitung und die Einsatzleitung. Besonders in dynamischen Phasen wird erfahrungsgemäß eher wenig Zeit für die Bildung eines umfassend fundierten Urteils verwendet. Es hat sich bewährt, wenn die/der Stabsleiter:in und die Leitungen der Funktionsbereiche in kurzen Besprechungen abseits des Stabsgeschehens das Ereignis analysieren und die Bedeutung wichtiger Punkte herausarbeiten. Dabei gilt es, insgesamt den kritischen Pfad zu erkennen. Das Urteil über den momentanen und künftigen Zustand ist die Grundlage für die Strategie.

Die Analyse des Ereignisses dient dem Sichtbarmachen und dem Verstehen der Zusammenhänge, die zur aktuellen Lage geführt haben. Dieses Wissen ist notwendig, um ursachengerechte, systemische und synergetische Maßnahmen planen zu können. Man sollte sich dabei nicht von vorschnellen Schlüssen leiten lassen. Zwar muss die Intuition nicht trügen, aber gerade dann, wenn man glaubt, das Ereignis verstanden zu haben, kann es wichtig sein, die Zusammenhänge genauer zu betrachten. Die Analyse der Beziehungen und Wechselwirkungen der Variablen

4 Werkzeuge der Stabsarbeit

Bild 38: *Der Pressesprecher (Mitte) erläutert dem Leitungsduo des Stabes (Moderatorin, links und Leiter des Stabes, rechts) vorbereitend für die gemeinsame Analyse und Beurteilung in einer Lagebesprechung einen speziellen Sachverhalt.*

des Ereignisses wird umso wichtiger, desto unübersichtlicher Ursache und Auswirkung sind.

Merke:
- Ursachen und Folgen des Ereignisses sind nicht immer sofort klar zu erkennen.
- Gerade dann, wenn du glaubst, dass du das Ereignis verstanden hast, solltest du überdenken, ob du es wirklich verstanden hast!
- Bedenke, dass die Analyse umso wichtiger wird, je unübersichtlicher Ursache und Auswirkung sind!
- Die Beurteilung ist die Grundlage für das zielorientierte Handeln.

Ereignisse können unterschiedlichen Charakters sein. Neben der reinen Analyse der Zusammenhänge (Wechselwirkungen) ist es auch wichtig, den Verlauf von Entwicklungen einschätzen zu können. Vereinfacht kann man sich die Entwicklungen linear, exponentiell oder selbstverstärkend vorstellen. Lineare Ereignisse haben klare Zusammenhänge und sind relativ gut zu prognostizieren. Ein Beispiel können unkomplizierte Brandereignisse sein. Öffentlichkeitswirksame Medienlagen oder Pandemien kann man sich exponentiell oder selbstverstärkend/selbstreferenziell vorstellen.

4.5 Analyse und Beurteilung

Sie sind im Wortsinn von komplexer Natur und haben vielfach zusammenhängende Variablen. Die Analysewerkzeuge sind als Hilfsmittel zu verstehen, um nicht-sichtbare Aspekte sichtbar zu machen (erkennen zu können) und sich in Folge die Entwicklungen in einem Ereignis bildlich vorstellen zu können (bewusst zu machen).

Die bedrohten Schutzgüter und ursächlichen Gefahren müssen miteinander in Beziehung gesetzt werden, um Häufungen, Kausalitäten oder Zentralvariablen zu analysieren. Dabei können grafische Darstellungen wie in den abgebildeten Systembildern an ihre Grenzen stoßen.

Bild 39: *Der Leiter des Stabes hat einen Punkt als erledigt definiert (grün) und analysiert die Wechselwirkungen zwischen den Variablen (rot). Er hat in dem Ereignis lineare Wirkungen ausgehend von einer Variable (Pressekonferenz) in Richtung vier anderer Variablen (Mitarbeiter, Bevölkerung, Kunden, Geschäftspartner) ausgemacht. Er kommt zu dem Schluss, dass die Verletzten und Angehörigen versorgt seien und der Fokus nun auf der Pressearbeit liegen müsse. Er legt damit die Basis für die anschließende Strategieentwicklung.*

4 Werkzeuge der Stabsarbeit

Bild 40: Der Stab hat bereits erste Maßnahmen getroffen (interaktives Whiteboard) und den Ereignisverlauf prognostiziert (linkes Whiteboard). Unter Leitung der Moderatorin (stehend rechts) wurden gerade in einer Besprechung die Auswirkungen als Mind-Map analysiert (rechtes Whiteboard). Der Leiter des Stabes (stehend links) hat an der Analyse aktiv teilgenommen.

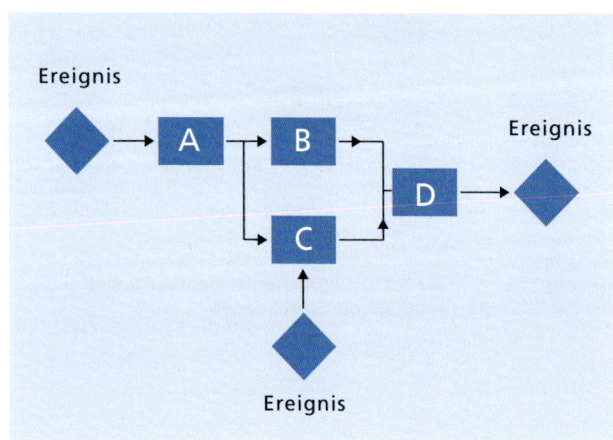

Bild 41: Analysetool – Auswirkungen in linearen Systemen

4.5 Analyse und Beurteilung

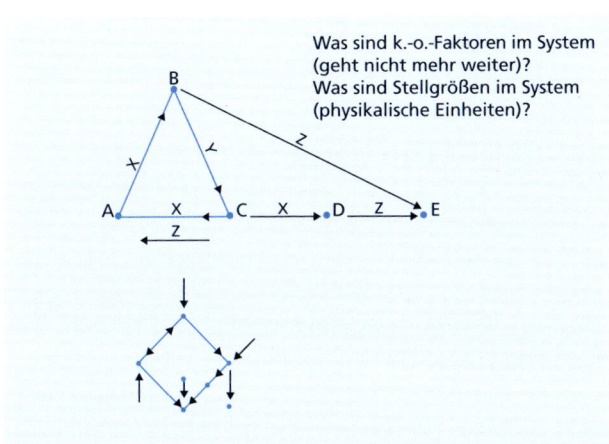

Bild 42: *Analysetool – Wechselbeziehungen komplexer Systeme*

Gerade bei unübersichtlichen Ereignissen kann es deswegen hilfreich sein, die Schutzgüter und die bedrohenden Gefahren in einer Matrix dazustellen. Dabei können relativ schnell das Schutzgut mit der stärksten Gefährdung und die Gefahr mit der umfassendsten Auswirkung erkannt werden. Keinesfalls folgt aber aus dem

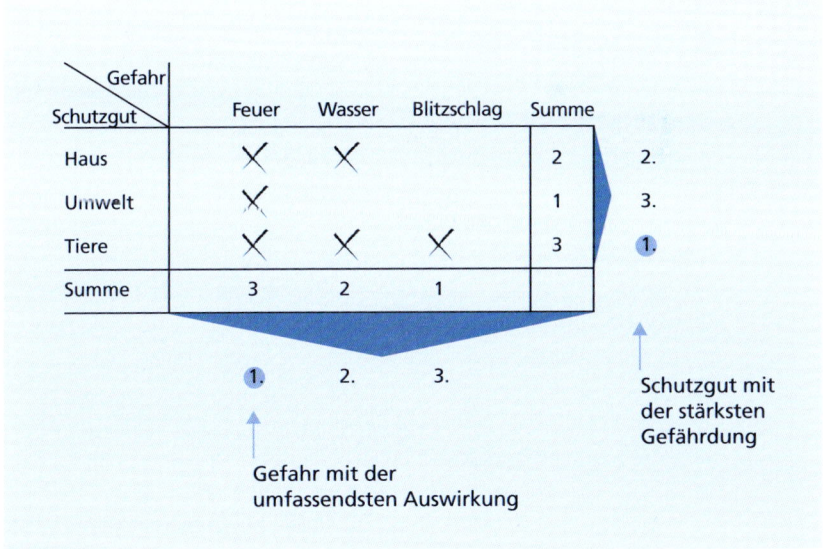

Bild 43: *Tabellarische Analyse des Zusammenhangs zwischen Schutzgüter und Gefahren*

numerischen Ergebnis automatisch eine Priorisierung für das Handeln des Stabes. Vielmehr ist diese Bewertung eine Einschätzungshilfe.

4.6 Zeitstrahl und Vorhersage

Die Erarbeitung von Zeitvorteilen ist die zentrale Führungsleistung. Die Zeit ist eines der Grundelemente der Führung, die die anderen Elemente Aufgaben, Räume und Ressourcen tangiert/miteinander verbindet. Sie bildet somit, vereinfacht gesagt, eine zentrale Achse durch den ein Einsatz. Den Werkzeugen Zeitstrahl, Prognose und Szenariotrichter kommt daher größte Bedeutung zu. Diese Instrumente dienen der Ausrichtung auf die Zukunft. Um Aufgaben, Räume und Ressourcen über den zeitlichen Einsatzverlauf zu organisieren, sind Projektmanagementinstrumente wie Ganttdiagramme gut geeignet. Mit diesen Werkzeuggattungen werden erstens Entwicklungen antizipiert und zweitens Maßnahmen geplant. Die Zeit ist die konstante Grundgröße des Einsatzes. Die weiteren Grundelemente der Führung sind variabel. Daher gilt es, Aufgaben, Räume und Ressourcen auf die Zeit abzubilden. Um »führen zu können« bedarf es daher buchstäblich einer »Abbildung« der Zeit. Aufgabenvorteile (Maßnahmen vorhersehen), Raumvorteile (Entwicklungen vorhersehen) und Ressourcenvorteile (Verfügen können durch Nachschub und Reserven) hängen unmittelbar mit Zeitvorteilen zusammen. Das umgangssprachliche »Vor-der-Lage-sein« kann daher auch als »Vorteile jeder Art haben« verstanden werden – also quasi »vor dem Bedarf/vor dem Problem/vor der Gefahr sein«. Ob man »Vor der Lage« war kann nur rückblickend gesagt werden. Zeitvorteile können dahingegen im Voraus relativ präzise gemessen werden. Insgesamt wird es als passender beurteilt, »Zeitvorteile zu erarbeiten« statt danach zu streben, »Vor-die-Lage-kommen« zu wollen.

In großen Organisationen, bei umfassenden Vorhaben oder auch bei größeren und größten Einsätzen ist die Gleichzeitigkeit von Ausführung und Planung eine ständige Herausforderung. Schwierig ist dabei aus logischer Sicht, dass gegenwärtig bereits Operationen ausgeführt werden, die strategischen Zielen entgegenstehen können und deswegen eine rasche Änderung erforderlich ist. Solche ad-hoc-Planänderungen sind umso schwieriger, je größer der zu steuernde Apparat ist. Aus einer kapazitiven und organisatorischen Sicht ist dabei schwierig, dass für Operation und Planung jeweils genügend Arbeitskraft vorhanden sein muss und die Rolleninhaber:-innen dieser Arbeitsbereiche an Schnittstellen zusammenarbeiten müssen. Die Synchronität von Planung für kommende Ausführung bzw. von laufender Ausführung mit rückwärtswirkender Planung ist daher ein ubiquitäres Problem, dem durch das

4.6 Zeitstrahl und Vorhersage

Koordinieren von Abläufen und mit Zeitplanungsmethoden entgegengewirkt werden kann.

Auf dem Zeitstrahl werden wesentliche Punkte der Vergangenheit und vor allem aber kritische Punkte der Zukunft eingetragen. Die Vorhersage kann auch »Prognose der künftigen Entwicklung des Ereignisses« genannt werden. Dieses Werkzeug dient dazu, die zeitlichen Beschränkungen der möglichen Handlungen sowie Wendepunkte des Ereignisses zu erkennen und die mögliche Entwicklung (positiv wie negativ) einzuschätzen. Die Vorhersage kann Stunden bis Wochen in die Zukunft reichen. Grafisch aufgetragen ergeben die Verläufe der möglichen Entwicklungen einen Ereignisbaum. Ein ausgewählter Ausschnitt aus bestem, schlechtestem und wahrscheinlichstem Fall ergibt einen sogenannten »Szenariotrichter«. Die erkannten Wendepunkte eröffnen Ansatzpunkte für die Bewältigungsstrategie. Schadens-/Gefährdungsentwicklung, Entwicklungen in der Umwelt und die Wirkungen durch Einsatzmaßnahmen können als drei übereinanderliegende »Bänder« dargestellt werden um Zusammenhänge untersuchen und Handlungsmöglichkeiten erkennen zu können (Synchro-Matrix). In dieser Form ergibt sich aus einem Zeitstrahl ein echter Mehrwert, wodurch die Investigation von möglichen Vorteilen gewissermaßen zu einer einfachen Art von Operations Research wird (»Erforschung« des Einsatzes bzw. von Handlungsmöglichkeiten).

Merke:
- Zuverlässige Prognosen sind die Voraussetzung um »vor die Lage zu kommen«.
- Denke den Verlauf in deinem Zuständigkeitsbereich regelmäßig voraus und stelle dieses Wissen deinem Team zur Verfügung!
- Kurzfristige Entscheidungen können vom Stab kaum wirksam umgesetzt werden. Sie werden auf operativ-taktischer Ebene getroffen.
- Mittel- und langfristige Entscheidungsmöglichkeiten sind der Ausgangspunkt für die strategische Arbeit des Stabes.

Insbesondere zu Beginn von größeren und größten Ereignissen sowie bei neuartigen Ereignissen können Entwicklungen nicht auf Erfahrungsbasis abgeschätzt werden. Bis hinreichend »klar« ist, wie sich das Ereignis entwickelt und »wo der Einsatz hingeht«, muss dabei im Wortsinne »auf Sicht« gefahren werden. Unübersichtliche Situationen werden nicht von alleine »klarer«, sondern bedürfen der aktiven Aufklärung. Dabei hilft der Szenariotrichter, in dem mögliche Entwicklungen bezeichnet, und durch Aufklärungsarbeit (Research, Investigation, Erkundung) widerlegt oder belegt werden. Dadurch werden Annahmen »gehärtet«. Ein Szenariotrichter ist daher eine Methode, um sich insbesondere bei (noch) unsicherer Informationslage einen (ersten, möglichen) Ereignisverlauf vor Augen führen zu können.

Erfahrungsgemäß kommt es immer wieder zu unterschiedlichen Wahrnehmungen der Teammitglieder, welche Maßnahmen der Stab denn nun wirklich durchführen müsse. Die Ursache dafür liegt oft darin, dass nicht allen klar ist, von welchem Entwicklungsfall ausgegangen wird. Die ausdrückliche Festlegung eines Szenarios aus dem Zeitstrahl und der Vorhersage als Planungsgrundlage kann dabei helfen, bei allen Teammitgliedern das gleiche gedankliche Modell zu formen. Hierdurch wird quasi ein einheitliches Planungsszenario geschaffen. Die Prognose kann allerdings nicht mit der Handlungsplanung gleichgesetzt werden, sondern ist die Grundlage für dieselbe.

In der Stabsarbeit lassen sich Informationen dreifach nach dem Zeitpunkt ihres Ursprungs unterscheiden (▶ Tabelle 15). Dabei hat jede Informationsart ihre Berechtigung. Aus Sicht der Wirksamkeit kann jedoch gesagt werden, dass für die oberste Instanz im Führungssystem (und damit die strategische Ebene) Informationen über die Zukunft die wichtigsten sind. Mit diesen Informationen ist es für den Stab möglich, die künftige Entwicklung des Ereignisses zu beeinflussen. Sie sind deswegen unbedingte Voraussetzung für die Strategieentwicklung. Erfahrungsgemäß wird der Erhebung dieser Informationen über die Zukunft im Stabsgeschehen eher wenig Aufmerksamkeit gewidmet. Die Stabsleitung muss deswegen ein Augenmerk auf die Prognosefähigkeit der Lagedarstellung haben. Dabei ist es nur natürlich, dass stets ein Informationsdefizit zurückbleibt, welches man im Stab aushalten können muss. Zuverlässige Informationen sind also die Grundlage für zuverlässige Prognosen.

Tabelle 15

Vergangenheit	Aktuell	Zukunft
Braucht man um zu verstehen, was passiert ist	Damit legt man den Grundstein für den Einsatz	Braucht man, um Zeitvorteile zu erarbeiten
Diese Informationen kommen i. d. R. zu kurz. Man glaubt, es sei nicht wichtig, das Ereignis zu analysieren und seine Zusammenhänge zu verstehen.	In diesen Informationen verliert man sich gerne. Sie sind herrlich frisch und bieten Gelegenheit, sofort darauf zu reagieren.	Diese Informationen kommen vermeintlich plötzlich. Man verwendet zu wenig Zeit dafür, zu antizipieren, wie sich der Ereignisverlauf in Zukunft entwickeln kann.

4.6 Zeitstrahl und Vorhersage

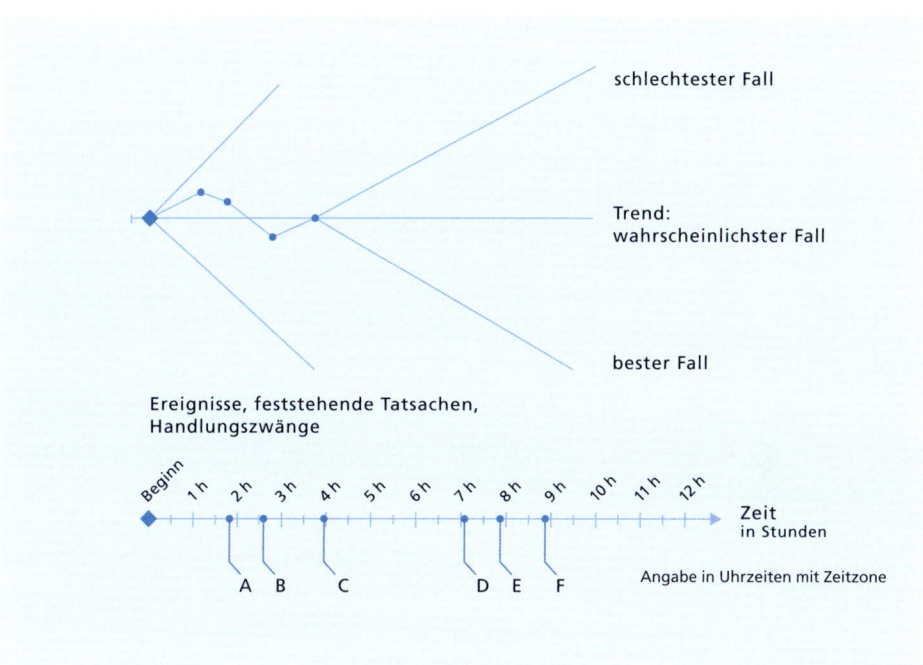

Bild 44: *Szenariotrichter mit kurzfristiger Prognose*

Der Szenariotrichter dient der Vorhersage möglicher Entwicklungen des Ereignisses. Er beginnt in der Gegenwart und zeigt in die Zukunft. Die Trichterform ergibt sich aus dem schlechtesten, besten und wahrscheinlichsten Entwicklungsfall. Zwischen diesen drei Fällen können beliebig viele weitere Fälle liegen. Jeder dieser Fälle beschreibt quasi ein eigenes Entwicklungsszenario (Was muss passieren, damit es so kommt? Was sind die Auswirkungen?). Die Unterscheidung zwischen kurz-, mittel- und langfristig richtet sich nach den Eigenschaften des Ereignisses und den Bedürfnissen der Organisation. Im Business Continuity Management wird beispielsweise in Kritikalitäten von 4 h, 1 d, 5 d, 10 d, >10 d unterschieden. Der Szenariotrichter ist die Basis für die Arbeit des Stabes, weil der Stab auf die Zukunft gerichtet arbeitet. Dabei liegt es am jeweiligen Führungssystem, wie schnell ein Stab wirksam werden kann. Grundsätzlich kann die Faustregel gelten, dass ein Stab umso länger braucht, um wirksam zu werden, je mehr Führungsebenen zwischen ihm und der operativen Ebene liegen. Allgemein können kurzfristige Entscheidungen vom Stab kaum wirksam umgesetzt werden. Derartige Entscheidungen müssen daher auf der operativen bzw. taktischen Ebene getroffen werden, wenn der Stab die strategische Ebene darstellt. Die Entscheidungsbefugnis für solche Entscheidungen muss den darunterliegenden Führungsebenen deswegen zustehen. Stäbe können eher bei mittel- und langfristigen Entscheidungsmöglichkeiten steuernd eingreifen. Deswegen sind solche Beeinflussungsmöglichkeiten der Ausgangspunkt der Arbeit des Stabes als höchstes Organ im Führungssystem. Diese Unterscheidung kann kurz als »Reagieren vs. Agieren« formuliert werden. Die Prognosen der mittel- und langfristigen Entwicklung des Ereignisses sind deswegen Voraussetzung für den Stab, um »vor die Lage« kommen zu können. In Anschluss an den Führungsrhythmus und die Führungsphilosophie wird deutlich, dass der Abgrenzung und Zuweisung von zeitlichen Zuständigkeiten zwischen den Führungsorganen größte Bedeutung zukommt. Nur wenn die Zeitlichkeit klar ist, kann in Folge überhaupt klar werden, welches Organ sich um welche Aufgaben kümmert.

Weiterer Bestandteil der Prognose sind bekannte Ereignisse, feststehende Tatsachen und Handlungszwänge. Diese Variablen werden auf einem Zeitstrahl aufgetragen. Von diesen bekannten künftigen Zeitpunkten aus kann in der späteren Handlungsplanung (▶ Kapitel 4.7) rückwärts geplant werden. Je nach Internationalität des Ereignisses kann die Angabe der Zeitzone notwendig sein.

▶ Bild 45 zeigt eine Vorhersage der kommenden 12 Stunden. Zur Erstellung von kurz- oder mittelfristigen Vorhersagen kann die jeweils passende Skalierung gewählt werden.

Jedes Stabsmitglied sollte für seinen Aufgabenbereich gesondert vorausdenken. So kann es notwendig sein, für einzelne Einheiten oder einzelne Einsatzabschnitte eine spezielle Entwicklung vorherzusagen. Insbesondere Bedarfe von Einheiten (z. B. Kraftstoff, Verpflegung) und Ergebnisse linearer Prozesse (z. B. Eintreffen von evakuierten Personen per Bustransfer) können gut antizipiert werden. Die Ergebnisse dieser individuellen Prognosen gehen als Bestandteil in der gemeinsamen Prognose im Stab auf (▶ Bild 46).

4.6 Zeitstrahl und Vorhersage

Bild 45: Das für Zeitstrahl und Vorhersage zuständige Stabsmitglied stellt in einer Lagebesprechung die Entwicklung der öffentlichen Wahrnehmung als Szenariotrichter dar (blau). Die Auswirkungen des Ereignisses auf den Menschen sind bereits schematisch als abflachende Kurve dargestellt (rot). Zeitpunkte mit Handlungszwängen (Lkw) bzw. dem Ende von Maßnahmen (Lüftung der Halle) sind in grün dargestellt.

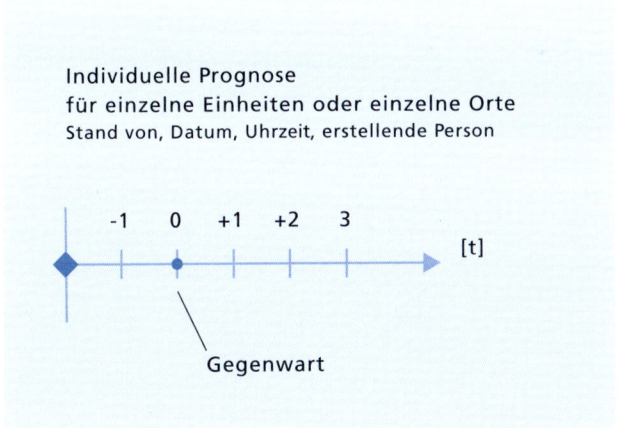

Bild 46: Individuelle Prognose

4.7 Entscheiden

Das Entscheiden ist der Kernprozess der Führungsarbeit. Der Stabsablauf (▶ Kapitel 4.1) und das FOR-DEC Modell (▶ Kapitel 3.1.2) sind zwei Werkzeuge, die bei der Entscheidungsfindung unterstützen können. In diesem Abschnitt werden praktische Aspekte aus Anwendungssicht beleuchtet, ohne auf die theoretischen Hintergründe einzugehen. Beide Werkzeuge gehen in einer einfachen Tabelle auf, in der Optionen gefunden, Machbarkeiten geprüft, Beurteilungen durchgeführt und Schlüsse gezogen werden können. Die Attribute der Tabelle finden sich in den oben angesprochenen Werkzeugen wieder, was bedeutet, dass sich das Entscheiden prozessual letztlich in diesem Instrument kumuliert. Damit wirkt eine Tabelle im Wortsinne strukturierend im Prozess des Entscheidens (Finden, Urteilen) und sorgt gleichzeitig für Nachvollziehbarkeit (Dokumentation). Die Bezeichnung der Optionen sollte mit Buchstaben erfolgen, um keine Reihenfolge zu suggerieren. Die Ergänzung/Kombination von Varianten ermöglicht Weiterentwicklungen in der Findungsphase. Es hat sich bewährt, die Tabelle an einem Flipchart unter Moderation der Stabsleitung zu entwickeln. Dieses Instrument kann als Ausgangspunkt für eine detaillierte Machbarkeitsprüfung (▶ Kapitel 4.7.4) dienen oder für sich genommen bereits ausreichend aussagekräftig sein. Tabelle 16 zeigt beispielhaft die Attribute und das Ausfüllschema anhand beispielhafter Variablen.

Die Befugnisse für Entscheidungen sind entsprechend der Kritikalität an bestimmte Rollen in der Hierarchie gebunden. Zur Rollenklarheit im Stab gehört auch zu wissen, welche Entscheidungen bestimmten Funktionsträgern vorbehalten sind. Die Zuordnung von Entscheidungen zur richtigen Ebene schont die Ressourcen im Stab. Jede Ebene (beginnend von oben) sollte daher Entscheidungsvorbehalte formulieren. Durch die Umkehr des Vorbehalts (also: alles was nicht vorbehalten ist) ergibt sich der Handlungsspielraum der darunterliegenden Ebene. Ein gutes Beispiel sind Entscheidungsvorbehalte, die von Polizeiführerinnen bzw. Polizeiführern im Einsatzbefehl für alle Beteiligten einsehbar formuliert sind. Damit können z. B. politische Belange des Einsatzes auch auf der untersten Ebene eingeschätzt werden.

4.7 Entscheiden

Tabelle 16: *Tabelle als universales Instrument für strukturiertes Entscheiden*

Option	Beschreibung	Aufwände/ Ressourcen	Machbarkeit	Vorteile/ Nachteile
A Damm bauen	Altstadt durch Sandsäcke schützen	500 t Sand, 10 000 Sandsäcke	Dauer unbekannt	Nicht mit ausreichender Planungssicherheit machbar
B Altstadt evakuieren				
B1 Erdgeschosse	Personen in höhergelegene Geschosse bis Flusshochwasser abgeflossen (ein Tag), wenige Personen in Unterkünfte	MoWaS, Lautsprecherwagen, Linienverkehr	Unterkünfte für 400 bis 1 000 Personen	Wirkung unsicher, von Gefährdung her aber ausreichend
B2 gesamtes Gebiet	Für Altstadt mittels Verfügung Aufenthaltsverbot aussprechen	Verfügung, MoWaS, Lautsprecherwagen, Vollzugsdienst, Shuttle	Unterkünfte für 2 000 Personen	Wirkung sicher, aber lange Umsetzungsdauer, Transport herausfordernd

Merke:

Indikatoren für die Zuordnung von Entscheidungen zu Kompetenzträgern können u. a. sein:
- Abhängigkeit des Lebens oder der Unversehrtheit von Menschen
- Auswirkung der Entscheidung auf die wirtschaftlichen Gesamtoperationen des Unternehmens
- Betroffenheit von Strukturen der Zivilisation und des öffentlichen Lebens
- Betroffenheit von Tieren, Gebieten, Sachwerten, Objekten oder Prozessen
- Fixierte übertragene Finanzbudgets
- Irrelevanz/Brisanz der Konsequenzen für Politik und Diplomatie
- Konsequenzen für die Wahrnehmung bei interessierten Parteien (Kunden, Bürger, usw.)
- Politische Aspekte

4.7.1 Entscheidungen formulieren

Entscheidungen können intuitiv (auf Basis des Erfahrungsschatzes) oder rational (in einem bewussten Abwägeprozess) getroffen werden. Beide Verfahren sind in der Stabsarbeit möglich. Die Entscheidung wird von der Führungsperson in vollem Bewusstsein getroffen, was durch das Signet der Führungsperson an dieser Stelle verdeutlicht wird. Nicht jede Entscheidung muss dokumentiert werden. Wenn eine mündliche Formulierung oder eine schriftliche Dokumentation von eher weniger umfassenden Entscheidungen notwendig ist, kann das folgende Prüfschema unterstützen.

Tabelle 17

Baustein	Inhalt
SOLL	Ziel meines Handelns ist/Meine Absicht ist […].
FAKTEN/LAGE	Sachverhalt ist folgender […]. Die Zusammenhänge sind folgendermaßen […]. Das Lagebild ist [vollständig/lückenhaft/dünn/…]. Die Entscheidung erfolgt [mit Risiko/in Unsicherheit]. Die Entscheidung ist jetzt zu treffen, weil […].
INNEHALTEN	Liegen mir alle verfügbaren Informationen vor? Wie würden Dritte die Fakten beurteilen? → Evtl. Schnelltest auf moralische Korrektheit durchführen → Evtl. meine Fehler auf den drei Ebenen des Lagebewusstseins prüfen
OPTIONEN	Ich habe [Anzahl, Name] Optionen entwickelt und miteinander verglichen. Ich bewerte die Option [Name] als die Bestmögliche, weil [Begründung, Beleg].
ENTSCHEIDUNG	Ich entscheide mich zum jetzigen Zeitpunkt für die Option […].
AUSFÜHRUNG	→ Auftragserteilung

4.7 Entscheiden

> **Merke:**
> - Dokumentiere das Ergebnis deiner Abwägungen, wenn die Entscheidung kritisch ist! Was bereits schriftlich erarbeitet wurde muss nur selten nochmals dokumentiert werden.
> - Formuliere deine Entscheidungen so, dass Dritte so handeln können, als ob es ihr eigener Plan wäre!
> - Geheimnisse sind selten förderlich. Teile Dritten die Hintergründe deiner Entscheidung mit, damit sie deinen Plan verstehen können!

Zur Formulierung von Entscheidungsvorlagen kann das Formulierungsschema aus folgender ▶Tabelle 18 unterstützen.

Tabelle 18

Baustein	Inhalt
EINSTEIGEN	Es ist eine Entscheidung über [...] zu treffen. Über die dafür notwendige Kompetenz [verfügen wir/verfüge ich].
SOLL	Unser Aufgabenziel setzt sich aus [Anzahl] Teilzielen zusammen. Wir haben somit [eine Vielzahl von Teilzielen/widersprüchliche Teilziele] zu erreichen. Wir räumen dem Teilziel [A] die höchste Priorität ein, dem Teilziel [B] die zweithöchste Priorität. Dies ist begründet durch [...].
FAKTEN/LAGE	Wir haben Fakten erhoben und die Zusammenhänge analysiert. Das Lagebild ist [vollständig/lückenhaft/dünn/...]. Wir können wegen [Begründung] die Entscheidung nicht später treffen. Ich weiß/Wir wissen, dass die Entscheidung somit [mit Risiko/in Unsicherheit] erfolgt.
OPTIONEN	Wir haben [...] Handlungsoptionen entwickelt, miteinander verglichen und bewertet.

Tabelle 18 – Fortsetzung

Baustein	Inhalt
ENTSCHEIDUNG: Selbstüberprüfung	Wo liegen bei unserem Denken mögliche Fehlerquellen? Sind Unsicherheiten ausreichend minimiert? Gibt es andere Interpretationen/Antizipationsmöglichkeiten? → Anhören und Prüfen! Gibt es abweichende Meinungen? → Anhören und Prüfen! Haben alle die gleiche Meinung? → Vorsicht – Groupthink! Meldet sich jemand nicht zu Wort? → Person einbinden! Gibt es eine Autorität im Raum? → Vorsicht – Autoritätenhörigkeit!
ENTSCHEIDUNG: Formulieren	Wir entscheiden uns für die Option [Name]. Dies ist begründet durch [das Erreichen mehrerer Ziele gleichzeitig/die besten Erfolgsaussichten/...].
AUSFÜHRUNG: Skizzieren	Aus der gewählten Handlungsoption ergeben sich Meilensteine. Diese Meilensteine sind strategische Schritte. Hieraus resultieren für [Sachgebiet/Person] folgende [Aufgabenpakete] bis [Zeitpunkt].
INNEHALTEN: Zusammenfassen	Somit ergibt sich folgende Strategie [Visualisierung der Treppe der Strategie/des Zusammenwirkens der Teilziele].
INNEHALTEN: Konsens herstellen	Wer stimmt dieser Entscheidung zu? Tragen die sich Enthaltenden das Ergebnis des Handelns trotzdem mit?
AUSFÜHRUNG: Vorbereiten	Die Entscheidungsfindung ist abgeschlossen. Zum [Zeitpunkt] [überprüfe ich/überprüfen wir] die Gültigkeit unserer Strategie. [Ich erteile den Auftrag/Wir haben die Aufgabe] die Ausführung vorzubereiten. Hierzu ist durch [Personen/Funktionen] eine Handlungsplanung zu erstellen. Die Ausführung soll erst beginnen, wenn alle notwendigen Schritte aufeinander abgestimmt sind.

4.7 Entscheiden

4.7.2 Strategieentwicklung

Die Strategie fasst einen Handlungsentschluss in einem Plan zur Zielerreichung zusammen. Dieses Werkzeug dient im ersten Schritt dazu, während der Strategieentwicklung Handlungsoptionen abzuwägen, eine Entscheidung herbeizuführen und einen Handlungsplan zu formulieren. Im Folgeschritt der Strategieumsetzung dient das Werkzeug dazu, die Handlungsabsicht allen Beteiligten transparent zu machen und die Handlungen zielgerichtet durchzuführen. Bei operativ-taktischen Stäben sind Strategien meist kurzfristigerer Natur und weniger umfassend als bei administrativ-organisatorischen Stäben. Die Strategie muss sich in Form der relevanten Steuerungsgrößen im Dashboard wiederfinden.

Merke:
- Verbessere die Übereinstimmung des Handelns von dir und deinem Team, indem ihr eine Strategie entwickelt und nach dieser arbeitet!
- Bewerte die sinnvollen Optionen nach Vor- und Nachteilen! Setze Prioritäten strategisch!
- Kenne deine Entscheidungstendenzen und lenke sie bewusst!
- Sei dir sicher, dass jeder im Team die für ihn notwendigen Teilziele verstanden hat!

Erfahrungsgemäß werden Entschlüsse und Pläne eher selten ausdrücklich formuliert und noch seltener grafisch oder schriftlich festgehalten. Die Effizienz und Effektivität der Stabsarbeit kann sehr wahrscheinlich deutlich erhöht werden, wenn die Leitung des Stabes ihren Handlungsplan in einer Strategie formuliert. Selten hat die Leitung des Stabes genügend Zeit, um eine Strategie schriftlich auf mehreren Seiten auszuarbeiten. Die Anwendung dieses Werkzeugs erfordert also eine schnellere Methode als die Textverarbeitung am Computer. Hierfür eignet sich die Visualisierung am Flipchart/am digitalen Whiteboard. Selbst umfangreichere Strategien passen in ihren Grundzügen auf ein Flipchart-Blatt und können in Gesprächen und Vorträgen um Details ergänzt werden. Die Verschriftlichung der Strategie kann dann nachgelagert in einzelnen Handlungsaufträgen oder bei Notwendigkeit in einer ruhigeren Phase erfolgen – wenn dies dann (noch) erforderlich ist.

Vorlieben, Routinen oder Angewohnheiten des Entscheiders können die Strategieentwicklung unbewusst beeinflussen. Es ist deswegen wichtig, die eigenen Entscheidungstendenzen und diejenigen der Stabsmitglieder zu kennen, um ggf. gegensteuern zu können. Dieser Aspekt ist zwar auch bei der Entscheidungsfindung

4 Werkzeuge der Stabsarbeit

wichtig, kann aber bereits bei der Zieldefinition und Optionsentwicklung zutage treten.

Die Strategieentwicklung als Prozess besteht aus mehreren Teilschritten. Der Definition des Ziels folgt die Entwicklung von Optionen, woraufhin eine Strategie formuliert wird, über die anschließend befunden wird. Diese serielle Auflistung ist der Gliederung des Buchs geschuldet. In der Praxis laufen diese Teilschritte parallel oder auch mit zeitlichen Versätzen ab. Die Elemente zur Strategieentwicklung im Stabsablauf (▶ Kapitel 4.1) sind deswegen mit einem gewissen »Puzzlecharakter« zu lesen. Im Umkehrschluss deckt das Werkzeug der Strategieentwicklung mehrere Aspekte im Stabsablauf ab. Insgesamt ist es wichtig, dass die für die Stabsmitglieder jeweils wichtigen Teilschritte und Teilziele bekannt und auch verstanden sind. Dies sollte ggf. durch kurze Rückfragen durch die/den Leiter:in des Stabes sichergestellt werden.

Bild 47: *Der Stab hat die Lageentwicklung prognostiziert (linkes Whiteboard) sowie das Ereignis analysiert und beurteilt (zweites Whiteboard von links). Während dieser Arbeiten ergaben sich schon erste mögliche Optionen, die parallel dazu von der Moderatorin (stehend) gesammelt wurden.*

4.7 Entscheiden

Bild 48: *In der Besprechung zur Strategieentwicklung für das Teilproblem Produktion wendet die Moderatorin Teile der SMART-Regel an, indem sie Kunden und Lieferung SPEZIFIZIERT und die termingerechte, qualitative Lieferung TERMINIERT. Um das Team abzuholen, versetzte sie sich in die Perspektive der Kunden als Interessensgruppe (Lieferausfall), formuliert das Handlungsziel aus Sicht des Unternehmens (termingerechte Lieferung in üblicher Qualität) und macht dem Stab einen Vorschlag auf Basis von zwei Optionen (A und B).*

4 Werkzeuge der Stabsarbeit

Bild 49: Der Leiter von Produktion und Verkauf erläutert den anderen Stabsmitgliedern am interaktiven Whiteboard die sich aus seiner Sicht anbietenden sinnvollen Optionen.

Bild 50: Im Stab werden die Vor- und Nachteile der Optionen diskutiert. Der Mitarbeiter der Leitwarte äußert technische Bedenken. Die Moderatorin (nicht im Bild, rechts) leitet die Diskussion. Der Leiter des Stabes kann sich somit auf den Inhalt der Diskussion konzentrieren.

4.7 Entscheiden

Bild 51: *Die Moderatorin schreibt die Ergebnisse aus der Diskussion an das Flipchart.*

4.7.3 Ziel entwickeln

Die Definition des Ziels ist eine Voraussetzung, um im Stab auf dasselbe hinarbeiten zu können. Erfahrungsgemäß werden die Ziele allerdings nur selten eindeutig ausgesprochen und noch seltener schriftlich oder bildlich festgehalten. Zu einem einheitlichen Situationsbewusstsein im Team gehört auch, dass alle Stabsmitglieder wissen, woran (vorrangig) gearbeitet wird und was am Ende des Einsatzes eigentlich erreicht werden soll. Die Eindeutigkeit von Zielen ist sehr wichtig, nicht nur wenn nach dem Prinzip »Führung mit Auftrag« gearbeitet wird. Zur möglichst interpretationsfreien Formulierung kann die folgende allgemein bekannte SMART-Regel eine gute Hilfe sein.

Tabelle 19

Nr.	Stichwort	Hintergrund
1.	Specific (Spezifisch)	Konkrete Beschreibung in der notwendigen Detailtiefe dessen, was erreicht werden soll.
2.	Measurable (Messbar)	Was muss genau eintreten, damit das Ziel als erreicht bewertet werden kann?

Tabelle 19 – Fortsetzung

Nr.	Stichwort	Hintergrund
3.	**A**cceptability (Akzeptiert)	Aspekte, die von bestimmten interessierten Parteien keineswegs akzeptiert werden würden/ausdrücklich akzeptiert werden müssen/Teil eines Kompromisses sein können.
4.	**R**ealistic (Realistisch)	Das Ziel muss unter Berücksichtigung der Erfahrungen der Vergangenheit/vergleichbarer Ereignisse/unter Anwendung des Fachverstandes vom Wunsch in die Wirklichkeit umsetzbar sein. Ambitionen/Optimismus und Pessimismus müssen ausgewogen sein.
5.	**T**ime (Terminiert)	Zeitpunkte, zu denen die Spezifika erreicht sein sollen.

Ziele in der Stabsarbeit können widersprüchlich sein. Dies ist den Zusammenhängen und Wechselwirkungen zwischen den verschiedenen Variablen in der Organisation geschuldet. »Man tut nie nur eines« ist eine anschauliche Erklärung dafür. Dies schließt an das »Denken in Netzen« von Dörner (2003) an. Mehrtägige oder besonders umfangreiche Ereignisse können deswegen aufwändiger formulierte Ziele notwendig machen. Eine Möglichkeit dafür ist, das Gesamtziel in möglichst unabhängige Teilziele zu zerlegen und einen Zielbereich statt einen Zielpunkt zu formulieren. Die Unabhängigkeit der Teilziele ist wichtig, damit möglichst wenige Wechselwirkungen erzeugt werden. In der Praxis wird dieser Aspekt nie vollumfänglich erfüllt. Die Formulierung eines einzigen Zielpunkts schränkt stark ein. Bei konsequenter Auslegung würde das gesamte Ziel als nicht erreicht gelten, wenn nicht die konkreten Ziele exakt erreicht wurden. In Folge wird deswegen die gesamte Strategie unflexibel. Die Formulierung eines Zielbereichs kann daher eine Möglichkeit zur Flexibilisierung sein. Dies erlaubt sowohl die Darstellung von nur schwer vereinbaren oder sich gar widersprechenden Teilzielen, als auch die Darstellung von einander verstärkenden Teilzielen. Dabei wird der Fokus auf das Wesentliche im Zielbereich gerichtet. Dieser Teil des Ziels zeigt an, was für den Erfolg der Maßnahme oder für die Stabsarbeit als ausschlaggebend beurteilt wird. Vereinfachend kann gesagt werden, dass die Ziele »abgestuft« werden. Dementsprechend wird auch das Ergebnis abgestuft beurteilt. Ein optimales Ergebnis vereint alle Teilziele in der maximalen Ausprägung miteinander. Dieses Ergebnis wird allerdings wahrscheinlich nicht erreicht werden können. Ein zufriedenstellendes Ergebnis vereint die wesentlichen, ausschlaggebenden Teilziele in ihrer mindestens notwendigen Ausprägung miteinander. Es ist der kleinste gemeinsame Nenner zwischen sich widersprechenden

4.7 Entscheiden

Teilzielen oder die mindestens notwendige Verstärkung von Synergieteilzielen. Ein mangelhaftes Ergebnis hat bei wesentlichen Teilzielen Defizite. Dieses Ergebnis wird wahrscheinlich nicht akzeptiert. Bild 52 veranschaulicht die Zielbereiche von vier Teilzielen in einer Art Zielscheibe.

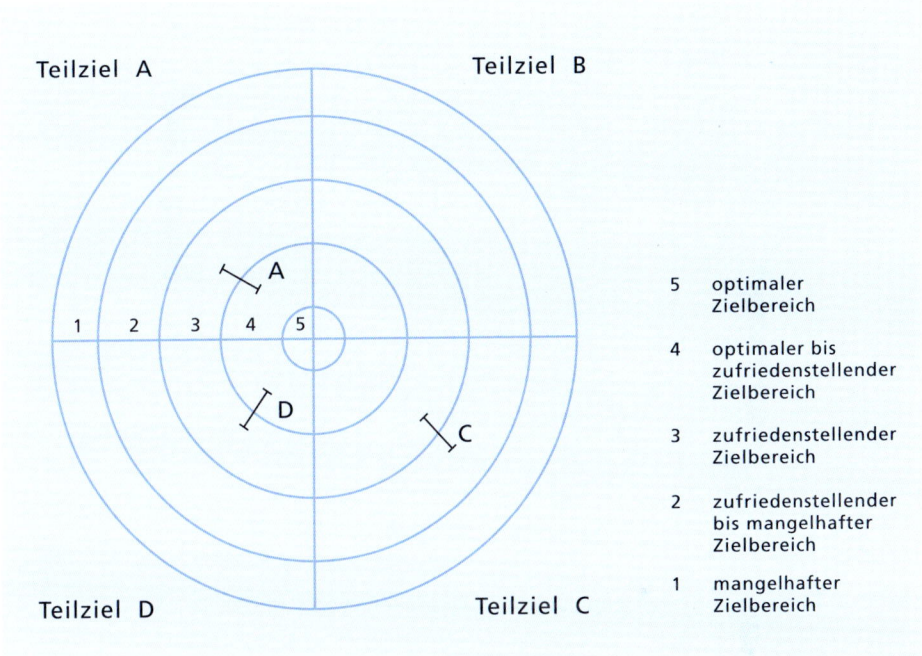

Bild 52: *Schematische Darstellung eines Ziels in Zielbereichen*

Meistens müssen in der Stabsarbeit Prioritäten festgelegt werden. Priorisieren bedeutet dabei, Wichtiges zu unterlassen, um das Wichtigste tun zu können. Weil Prioritäten sich im Ereignisverlauf verändern können, müssen sie regelmäßig überprüft, angepasst und somit auch die Strategie weiterentwickelt werden. Im oben dargestellten Modell zur Formulierung von Zielbereichen ergeben sich die Prioritäten aus dem jeweiligen Beitrag der Teilziele zum Ziel sowie aus K.-o.-Teilzielen, ohne die andere Teilziele nicht erreicht werden können. Dabei ist zu beachten, dass Teilziele einen geringen Anteil am Gesamtziel haben können, aber gleichzeitig ein K.-o.-Kriterium sein können. Im Allgemeinen machen mehr als zwei Prioritätsstufen selten Sinn. Die Bezeichnung der Prioritäten sollte mit Ziffern (römisch oder lateinisch) erfolgen und nicht mit Buchstaben, um die Verwechslung mit der Bezeichnung von Optionen mit Buchstaben zu vermeiden. In Bild 53 sind modellhaft Prioritäten abgeleitet worden.

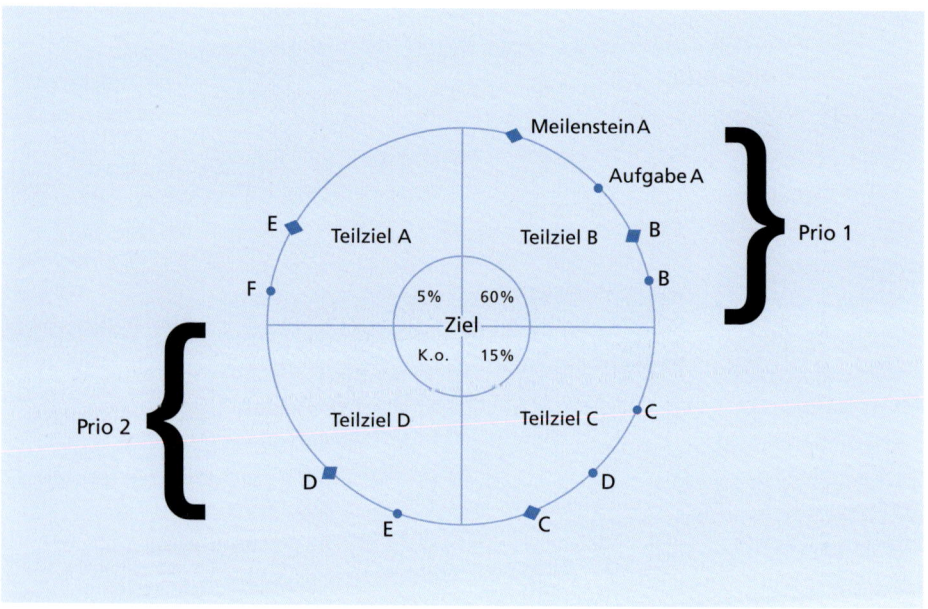

Bild 53: *Werkzeug zur Prioritätenfindung*

4.7.4 Optionen entwickeln und vergleichen

Der Vergleich von Optionen dient dem Herausfinden der besten Handlungsmöglichkeit. Aufgrund der regelmäßigen Komplexität der Situationen und des Dokumentationserfordernisses kommt dieses Werkzeug nicht ohne Hilfsmittel aus, was durch das Signet an dieser Stelle verdeutlicht wird. Zwar dürfte kaum eine Situation im Wortsinn alternativlos sein (denn Nichtstun ist auch immer eine Alternative), jedoch gibt es in der Einsatzführung in den meisten Fällen erfahrungsgemäß nur eine sehr begrenzte Auswahlmöglichkeit an wirklich sinnvollen Optionen. Wenn es mehrere Optionen gibt, dann unterscheiden sie sich im Allgemeinen in Machbarkeit, Ökonomie und Opportunität. Zwischen diesen Unterschieden gilt es abzuwägen. Das Abwägen von Vor- und Nachteilen wird umso wichtiger, je weitreichender die

4.7 Entscheiden

Auswirkungen der zu treffenden Entscheidung sind. So können beispielsweise Unterbrechungen der Produktion im Bereich von Wirtschaftsorganisationen, Einschränkungen von Grundrechten im Bereich von Verwaltungsorganisationen oder das in Kauf genommene Aufgeben von Gebieten bei einem Katastrophenfall nachträglich (juristische) Prüfungen der Verhältnismäßigkeit des Handelns nach sich ziehen. Die Entscheidungsfindung und insbesondere die Abwägung der Optionen sollte deswegen für Dritte nachvollziehbar sein. Dafür ist einerseits die Dokumentation wichtig (Ergebnisprotokoll, Foto von Flipcharts) und andererseits das Verfahren selbst. Die Praxis zeigt aber auch, dass nicht für jede »Mini-Entscheidung« ein zeitraubender Vergleich vorgenommen werden muss. Es obliegt deswegen der Stabsleitung, den Detaillierungsgrad des Optionsvergleichs festzulegen und einzufordern.

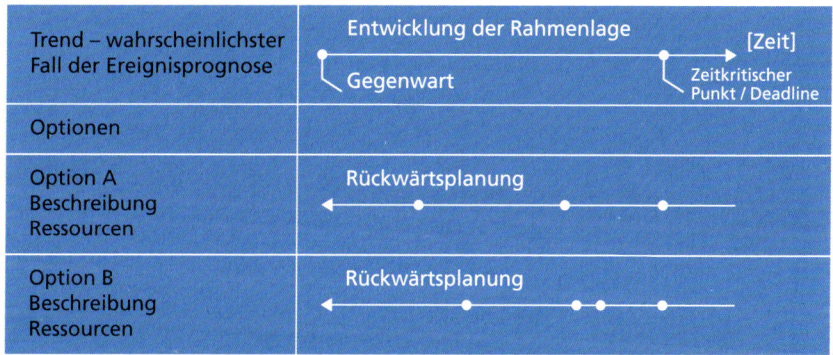

Bild 54: *Vergleich der Optionen zur zeitlichen Planung (nach v. Kaufmann in Hofinger und Heimann, 2021)*

Ein grundlegender Aspekt ist die Machbarkeit. Neben der fachlichen Korrektheit und Realisierbarkeit ist in der Stabsarbeit erfahrungsgemäß die Zeit ein limitierender Faktor. Mit dem in ▶ Bild 54 dargestellten Verfahren kann überprüft werden, ob ein Plan in der zur Verfügung stehenden Zeit überhaupt umgesetzt werden kann. Die sogenannte Rahmenlage ergibt sich aus dem in der Prognose (▶ Kapitel 4.5) angenommenen wahrscheinlichsten Fall. Identifizierte kritische Punkte oder »Deadlines« markieren Zeitpunkte, zu denen gewisse Handlungen vollzogen sein müssen. An dieser Stelle wird das Ergebnis der erarbeiteten Prognose zur Planungsgrundlage. Der Zeitraum zwischen Gegenwart und Deadline ergibt den verfügbaren Zeitrahmen. Ausgehend von der Deadline erfolgt nun eine rückwärtsgerichtete Planung. Bereits in diesem sehr frühen Stadium ist eine eindeutige Bezeichnung der Varianten wichtig.

4 Werkzeuge der Stabsarbeit

In der Praxis können die Machbarkeitsprüfung, der Optionsvergleich und die Maßnahmenplanung ineinander übergehen. Tatsächlich haben diese Schritte nicht nur klare inhaltliche, sondern auch gewisse methodische Überschneidungen. Dies kann zu einem »Flow« führen, in dem die eigentliche Entscheidung zu einer Nebensache gerät. Um die Unvoreingenommenheit für die Entscheidungsfindung zu wahren und die Schaffung von Fakten und überflüssige Planungsleistungen zu vermeiden, sollten die Schritte deswegen so getrennt wie möglich bleiben. Eine gute Möglichkeit hierfür ist, die Entscheidung (»Entscheidungszeitpunkt«) zu terminieren und den Zeitraum davor als »Machbarkeitsprüfung« sowie den Zeitraum danach als »Planung und Umsetzung« zu bezeichnen.

Ein beispielhaftes Verfahren zum Vergleich von Optionen ist in Bild 55 dargestellt. Dabei werden die jeweiligen Handlungsmöglichkeiten eindeutig beschrieben. Durch diese Beschreibung werden sie voneinander abgegrenzt. Zudem wird sichergestellt, dass im Team alle vom Gleichen sprechen. Die einzelnen Optionen sollten besser mit kurzen, griffigen Namen (Produktion einstellen/Produktion auslagern) oder mit Buchstaben (A, B, C) bezeichnet werden, anstelle von Ziffern (römisch, arabisch). Zahlen können irrtümlich für Priorisierungen oder Rangfolgen gehalten werden. Voraussichtlich benötigte Ressourcen sollten bereits mit verglichen werden, da dieser Aspekt für die spätere Machbarkeitsprüfung benötigt wird. Die eigentliche Abwägung erfolgt in den Gesichtspunkten der Vor- und Nachteile, die auch als Chancen und Risiken (▶ FOR-DEC Modell, Kapitel 3.1.2) bezeichnet werden können. Je nach Bedarf können die Gesichtspunkte gegeneinander abgewogen und mit einer Hilfsgröße bezeichnet werden (z. B. + + | + | 0 | – | – –). Da dieses semiquantitative Verfahren bekanntermaßen Nachteile hat, sollte man die schlussendliche Entscheidung besser nicht allein mit dem Ergebnis aus der Matrix begründen. Es ist besser, sich immer auf eine Gesamtbetrachtung zu stützen, von der eben ein einzelner Aspekt der zahlmäßige Vergleich sein kann.

Die Phase des Optionsvergleichs kann sehr wertvoll sein und sollte nicht unterschätzt werden. Oft entstehen aus dem Vergleichen von Optionen neue Ideen. Der Moderator sollte dem Stab in dieser Phase je nach Möglichkeit den Raum geben und dazu anhalten, frei und unvoreingenommen zu denken. Kreativtechniken können hierbei einen guten Beitrag leisten. In der Praxis ist die Entwicklung von Optionen nur schwer von anderen Elementen im Führungsvorgang zu trennen. Oft ergeben sich Optionen während der Arbeit. In diesem Fall müssen die Erkenntnisse unbedingt für später gesichert werden. Nicht minder oft kann im Bereich von Wirtschaftsorganisationen die Auslagerung in ein Backoffice als rückwärtig zuarbeitende Stelle notwendig sein, weil nur in der Alltagsorganisation genügend Fachkompetenz

4.7 Entscheiden

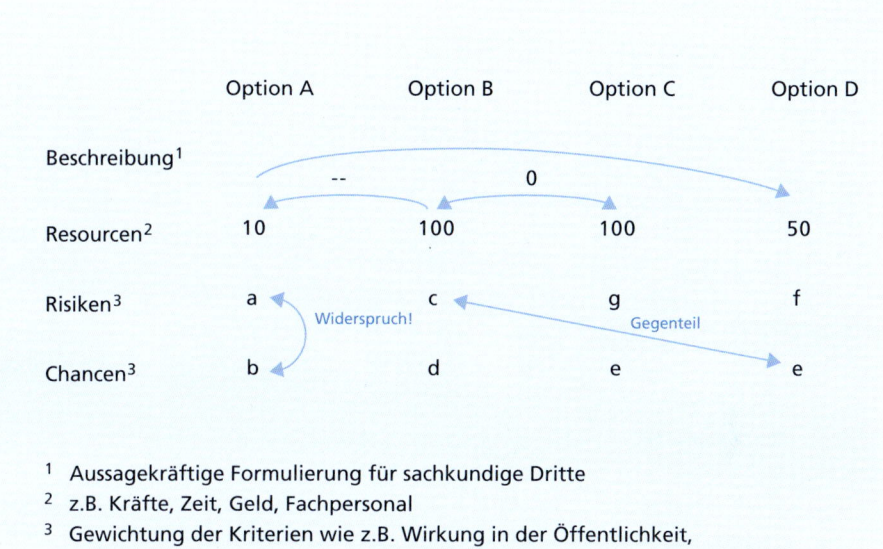

[1] Aussagekräftige Formulierung für sachkundige Dritte
[2] z.B. Kräfte, Zeit, Geld, Fachpersonal
[3] Gewichtung der Kriterien wie z.B. Wirkung in der Öffentlichkeit, Zuverlässigkeit der Produktion, Kundenzufriedenheit, Kollateralschäden, moralische Korrektheit

Bild 55: *Optionsvergleich zur Beurteilung der Machbarkeit von Handlungsmöglichkeiten*

zur Verfügung steht. In beiden Fällen ist es wichtig, den Zeitpunkt für den Vergleich der Optionen in einer Lagebesprechung zu terminieren.

4.7.5 Strategien formulieren

Die Strategie wird als ein auf die Zukunft gerichteter Plan eines Vorhabens auf einer übergeordneten Ebene verstanden, aus dem sich konkrete Handlungsziele ergeben und die Entscheidung für das gewählte Vorgehen nachvollziehbar macht. Die Strategie grenzt sich von der Taktik unter anderem durch ihre Langfristigkeit ab. Eine detailliertere Unterscheidung ist an dieser Stelle nicht notwendig, weil einige Grundsätze der Strategieformulierung auch für taktische Formulierungen gelten können. Deswegen werden Strategie und Taktik in einer semantischen Klammer des »Plans« zusammengefasst. Nicht nur bei der »Führung mit Auftrag« ist es notwendig, einen Plan so interpretationsfrei wie möglich zu formulieren. Bei weniger umfangreichen Einsätzen fällt dies naturgemäß leichter als bei großen Projekten in

4 Werkzeuge der Stabsarbeit

der Alltagsorganisation, bei tagelangem Ausfall der Unternehmens-IT oder wochenlangen Katastropheneinsätzen.

Im Folgenden werden zwei Methoden vorgestellt, wie Strategien entwickelt und formuliert werden können. Sie unterscheiden sich dabei insbesondere in der Unterstützung für die Planentwicklung. Bild 56 zeigt ein einfaches Strategiemodell. Das LOGFRAME-Modell (▶ Bild 57) ist deutlich aufwändiger in der Anwendung, weil es gleichzeitig auch der Entwicklung von Optionen dient. Zentrales Ergebnis jeder Planung ist ein (mehr oder weniger langer) Satz, der jede Strategie zusammenfassend beschreibt.

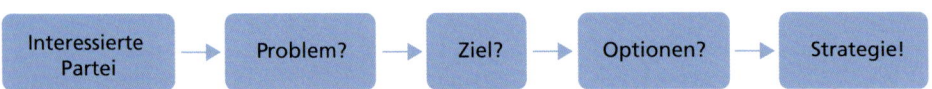

Bild 56: *Strategiemodell*

Das nachfolgende LOGFRAME-Modell kann dabei helfen, strategisch wichtige Punkte überhaupt erst herauszufinden und daraus Optionen zu entwickeln. Die Wirkung der Strategie entsteht dabei in aufeinander aufbauenden Stufen (sog. Wirkungskaskade).

4.7 Entscheiden

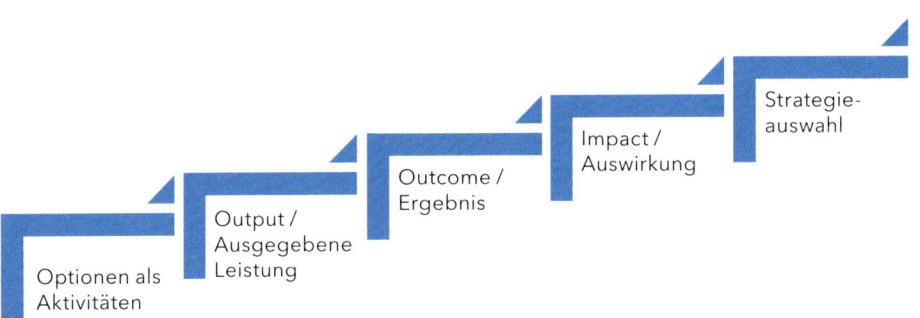

	INDIKATOREN	QUELLEN	ANNAHMEN	ANSPRUCHS-NIVEAU	INTERESSIERTE PARTEIEN
Impact					
Längerfristige Effekte und Beitrag zu den übergeordneten Zielen					
Outcome					
Direkter Nutzen und Effekte des Projekts für die Zielgruppen					
Output					
Konkrete Produkte oder Dienstleistungen, die vom Projekt erbracht werden					
Optionen als Aktivitäten					
Ausgewählte Handlungsmöglichkeiten gemäß der Strategieauswahl					

Bild 57: *LOGFRAME-Modell (nach Busch, 2012)*

4 Werkzeuge der Stabsarbeit

Strategiesatz

Es wird angestrebt, [das Ziel/den Auftrag] [bis Zeitpunkt/in Zeitraum] zu erreichen, indem in einem ersten Schritt das [Teilziel] und in einem zweiten Schritt das [Teilziel] erreicht werden soll. Die Handlungsoption [Name] bietet die besten Erfolgsaussichten. Strategische Schritte sind die Meilensteine [Namen, Zeitpunkte].

Interessierte Parteien?
Wer sind die interessierten Personen, Parteien, Stakeholder, Stellen, Behörden usw., die ein Interesse an der Arbeit des Stabes haben?

Kontaktkanal?
Erwartungen, Interessen, Einstellungen und Haltungen
    Mögliche Handlungen der Stakeholder und deren Auswirkungen
    Möglichkeiten der Einbindung und Teilhabe

Problem?
Woran arbeitet der Stab? Auswertung des Auftrags!
    Absicht hinter dem Auftrag
    Wesentliche Leistung des Stabes
    Rahmenbedingungen und Auflagen
    Prüffragen zur späteren Selbstüberprüfung

Ziel?
Was ist das Ziel, das erreicht werden soll?
    Teilziele, Meilensteine
    Positiv formulieren und einen konkreten Zustand benennen
    Keine Vermeidungsziele formulieren
    Zeitpunkte und Kriterien für Erfolgsmessung benennen
    Ziele (objectives) von Wirkungen (effects) trennen.

Optionen?
Welche gegebenen und hypothetischen Möglichkeiten gibt es, das Ziel zu erreichen?
    Aktuelles Lagebild und vorhergesagter Szenariotrichter als Denkgrundlage nutzen
    Chancen und Risiken der einzelnen Optionen bewerten

Strategie!
Welche Option hat die besten Chancen, das Ziel zu erreichen?
    Langfristig gedachte Linie zur Zielerreichung
    Strategie steht über Taktik!

4.8 Maßnahmen planen und nachverfolgen

Bei der Maßnahmenplanung werden Aufgaben formuliert, in eine zeitliche Reihenfolge gebracht und Verantwortlichen zugewiesen. Bei der Maßnahmennachverfolgung werden Erledigung, Termine und beabsichtigte Wirkung überprüft. Dieses zweiteilige Werkzeug dient der Vorbereitung der zielgerechten Umsetzung sowie der Statuskontrolle der Aufgaben für die einzelnen Verantwortungsbereiche. Basis der Maßnahmenplanung sind Zeitstrahl und Vorhersage sowie der Optionsvergleich. Während der Planung können letzte Widersprüche und Synergien zwischen den Handlungen aufgedeckt werden.

Merke:
- Die Planung von Maßnahmen dient der Vorbereitung der zielgerechten Umsetzung.
- Während der Planung können letzte Widersprüche und Synergien aufgedeckt werden.
- »Gedachtes und Gesagtes ist noch lange nicht gemacht.« Die Nachverfolgung ist ein wichtiges Steuerungsinstrument.
- Strukturiere die Handlungskontrolle so, dass du sie sowohl für die Verwaltung des Ereignisses als auch für die Vorhersage nutzen kannst! Verwende Zahlen und Daten, mit denen du (ggf. in Tabellenkalkulationen) rechnen kannst!
- Die Nachverfolgung muss je nach Gegenstand bei der zuständigen Person, im Funktionsbereich oder auf Ebene des Stabes erfolgen.

Der Stab als Führungssystem im Einsatz steuert das Ausführungssystem über Impulse. Diese Impulse haben das Ziel, Wirkungen zu erzeugen. Die Erzeugung von Wirkungen (theoretische Sicht) und damit die zu veranlassenden Maßnahmen (praktische Sicht) muss geplant erfolgen. Diese Handlungsplanung kann sich an Methoden des Projektmanagements orientieren. In Bild 58 ist ein Gantt-Diagramm abgebildet, welches die zeitliche Abfolge von Aktivitäten auf einer Zeitachse darstellt. Wenn diese Maßnahmenplanung um eine Statuskontrolle ergänzt wird, dann eignet sie sich in der Ausführung gleichzeitig als Kontrollinstrument. Die Maßnahmenplanung wird dadurch zum »Zeitmodell« des Einsatzes.

Die vom Stab veranlassten Maßnahmen müssen hinsichtlich ihrer Durchführung und dem Erreichen ihrer beabsichtigen Wirkung auch im Rahmen der Delegation kontrolliert werden. Dies gilt für die Leitungsebene in Richtung der teilverantwortlichen Stabsmitglieder sowie für die Kontrolle vom Stab (Führungsstelle) in Richtung

4 Werkzeuge der Stabsarbeit

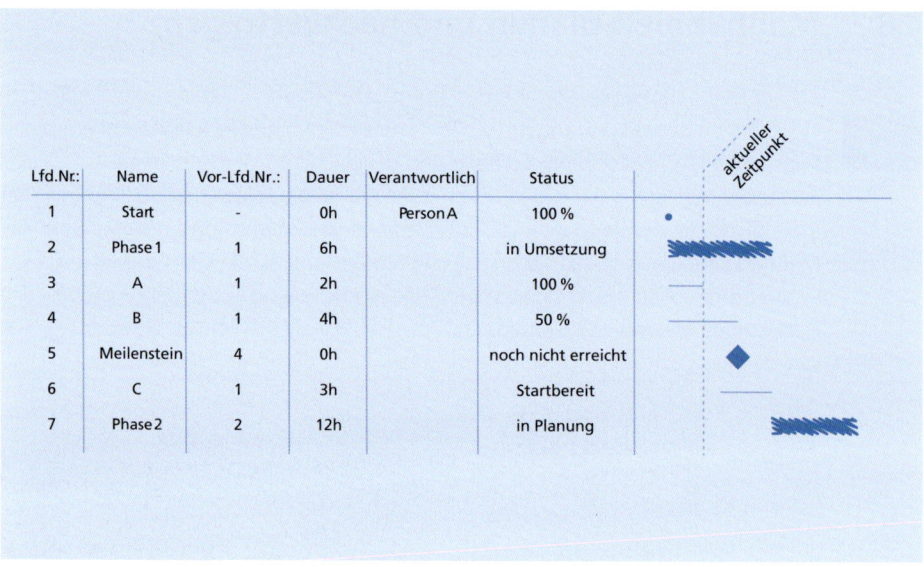

Bild 58:   *Schematische Handlungsplanung*

Bild 59:   Im Stab läuft die Planungsphase. Das für die Maßnahmenplanung zuständige Stabsmitglied moderiert die Besprechung und hält die Ergebnisse am Whiteboard fest. Die Planung setzt sich in der Nachverfolgung (Bild 60) fort.

4.8 Maßnahmen planen und nachverfolgen

der nachgeordneten Stellen (Ausführungssystem, ggf. operative Einheiten). Neben der reinen Überprüfung, ob Aufträge ausgeführt werden gilt auch der Grundsatz: »Gedachtes und Gesagtes ist noch lange nicht gemacht.« In der Praxis werden geplante Maßnahmen immer wieder für »quasi schon umgesetzt« gehalten. Die Gründe dafür sind vielfältig: Ressourcenengpässe, Warten auf Zuarbeit, verlorengegangene Informationen, zeitliche Vorstellungsprobleme oder schlichte Missverständnisse können zu auseinanderdriftenden Vorstellungen führen. Dem Instrument zur Kontrolle der veranlassten Maßnahmen kommt deswegen nicht nur in unübersichtlichen Situationen eine hohe Bedeutung zu.

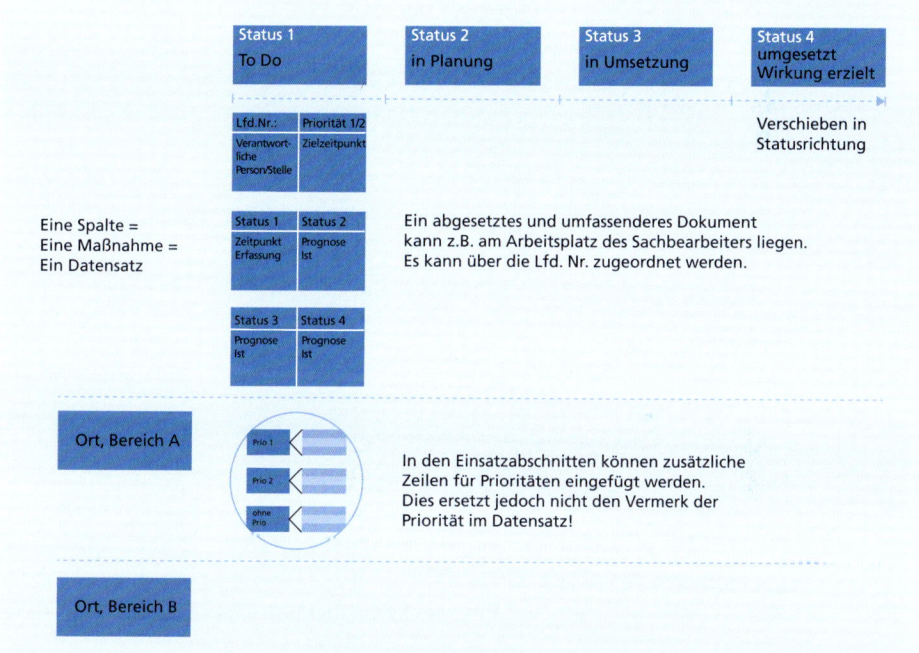

Bild 60: *Schema der Maßnahmennachverfolgung*

Maßnahmen werden eher als Steuerungsimpulse verstanden. Aufgaben werden eher als nach innen gerichtete Vorhaben z. B. für den Funktionsbereich verstanden. Die Nachverfolgung von beiden Typen kann auf einem Schreibblock, mit Metaplankarten oder in einer Tabellenkalkulation geführt werden. Es ist ratsam, im Alltag etablierte Projektwerkzeuge auch in der Stabsarbeit anzuwenden. Die Vorzüge bekannter Planungssoftwares oder auch einfach programmierten Tabellenkalkulationen im Vergleich zum Aufgabentracking auf einem Flipchart liegen klar auf der Hand. Auf solche Dokumente sollte von allen Stabsmitgliedern zugegriffen werden können, indem sie beispielweise in einer virtuellen Produktivitätsumgebung liegen. Selten rechtfertigt die Aufgabe der Nachverfolgung die Vorhaltung eines Vollzeitäquivalents, weswegen ein Stabsmitglied dies als Nebenaufgabe federführend wahrnehmen sollte. Dokumente für die Aufgabennachverfolgung können vorbereitend angelegt werden, so dass sie rasch an den Einsatz angepasst werden können.

Ob eine zentrale (als Querschnittsfunktion) oder dezentrale Nachverfolgung (bei den veranlassenden Stellen) geschickter ist, muss je nach Arbeitsweise und Inhalt beurteilt werden. Jedenfalls muss die Ebene passen. Persönliche Merker (»Um 13.05 Uhr muss ich kontrollieren, ob das draußen erledigt wurde«) und interne Aufgaben eines Funktionsbereiches (»Für die übernächste Lagebesprechung um 15:00 Uhr die Präsentation des Plans für Übermorgen erstellen«) sind für das restliche Team meist nicht relevant. Ob eine Maßnahme auf Ebene des Stabes nachverfolgt werden soll, kann anhand ihrer Tragweite für den Einsatzverlauf herausgearbeitet werden: Wenn die Maßnahme einen relevanten Beitrag leistet, einen wichtigen Impact erzeugen soll oder kritisch im Sinne eines K.-o.-Faktors ist, dann ist die für alle wahrnehmbare Nachverfolgung (verbal und/oder visuell) angebracht. Wenn die Maßnahme tatsächlich zentral und ausschlaggebend ist (Kernprozess) kann sie auch ins Dashboard aufgenommen werden.

Die Grenze zwischen »Kontrolle« als eigentliche Intention der Nachverfolgung und der »Dokumentation« wird häufig verwischt. Erfahrungsgemäß wird in Übungen vor allem im Bevölkerungsschutz immer wieder übermäßig viel Wert auf das Dokumentieren gelegt. Dabei gerät nicht selten aus dem Blick, dass es in Einsätzen um das Erzeugen von Wirkungen geht und nicht um die Verwaltung von Vorhaben. Um in Einsätzen die eigenen Ressourcen verhältnismäßig einsetzen zu können, muss in Trainings eine Sensibilität für die Erfordernisse entwickelt werden.

Um die Maßnahmennachverfolgung funktional und übersichtlich darstellen zu können, wird eine gewisse Routine benötigt. Folgende Tipps können hilfreich sein. Gleichwohl ob auf Papier oder digital, ist die Grundstruktur des Werkzeugs eine Tabelle. Diese sollte so strukturiert sein, dass sie sowohl für die Verwaltung des Ereignisses als auch für die Antizipation der möglichen Entwicklung genutzt werden kann. Auf Papier bilden Metaplankarten die Basis. Statusänderungen erfolgen, indem der Datensatz in die nächste Spalte verschoben wird. Der Datensatz muss die folgenden Attribute enthalten: Lfd. Nr., Name, Inhalt, Verantwortliche Person, Prognose/Ist für Status 1, 2, 3. Priorisierungen werden durch die Reihenfolge in den Spalten ausgedrückt. Farbige Metaplankarten sind für Priorisierungen ungeeignet, weil die Farben

4.8 Maßnahmen planen und nachverfolgen

Bild 61: *Die Maßnahmennachverfolgung wird elektronisch geführt. Das zuständige Stabsmitglied (hinten, am Laptop tippend) hat parallel zur Stabsarbeit erteilte Aufträge eigeninitiativ in die Nachverfolgung aufgenommen. In der dargestellten Planungsphase werden die geplanten Maßnahmen (rechtes Whiteboard) gemeinsam in die elektronische Nachverfolgung aufgenommen, die dafür am interaktiven Whiteboard eingeblendet wird.*

Lfd. Nr.	Name	Vor Lfd. Nr.	Dauer	Verantwortlich	Status
1	Lüftungsmaßnahmen durchführen		2h	ESS	1
2	Direkteinspeisung Schwefelsäure aus Lkw planen			Produktion und Verkauf	0,5
3	Presse-Statement erstellen			Kommunikation	1
4	Pressekonferenz vorbereiten	3		Kommunikation	0,75
5	Manuelle Überwachung Bypass einrichten		2h	Leitwarte	0

Bild 62: *Einfache Liste in einer Tabellenkalkulation zur Nachverfolgung der Umsetzung von Maßnahmen*

4 Werkzeuge der Stabsarbeit

bei Re-Priorisierungen nicht verändert werden können. Einsatzabschnitte, Teilprozesse oder andere Untergliederungen können ergänzend unterschieden werden.

Bild 62 zeigt eine Maßnahmenplanung, die während einem simulierten Ereignis durch einen Stab erstellt wurde. Die Namen der Maßnahmen sind als Aufträge formuliert (Nomen und Verb). Die Dauer der Aufgabenpakete ist mit angegeben, wobei der Vollständigkeit halber die Start- bzw. Zielzeiten ergänzt werden sollten. Da der Stab diese Tabelle allerdings nur zur Überwachung der Durchführung einsetzt und die eigentliche Planung mit einem Gantt-Diagramm am Whiteboard durchführt (▶ Kapitel 4.7.1), kann darauf verzichtet werden, weil die Verbindung zwischen diesen beiden Werkzeugen hergestellt werden kann.

4.9 Aufträge erteilen

In seinem Handeln wird der Stab wirksam. Je besser die Vorbereitung auf das Handeln war, desto besser wird wahrscheinlich das Handlungsergebnis werden. Der Auftragserteilung kommt deswegen eine hohe Bedeutung zu.

Manche Aufträge müssen rasch am Telefon erteilt werden und können nicht aufwändig verschriftlich werden. In diesem Fall soll eine nachträgliche Dokumentation z. B. als E-Mail erfolgen (»Wie im Telefonat besprochen ordere ich für euch…«). Aber auch außerhalb der Auftragserteilung ist eine interpretationsfreie Kommunikation wichtig. Bei solchen Fällen unterstützt das folgende Prüfschema (▶ Tabelle 20). Dabei gilt grundsätzlich, dass Fakten und Lage von der Bewertung und den Anweisungen getrennt gehalten werden sollen (separate Kanäle weil unterschiedliche Adressaten). Im Bevölkerungsschutz halten einige Organisationen Vorlagen für Aufträge vor (Einsatzauftrag, Marschbefehl).

Tabelle 20	Baustein	Inhalt/Ausformulierung
	Eigene Funktion	Mein Vorname, Name Meine Funktion im [Verwaltungsstab/Führungsstab/Notfallkoordinationsteam…]
	Einleitung	Ereignis Handlungsfeld
	Situation	Modus [Katastrophenalarm/Katastrophenvoralarm/Krisenmodus, …] Fakten (Was, wo, seit wann, bis wann, wie viel) Das Lagebild ist [vollständig/lückenhaft/dünn…]. Demensprechend ergeht dieser Auftrag in [Sicherheit/gewisser Unsicherheit].

4.9 Aufträge erteilen

Tabelle 20 – Fortsetzung

Baustein	Inhalt/Ausformulierung
Auftrag	<ul><li>Verfolgt wird das Ziel [...].</li><li>Hierzu müssen die Teilziele in folgender Reihenfolge erreicht werden [...].</li><li>Die Absicht ist [...].</li><li>Um dies zu erreichen erteile ich Ihnen folgenden Auftrag:</li><li>Ihre wesentliche Leistung ist [...].</li><li>Ihr Arbeitsort/Einsatzort ist [...].</li><li>Erbringen Sie den Auftrag bis [...].</li><li>Bringen Sie mit [...]</li><li>Welche speziellen Bedarfe haben Sie?</li></ul>
Auflagen, Bedingungen	Es ist zwingend [zu beachten/zu verwenden]:<ul><li>Mittel</li><li>Weg</li><li>Qualifikationen</li><li>Verhaltensanweisungen</li></ul>
Rückmeldung	Melden Sie sich zwingend mit einem Status [zu Zeitpunkt/bei erreichtem Meilenstein/bei erreichter Wirkung]. Geben Sie Ihre Rückmeldung [schriftlich/mit Bild/Kanal/an Stelle]. Geben Sie Ihre Rückmeldung auch dann ab, wenn sich aus Ihrer Sicht nichts verändert hat! Vermeiden Sie Missverständnisse nach oben, indem Sie vorhergehende Rückmeldungen nicht unverändert nochmals abgeben. Sie leisten somit einen Beitrag zu einem umfassenden und passenden Abbild der Situation.
Hintergrund	Was muss der Gegenüber wissen, damit er versteht, was ich will?<ul><li>Ursache</li><li>Zusammenhänge</li><li>Organigramm des Einsatzes</li><li>Bildmaterial, Kartenmaterial</li></ul>
Einschätzung	Prognose des Ereignisverlaufs Prognose der Wirkung der Maßnahmen
Bestätigung	Bestätigen Sie mir durch Wiederholung, was Sie verstanden haben und bestätigen Sie mir die Übernahme dieses Auftrags [mündlich/schriftlich] bis [Zeitpunkt]!
Abschluss	Meine Kontaktmöglichkeit (Telefon, Messenger, E-Mail, Fax) Kontaktmöglichkeit des Gegenübers (Telefon, Messenger, Mail, Fax)

4 Werkzeuge der Stabsarbeit

Zur Erteilung mancher Aufträge steht mehr Zeit zur Verfügung oder sie müssen sogar schriftlich übermittelt werden. Bei solchen Fällen unterstützt das folgende Formulierungsschema. Dabei gilt grundsätzlich, dass Aufträge so erteilt werden müssen, dass ihre Umsetzung und Wirkung nachverfolgt werden können. Von der Güte der Auftragserteilung hängt die spätere Qualität der Steuerung ab.

Tabelle 21

Baustein	Inhalt/Ausformulierung
Beauftragender	Von [Verwaltungsstab/Führungsstab/Notfallkoordinationsteam…] [Sachgebiet/Arbeitsbereich …] Ansprechpartner (Vorname, Name, Funktion) Kontaktmöglichkeit (Telefon, E-Mail, Fax) Datum, Uhrzeit der Beauftragung
Betreff	Ereignis Handlungsfeld
Situation	Modus [Katastrophenalarm/Katastrophenvoralarm/Krisenmodus, …] Fakten (Was, wo, seit wann, bis wann, wie viel) Das Lagebild ist [vollständig/lückenhaft/dünn/…]. Demensprechend ergeht dieser Auftrag in [Sicherheit/gewisser Unsicherheit].
Einheit	An [taktische Einheit/Organisationseinheit/Stelle/Person]
Auftrag	Verfolgt wird das Ziel […]. Hierzu müssen die Teilziele in folgender Reihenfolge erreicht werden […]. Die Absicht ist […]. Um dies zu erreichen, ergeht folgender Auftrag: • Bei Ressourcenanforderungen immer »Leistung« bestellen. • Was soll erreicht werden? (Positiver Zustand formulieren – kein Vermeidungsziel angeben!) • Wesentliche Leistung von Ihnen ist […]. • Wo soll der Auftrag erbracht werden? (z. B. Einsatzort, Arbeitsort, Treffpunkte, Kopplungspunkte, Adressen, Koordinaten, Routen, Unterbringung, Lagerflächen) • Bis wann soll der Auftrag erbracht werden? (z. B. Zeitpunkte, Zeiträume, Dauer) • Was ist mitzubringen? (z. B. Verbrauchsgüter und Verpflegung für bestimmten Zeitraum, Dinge des persönlichen Bedarfs) • Welche speziellen Bedarfe haben Sie? (genaue Beschreibung, Menge, Zeitpunkt/Zeitraum, Ort, Wiederholungsfrequenz)

Tabelle 21 – Fortsetzung

Baustein	Inhalt/Ausformulierung
Auflagen, Bedingungen	Es ist zwingend [zu beachten/zu verwenden]: • Mittel (was verwendet werden muss) • Weg (wie etwas ausgeführt werden muss) • Qualifikationen (was jemand können muss) • Verhaltensanweisungen (z. B. Umgang mit Medienanfragen, erwünschtes Verhalten in den sozialen Medien, parallel zu erhebende Informationen, Meldewege von Informationen)
Rückmeldung, Bericht	[Lagemeldungen/Berichte] müssen zwingend erstattet werden [zu Zeitpunkt/bei erreichtem Meilenstein/bei erreichter Wirkung]. [Lagemeldungen/Berichte] müssen erfolgen [schriftlich/mit Bild/Kanal/an Stelle]. Hinweis: Geben Sie Lagemeldungen auch dann ab, wenn sich aus Ihrer Sicht nichts verändert hat! Vermeiden Sie Missverständnisse nach oben, indem Sie vorhergehende Lagemeldungen nicht unverändert nochmals abgeben. Sie leisten somit einen Beitrag zu einem umfassenden Lagebild.
Hintergrund	Was muss der Gegenüber wissen, damit er versteht, was ich will? • Ursache • Zusammenhänge • Organigramm des Einsatzes • Bildmaterial, Kartenmaterial
Einschätzung	Prognose des Ereignisverlaufs Prognose der Wirkung der Maßnahmen
Bestätigung	Bestätigen Sie [schriftlich/mündlich] bis [Zeitpunkt] den Erhalt und die Übernahme dieses Auftrags!

4.10 Lagebesprechung und Arbeitsphasen

In Lagebesprechungen werden Informationen geteilt, es werden verteilte Aufgaben aus den Funktionsbereichen zusammengeführt und es wird mittels Entscheidungen Einfluss auf den Ereignisverlauf genommen. Besprechungen kommt als Führungsinstrument daher große Bedeutung zu. Methodisch gesehen dienen sie der Schaffung eines gemeinsamen Verständnisses im Team (das mentale Modell, ▶ Kapitel 3.1). Besprechungen umfassen Orientierungs-, Koordinierungs- und Entscheidungstätigkeiten. Daher und weil sie sinngemäß in der Mitte stehen, sind Besprechungen ein zentrales Werkzeug der Führung. In Besprechungen fallen

Informationsmanagement-, Führungs-, Team-, Kommunikations- sowie Wissens- und Lernprozesse zusammen. Dies untermauert ihre Bedeutung. Die Lagebesprechung ist eng mit dem Führungstakt verbunden (▶ Kapitel 4.2).

Aus kybernetischer Sicht sind Besprechungen Ausdruck von Homöostase, was so viel wie »Informationsausgleich« bedeutet. Daraus ergibt sich die Erkenntnis, dass sich während Arbeitsphasen (zwischen Besprechungen) »Ungleichgewichte« in Form von Informationsvorsprüngen und Informationsdefiziten ergeben. In der Stabsarbeit gilt es meistens, diese Ungleichgewichte auszuhalten (Ambiguitätstoleranz). In diesem Fall dürfen konsequenterweise in Lagebesprechungen keine »Animositäten« an den Tag gelegt werden, »weil man uns das nicht gesagt hat«. Wo keine Informationsgleichgewichte akzeptiert werden können oder wollen, muss das Wechselspiel aus Bring- und Holschuld beherrscht werden. Zwischen den Funktionsbereichen sollte es keine Geheimnisse geben. Wissen sollte offen ausgetauscht werden, sodass jeder die Möglichkeit hat, relevante Aspekte für seine Aufgabe erkennen zu können. Vor dem Hintergrund der Human Factors wird konstatiert, dass ein passendes mentales Modell von der Situation und ein korrektes Bild des internen Aufgabenzuschnitts eine gewisse »Sensibilität und Achtsamkeit« erzeugen, aus denen sich auch zwischen Lagebesprechungen auf Arbeitsebene ein Informationsausgleich ergeben kann. Lagebesprechungen dürfen also nicht als mechanisches Element verstanden werden. Auch in Arbeitsphasen (und somit zwischen formalisierten Besprechungen) darf und muss miteinander gesprochen werden.

Lagebesprechungen haben bei der Einsatzübernahme/beim Einstieg in die Stabsarbeit, bei Planungsaufgaben (eher strategisch, über längere Zeitabschnitte) und bei Koordinationsaufgaben (eher operativ, oft von Volatilität und Kurzfristigkeit geprägt) jeweils einen eigenen Charakter. Daher kann grob in Einstiegs-, Taktik- und Strategiebesprechungen unterschieden werden. Aus diesen Besprechungsarten ergeben sich Zielgruppen (grob: Strategen, Taktiker:innen) und somit »Kreise« oder »Zirkel«. Da die Aufgaben in diesen Themenfeldern unterschiedlich gelagert sind, bedarf es neben passender Entscheidungsmodelle (im strategischen Bereich eher analytisch, im taktischen Bereich eher begrenzt rational bzw. durch natürliche Entscheidungsprozesse) auch passender Besprechungsformen. Wo sich deswegen beispielsweise in einem Stab nach FwDV 100 zu Einsatzbeginn Koordination (hoher Betreuungsaufwand der Einsatzabschnitte) und Planung (z. B. Ausrichtung auf einen mehrtägigen Bergungseinsatz) überschneiden, müssen diese Aufgaben im Sachgebiet S3 in die Bereiche Planung und Operation getrennt werden. Diese Trennung führt zu unterschiedlich gelagerten Lagebesprechungen, an denen aufgrund der unterschiedlichen Bedarfe der Funktionsbereiche nicht per se alle Stabsmitglieder teilnehmen müssen. Allerdings muss dabei beachtet werden, dass es häufig sinnvoll ist, dass

4.10 Lagebesprechung und Arbeitsphasen

planende Personen nach Abschluss der Planung auch die Ausführung übernehmen. Entscheidend ist hierbei der Aufwand bzw. die Möglichkeit, mit der angefertigte Pläne intentionsgemäß zur Ausführung übergeben werden können. Der Einsatzcharakter, der Aufgabenzuschnitt und die aktuellen Bedarfe aus dem Einsatz bestimmen den Besprechungstyp. »Die Lagebesprechung« gibt es also nicht. Vielmehr gibt es »Besprechungen zum Einstieg«, »Besprechungen der Situation« und »Besprechungen zur Planung« die beide jeweils eher informativ-abgleichend-synchronisierenden oder entscheidend-einflussnehmenden Charakter haben können. Es obliegt der Stabsleitung, den Bedarf zu erkennen und die Besprechung entsprechend zu gestalten.

Lagebesprechung und Arbeitsphasen stehen in produktiver Wechselwirkung. Keinesfalls darf die Besprechung als lästig wahrgenommen werden, weil sie den »Flow« unterbricht. Sie muss vielmehr als Synchronisations-, Abgleichs- und Finalisierungsinstrument verstanden und als solches gestaltet werden. Bei Planungsaufgaben müssen Arbeitspakete (selbst) so geschnitten werden, dass sie im Zeitraum zwischen zwei Besprechungen leistbar sind – alternativ muss der Zeitraum angepasst werden. Bei Koordinationsaufgaben darf die Betreuung der Ansprechpersonen im Einsatz nicht einfach »unterbrochen« werden, weil dies quasi einem »Anhalten« der Führungsarbeit entspräche. Am Beispiel von Polizeieinsätzen ist regelmäßig zu sehen, dass Koordination und Besprechung gleichzeitig ablaufen können müssen. Dafür muss einerseits die Arbeitsteilung (z. B. Leader oder Gruppenleitung) und andererseits der Raumzuschnitt der Führungsbasis (Besprechungsraum/-zone für strategische Besprechungen) geeignet sein. Die Abläufe und die Führungsbasis stehen in Wechselwirkung, dürfen sich aber nicht gegenseitig beschränken. So dürfen fehlende räumliche Möglichkeiten keine Begründung dafür sein, dass strategische Lagebesprechungen von operativen (Dauer-)Arbeitsphasen nicht getrennt werden. Die Führungsbasis muss von den Abläufen her geplant werden. Würde für eine Lagebesprechung die Führungsarbeit gänzlich unterbrochen werden, würde strenggenommen gleichzeitig der Einsatz angehalten werden müssen. Weil dies nicht möglich ist, ergibt sich daraus das Erfordernis der Parallelität von Besprechung (nach innen im Stab) und Steuerung (nach außen Richtung Ausführungssystem).

»Gute Lagebesprechungen« sind die Königsdisziplin der Stabsarbeit. In der Praxis kann häufig beobachtet werden, dass die Lagebesprechungen »überraschend« kommen, weil niemand die Uhr im Blick behält oder Telefonate bis direkt zum Beginn der Besprechung geführt werden. Immer wieder haben Stabsleitungen keine Agenda, der vorgetragene Inhalt langweilt einzelne Stabsmitglieder, Detaildiskussionen dominieren und irgendwann löst sich die Besprechung auf, weil sowieso wieder jeder E-Mails schreibt. Solche Abläufe werden der Wichtigkeit der Lagebesprechung des Führungsinstruments nicht gerecht. Gute Lagebesprechungen entstehen nicht von alleine. Sie sind ein Teil der Stabskultur. Bei Stäben die überwiegend mit Berufstätigen der Mutterorganisation besetzt sind, wirkt sich erfahrungsgemäß die Besprechungskultur aus dem Alltag auf die Besprechungen im Einsatz aus. Bei Stäben mit überwiegend ehrenamtlicher Besetzung steht und fällt die Besprechungsqualität erfahrungsgemäß mit ihren Protagonisten und damit deren beruflichen Erfahrungen und persönlichen Moderationsfähigkeiten. Es obliegt den Leitungsfunktionen des Stabes, für eine gute Besprechungskultur zu sorgen.

Die Inhalte und Klarlisten dieses Abschnitts dürfen keinesfalls mechanisch abgearbeitet werden. Vielmehr sollen sie die Elemente von Besprechungen aufzeigen, um diese erkennen und verstehen zu können. Sie sollen dazu anleiten, flüssige Besprechungen führen zu können die mit fortschreitender Routine zu Agilität führen können.

Merke:
- Die Besprechung ist ein zentrales Führungsinstrument.
- Halte dich an den Stabsablauf: Er hilft beim Denken, Visualisieren, Lagebesprechen, Entscheiden, Handeln!
- Diagnostiziere den Besprechungsbedarf und wähle dazu die passenden Methoden aus! (Z. B. Problemeinstieg, Wissensabgleich, Strategieentwicklung, Entscheidung)
- Lasse Wissen offen fließen! Haben alle das richtige Bild im Kopf?
- Bereite dich auf die Lagebesprechung vor und reduziere Störfaktoren!
- Lagebesprechungen können informativ-abgleichend-synchronisierenden oder entscheidend-einflussnehmenden Charakter haben.
- Bei operativen Aufgabenteilen/bei Koordinationsaufgaben: Die Besprechung der Situation soll zu festen Abschnitten im Führungstakt stattfinden, um nachgelagert für Verlässlichkeit zu sorgen.
- Bei strategischen Aufgabenteilen/bei Planungsaufgaben: Arbeitspakete und Besprechungen zur Planung müssen sinnvolle Zeitabstände haben.
- Koordinationsaufgaben wie Einsatzabschnittsbetreuung können nicht einfach angehalten werden. An Lagebesprechungen müssen nicht alle Funktionsträger:innen teilnehmen sondern nur diejenigen, die den erforderlichen Überblick haben und deren Geschäft es erlaubt.

Die Vorbereitung entscheidet über die Qualität der Lagebesprechung. Diese müssen ein klares Ziel haben. Alle Teilnehmenden brauchen genügend Zeit, um ihren Beitrag vorbereiten zu können, wofür sich jede/r eine Vorbereitungszeit einplanen sollte. Klarlisten zur individuellen Vorbereitung der Stabsmitglieder sind eine gute Arbeits-

4.10 Lagebesprechung und Arbeitsphasen

hilfe. Die Stabsleitung sollte mit ausreichender Vorlaufzeit das Ziel, den Zeitpunkt und die Dauer der Besprechung festlegen. Bei Stäben, die nach einem Führungstakt arbeiten, sind diese eigentlich schon vorgegeben. In der Ablauforganisation (Stabdienstordnung, Führungskonzept) ist zu regeln, wie im Stab mit Problemen oder Anforderungen umgegangen wird, über die nicht auf Arbeitsebene befunden werden kann und vernünftigerweise nicht bis zur nächsten Besprechung warten können.

Die Vorstellung, dass die/der Stabsleiter:in nur »dasitzen und zuhören« müsse, ist selten zutreffend. Zumeist sind Lagebesprechungen harte gedankliche und moderatorische Arbeit. Die Stabsleitung sollte in der Besprechung keine Überraschungen erfahren. Nach Möglichkeit sollte die/der Stabsleiter:in bzw. in Stellvertretung die Assistenz vor der Besprechung bei jedem Funktionsbereich vorbeigehen und sich offen erkundigen, welche Themen und Fragen voraussichtlich angesprochen werden. Hierdurch werden einerseits die Stabsmitglieder nachdrücklich zur Besprechungsvorbereitung angehalten. Andererseits können kritische Punkte erkannt, Verbindungen zwischen Aspekten hergestellt und ggf. Funktionsbereiche zur Zusammenarbeit aufgefordert werden. Zur Führungsarbeit gehört auch, mit den Geführten zu sprechen. Insbesondere die Leitungsfunktionen sollten sich dazu anhalten zu überlegen, ob alle das Gleiche (das Relevante) wissen. In der Praxis lassen sich abweichende Informationsstände nicht immer ganz vermeiden – weswegen Lagebesprechungen ja eben auch gemacht werden.

Lagebesprechungen sollten stets dem gleichen Ablauf folgen, was aber nicht immer zweckmäßig ist und zum Entwicklungsstand des Einsatzes passen muss. Dies gibt den Teilnehmenden Sicherheit und schafft eine verlässliche Struktur. Die Einstiegsphase in einen Einsatz ist von der Situationserfassung, dem Problemverständnis, Kontaktaufnahmen und dem Organisieren geprägt. Nicht selten wird die Erstphase auch von Anlaufschwierigkeiten überlagert, was zu Zeitverzügen führen kann. Bis der Einsatz »läuft« und auf die nachfolgenden Routinen eingeschwenkt werden kann, sollten Besprechungen deswegen unbedingt Problem- bzw. Aufgabenbezogen aufgebaut werden. Erfahrungsgemäß sind zum Einstieg drei Besprechungen mit davor liegenden Arbeitsphasen erforderlich (Situation erfassen – Problem beschreiben. Ansätze entwickeln – Vorplanung erstellen. Entscheidungsreifen Plan entwickeln – Vorgehen verabschieden). Sobald die Führbarkeit hergestellt ist und die ersten Führungstakte abgelaufen sind, kann von themenbezogenen Besprechungen zu Routineformaten geschwenkt werden. So kann in einem aufgabenorientierten Stab wie nach FwDV 100 beispielsweise bei S2 zur Lage (und S5 zur Medienlage) begonnen, über S3 und S5 zu S4, S6 und S1 sowie zu Repräsentierenden gegangen werden (Lagebesprechung zur Information). Manchmal können zwei Runden notwendig sein, um zuerst über die Situation zu sprechen und anschließend über das weitere Vorgehen – was aber erfahrungsgemäß sehr lange dauert. In einem Ressortstab ist es sinnvoll, zuerst über die Situation zu sprechen, daraufhin Schlüsselressorts zu hören und anschließend entfernter beteiligte Ressorts aufzurufen. Auch dieser Modus ist sehr zeitaufwändig und es besteht die Gefahr abzuschweifen. Stringenter und daher manchmal sinnvoller ist in jederlei Art Stab ein problemorientiertes Vorgehen. Die Lagebesprechung folgt in diesem Fall dann einer (vorher zu erstellenden und zu verteilenden) Agenda und hat quasi automatisch das Ziel, über Lösungen zu befinden (Lagebesprechung zur Entscheidung). Dabei folgt die Besprechung quasi den Bedarfen des Einsatzes und zwingt nicht dem Sachverhalt eine Unterteilung auf. Moderatorinnen bzw. Moderatoren sind bei dieser Variante allerdings stärker gefordert.

Generell bietet der Stabsablauf aus ▶ Kapitel 4.1 eine gute Orientierung zur Entwicklung eines individuellen Besprechungsablaufs. In einem Einstieg wird das Ziel der Besprechung vorgestellt. Anschließend wird die Situation erläutert, analysiert, bewertet, beurteilt und in die Zukunft gedacht. Daraufhin wird in einer Beurteilung und Planung das weitere Vorgehen vorbereitet und darüber entschieden. Abschließend werden Aufgaben verteilt und der Status bereits vergebener Aufgaben überprüft. Bei diesem ablauforientieren Vorgehen sind die Funktionsbezeichnungen bzw. Namen der Stabsbereiche und somit die Position des Redebeitrages nicht automatisch ersichtlich, weswegen diese festgelegt werden müssen. Am Ende jeder Besprechung sollte es einen Raum für Fragen geben. Wenn möglich, sollte die Besprechung mit einem Auftrag an den gesamten Stab abschließen (▶ SMART-Regel, Kapitel 4.7). Genauso wie die Vorbereitung gehört auch die Nachbereitung zur Lagebesprechung. Dabei sollten insbesondere erteilte Arbeitsaufträge formuliert und in die Maßnahmennachverfolgung aufgenommen werden. Im Allgemeinen kann der Ablauf einer Lagebesprechung zur Information folgendermaßen zusammengefasst werden. Diese findet in der Regel in größerer Runde statt. Sie sollte die Stabsmitglieder unbedingt auf die Zukunft orientieren und durch grafisch aufbereitete Szenarien unterstützt werden.

- Vorbereitung durch Vorinformation durch die Stabsleitung
- Einsteigen: Art oder Ziel der Besprechung nennen
- Runde 1: Fakten/Lage, vor allem aber die Prognose
- Innehalten
- Runde 2: Beurteilen und Planen, Entscheidung treffen
- Abschluss: Zusammenfassen, Aufträge prüfen und erteilen
- Nachbereitung

4.10 Lagebesprechung und Arbeitsphasen

Der Ablauf einer Lagebesprechung zur Entscheidung ist allgemein deutlich fokussierter und blendet periphere Fragestellungen aus. Solche Besprechungen werden idealerweise durch tabellarische Entscheidungsvorlagen (Flipchart oder elektronisches Dokument) unterstützt. Sie müssen nicht zwangsweise im Sitzen am großen Lagetisch sattfinden, sondern können auch an Steh- oder Kartentischen abgehalten werden.

- Vorbereitung durch Aufforderung zur Optionsentwicklung durch die Stabsleitung
- Einsteigen: Problemfeld umreißen, Problem/Aufgabe benennen und Ziel der Besprechung ausgeben
- Runde 1: Optionen, Möglichkeiten, Folgewirkungen und künftige Entwicklungen
- Runde 2: Vor- und Nachteile, Abwägung
- Entschluss und Dokumentation desselben
- Abschluss: Aufträge erteilen
- Umsetzung

Grundsätzlich sollten lediglich Updates vorgetragen werden. Es ist keineswegs schlimm, wenn ein Stabsmitglied in einer Besprechung »nichts« zu sagen hat. Vorträge sollten unbedingt durch Visualisierungen unterstützt werden. Das fließende Übergehen zwischen projizierten Inhalten ist ein Merkmal guter Besprechungen und erfordert entsprechende Medientechnik und Bedienkompetenzen. Bereits gehörte oder gelesene Aspekte sorgen für Langeweile. Redebeiträge sollten wichtige Aspekte herausheben, wozu auch aufgestanden werden darf. Einsatzleiter:innen sollten die Besprechung nicht selbst leiten, damit sie/er sich auf das Gesprochene konzentrieren kann. Schließlich erfordert die Rolle das permanente Vorausdenken, um den Einsatz steuern zu können. Die/der Leiter:in des Stabes sollte daher die Besprechung leiten. Je nach Aufgabenzuschnitt oder Bezeichnung kann diese Rolle auch Moderator:in heißen. Diese Funktion hat zudem die erforderliche Distanz, die Besprechung aus einer übergeordneten Perspektive zu betrachten. Sobald sich ein Besprechungsbedarf andeutet, der für die Mehrheit des Stabes eher weniger relevant ist, sollte der jeweilige Themenpunkt in eine separate Besprechung oder eine Arbeitsgruppe aus der Lagebesprechung hinausverlagert werden. Je nach Besprechungsziel können verschiedene Methoden (Kreativitätstechniken, Präsentation vorbereiteter Inhalte, usw.) und Technologien (Videokonferenz, Anzeigegeräte, Visualisierungsmaterial) eingesetzt werden. Redebeiträge von Teilnehmenden via Videokonferenz müssen unbedingt fokussiert sein, weil dieser Kanal erfahrungsgemäß starke Konzentration erfordert.

Besprechungsteilnehmende sollten Telefone, Chats und Mailprogramme unbedingt stummschalten. Wo möglich können diese (ins Backoffice oder zu einer Mailbox) umgeleitet werden. Anrufe sollten nicht ins Leere laufen bzw. unbeantwortet bleiben. Bei Desktoptelefonen können Statusmeldungen wie »Lagebesprechung« eingestellt werden. Das Zuklappen von Laptops, um vermeintlich keine Ablenkung zu erfahren, hat sich mittlerweile verunmöglicht, da aus Besprechungen oft Aufgaben mitgenommen und diese zeitgleich am Computer notiert werden. Insgesamt ist während der Lagebesprechungen eine hohe Aufmerksamkeit notwendig, um die erforderliche Achtsamkeit für Themen im eigenen Verantwortungsbereich und für kritische Punkte erbringen zu können. Störfaktoren wie paralleles Essen, Nebengespräche oder Papiersortieren sollten unbedingt minimiert werden.

In der Praxis ist immer wieder zu beobachten, dass Lagebesprechungen angesetzt werden, ohne überhaupt den Bedarf und die Situation zu prüfen. Das kann dazu führen, dass gute Arbeitsflüsse unterbrochen werden. Bei Konferenzstäben, bei wenig volatilen Einsätzen bzw. bei einer problemorientierten Arbeitsweise müssen die Lagebesprechungen über den Arbeits- oder Kalendertag verteilt werden. Bezogen auf die deutsche Zeitzone und bei einem Ereignis, das sich Nachts weniger stark entwickelt, können etwa drei Besprechungen in den Bereichen 09:00 Uhr, 15:00 Uhr und 19:00 Uhr sinnvoll sein. Vor der ersten und nach der letzten Besprechung müssen vor- und nachgeordnete Stellen unbedingt die Möglichkeit zur Vor- und Nacharbeit haben, weswegen Randzeiten des Tageslichts bzw. des Arbeitstages für die erste und letzte Besprechung des höchsten Führungsorgans eher ungeeignet sind.

Bei Präsenzstäben, die nach dem Führungstakt arbeiten, ergeben sich die Zeitpunkte von Lagebesprechungen aus demselben. Je nach Ereignis kann die Einsatzführung zumindest phasenweise auch ohne Lagebesprechungen auskommen. Gerade in umfangreichen Planungsphasen oder in dynamischen Situationen kann eine Unterbrechung durch eine Besprechung sogar den Einsatzerfolg gefährden. In informationsarmen Phasen kann es geradezu lächerlich wirken, wenn man mechanisch zu Besprechungen aufgefordert wird, wenn es eigentlich nichts zu besprechen gibt. Damit das Führungsorgan auch ohne Besprechung funktioniert, müssen die Stabsmitglieder sehr sensibel auf die Belange der jeweils anderen Rollen eingestellt sein und proaktiv auf andere Sachgebiete zugehen. Zudem muss die Stabsleitung eine gewisse vernetzende Funktion ausüben. Praktisch gestaltet sich dies durch »Herumgehen« der Stabsleitung und/oder deren Assistenz im Raum zu den einzelnen Funktionen. Insgesamt sollte die Stabsleitung vom Ende her Denken und sicherstellen, dass alle das notwendige »Big Picture« vor Augen haben. Ob hierfür eine Lagebesprechung, eine Vernetzung zweier Funktionsträger:innen oder ein

4.10 Lagebesprechung und Arbeitsphasen

Informationstransfer durch Umhergehen der Stabsleiterin/des Stabsleiters die richtige Methode ist, kann nur situativ entschieden werden.

4.10.1 Generische Klarliste für Lagebesprechungen und Entscheidungen

Die folgende Klarliste kann Stäben von Einsatzorganisationen eine allgemeine Orientierung bei Lagebesprechungen, einschließlich des Entscheidens, bieten. Stäbe von Verwaltungen oder aus der Wirtschaft können die Prüfpunkte in den meisten Fällen mit wenigen Anpassungen übernehmen. Die Funktionsbereiche entsprechen der FwDV 100. Die Klarliste ist durch die gesamthafte lineare Darstellung sehr umfangreich. Sie ist generisch zu verstehen. In der Praxis werden Entscheidungen oft auch unter Einbindung der Stabs-/Einsatzleitung in abgesetzten Zirkeln vorbereitet, sodass die Klarliste auch in solchen Arbeitsgruppen angewendet werden kann. Die Klarlisten sind ausdrücklich als Hilfestellung zu verstehen. Es ist meistens nicht zielführend, sich ganz genau daran zu halten. Vielmehr lebt eine gute Lagebe-

Bild 63: *Lagebesprechungen müssen nicht zwingend im Sitzen stattfinden. Je nach Ziel der Besprechung (Fakten sammeln, Optionen entwickeln, Entscheidungen vorbereiten) und eingesetzten Methoden (Zuschaltung Dritter per Videokonferenz, Kreativitätstechniken) variieren die Arbeitspositionen. Dabei muss die allgemeine Gesprächsleitung jedoch klar bei der Moderatorin (stehend, rechts) liegen und die Aufmerksamkeit dem jeweiligen Redebeitrag gelten (in diesem Fall dem Leiter des Stabes, stehend links).*

sprechung von der methodischen Souveränität der Stabsleitung/der Moderation. Die Klarlisten sollen daher die methodischen Elemente einer Besprechung vermitteln.

Tabelle 22

Festlegen
Art der Lagebesprechung: • Besprechung zum Einstieg • Zur Information • Zur Entscheidung **Oder** Ziel der Lagebesprechung: • Informationsstände abgleichen • Analysieren und Bewerten der Lage, Probleme erkennen und verstehen • Prognostizieren des Ereignisverlaufs • Ziele und Optionen erkennen • Entscheidung treffen/vorher benanntes Problem oder bestimmte Aufgabe lösen • Ansätze für Arbeitsgruppen finden
Ankündigen
10 min vor der Lagebesprechung • Lagebesprechung ankündigen! • Ziel der Besprechung nennen (z. B. »Lagebesprechung zur Entscheidung bzgl. des Themas [...]«)! • Aufforderung sich mit der Klarliste auf die Lagebesprechung vorzubereiten (Sprechzettel, eigener Status)! • Aufforderung das Dashboard zu aktualisieren! • Als Stabsleitung bei den Teammitgliedern im Raum vorbeigehen und sich einen Überblick über die vorzubringenden Themen verschaffen!
Erste Runde: Fakten/Lage
1. Ziel der Lagebesprechung nennen: • Informationsstände abgleichen • Entscheidung vorbereiten • Entscheidung treffen • Handlungen vorbereiten Absicht formulieren (z. B. »Ich beabsichtige zum Thema [...] zu entscheiden«) Bezüge herstellen zwischen Dashoard und Redebeiträgen!

4.10 Lagebesprechung und Arbeitsphasen

Tabelle 22 – Fortsetzung

2. S2 (und ggf. S5 für Medienlage)
   - Update zur letzten Lage
   - Raum und Zeit
   - Schadenskonto und Schutzgüter
   - Wurden Hotspots, Ballungen, Zusammenhänge erkannt?
   - Gibt es ein Hauptproblem/eine gemeinsame Ursache für alle Probleme?
   - Wie wird sich die Lage kurz-/mittel- und langfristig weiterentwickeln?
   - Was ist der beste/schlechteste/wahrscheinlichste Fall wie sich die Lage entwickelt?

3. S3
   - Aktuelle Einsatzmaßnahmen
   - Geplante Einsatzmaßnahmen
   - Zu lösende Probleme/zu bekämpfende Gefahren
   - Relevante erledigte/offene Aufgaben
   - Welche Bedarfe gibt es in den Einsatzabschnitten?

4. S5
   - Welche Erwartungen werden in der Öffentlichkeit an den Stab gestellt?
   - Welche wesentlichen Informationen konnten über die sozialen Medien gewonnen werden?
   - Gibt es Selbsthilfebewegungen/Spontanhelfer?
   - Wenn es wichtige erledigte oder offene Aufträge gibt – welche?

5. S4
   - Welche Ressourcen stehen zur Verfügung?
   - Wo sind diese Ressourcen? Wie schnell können sie wo sein?
   - Welchen Status haben diese Ressourcen (angefragt/im Marsch/Bereitstellungsraum)?

6. S6
   - Wie ist der Einsatz organisiert?
   - Wenn es Probleme gibt – welche?
   - Wenn es wichtige erledigte oder offene Aufträge gibt – welche?

7. S1
   - Wenn es wichtige erledigte oder offene Aufträge gibt – welche?

8. Repräsentations-/Verbindungspersonen/Fachberater:innen
   - Update zur letzten Lage
   - Wenn es wichtige erledigte oder offene Aufträge gibt – welche?

Tabelle 22 – Fortsetzung

Zwischen erster und zweiter Runde: Innehalten
9. Meine Einschätzung: Wissen alle • das mindestens gemeinsam Notwendige? • das für sie Wichtige?
10. Was möchte ich in der zweiten Runde • fragen? • sagen? • zu bedenken geben?
Zweite Runde: Beurteilen und Planen
11. S2 • Was ist das Ziel? • Welche Optionen gibt es?
12. S3 • Was ist das Ziel? • Welche Optionen gibt es?
13. S5 • Was ist das Ziel? • Welche Optionen gibt es?
14. S6 • Was ist das Ziel? • Welche Optionen gibt es?
15. S4 • Was ist das Ziel? • Welche Optionen gibt es?
16. S1 • Was ist das Ziel? • Welche Optionen gibt es?
17. Repräsentations-/Verbindungspersonen/Fachberater:innen Was ist das Ziel? • Welche Optionen gibt es?
Zweite Runde: Zusammenfassen/Entscheidungsfähigkeit prüfen
18. Aus meiner Sicht: • Sind wir entscheidungsfähig. • Uns fehlt Folgendes: ___

4.10 Lagebesprechung und Arbeitsphasen

Tabelle 22 – Fortsetzung

Zweite Runde: Entscheidung

19. Selbstüberprüfung (»Wir haben nun alle verfügbaren Informationen gehört. Können wir auf dieser Basis die notwendigen Entscheidungen treffen?«)
20. S3:
    - Wie lautet die aktuelle Einsatzstrategie?
    - Was sind die nächsten Meilensteine?
    - Was sind die nächsten Unterziele?
    - Antrag zur Entscheidung abgeben!
    - Welche Optionen zur Handlung gibt es?
    - Welche Ressourcen würden dafür benötigt?
    - Welche Risiken/Chancen bzw. Vor- und Nachteile haben die einzelnen Optionen?
21. Sachgebiete:
    - Was spricht für/gegen die Entscheidung?

Zweite Runde: Innehalten

22. Im Geiste FOR-DEC denken!

Zweite Runde: Entscheidung treffen

23. Entscheidung gemäß Kompetenz treffen (»Wir entscheiden uns für ___, weil ___.
    Hiermit verfolgen wir das Ziel ___.
    Hieraus ergeben sich Aufträge für ___.«)

Zweite Runde: Weiteres Vorgehen festlegen

24. Müssen Arbeitsgruppen gebildet werden?
25. Wie ist der eigene Status jedes Sachgebiets/Fachberaters?
26. Können Ressourcen im Stab für kommende Aufgaben umverteilt werden?
27. Wortmeldungen
28. Nächste Lagebesprechung um ___.

Nachbereitung

29. Habe ich in der Lagebesprechung Aufträge erhalten?

4 Werkzeuge der Stabsarbeit

Bild 64: *In Trainings bietet sich das Innehalten in Form eines Rebriefings (strukturierte Zwischenbesprechung) unter Anleitung der Lehrperson nach einer Lagebesprechung an.*

4.10.2 Innehalten

Das Innehalten steht im Stabsablauf als Erinnerung für Reflexionen zu bestimmten Zeitpunkten. Es dient der Überprüfung der aktuellen oder abgeschlossenen Aufgaben. Aus Sicht der Teamarbeit bzw. der Human-Factors sind solche Momente sehr wichtig, um die gemeinsame Performance aufrecht zu erhalten. Im Crew Resource Management in der Medizin wird ein solches Innehalten auch als 10 Sekunden für 10 Minuten bezeichnet (Rall, Dieckmann und Hackstein, 2013). Dieser Punkt dient direkt der Führungsperson, was durch das entsprechende Signet an dieser Stelle verdeutlicht wird.

In der Stabsarbeit gibt es mehrere Möglichkeiten, um kurz innezuhalten. Jedes Stabsmitglied für sich kann reflektieren, ob es sich oder das Team noch auf dem richtigen Weg wähnt. Solche Pausen können gerade in Entscheidungssituationen wichtig sein. Wenn man das Gefühl hat, keinen »Gedanken fassen zu können«, helfen geistige Anker wie FOR-DEC oder ein Blick auf den Stabsablauf. Auch ein kurzes Aufstehen, ein Gang zur Toilette oder an die frische Luft können helfen. In Lagebesprechungen ist bereits das Nachfragen, um sicherzustellen, dass man ein Thema richtig verstanden hat, eine Form des Innehaltens. In Trainings sind Rebriefings zu besonderen Zeitpunkten eine umfassendere Form des Innehaltens. Dabei werden

4.10 Lagebesprechung und Arbeitsphasen

durch die Lehrperson mit einer strukturierten Nachbesprechung beispielsweise Missverständnisse aufgedeckt oder strategische Überlegungen angestoßen. Immer wieder treten auch fachliche Meinungsverschiedenheiten auf, die zu Spannungen im Team führen. Solche Situationen können auch durch Innehalten gelöst werden. Schichtwechsel stellen das wohl umfangreichste Innehalten dar. Dabei sollte zwar nicht der Output aus dem Stab zum Stillstand kommen, aber dennoch wird die Produktivität zur Übergabe von Wissen und Verantwortung an die nachfolgende Person zwangsläufig abnehmen. Nach dem Abschluss des Einsatzes sollte ein letztes Innehalten stehen, um die Arbeit aus unterschiedlichen Perspektiven zu reflektieren und mögliche Lessons Learned abzuleiten (für das Team, für das Führungssystem, für den Einsatz).

4.10.3 Führen durch Fragen

Vermutlich hat jede/r Leser:in schon einmal die allgemeine Erfahrung gemacht, dass Besprechungen ineffizient und uneffektiv sein können. Im Bereich der Einsatzführung können v. a. das »Ausufern« (zeitliche Dauer) und eine »mangelnde Orientierung nach vorne« (Zentrierung der Wirkung) problematisch sein. Mit Ge-

Bild 65: *Eine praktisch gelebte Möglichkeit des Innehaltens in Einsätzen ist das Aufzeigen mit der Hand und das Nachfragen, ob man eine Sache richtig verstanden habe (Moderatorin vorne rechts mit erhobener Hand).*

sprächsführungstechniken lassen sich Besprechungen lenken und die Ergebnisse dadurch verbessern. Durch eine entsprechende Fragetechnik kann ferner der in der »Logik des Misslingens« (Dörner, 2003) erkannten Wichtigkeit einer kritischen Grundhaltung gegenüber der eigenen mentalen Vorstellung vom Problem und dem damit einhergehenden Erfordernis eines permanenten Hinterfragens begegnet werden. Mit hierdurch werden die Grundsätze der Stabsarbeit gelebt, was durch das entsprechende Signet an dieser Stelle verdeutlicht wird.

Eine kritisch-konstruktive Grundhaltung entsteht nicht von alleine. Einerseits scheint sie über gewisse Attitüden bei manchen Personen prädispositiv (angelegt) zu sein. Andererseits kann sie erfahrungsgemäß Bestandteil einer Organisationskultur sein. Sie kann durch Verhaltenstraining gefördert werden. Hierzu wurden mit spielerischen Ansätzen (Gamification) in Trainings von Führungspersonen gute Erfahrungen gemacht, indem in Einsatzsimulationen Ratespiele, Suchspiele oder Rätselelemente eingebaut wurden. Beispielsweise kann es gelten, in einer Simulation anhand versteckter Hinweise in Lagemeldungen, anhand von Indikatoren oder Berechnungen rückwärts darauf zu schließen, was die Ereignisursache sein könnte. Mit solchen spielerischen Ermittlungsaufgaben können »passive Informationskonsumhaltungen« oder »abwartende Haltungen bis man gefragt werde«, die in Übungen immer wieder beobachtet werden können, ein stückweit vermieden werden. Über das dadurch erzeugte Mitdenken kann wiederum zu einer kritischen Haltung angeregt werden. Das Führen durch Fragen kann das Hinterfragen der Situation ebenso fördern.

Passgenaue Zwischenfragen sind ein geeignetes Mittel um Besprechungen bezüglich folgender Schwierigkeiten zu verbessern. Redebeiträge sind nicht immer fokussiert, was beide Probleme (Zeit, Wirkung) tangiert. Dazu kommt, dass die Mitglieder eines Stabes einschließlich der Leitungsfunktionen stets zum Vorausdenken angeregt werden/sich zum Vorausdenken anregen müssen. Daran schließt an, dass Stabsmitglieder aufgrund ihres funktionsbezogenen Fokus nicht immer das aus übergeordneter Sicht Relevante im Blick haben können. Manchmal drückt man sich auch mangels Vokabular unpräzise aus. In all diesen Fällen bedarf es einer Technik, um die Lagebesprechung, das Gespräch zwischen zwei Personen oder das Denken einer Arbeitsgruppe in die richtige Richtung zu lenken oder das Gedachte in der erforderlichen Präzision auszudrücken. Solche Hinweise müssen kollegial sein und sollen die Ausführungen des Sprechers/der Sprecherin idealerweise so in die relevante Richtung lenken, dass dies in der Situation nicht bemerkt wird, aber anschließend in kleinem Kreis reflektiert werden kann.

4.10 Lagebesprechung und Arbeitsphasen

Bei der Erarbeitung von Zeitvorteilen sind die dafür zu erbringenden Denkleistungen erfahrungsgemäß immer wieder herausfordernd. Um die Orientierung »nach vorne« zu fördern oder das Team (beispielsweise des S2 bzw. einer Arbeitsgruppe die sich mit Vorhersagen beschäftigt) »zum Denken anzuregen«, eignen sich die Fragetechniken genauso.

Um Lagebesprechungen bzw. generell Besprechungen im Kernbereich der Einsatzführung hinsichtlich der Effizienz zu verbessern und die zu erzielende Wirkung zu zentrieren, eignen sich folgende Fragen. Diese können beliebig oft kombiniert werden, bis der gewünschte Sachverhalt (»das Relevante/die Bedeutung«) herausgearbeitet ist. In Anlehnung an die allgemein bekannte 5-W-Methode aus dem Qualitätsmanagement kann der Zusammenhang zwischen Ursache und Wirkung bzw. die Bedeutung des Faktums für die Einsatzführung bestimmt werden. Damit kann die Beratungsleistung des Stabes eingefordert werden, weswegen sich die Fragen unmittelbar auf die vierte Führungsleistung beziehen (Erbringung eines Rats). Die Bausteine ähneln sich teilweise (Paraphrasen). Für beharrliches Nachfragen müssen sie variiert werden. Die drei ersten Fragen sind zusammengenommen ein recht wirkungsvolles Instrument, um Zeitvorteile zu erarbeiten und zu Gefahrenanalysen anzuregen.

- Wann ist die Gefahr wo? Wann treffen Gefahr und Schutzgut aufeinander? Wann wird die Zeit zum Risikofaktor/zum Problem?
- Was muss bis wann getan sein, um die Gefahr abzuwehren?
- Kann die Gefahr abgewehrt werden oder muss das Schutzgut aus dem Gefahrenbereich verbracht werden?
- Was bedeutet das?
- Was folgt daraus?
- Wie wirkt sich das auf […] aus? Welche Folgewirkungen hat es? Welche Wechselwirkungen hat es? Was hängt damit noch zusammen?
- Was ist daran kritisch?
- Was ist der kritische Pfad? Wie können wir diesen unterbrechen? Welchen Hebel gibt es? Wie können wir daran ansetzen?
- Wann wird es so weit sein (Zeitpunkt, nicht Dauer)?
- Wie viel Zeit bleibt uns noch?
- Wie lange dauert das in der Umsetzung? Wann wird das wirksam?
- Baut sich etwas auf? Entwickelt sich etwas?
- Wann ist es zu spät? Wann muss damit begonnen sein?
- Wer kann dabei helfen? Wer kann uns dazu etwas sagen?
- Haben wir eine persönliche Verbindung (Standleitung) dorthin? Kennen wir dort jemanden?

- Wie ist die Auslastung – haben wir noch Reserven oder sind wir bereits überlastet? Wie ist die Tendenz – zunehmend oder abnehmend?
- Was sind kritische Schwellen? Was sind Schwellenwerte?
- Wann geht der Vorrat aus? Wann wird es zu viel?
- Was wird bis wann wo benötigt? Bei wem kann man sich melden?
- Wer oder was ist besonders betroffen? Was ist besondere Betroffenheit genau – in dem Sinne, dass es für uns relevant ist?
- Was ist das Wichtigste?
- Was wird gefährlich?
- Wir dürfen nichts dem Zufall überlassen. Was kann passieren? Welche Konstellation kann eintreten? Was oder wer könnte den Plan (evtl. aus guter Absicht) durchkreuzen?
- Wie wird es wohl weitergehen?
- Was passiert wann im besten und im schlechtesten Fall?
- Woran haben wir noch nicht gedacht?
- Geht es wirklich darum, was wir glauben? Geht es eigentlich um etwas ganz anderes oder um viel mehr?
- Ist das wirklich so?
- Was ist, wenn es doppelt oder dreifach so schlimm wird?
- Wie sicher ist das? Welche Unsicherheiten gibt es dabei?
- Das kann ich mir nicht vorstellen. Zeichne es mir auf!
- Wie ist das Bild im Kopf? Haben wir die gleiche Vorstellung?
- Das ist mir zu komplex und zu verschachtelt. Stell es mir als einfache Grafik dar!
- Was schlagen Sie vor? Was raten Sie mir? Was sollten wir nicht tun? Was sollten wir tun?
- Ich vertraue dir und stehe bei Fehlern, die dir passieren, hinter dir. Sag mir bei Ratschlägen immer auch mit dazu, was dagegen spricht! Was also spricht dafür und was dagegen?

5 Führungssystem auf fachliche Anforderungen ausrichten

In diesem Kapitel wird die Erwartungshorizont-Methode vorgestellt. Sie dient im Kern dazu, die erforderliche fachliche Leistungsfähigkeit in Form von »Fachlichen Fähigkeiten« und von »Geschäftsprozessen« (▶ Bild 4) zu ermitteln, über die das Personal einer vorzuhaltenden Führungsunit verfügen muss, um bei der Aufbietung zu konkreten Einsätzen die erforderlichen Führungsleistungen aus inhaltlicher Sicht erbringen zu können. Der Erwartungshorizont beschreibt, was das Führungssystem fachlich leisten können muss. Der damit implizierte Ansatz wird durch das Signet der Führungsbasis verdeutlicht.

Mittelbar können mit der Erwartungshorizont-Methode auch Erkenntnisse gewonnen werden, die der kapazitiven Ausrichtung des vorzuhaltenden Führungssystems auf das Einsatzspektrum dienen können. Die Erwartungshorizont-Methode steht für einen analytischen Ansatz und kann im weitesten Sinne mit einer Art Risikoanalyse verglichen werden, aber sie kann Risikoanalysen wie nach Arbeitshilfen des BBK oder nach ISO 31000 nicht ersetzen. Dieses Kapitel stellt ein stückweit die Verbindung zwischen Führungskunde und Einsatzkunde her (▶ Bild 3).

Der Erwartungshorizont beschreibt diejenigen Ereignisse und typischen Aufgaben, mit denen eine Führungsunit »rechnen« muss. Durch die Beschreibung dessen, was fachlich-inhaltlich erwartet wird kann abgeleitet werden, was in Folge geleistet werden muss. Damit wird buchstäblich der Horizont des Erwarteten abgesteckt (Erwartung i. S. dessen, was kommen kann und Erwartung i. S. dessen, was erbracht werden soll). Das innerhalb dieses Horizonts Liegende beschreibt somit das Leistungsspektrum. Anhand dieses Spektrums kann das Führungssystem bemessen, konstituiert und trainiert werden. Der Horizont ist damit Teil der Ausrichtung. Wie weit er gefasst wird bzw. die Festlegung worauf sich (gerade nicht mehr) vorbereitet wird, berührt die Policy z. B. von Krisenmanagementsystemen. Die Entwicklung des Erwartungshorizonts muss daher mit Vertretern aus der Fach- und der Leitungsebene der Mutterorganisation erfolgen.

Im Folgenden wird ein Verfahren vorgestellt, wie ein Erwartungshorizont entwickelt werden kann und wie daraus Inhalte für Trainings abgeleitet werden können. Der Fokus obliegt dem Training, weswegen kapazitive, technologische und organisatorische Aspekte nicht betrachtet werden.

5 Führungssystem auf fachliche Anforderungen ausrichten

```
        Überprüfung der              Definiton von
        fachlichen und           Schutzzielen, Kontinuitäts-
        organspezifischen        zielen und zu
        Leistungsfähigkeit des   erwartenden Szenarien
        Führungssystems          (Ursachen und
        (Review, Audit, Übung,   Auswirkungen)
        Einsatz)

                                  Definiton der
  (Weiter-)Entwicklung des         Erwartungen an den Stab in
  Führungssystems gemäß den        Form der fachlichen
  definierten Anforderungen        Leistungsfähigkeit
                                   (zu erbringende Aufgaben)

                Ableitung eines
                Anforderungska-
                talogs an die Fähigkeiten
                des Führungssystems
                (organisatorische,
                technische / technologische,
                methodische und
                personelle
                Voraussetzungen)
```

Bild 66: *Vorgehen zur kontinuierlichen Überprüfung und Verbesserung der Leistungsfähigkeit des Führungssystems*

Merke:
- Entwickle das Führungssystem so, dass es zu erwartende Ereignisse und typische Aufgaben bewältigen kann!
- Der Anforderungskatalog an das Führungssystem beschreibt die fachliche Leistungsfähigkeit des Führungssystems bzw. des Stabes.
- Überprüfe die fachliche Leistungsfähigkeit des Führungssystems regelmäßig und verbessere es mit diesen Erkenntnissen kontinuierlich weiter!

Zur Entwicklung des Erwartungshorizonts eignet sich ein moderierter Workshop. Wichtige Teilnehmer sind einerseits Vertreter der Schlüsselbereiche der Mutterorganisation mit ihrem Fachwissen sowie Mitglieder der im Führungssystem vorgesehenen Organe (über alle Führungsebenen). Andererseits sollten unbedingt auch Verantwortungsträger aus der Organisationsleitung teilnehmen. Erfahrungsgemäß haben derartige Workshops einen hohen Sensibilisierungseffekt, es werden Netzwerke aufgebaut und es kann aus den unterschiedlichen Perspektiven gelernt werden.

▶ Bild 66 visualisiert das Verfahren, welches im Folgenden detailliert beschrieben wird. Es folgt üblichen PDCA-Zyklen. Grundlegend ist es notwendig, Szenarien zu definieren. Diese beschreiben, welche Ereignisse zu erwarten sind. Wie hoch ihre Eintrittswahrscheinlichkeiten sind, ist für die vorliegende Fragestellung unrelevant. Die Definition dieser Szenarien kann in mehreren Schritten erfolgen. Am Beginn stehen die Identifikation und Gliederung der Schutzgüter, Schutzziele und Kontinuitätsziele. Diese lassen sich meist in fünf bis zehn Punkten zusammenfassen. Im nächsten Schritt ist Kreativität gefragt. Alle plausibel erscheinenden Ereignisse, welche die Schutz- und Kontinuitätsziele in Frage stellen können, müssen identifiziert werden. Dabei müssen unbedingt die gängigen Regeln der Anwendung von Kreativitätstechniken gelten: Kein Ereignis soll von Beginn an als unrealistisch und irrelevant ausgeschlossen werden. Wenn die Kausalketten stimmen, dann ist das Ereignis plausibel – egal wie hoch die Eintrittswahrscheinlichkeit ist. Schließlich geht es bei diesem Verfahren darum, die fachliche Leistungsfähigkeit des Führungssystems festzulegen, die sich eher an den Auswirkungen und weniger an der Häufigkeit des einzelnen Ereignisses bemisst.

Im nächsten Schritt werden die plausiblen Ereignisse in Szenarien beschrieben. Umfang und Art des ausformulieren Szenarios hängen dabei von deren Komplexität ab. So eignen sich bei soziologischen Szenarien eher qualitative Beschreibungen in natürlicher Sprache und in technischen Kontexten auch Szenarien in logischer Sprache. In allen Fällen ist es notwendig, die Auswirkungen in erster, zweiter und dritter Folge mit den bedrohten Schutz- und Kontinuitätszielen und den Ereignisursachen zu verknüpfen. Die abschließende Gliederung als Fehlerbaum kann deduktiv diejenigen Ereignisse aufzeigen, die zu gleichen bzw. ähnlichen Auswirkungen führen. Diese zu erwartenden Auswirkungen beschreiben zusammenfassend das Set, das das Führungssystem bewältigen können muss. Die Auswirkungskaskade kann erfahrungsgemäß im Katastrophenschutz eher oberflächlich behandelt werden. Bei Wirtschaftsorganisationen, wo gleichzeitig Prozesse gehärtet werden sollen, ist eine detaillierte Betrachtung gewinnbringend.

5 Führungssystem auf fachliche Anforderungen ausrichten

In einem weiteren Schritt werden von allen zu erwartenden Auswirkungen die für derartige Fälle typische Aufgaben und zu erzielenden Wirkungen abgeleitet, die in diesen Fällen durch das Führungssystem herbeigeführt werden müssen. Hierdurch werden gleichermaßen die Leistungen beschrieben, die das Führungssystem erbringen können muss (quasi: die Führungsleistung Nr. 4). Erfahrungsgemäß können sich einzelne Aufgaben dabei auf mehrere Auswirkungen beziehen. Die Anzahl der typischen Aufgaben bleibt daher in der Regel übersichtlich. Die typischen Aufgaben bilden insgesamt das fachlich-organisationsspezifische Profil ab, welches die Führungsunit bei der Aufbietung erbringen können muss.

Anschließend werden aus den Szenarien und den Aufgaben die Anforderungen an die Elemente des vollständigen Führungssystems abgeleitet. Hierdurch wird ein Anforderungskatalog an das Führungssystem entwickelt. In diesem wird klar beschrieben, welche Fähigkeiten in Form von organisatorischen, technischen/technologischen und personellen Voraussetzungen gegeben sein müssen, damit das Führungssystem (▶ Bild 5) die gestellten Erwartungen überhaupt erfüllen kann. Am Beispiel eines fiktiven Verwaltungs-/Krisenstabes einer unteren Katastrophenschutzbehörde könnte das Szenario mit seinen Anforderungen an die Krisenorganisation der unteren Katastrophenschutzbehörde verkürzt lauten:

»Durch einen mehrtägigen flächigen Stromausfall bei winterlicher Witterung über die Weihnachtsfeiertage und Neujahr sind im Landkreis und zwei Nachbarlandkreisen die zivilen Strukturen des Lebens und der öffentlichen Daseinsvorsorge katastrophal eingeschränkt (Szenario). Vom Verwaltungsstab/Krisenstab wird erwartet, die Lage richtig einzuschätzen und eine Strategie zur Bewältigung zu entwickeln (abstrakte methodische Erwartungen). Dabei muss der Stab selbst funktionsfähig bleiben (Erwartungen an Lage, Ausstattung und Versorgung des Stabsraums sowie an die Personalverfügbarkeit). Das Verwaltungshandeln muss zentral geführt werden können (Erwartungen an das Kommunikationssystem zwischen oberen und unteren Behörden sowie das Vermögen der Verwaltung, im Katastrophenmodus agieren zu können). Der Stab muss in der Lage sein, den Erhalt der Funktionsfähigkeit der lebenswichtigen Einrichtungen und Anlagen zu steuern (Erwartungen an das Niveau der Erfüllung von Schutz- und Kontinuitätszielen). Hierunter fällt beispielsweise die Sicherstellung der Versorgung mit relevanten Gütern eines zentralen Klinikums, der Grundversorgung mit einem dezentralen Rettungsdienst mit einer Hilfsfrist möglichst nahe am Normalbetrieb, der Betrieb von kreiseigenen Unterbringungen von Schutzbedürftigen usw. (operationalisierte Erwartung).«

Die angeführte Erwartung des Klinik- und Rettungsdienstbetriebes wurde in diesem Beispiel bereits operationalisiert. Das bedeutet, dass sie schon relativ konkret in einen Auftrag übersetzt wurde, der einer nachgeordneten Stelle erteilt werden kann. Es gilt in einem weiteren Schritt, das Führungssystem anhand des Anforderungskataloges (weiter) zu entwickeln. Bezogen auf ein Trainingskonzept für eine Führungsunit bedeutet dies konkret, die Anforderungen in Kompetenzziele zu übersetzen.

Der gesamte entwickelte Erwartungshorizont sollte von der Organisationsleitung mindestens zur Kenntnis genommen werden. Idealerweise bilden die bis hierher erarbeiteten Ergebnisse sogar die Grundlage einer verabschiedeten Strategie. In entsprechendem zeitlichen Abstand kann die Leistungsfähigkeit des Führungssystems bezüglich entwickelter Fähigkeiten überprüft werden. Dieses Vorgehen kann in regelmäßigen Abständen wiederholt werden und steht damit für einen wesentlichen Teil eines kontinuierlichen Verbesserungsprozesses.

5.1 Architektur des Führungssystems auf mögliche Ereignisse ausrichten

Die Zuständigkeiten der unterschiedlichen Organe/Ebenen eines Führungssystems werden in der Praxis anhand der Auswirkungen von Ereignissen unterschieden. Im Folgenden werden die verschiedenen Ebenen der Architektur als struktureller Aufbau des Führungssystems aus Sicht der Abgrenzung zwischen den erforderlichen Fähigkeiten der Ebenen bzw. Organe/Ebenen betrachtet. Die gemeinsame Einordnung von Begriffen aus dem Bereich von Einsatzorganisationen und des Business Continuity Management bleibt dabei in manchen Punkten leider im Unscharfen. Dennoch können Organisationen, in denen bislang noch keine Eskalationsmatrix eingeführt wurde, Ansätze aus der Unterscheidung gewinnen. In der nachfolgenden ▶ Tabelle 23 werden die Abgrenzungen zusammenfassend dargestellt. Die dreifache Unterscheidung ist relativ grob. Sie berücksichtigt nicht die Schwere aus Sicht des Zielsystems, sondern blickt von der Bewältigung her auf das Ereignis (quasi: Eignung der Organe/Ebenen). Für eine tiefergehende Betrachtung empfiehlt sich eine Nomenklatur, welche von der Auslenkung des Zielsystems ausgeht um mit zum Ausdruck zu bringen, dass Ereignisschweren vom Zielsystem abhängen und nicht von der Bewältigung. Hierauf wird in der Theorie der wirksamen Einsatzführung eingegangen.

5 Führungssystem auf fachliche Anforderungen ausrichten

Tabelle 23: *Abgrenzung der Begriffe von Störung, Notfall und Krise in der Architektur des Führungssystems aus Sicht der Fähigkeiten der Ebenen bzw. der Organe*

	Merkmale der Ereignisse	Eignung der Fähigkeit der Führungsebenen	Beispiel für ein Ereignis
Störung	Beeinträchtigt den Geschäftsablauf nicht wesentlich.	Die Fähigkeiten der Alltagsorganisation reichen für die Bewältigung aus.	Der Ausfall einer Ampelanlage an einer vielbefahrenen Kreuzung kann mit den vorhandenen Ressourcen und mit Standardverfahren behoben werden. Der Störungsdienst kümmert sich im Laufe des Tages um das Problem.
Notfall	Ausmaß des Ereignisses und Gegenmaßnahmen können vorhergesehen werden. Der Zeitpunkt kann nicht vorhergesehen werden.	Standardmaßnahmen können festgelegt werden und reichen überwiegend aus. Die Ressourcen der Organisation reichen zumeist aus. Untere und mittlere Ebenen im Führungssystem bzw. der der Allgemeinen Aufbauorganisation können das Ereignis bewältigen.	Der Brand eines Zimmers im zweiten Obergeschoss eines Wohnhauses ist in Deutschland ein Standardszenario für die Bemessung für die Leistungsfähigkeit von Feuerwehren. Der Zeitpunkt des Eintretens ist jedoch unklar. Die Feuerwehr bewältigt den Einsatz mittels standardisierter taktischer Vorgehensweisen auf einer mittleren Führungsebene.

5.1 Architektur des Führungssystems auf mögliche Ereignisse ausrichten

Tabelle 23: *Abgrenzung der Begriffe von Störung, Notfall und Krise in der Architektur des Führungssystems aus Sicht der Fähigkeiten der Ebenen bzw. der Organe (Fortsetzung)*

	Merkmale der Ereignisse	Eignung der Fähigkeit der Führungsebenen	Beispiel für ein Ereignis
Krise	Ausmaß des Ereignisses, Gegenmaßnahmen und Zeitpunkt können nicht vorhergesehen werden. Es können lediglich grob die betroffenen Ressourcen und die Auswirkung auf Schutz- und Kontinuitätsziele vorhergesagt werden.	Stark erhöhter Koordinierungsaufwand Standardmaßnahmen und vorhandene Ressourcen können nicht mehr ausreichend sein. Untere und mittlere Ebenen im Führungssystem bzw. die Allgemeine Aufbauorganisation erreichen nicht die erforderlichen Verarbeitungskapazitäten oder Befugnisse fehlen. Bewältigung in einer besonderen Aufbauorganisation	Die IT, das Personal, ein Dienstleister oder die Infrastruktur eines Unternehmens fallen in einem so hohen Ausmaß aus, dass die Fortführung des Geschäfts erfolgskritisch gefährdet wird. Die Aufgabe der Ereignisbewältigung wird aus der Allgemeinen Aufbauorganisation an den Krisenstab übergeben.

Ereignisse oder engl. »incidents« sind allgemein-neutrale Bezeichnungen. Störungen werden als trivialste Art von Ereignissen verstanden, die ohne größere Auswirkungen bleiben. Notfälle werden an dieser Stelle als Ereignisse verstanden, deren Ausmaß und Gegenmaßnahmen vorhergesehen werden können, wobei der Zeitpunkt des Eintritts unklar ist. Man kann sich einigermaßen gut auf sie vorbereiten, indem Standardmaßnahmen definiert werden. Diese werden oft als Standardeinsatzkonzepte, SOPs, Notfallpläne oder Maßnahmenpläne bezeichnet. Kennzeichnend ist, dass diese Standardmaßnahmen und vorhandene Ressourcen zumeist ausreichen. Derartige Standardmaßnahmen können auch in Notfällen und Krisen eine gewisse Handlungsvorbereitung sein und definieren zudem klare Aufgaben, die durchzuführen sind. Für Notfälle sind allgemein eher untere und mittlere Ebenen im Führungssystem in der Alltagsorganisation bzw. Allgemeinen Aufbauorganisation zuständig, weil deren Fähigkeiten zumeist ausreichend sind. Krisen werden als Ereignisse verstanden, bei denen weder Ausmaß, Gegenmaßnahmen oder der

Zeitpunkt vorhergesehen werden können. Es können lediglich die betroffenen Ressourcen und die Auswirkung auf Schutz- und Kontinuitätsziele grob vorhergesehen werden. Kennzeichnend für Krisen ist unter anderem, dass Standardmaßnahmen zur Bewältigung nicht mehr ausreichend sind. Zudem ist der Koordinierungsaufwand stark erhöht. In Einsatzorganisationen, Verwaltungen und Wirtschaftsorganisationen reichen die Fähigkeiten der unteren und mittleren Führungsebenen nicht mehr aus. Anders gesagt ist die Alltagsorganisation (manchmal auch als »Linienorganisation« oder »Regelorganisation« bezeichnet) mit der Bewältigung des Ereignisses überfordert. Gründe können sein, dass sie schlicht zu langsam ist, nicht die erforderlichen Verarbeitungskapazitäten hat oder Befugnisse fehlen. Derartige Ereignisse werden daher in die Verantwortung einer besonderen Aufbauorganisation übergeben, die in der Praxis beispielsweise als Task-Force, Stab oder schlicht BAO bezeichnet werden. Die funktionale Abtrennung der Zuständigkeit für ein Ereignis von der Alltagsorganisation und Übergabe an einen Stab dient dabei auch der Aufrechterhaltung des nicht betroffenen Geschäftsbetriebs. Hierdurch wird die Alltagsorganisation entlastet, um ihre eigentlichen Aufgaben erbringen zu können. Es sei darauf hingewiesen, dass der Krisenbegriff im engen Sinne (Organisation im Bestand/Überleben bedroht, tiefgreifende Veränderungen/Anpassungen erforderlich) in der flächigen praktischen Verwendung selten wirklich zutrifft. Vielmehr wird der Begriff als gegebenes oberes Ende eines ansteigenden Kontinuums gebraucht.

Die Katastrophe als definierter Rechtsbegriff kann in diese dreifache Unterscheidung nur schwer eingeordnet werden. So ist nicht jede Krise ist eine Katastrophe. Umgekehrt gibt es Krisen katastrophischen Ausmaßes, die aber nicht nach Katastrophenschutzgesetzen bearbeitet wurden.

In der Praxis sind sog. Eskalationsmatrizen verbreitet, die beispielsweise auf einer fünfstufigen Skala (1 – Störung, 5 – Krise) ab der Stufe 4 den Einsatz eines Krisenstabes vorsehen. Die Einstufungen sind dabei an Indikatoren (Hinweise) und Kriterien (zwingende Folge) geknüpft. Die Schweregrade hängen vom Zielsystem, der Mutterorganisation und deren Leistungsfähigkeiten ab und sind deswegen stets relativ. Derartige Entscheidungshilfen werden als sinnvoll erachtet. Die Stufen können meist nicht ganz genau abgegrenzt werden. Einerseits brauchen Kriterien Freiheitsgrade, um beispielsweise auch besondere Jahreszeiten berücksichtigen zu können und »Augenmaß« walten lassen zu können. Andererseits muss es eindeutige Kriterien geben die z. B. von Lagezentren erkannt und eine standardisierte Alarmierung auslösen können. Aus Erfahrung kann gesagt werden, dass die »Krise« gerade von den Leitungsebenen nur sehr ungern festgestellt wird.

5.2 Szenarien definieren

Dennoch sollten die Vorteile (Geschwindigkeit, Kapazität) von Organen einer besonderen Aufbauorganisation genutzt werden. Dabei können Vorstufen eine gute Möglichkeit sein, die dem Krisenstab vorangestellt werden, aber nahezu die gleichen Fähigkeiten aufweisen – nur eben anders benannt. Verbreitete Bezeichnungen für solche Organe sind Koordinierungsgruppe (Bereich Verwaltungsstab), Task-Force, Arbeitsgruppe oder Krisenstabs-Kernteam ohne erweiterte Mitglieder.

Insgesamt sollte bei der Entwicklung der Architektur des Führungssystems auf Basis der fachlichen Leistungsfähigkeit (Erwartungshorizont) auf eine sinnvolle Gegenüberstellung der Zuständigkeiten der verschiedenen Organe auf Basis ihrer Fähigkeiten geachtet werden. Die Organe unterscheiden sich durch gestaffelte Fähigkeiten. Dabei sollte je nach Organisation beachtet werden, dass aufgrund gewisser Hemmschwellen die höchste Eskalationsstufe nur ungern festgestellt wird.

5.2 Szenarien definieren

Szenarien beschreiben mögliche Ereignisse, indem mit Schutzgütern, Ursachen und Auswirkungen nach einem einheitlichen Schema plausible Abläufe vorgedacht werden. Vereinfacht gesagt werden kleine »Geschichten« entwickelt. Diese Geschichten sind der Ausgangspunkt für die Entwicklung des Erwartungshorizonts.

Basis der Szenarien sind die Schutzgüter, die es zu schützen gilt oder von denen Gefahren abgewendet werden sollen. Auf die Schutzgüter werden Kontinuitäts- und Schutzziele bezogen. Dieser Teil mag ein wenig konstruiert anmuten, stellt aber ein wichtiges Fundament des Verfahrens dar.

Kontinuitätsziele werden verstanden als Ziele, die bezogen auf die Stetigkeit und den Fortgang von Objekten in Form von Prozessen als gerichtete Abläufe eines Geschehens sichergestellt werden sollen. Gerade im Bereich von Wirtschaftsorganisationen wird hierbei oft von einem »kontinuierlichen Geschäftsprozess« gesprochen. In Verwaltungen entspricht dies Dienstleistungen für Bürger:innen oder Kundinnen/Kunden. Schutzziele werden verstanden als Ziele, die bezogen auf beispielsweise die Unversehrtheit, Besitzherrschaft, Vertraulichkeit, Qualität und Wahrung von Objekten in Form von Menschen, Sachen, Informationen, Reputationen und Rechtsgütern sichergestellt werden sollen. Schutzziele muten oft abstrakt an, sie helfen aber in der Ereignisbewältigung beim (echten) Priorisieren dabei, moralische Begründungen zu formulieren um das »Tun« und v. a. das »Lassen« bezüglich der zu schützenden Güter zu untermauern. Bei guter Vorbereitung können aus den Kontinuitätszielen bzw. aus Eintragungen in der Prozesslandkarte der Mutterorganisation die kritischen Prozesse/Kernprozesse auf einen Blick identifiziert werden. Erfahrungsgemäß kann hierdurch in außergewöhnlichen Situationen viel Aufwand gespart werden, weil keine Evaluation der Wichtigkeit des Geschäfts durchgeführt werden muss.

Schutzgüter können u. a. sein:
- Mensch (mit Leib, Leben, Freiheit, Gesundheit, Ehre),
- Eigentum (mit Sach-, Vermögens- u. Immobilienwerten),
- Daten und Informationen,
- Prozesse, Ressourcen und Systeme,
- Image und Reputation einer Organisation oder einer Person,
- Umwelt,
- die Ordnungsmäßigkeit des Geschäfts einer Organisation (mit Compliance, Kompetenz),
- die öffentliche Sicherheit (mit Unversehrtheit der objektiven Rechtsordnung, der subjektiven Rechte und Rechtsgüter des Einzelnen und der Funktionsfähigkeit von Einrichtungen und Veranstaltungen des Staates),
- die öffentliche Ordnung (nach BverfG als Gesamtheit der ungeschriebenen Ordnungsvorstellungen, deren Befolgung nach der herrschenden sozialen und ethischen Anschauung als unerlässliche Voraussetzung eines geordneten menschlichen Zusammenlebens anzusehen sind).

Schutzziele können u. a. sein:
- Unversehrtheit,
- Verfügbarkeit,
- Authentizität,
- Integrität,
- Vertraulichkeit,
- Besitz und Sachherrschaft,
- Qualität,
- Wahrung und Ordnungsmäßigkeit.

Kontinuitätsziele können sein:
- kontinuierlich fortlaufende Prozesse,
- mit gewissen Einschränkungen fortlaufende Prozesse,
- Ausfall von Prozessen, aber Wiederanlauf in definierten Zeiträumen.

Für einen durchzuführenden Workshop kann es ratsam sein, die Schutzgüter moderiert als Einstieg zu nutzen. Hierdurch können einerseits die Workshopteil-

5.2 Szenarien definieren

nehmenden schrittweise an die Thematik herangeführt werden. Damit kann man dieser doch relativ abstrakten definitorischen Arbeit gerecht werden, mit der ggf. nicht alle zurechtkommen. Daran schließt sich die Sammlung von Ereignissen an. Hierfür eignen sich Kreativmethoden wie Brainstormings sehr gut. Dabei sollten die Stichworte auf Metaplankarten geschrieben werden, um von Beginn an Kategorisierungen und Cluster bilden zu können. Die Sammlung der Ereignisse sollte so umfassend wie möglich sein. Dabei ist klar, dass das zusammengetragene Set niemals abschließend sein kann, sondern lediglich für einen gewissen Zeitraum aktuell sein wird.

In diesem Verfahren sollte kein Ereignis aufgrund seiner vermeintlich zu geringen Eintrittswahrscheinlichkeit ausgeschlossen werden. Schließlich geht es darum, die Leistungsfähigkeit des Führungssystems festzulegen, die sich eher an den Auswirkungen und weniger an der Häufigkeit des einzelnen Ereignisses bemisst. Besondere Aufmerksamkeit sollten deswegen die Ereignisse im sog. »Long Tail« als Ausreißer in einer Normalverteilung erhalten, die eine besonders niedrige Eintrittswahrscheinlichkeit, aber eine sehr hohe Auswirkung haben. Gerade weil sie so unrealistisch erscheinen, sollte man prüfen, ob derartige Szenarien besondere Fähigkeiten vom Führungssystem erfordern würden, die ggf. K.-o.-Faktoren sein können. Die Wichtigkeit dieser seltenen Ereignisse speziell für die Krisenorganisation ergibt sich aus einem Umkehrschluss: Wenn die Systeme auf eine Zuverlässigkeit im Bereich von beispielsweise $1*10^{-5}$ ausgelegt sind, dann sollte sich die Krisenorganisation auch auf die Bereiche vorbereiten, welche von dieser Zuverlässigkeit des Systems eben nicht mehr abgedeckt werden. Vereinfacht kann gesagt werden, dass die Krisenorganisation grob für die Ereignisse zuständig ist, die unwahrscheinlicher sind als die Ereignisse, die in vorgelagerten Stufen des Führungssystems durch z. B. Störungsbewältigung, Notfallplanungen und Business Continuity Management mit Mitteln der Alltagsorganisation bewältigt werden können. Es ist eine bekannte Schwierigkeit, dass die Eintrittswahrscheinlichkeiten der Ereignisse für die Krisenorganisation meist so gering sind, dass sie schlicht zu klein sind, um angegeben oder überhaupt gemessen werden zu können. Dem Katastrophischen wohnt allerdings typischerweise stets die Überraschung inne, was sich dadurch äußert, dass vorausschauend nicht mit einer bestimmten Art, einer gewissen Konstellation oder speziellen Dimension gerechnet wird. Die Leistungsfähigkeit von Führungssystemen hat gerade daher den Anforderungen des Unvorhergesehenen und des Maximalen zu genügen.

5 Führungssystem auf fachliche Anforderungen ausrichten

Merke:

Führungssysteme sollten für Maximalereignisse ausgelegt sein. Darunter werden Ereignisse verstanden, die in jeglicher Hinsicht die maximale Ausprägung annehmen können (z. B. größter Einsatzraum, Höchstzahl mobilisierter Ressourcen, höchste Gliederungsbreite und -tiefe, lange Dauer) und/oder entgrenzt sind, weil sie systemische Barrieren überwinden und damit von innen heraus auf das Zielsystem wirken.

Insgesamt sollte bei der Festlegung des Erwartungshorizonts eher nach der Plausibilität und Relevanz von Ereignissen für das Führungssystem gefragt werden und Aspekte zur Häufigkeit ausgeklammert werden.

Die Plausibilität eines Ereignisses ist dann gegeben, wenn die hinführenden Kausalketten logisch und stimmig sind. Gerade in einer Workshopsituation kann man die Plausibilität eines Ereignisses mit der folgenden Frage prüfen: Kann dieses Ereignis in der Realität genauso oder mit vergleichbarem Wesen, Form und Auswirkung geschehen? Das Szenario beschreibt den hinreichenden oder notwendigen Ablauf, der zum Ereignis hinführt. Je nach Organisation kann es z. B. soziologische, prozessuale, quantitative und/oder qualitative Erscheinung haben. Szenarien sollten anschlussfähig sein.

Die Formulierung von Szenarien kann anhand der folgenden Punkte erfolgen:
- Name des Szenarios/des Ereignisses,
- Einführung, Hintergrund,
- Betroffenes Schutzgut mit dazugehörigem Schutz-/Kontinuitätsziel,
- Bereich (Raum, Zeit),
- Ursache (kann instantan oder auch zeitlich ausgedehnt sein),
- Bedingungen (mindestens Koinzidenz von Ursache und Schutzgut),
- Primäre Auswirkung auf das Schutzgut,
- Sekundäre Auswirkung, die vom Schutzgut auf das System ausgeht,
- Tertiäre Auswirkung als Zustand, den das Zielsystem schlussendlich zeigt.

Wo möglich sollten die Szenarien nach Gemeinsamkeiten gruppiert werden. Hierdurch entstehen Kategorien, die sich unter Überschriften zusammenfassen lassen. Solche Gemeinsamkeiten können die Ursachen, die Schutzgüter oder auch die Auswirkungen sein. Für das Risikomanagement der Organisation können sich hieraus interessante Erkenntnisse ableiten lassen. Die Überführung der Workshopergebnisse in eine Tabellenkalkulation kann für derartige Analysen hilfreich sein.

Je nach Bedarf kann es sinnvoll sein, einzelne Szenarien oder übergeordnete Szenarienkategorien grafisch als Fehlerbaum darzustellen. Hierdurch können deduktiv die Ereignisse sichtbar gemacht werden, die zu gleichen bzw. ähnlichen Auswirkungen führen. Erfahrungsgemäß bleibt die Vielfalt der Auswirkungen übersichtlich. Insgesamt beschreiben die bis hierher erarbeiteten Szenarien vor allem zusammen mit den erwarteten Auswirkungen dasjenige Set an Problemstellungen, das das Führungssystem bewältigen können muss. In nächster Folge werden die Aufgaben und Anforderungen an das Führungssystem abgeleitet, um diese Probleme lösen zu können.

5.3 Anforderungen erheben und fachliche Leistungsfähigkeit festlegen

Die fachlichen Anforderungen an das Führungssystem werden von den entwickelten Szenarien abgeleitet. Wesentlich dafür sind die zu bewältigenden Auswirkungen. Der Anforderungskatalog enthält primär die Aufgaben, die das Führungssystem erfüllen bzw. leisten können muss, um die zur Bewältigung der Problemstellung notwendigen Wirkungen erzielen zu können; sekundär beschreibt er Anforderungen an die Elemente des ganzheitlichen Führungssystems. Hieraus ergibt sich in Folge eine Beschreibung der fachlichen Leistungsfähigkeit eines Führungssystems.

> **Merke:**
> Die fachliche Leistungsfähigkeit eines Führungssystems wird als inhaltliche Kapazität verstanden, hinsichtlich definierter Ereignisse erwartete typische Aufgaben erfüllen zu können (Erwartungshorizont).

Die typischen Aufgaben und zu erzielenden Wirkungen beschreiben gleichermaßen die Leistungen, die das Führungssystem herbeiführen können muss. Erfahrungsgemäß können sich einzelne Aufgaben dabei auf mehrere Auswirkungen beziehen. Nicht immer kann den typischen Aufgaben eine bestimmte Anforderung zugeordnet werden. Die Anzahl der typischen Aufgaben bleibt in der Regel übersichtlich. Die typischen Aufgaben bilden zusammengenommen das fachlich-berufsständische Profil ab, welches ein aufgebotener Stab erbringen können muss. Insgesamt entsteht hieraus ein Anforderungskatalog an das Führungssystem. Zur Darstellung eignet sich eine Tabelle.

5 Führungssystem auf fachliche Anforderungen ausrichten

In Tabelle 24 sind Aspekte zur fachlichen Leistungsfähigkeit aufgeführt. Die Anforderungen sollten klar und gegebenenfalls sogar problemspezifisch formuliert werden, sodass sie eindeutig sind. Dadurch wird die Implementierung und Umsetzung erleichtert. Ferner wird hierdurch sichergestellt, dass die Anforderungen bei einer Überprüfung gut zu erfassen sind und somit überhaupt beurteilt werden können.

Tabelle 24 *Beispielhafter Anforderungskatalog an Organe unterschiedlicher Führungssysteme*

Typische Aufgabe oder zu erzielende Wirkung	Organisatorische Anforderung	Technisch/ technologische Anforderung	Personelle Anforderung
Zuständigkeit für das Ereignis reibungslos von der Linienorganisation übernehmen	Eskalationsmatrix und dazugehörige Organisation der Verantwortungsübergabe		
Handlungsfähigkeit der Organisationen in allen Situationen auch ohne Erreichbarkeit der obersten Leitung	Entscheidungsordnung für Krisen		Berufene Entscheidungsträger
Stabsbetrieb für 72 h im Präsenzbetrieb und über 14 Tage im Konferenzbetrieb	Bestellung der Rolleninhaber für ihre Aufgabe	Alarmsystem, um Mitarbeiter erreichen zu können	Ausreichende Anzahl qualifizierter und bestellter Mitarbeiter
Industrieunternehmen: Ereignisinformationen zwischen allen Organen im Führungssystem mit bis zu 20 (beispielhaft) betroffenen Standorten in Europa managen		Softwareunterstütztes Informationsmanagementsystem mit dazugehörigen Geräten, Mobiltelefonie, Satellitentelefonie	Ausbildung der Mitarbeiter für die Anwendung

5.3 Anforderungen erheben und fachliche Leistungsfähigkeit festlegen

Tabelle 24 *Beispielhafter Anforderungskatalog an Organe unterschiedlicher Führungssysteme (Fortsetzung)*

Typische Aufgabe oder zu erzielende Wirkung	Organisatorische Anforderung	Technisch/ technologische Anforderung	Personelle Anforderung
Feuerwehr und Rettungsdienst: Bewältigen eines Massenanfalls von Verletzten im Stadtgebiet (MANV)	MANV-Konzept mit Aufgaben des Führungsstabes		Ausbildung der Mitarbeiter für die spezielle Aufgabe
Feuerwehr: Einrichten und Betreiben eines Bereitstellungsraumes zur Heranführung einer definierten Anzahl Einheiten ins Stadtgebiet	Bereitstellungsraum-Konzept mit Aufgaben des Führungsstabes	Vorbereitete Formulare für die Registrierung (Papier und Elektronisch als Webmaske), vorbereitete Datenbank für die Verwaltung mit Schreib-/Leserechten für bestimmte Stellen	Ausbildung der Mitarbeiter für die spezielle Aufgabe
Katastrophenschutz: Einrichten und Betreiben einer Kraftstoffversorgung für Einsatzfahrzeuge im Flächenlandkreis	Versorgungskonzept mit Aufgaben des Führungsstabes	Vorbereitete Lagekarte mit Standorten	Ausbildung der Mitarbeiter für die spezielle Aufgabe
Polizei: Abgabe eines Statements gegenüber Medienvertretern durch eine/n Polizeisprecher:in bei akuten umfassenden Einsätzen	Organisation der Jour-Dienste in einem Dienstplan, Organisation der Anbindung an die BAO	Mobiltelefonie und Sprechfunk für ständigen Informationsaustausch	Ausreichende Anzahl berufene Mitarbeiter

Tabelle 24 *Beispielhafter Anforderungskatalog an Organe unterschiedlicher Führungssysteme (Fortsetzung)*

Typische Aufgabe oder zu erzielende Wirkung	Organisatorische Anforderung	Technisch/ technologische Anforderung	Personelle Anforderung
Betreuungsdienst: Transport, Unterbringung und Verpflegung von bis zu 1 000 Personen bei ad hoc notwendigen Evakuierungen	Transport- und Betreuungskonzept mit Aufgaben der Einsatzleitung		Ausbildung der Mitarbeiter für die spezielle Aufgabe
Fluggesellschaft: Auskunftsfähigkeit über betroffene Passagiere gegenüber der Behörden innerhalb von 2 h nach Eingang der Anfrage	Berechtigung zum Einsehen der Passagierliste (Datenschutz)		
Industrieunternehmen: Abgabe einer sog. Haltemeldung (Bestätigung des Ereignisses) in der Öffentlichkeit bei einem Störfall nach BImSchV binnen 15 min nach interner Bestätigung des Produktaustritts	Berechtigung der Alltagsorganisation, Organisation der Anbindung der ausführenden Alltagsorganisation (AAO) an die Krisenorganisation (BAO) bei einer Eskalation	Arbeitsmittel wie Smartphone oder Computer mit notwendigen Anwendungen	24/7 erreichbare berufene Mitarbeiter

5.3 Anforderungen erheben und fachliche Leistungsfähigkeit festlegen

Tabelle 24 *Beispielhafter Anforderungskatalog an Organe unterschiedlicher Führungssysteme (Fortsetzung)*

Typische Aufgabe oder zu erzielende Wirkung	Organisatorische Anforderung	Technisch/ technologische Anforderung	Personelle Anforderung
Stadtverwaltung: Annahme (z. B. per Telefon, E-Mail, aus Social Media) und Beantwortung von Anfragen Betroffener (bspw. Bürger, Anwohner, Erkrankte, Angehörige) ab 2 h nach Bekanntwerden eines Ereignisses in der Öffentlichkeit	Organisation zur Einrichtung eines Bürgertelefons bis hin zu einem multi-Kanal-Kommunikations-Zentrum, Organisation zur Entwicklung von Sprachregelungen, Organisation zur Aufnahme von Erkenntnissen aus der Korrespondenz mit den Bürgern und Weiterleitung an den Krisenstab/den Stab für außergewöhnliche Ereignisse	Callcenter, ggf. redundant in Home-Offices bei Ausfall der internen Telefonanlage	Ausreichende Anzahl Mitarbeiter mit Ausbildung für die spezielle Aufgabe
Kreisverwaltung: Durchführung einer Evakuierung im definierten Gebiet eines Störfallbetriebes	Evakuierungskonzept mit Aufgaben des Verwaltungsstabes/Krisenstabes		
ÖPNV-Betreiber: Durchführen von Krisenkommunikation in den sozialen Medien ab Herausgabe der Haltemeldung	Berechtigung der Alltagsorganisation, Organisation der Anbindung der ausführenden Alltagsorganisation (AAO) an die Krisenorganisation (BAO) bei einer Eskalation	Arbeitsmittel wie Computer mit notwendigen Anwendungen	Ausreichende Anzahl 24/7 erreichbare berufene Mitarbeiter

5 Führungssystem auf fachliche Anforderungen ausrichten

Tabelle 24 *Beispielhafter Anforderungskatalog an Organe unterschiedlicher Führungssysteme (Fortsetzung)*

Typische Aufgabe oder zu erzielende Wirkung	Organisatorische Anforderung	Technisch/ technologische Anforderung	Personelle Anforderung
Klinikbetreiber: Koordination notwendiger Prozesse für den Klinikbetrieb bei Ausfall der Energieversorgung über 72 h	Organisation des Notbetriebs mit Notfallplänen	Anbindung zentraler und dezentraler Standorte an den Informationsfluss	

5.4 Entwicklung und Weiterentwicklung

Die Neuentwicklung und Weiterentwicklung des Führungssystems erfolgt auf Basis des Anforderungskataloges. Wenn in einem Unternehmen beispielsweise eine gänzlich neue Krisenorganisation entwickelt werden soll, kann dabei eher von einer Konstituierung (Entwicklung, Implementierung und Etablierung) gesprochen werden. Die Bezeichnung als Weiterentwicklung dürfte dahingegen auf die Evolution der meisten bereits vorhandenen Führungssysteme zutreffen.

Bei einem weiterzuentwickelnden Führungssystem erfolgt in der Regel zuerst eine Gap-Analyse zwischen den aktuellen Fähigkeiten und dem gewünschten Sollzustand. Danach wird, wie bei der Neuentwicklung, ein Entwicklungsplan festgelegt. Hierfür kann eine Projektstruktur empfehlenswert sein, zumindest aber sollten eine Meilensteinplanung und regelmäßige Berichte an die verantwortliche Stelle über den Fortschritt erfolgen.

In einem weiteren Schritt, beispielsweise zum Ende einer Trainingsperiode, kann die Leistungsfähigkeit des Führungssystems überprüft werden. Hierzu kann entweder ein Szenario simuliert werden. Anhand einer Arbeitsprobe des Stabes kann anschließend evaluiert werden, inwiefern die gestellten Erwartungen erfüllt werden. Je nach betrachtetem Aspekt kann auch ein Review ohne praktische Übung geeignet sein. Beispielsweise kann die Anzahl der bestellten Mitarbeiter einmal jährlich überprüft werden, ohne dass ein praktischer Test stattfindet. Es lohnt sich grundsätzlich, Schwerpunkte zu bilden. So kann es sinnvoll sein, eine Trainingsperiode lang den Fokus auf einen Prozess, ein Werkzeug oder eine fachliche Aufgabe zu richten und diese gezielt zu überprüfen. Diese Überprüfung sollte in regelmäßigen Abständen wiederholt werden. Hierdurch können beispielsweise Veränderungen bei den möglichen Ereignissen oder sich schleichend verändernde Kompetenzen des Stabes erkannt werden. Ferner wird die oberste Leitung der Organisation mit solchen regelmäßigen Überprüfungen auch ihrer Verantwortung gerecht, die Leistungsfähigkeit sicherzustellen. Es ist wichtig sich gerade bei Organen, die allgemein eher selten zum Einsatz kommen, von ihrer Funktion und Leistungsfähigkeit zu überzeugen, da sich diese nicht im Alltag zeigen können. Insgesamt schließt sich mit der Überprüfung der Leistungsfähigkeit der Kreis des kontinuierlichen Verbesserungsprozesses.

5.5 Mehrwert für Entscheiden und Vorbereitung

Der Erwartungshorizont ist einerseits ein Mittel, um das Führungssystem zu entwickeln. Andererseits bietet der Erwartungshorizont großes Potenzial, um die Führungsunit evidenzbasiert vorzubereiten zu können, indem Inhalte zur Förderung des Situationsbewusstseins und für das Training von Entscheidungsfindungsprozesses entnommen werden. In beiden Fällen ist er eine Bemessungsgrundlage.

> **Grundsatz: Erwartungshorizont erweitern**
> - Denke darüber nach, was kommen kann und bereite dich darauf vor!
> - Schaffe dir Hilfsmittel, die dich unterstützen! (Regelbasiertes Handeln)
> - Erkenne, wenn Regeln (Checklisten, Algorithmen, Standardabläufe) nicht mehr funktionieren! Wechsle zum freien Problemlösen! (Wissensbasiertes Handeln)

Mit dem Wissen über die erwarteten typischen Aufgaben ist es möglich, Standardprozeduren und Entscheidungshilfen vorzubereiten. In der Stabsarbeit kommt bei bekannten, vorgedachten Ereignissen dem regelbasierten Handeln eine große Bedeutung zu. Vorbereitend können für typische Aufgaben Standardkonzepte entwickelt werden, die im Stab in Form von Regeln angewendet werden können. Hierdurch kann Handeln standardisiert und vereinheitlicht werden, die Ausbildung kann in manchen Teilen einfacher werden und im Einsatz wird dem Vergessen vorgebeugt. In diesen Punkten liegt der Mehrwert von Handlungsregeln. Bekanntermaßen haben solche standardisierten Prozesse auch Nachteile. Im Bereich des Problemlösens bilden Checklisten Prüfpunkte ab, denen ein formalisierter Algorithmus zugrunde liegt. Solche Algorithmen weisen allerdings einen beschränkten Geltungsbereich auf. Zudem sind diese vorgedachten Entscheidungen nur so gut,

5 Führungssystem auf fachliche Anforderungen ausrichten

wie die Datengrundlage bzw. das Wissen, auf dem sie basieren. Wenn Checklisten angewendet werden, muss man deswegen erkennen können, wann die Checkliste nicht mehr funktioniert, um vom regelbasieren Handeln in eine freie Problemlösung wechseln zu können. Aus einer pragmatischen Sicht geht mit einer Standardisierung zwar Entlastung/Verkürzung bei der Problembearbeitung einher. Allerdings steigt gleichzeitig der Aufwand, um das Funktionieren der Standardmaßnahmen regelmäßig zu überprüfen. Diese Unterhaltungsaufwände müssen mit berücksichtigt werden.

Beim Problemlösen wird auf den Wissensschatz der Führungsperson zugegriffen. Dieses Wissen kann gerade bei unklaren, neuartigen Einsätzen im Stab durchaus sehr wenig sein – aber gerade in solchen Ereignissen versagen Checklisten meistens, weil in ihnen das »Neuartige« noch nicht abgebildet sein kann. Das freie Problemlösen kann durch Entscheidungsmodelle wie FOR-DEC unterstützt werden. Das übergeordnete Ziel lässt sich dabei aus den Schutz- und Kontinuitätszielen aus dem Erwartungshorizont ableiten. Zusammengenommen haben beide Handlungsweisen (regelbasiert/wissensbasiert) ihre Berechtigung in der Stabsarbeit.

5.6 Strategischer Mehrwert

Generell kann der Erwartungshorizont den Startpunkt eines strategischen Vorgehens markieren. So bieten die mit dieser Methode zu generierenden Erkenntnisse die meisten notwendigen Punkte, um eine Strategie zur Konstituierung oder Weiterentwicklung des jeweiligen Führungssystems formulieren zu können.

Im Bereich des Qualitätsmanagements (QM) wie beispielsweise beim Rettungsdienst oder in Wirtschaftsunternehmen kann der Erwartungshorizont einen Lückenschluss zwischen abstrakten Anforderungen (»Wir kennen die Bedürfnisse unserer Kunden«) und dem kontinuierlichen Verbesserungsprozess (»Managementsystem«) darstellen. Aus den entwickelten Anforderungen können nachvollziehbare Prozesse bzw. Prozessbündel mit dazugehörigen Kennzahlen generiert werden, die praxisnah und zugleich aus QM-Sicht gut zu steuern sind.

Verantwortliche für die Durchführung von Ausbildung und Training können mit den Erkenntnissen aus dem Erwartungshorizont ein systematisches und bedarfsgerechtes Trainingskonzept entwickeln. So bieten die Szenarien quasi Blaupausen für Stabsübungen und die Anforderungen bilden einen groben Lernzielkatalog ab. Stabsmitglieder und Lehrpersonen können Ansätze zur Vorbereitung ihrer Arbeit finden.

5.6 Strategischer Mehrwert

In großen Organisationen wie beispielsweise einer Berufsfeuerwehr bietet der Erwartungshorizont eine interdisziplinäre Schnittmenge zwischen u. a. der für Stabsarbeit verantwortlichen Stelle, den Leitungsdiensten, der Einsatzvorbereitung, der Leitstelle, der Einsatztechnik und der Personalabteilung.

Schlussendlich ist die Erwartungshorizont-Methode ein Instrument der obersten Leitung, um ihrer Verantwortung gerecht zu werden. Dies gilt für Wirtschaftsorganisationen wie für Einsatzorganisationen und Verwaltungen gleichermaßen. Die Leitung einer Organisation hat eine besondere Verantwortung hinsichtlich der aus ihrem Geschäft resultierenden Risiken. Hierzu gehört insbesondere auch die Vorbereitung auf Unvorhergesehenes. Die Leitungen von Einsatzorganisationen, Verwaltungen und Wirtschaftsorganisationen können ihrer Governancefunktion gerecht werden, indem sie die zu beherrschenden Szenarien definieren (lassen), eine diesen Szenarien entsprechende leistungsfähige (Einsatz-, Notfall-, Krisen-)Organisation aufstellen, deren Leistungsfähigkeit regelmäßig überprüfen (lassen) und darüber einen Bericht empfangen. Dieser Bericht kann in seiner Systematik den Elementen des allgemeinen Führungssystems (▶ Bild 5) und den abgeleiteten Fähigkeiten folgen.

6 Stabsarbeit evaluieren

Seit dem Erscheinen der ersten Auflage dieses Buches wurden neue Erkenntnisse zur Güte der stabsmäßigen Führung von Einsätzen gewonnen. In diesem Kapitel wird mit dem zweiteiligen »Beurteilungsverfahren Erfolg der Stabsarbeit« (BV-EdS) eine »Good-Practice-Möglichkeit« zur Evaluation von Führung und Stabsarbeit vorgestellt. Einleitend wird hergeleitet, was es bei stabsmäßiger Führung Relevantes zu evaluieren gilt. Damit werden ein Ansatz und Anforderungen an das Verfahren aufgezeigt. Danach werden Ziel und Methode dargelegt. Nach diesen grundlegenden Betrachtungen wird mit dem ersten Teil des BV-EdS ein indikatorbasiertes System zur Erhebung des Arbeitens des Stabes vorgestellt. Abschließend wird mit dem zweiten Teil des BV-EdS ein qualitatives Verfahren vorgestellt, um die Führungsleistungen von Stäben im Einsatz und die Mission als Ganzes beurteilen zu können. Über das gesamte Kapitel werden Aspekte aufgezeigt, mit denen eine gute Qualität von Trainings und Übungen gesichert werden kann.

6.1 Ansatz und Anforderungen

Als Evaluation wird das gesamte Produkt eines zielgerichteten Erhebens, Begutachtens, Bewertens und Diagnostizierens von zusammenhängenden Prozessen oder ganzen Systemen verstanden. Um etwas Evaluieren zu können, muss es beschreibbar, greifbar und letztlich messbar sein. Zur Durchführung werden Evaluationsmethoden eingesetzt. Evaluationen stehen oft am Ende von kleineren und größeren Entwicklungsprozessen als Art Testat/Statusbestimmung. Das Entwickelte und seine Überprüfung stehen in einem logischen Zusammenhang. Das Evaluieren von Stabsarbeit steht also nicht für sich alleine, sondern ist inhärenter Teil von Aufbau, Unterhaltung und Weiterentwicklung von Führungsunits. Im Folgenden werden drei Ansätze aufgezeigt, über die man sich Prüfpunkten für die Erhebung des Prozesses und einer Diagnose des Ergebnisses von stabsmäßiger Führung nähern kann.

Die Aussagekraft einer Evaluation steht und fällt mit ihrem Ziel. Um erfassen zu können, »was« bei stabsmäßiger Führung und »was« bei Einsätzen evaluiert werden kann, wird in einer einleitenden Fragenkaskade der Zusammenhang zwischen Training und Einsatz illustriert. Die Fragen führen vom Ende (Einsatz) zu den Grundlagen (Training):

6.1 Ansatz und Anforderungen

1. Wann ist ein Einsatz unter Führung eines Stabes als erfolgreich zu werten?
2. Wie ist der Beitrag des Stabes zum Einsatz zu bemessen?
3. Wie kann die Güte des Beitrags des Stabes zum Einsatz beurteilt werden?
4. Wie muss trainiert werden, damit im Einsatz im Stab das Richtige getan wird um den Beitrag zu erbringen, damit der Einsatz zum Erfolg geführt wird?

Die Fragen 1-4 beziehen sich auf aufeinander aufbauende Bereiche und grenzen damit »grundlegende Gebiete« ein, die diagnostiziert werden können. Wo es um die Analyse von Defiziten geht, kann die Fragekaskade um drei Fragen ergänzt werden:

5. Hätte sich eine andere Vorgehensweise der Führungsperson auf das Einsatzergebnis ausgewirkt?
6. Hätte die Führungsperson die dafür erforderliche Methode im Training lernen können?
7. Hätten die Rahmenbedingungen für die Einsatzführung in Form eines leistungsfähigeren, ganzheitlichen Führungssystems (▶ Bild 5) in der Vorhaltung prospektiv verbessert werden können?

Rückwärts gelesen dienen die Fragen als Schema für die Nachbesprechung von Trainings oder der Analyse von Übungen und Einsätzen. In Vorwärtsrichtung zeigen sie grob auf, wie in Einsätzen die Voraussetzungen für Suffizienz geschaffen werden. Die Kaskade schließt an die grundlegende Feststellung aus ▶ Kapitel 2 an, dass »Stabsarbeit« dreifach differenziert betrachtet werden muss: Das Stabsmäßige (Nr. 1) beim Führen (Nr. 2) von Einsätzen (Nr. 3). Diese einleitenden Fragen sind zur Evaluation noch zu unpräzise und werden im Folgenden präzisiert.

Um das Entstehen von Wirkungen in Einsätzen und damit auch die stabsmäßige Führung erfassen zu können, ist der »Pfad der Wirkung« ein geeignetes, weil in sich klar abgegrenztes Schema. Der Pfad in ▶ Bild 67 zeigt schematisch, wie die Führungsarbeit als Ausübung von Tätigkeiten auf das Einsatzresultat ausgerichtet werden kann. Die Darstellung ist ein vereinfachtes Bild des Wirkpfades aus der Theorie der wirksamen Einsatzführung. Die Vorhaltung wird darin nicht betrachtet. Von diesem Schema kann auf einer Metaebene abgeleitet werden, dass der Führungsakt »suffizient« sein muss, indem alle Tätigkeiten unmittelbar oder mittelbar zum Einsatzergebnis beitragen. Für die Führungsperson kann abgeleitet werden, dass sie »selbstwirksam« sein muss, um in ihrer Funktion etwas beitragen zu können. Die vier Felder des Wirkpfades zeigen, »was« bei Stabsarbeit im Kontext des gesamten Einsatzes evaluiert werden kann.

6 Stabsarbeit evaluieren

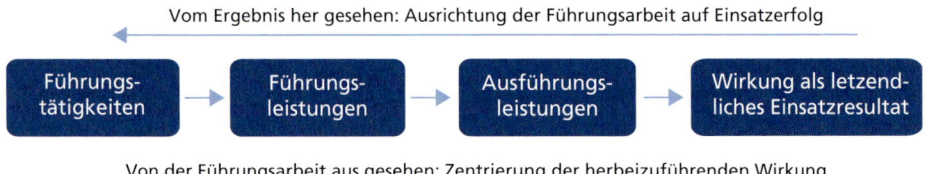

Bild 67: *Schematischer Pfad der Wirkung von Führungstätigkeiten bis Einsatzresultate*

Literaturtipp:
Die Wirkung zu zentrieren heißt, bei der Führungsarbeit Tätigkeiten zu forcieren, die den gewünschten Impact im Zielsystem erzeugen. Wie dies funktioniert, wird in der Theorie der wirksamen Einsatzführung vorgestellt.

Bei der stabsmäßigen Führung von Einsätzen und somit auch bei dessen Training geht es um die Erzeugung von Wirkungen. Ausschlaggebend ist, was wirkt. Damit ist einerseits klar, »worum es geht« und andererseits auch, »was evaluiert werden soll« – nämlich »das Relevante«. Ausschlaggebend für die Wirkung von Führung im Einsatz sind:

- Das Funktionieren des Stabes als Subsystem des Einsatzes (in Bezug auf oben dargelegte Nr. 1 – das Stabsmäßige)
- Die Handlungsweise der Führungspersonen bestehend aus Methoden und Verhalten (Nr. 2 – das Führen)
- Das Ergebnis der Mission (Nr. 3 – der Einsatz)

Die Themen im zweiten Gesichtspunkt wurden in den vorgegangenen Kapiteln umfassend beleuchtet. Der erste und dritte Aspekt wurde an manchen Stellen gestreift und wird intensiv in der Theorie der wirksamen Einsatzführung behandelt. Alle drei Punkte finden sich in der einleitenden Fragekaskade und im Pfad der Wirkung wieder. Sie vereinen also zwei Ansätze in sich. Daher werden sie als geeignet befunden, um »Stabsarbeit« in Trainings, Simulationen und Einsätzen zu evaluieren.

Nach Herleitung des Ansatzes werden im folgenden Anforderungen an das Verfahren zur Evaluation aufgezeigt. Der Schwerpunkt liegt dabei auf der Evaluation einer praktischen Einheit, wie ein Training oder eine Simulation, und weniger auf einer Auditierung des Reifegrades nach Papierlage. Das zu Evaluierende und das Evaluationsverfahren hängen über das »Setting«, in dem evaluiert werden soll,

6.1 Ansatz und Anforderungen

unmittelbar zusammen. Um zielgerichtet und aussagekräftig erheben zu können, muss das Setting geeignet sein. Rahmenbedingungen wie Raum, Jahreszeit, Stimmung oder implizite Erwartungen dürfen das zu Erhebende nicht beeinflussen. Die Simulation als Aufgabe bzw. der Anlass, anhand dessen die Stabsarbeit beobachtet werden soll, muss passend sein. Oft wird vorgetragen, man müsse so trainieren, wie man im Einsatz arbeite (»train as you fight«). Das »Wie« wird oft mit »realistisch« gleichgesetzt und davon abgeleitet, dass quasi jede Stabsübung eine High-Fidelity-Simulation sein müsse. Dabei wird vernachlässigt, dass es allenfalls »Realitätsnähe« geben kann und außer Acht gelassen, dass je nach Ziel der Lerneinheit gar keine aufwändige Simulation erforderlich ist. Erfahrungsgemäß reichen zum Trainieren von Orientieren, Entscheiden und Organisieren oft Planübungen aus. Um das Koordinieren zu trainieren, sollte man eigentlich mit den Schnittstellen üben, mit denen man »wirklich« in Missionen zusammenarbeitet – und eher nicht mit zusammengestellten »Übungsleitungen«, die sich schon aus rein logischen Gründen nicht so verhalten können, wie die Ausführungssysteme in Einsätzen. Das Setting muss daher das gewünschte Phänomen wirklich hervorbringen, um es überhaupt evaluieren zu können.

Literaturtipp:
In der Theorie der wirksamen Einsatzführung werden vier grundlegende Führungstätigkeiten unterschieden. Aus dem Orientieren, Entscheiden, Organisieren und Koordinieren lassen sich sämtliche weiteren Tätigkeiten und zugehörigen Werkzeuge des (stabsmäßigen) Führens ableiten.

Das »Wie« beschreibt also einerseits das Setting als Rahmen der Erhebung. Bei genauerer Betrachtung bezeichnet das »Wie« aber andererseits auch, »wie man zum Erfolg kommt/worauf es ankommt« – was den oben hergeleiteten relevanten Gesichtspunkten entspricht. Für das Evaluieren bedarf es also der Differenzierung zwischen Trainingsumgebung und Trainingsinhalt. Für das Trainieren an sich wird geschlussfolgert, dass Training wirksam sein muss (zu einem suffizienten Führungsakt führen muss). Es muss das Relevante trainiert werden, damit ein Stab für operative Einheiten die Voraussetzungen schaffen kann, um Wirkungen zu erzeugen. Daher muss auch das Relevante evaluiert werden. Den Beitrag des Stabes zum Einsatz gilt es in der Evaluation zu erzeugen, sichtbar und messbar zu machen und zu beurteilen.

Neben der Abgrenzung des »Wie« bedarf es einer Differenzierung des »Was«. Oben wurde indirekt bereits angesprochen, dass »Führung, Ausführung und Resultat« verschiedene Konstrukte sind. Sie beziehen sich auf den Einsatz im systematischen

Sinn. Sie können jeweils dem Führungssystem, dem Ausführungssystem bzw. dem Einsatz als Ganzes zugeordnet werden. Diese drei Bereiche hängen auf den ersten Blick in einer Steuerungslogik zusammen. Bei genauerer Analyse gibt es jedoch Freiheitsgrade zwischen Führung und Ausführung, wie in der Theorie der wirksamen Einsatzführung deutlich wird. Es gibt Zufälle und Unvorhergesehenes, das als Glück bzw. als Pech bezeichnet wird. Es ist zudem bekannt, dass gute Führungsleistungen schlecht ausgeführt werden können und dass mangelhafte Führungsleistungen auf der Ausführungsebene kompensiert werden können. Für die Evaluation von Führungsleistungen müssen diese eingegrenzt werden, um sie nicht mit anderen Aspekten zu vermischen. Speziell in Simulationen gilt es, (vermeintliche) Kausalzusammenhänge zwischen Führung, Ausführung und Resultat stichhaltig zu konstruieren. Unlogische oder nicht plausible Annahmen können die Akzeptanz der Simulation beeinträchtigen. Aus Erfahrung kann gesagt werden, dass über diesen Punkt von Trainees, insbesondere bei rückgemeldeten mangelhaften Führungsleistungen, immer wieder das gesamte Training in Frage gestellt wird.

Die zu erhebenden Inhalte müssen ein differenziertes Urteil zulassen. Es muss auseinandergehalten werden können, ob die Gründe im »Was« oder im »Wie« liegen (Führen als Tätigkeit vs. Inhalt als Vorgehen) und ob über die Arbeit oder das Ergebnis (Erbringung vs. Resultat) gesprochen wird. Am Beispiel des umgangssprachlichen »vor-der-Lage-Seins« wird deutlich, dass das Arbeiten des Stabes und das Einsatzergebnis zwei verschiedene Konstrukte sind, die bei der Evaluation getrennt betrachtet werden müssen. Versierte Stabsmitglieder können meist recht treffsicher einschätzen, ob man »hinterherhing« oder ob man »vornedran war«. Dies wird üblicherweise als »vor der Lage sein« bezeichnet. Das »vor der Lage sein« ist allerdings ein hochsubjektiver Zustand und kein messbares Konstrukt. Der Redewendung wird nur eine bildliche Bedeutung zugemessen. Die »Erarbeitung von Zeitvorteilen« ist stattdessen ein geeignetes Konstrukt, weil es messbar ist. Die zugehörige Methode dazu ist ein prospektiver Zeitstrahl mit Szenariotrichter. Das Antizipieren beschreibt das zugehörige Verhalten der Führungsperson. Ob das Team es schafft, die Vorhersage in funktionierende Maßnahmen umzusetzen und diese rechtzeitig zu veranlassen indiziert das Funktionieren des Stabes. Zusammengenommen stehen diese drei Punkte (Methode, Verhalten, arbeitsteiliges Arbeiten) für das Arbeiten des Stabes (Wertschöpfungsprozess).

Die erarbeiteten Zeitvorteile sind für die zu erzeugenden Wirkungen zwar Voraussetzung und deswegen die zentrale Führungsleistung. Als alleiniges Maß für die Güte von Einsatzführung reichen sie jedoch bei Weitem nicht aus. Sobald über den »Erfolg« gesprochen wird, ist nämlich auch das »Ergebnis« gemeint. Ob aus den

6.1 Ansatz und Anforderungen

durch den Stab veranlassten Maßnahmen (Output) die erwünschte Wirkung (Impact) entsteht, ist mehrfach kontingent. Führung und Ausführung müssen daher differenziert werden. Am Ende, also im Einsatzresultat, fallen Führungsleistung (Wie), Ausführungsleistung (Wie) und der Zustand des Zielsystems (Was herbeigeführt wurde) zusammen, was bedeutet, dass die Zeitvorteile bei der Herbeiführung des Ergebnisses nur eines von mehreren Gütekriterien sind. Für die Beurteilung von stabsmäßiger Einsatzführung (also: die Stabsarbeit und der Einsatz) bedeutet dies, dass Führungs- und Ausführungsleistung sowie der letztliche Systemzustand generell auseinandergehalten werden müssen. Wo Einsätze untersucht werden, um sie rechtlich zu bewerten, muss darauf geachtet werden, dass Kausalketten nachvollzogen werden können und stichhaltig belegbar sind. Wo es sich um losere Korrelationen handelt, muss dies zum Ausdruck gebracht werden.

Aus der Unterscheidung zwischen Führung, Ausführung und Resultat ergeben sich Anspruch und Schwerpunkte zugleich. Erstens muss das Modell von Simulationen als Gegenstand von Training und Übung »plausibel« sein. Wo die Resultate Teil der Lerneinheit sein sollen (eher Einsatztraining), kann berechtigterweise erwartet werden, dass sich Ausführungssysteme und Zielsysteme annähernd so verhalten wie in Realität. Ansonsten besteht die Gefahr, dass falsche, weil unpassende Übungserfahrungen generiert werden, die im Einsatz schlimmstenfalls zu Selbstüberschätzung führen. Dies gilt gleichermaßen für manuelle Simulation durch Übungsleitungen und für automatische Simulationen durch Computerprogramme. Zweitens müssen Trainings und Simulationen »Schwerpunkte« haben. So können in Simulationen z. B. Entscheidungsprozesse fokussiert, Technologien in den Mittelpunkt gestellt oder Wirkungen in den Blick genommen werden. Trainings können Aufgabenstellungen enthalten, die speziell die Kommunikationsfähigkeit, die Teamarbeit oder die Anwendung der Werkzeuge der Stabsarbeit fordern. Der Schwerpunkt und die Erwartungen sollten den Trainees vorab unbedingt bekannt sein (»Transparenz«) und abschließend auf das Erreichen überprüft werden (z. B. durch Selbstreflexion oder in einer strukturierten Nachbesprechung). Je nach Reifegrad der Führungsunit bedarf es eher Führungstrainings (grundlegend, auf die Führungsunit selbst gerichtet) oder Einsatztrainings (fortgeschritten, auf den Einsatz gerichtet). Erst bei einem hohen Reifegrad machen Systemtests als Art auditierte Überprüfung der Leistungsfähigkeit überhaupt Sinn. Der Reifegrad wird in einer »Trainingsbedarfsanalyse« ermittelt. Aufgrund der Fülle der Variablen und damit drohender Überlagerung ist es allgemein wenig sinnvoll, gleichzeitig »alles« zu evaluieren. Das Ziel der Lerneinheit und das Ziel der Evaluation hängen also zusammen. Aus den Lern- bzw. Kompetenzzielen der Einheit ergeben sich die Prüfpunkte und der Maßstab der

6 Stabsarbeit evaluieren

Evaluation. Das Wie und Was der Lerneinheit bedingt ihren Erfolg und damit auch die Aussagekraft der Evaluation. Zusammengefasst müssen Evaluationen also über ihre Zielrichtung spezifiziert sein.

Inhalt und Ablauf von Evaluationen müssen möglichst unabhängig von der erhebenden Person sein. Erfahrene Trainer:innen haben zwar oft ein Gespür dafür, ob ein Stab eher »gut« oder eher »weniger gut« arbeitet. Diese subjektive Wahrnehmung reicht als Begründung jedoch nicht aus. Es bedarf objektiv nachvollziehbarer Kriterien, um die Güte der erbrachten Leistung zu bewerten. Beurteilungen müssen personenunabhängig nach dem gleichen Maßstab erfolgen und zu gleichen Urteilen führen. Daraus leitet sich ab, dass Trainingsmaßnahmen zu gleichen Vorgehensweisen und zu gleichen Resultaten führen müssen – denn der Anspruch an Simulation und Realität ist der Selbe. Hierfür muss eine objektivierte und allgemeingültige Erwartung zugrunde gelegt werden. Trainings und Gütetestate von stabsmäßiger Einsatzführung müssen also über individuelle Anschauungen von Trainerinnen und Trainern hinausgehen. Daher muss das Verfahren allgemein personenunabhängig und wiederholbar gestaltet sein.

Merke:
Lerneinheiten und deren Evaluation hängen zusammen. Die Lerneinheit muss plausibel sein und die Prüfpunkte müssen sich auf das Gelernte beziehen. Evaluationen müssen zielgerichtet sein und eine differenzierte Betrachtung von Konstrukten und Ebenen ermöglichen. Kriterien müssen objektiv und transparent sein. Das Verfahren muss wiederholbar sein.

In diesem Abschnitt wurden allgemeine Anforderungen an das Evaluieren von Stabsarbeit dargelegt. Hierzu wird im Folgenden eine passende Methode vorgestellt.

6.2 Methodik

Zur Evaluation stabsmäßiger Führung wird ein ablauforientierter, relativer und qualitativer Ansatz als am geeignetsten befunden. In den vorhergehenden Kapiteln wurde deutlich, dass es bei Führung und Stabsarbeit »während der Arbeit« zu großen Teilen um die Anwendung von Methoden für wiederholbares Handeln, um das Verhalten von Führungspersonen als Akteure und um Abläufe im Führungssystem als Teil des Einsatzes geht. Diese Punkte gehen gemeinsam in der prozessualen Realisierung der Führung auf, was den »Ablauf« darstellt. Sie eignen sich daher,

6.2 Methodik

um Stabsarbeit im Sinne/aus der Perspektive des »Arbeitens des Stabes« als Führungsorgan im Einsatz zu erfassen und zu beurteilen. Ebenso deutlich wurde, dass es »die Stabsarbeit« genauso wenig gibt, wie »den Einsatz.« Daher gibt es auch keinen fixen Bezugswert, den man als Referenz anlegen könnte. Das Spektrum der Stäbe ist heterogen und nicht abschließend einzugrenzen. Diese Besonderheiten gilt es bei der Methodenentwicklung für die Erhebung und die Bewertung als zwei wesentliche Bestandteile von Evaluationsverfahren zu beachten.

Insbesondere drei Faktoren machen eine Bewertung nach einem eher starren Punktesystem kompliziert. So können einzelne Prüfpunkte gewissermaßen K.-o.-Faktoren darstellen oder Voraussetzungen für folgende Punkte sein. In Simulationen müssen »Übungskünstlichkeiten« berücksichtigt werden, die eine Übertragung des Simulierten auf die Realität bzw. auf andere Kontexte erfordern. Dabei kann es zu unterschiedlichen Interpretationen kommen. Zudem können gute Teams bekanntermaßen schlecht organisierte Prozesse kompensieren. Eine solche Kompensation kann mit standardisierten Methoden nur schwer erfasst werden. Für das Vergleichen scheiden daher absolute Maßstäbe und somit auch rein numerische Zensuren aus. Um der Besonderheit der Umstände bei Einsätzen, den Bedingungen für Führungsunits und der Vielfalt der zielführenden Konfigurationsmöglichkeiten von Führungssystemen entsprechen zu können, bedarf es aus den umrissenen Gründen eines »relativen Maßes«, um die Verhältnismäßigkeit zwischen Erbrachtem und Erforderlichem ermitteln zu können.

Es wird geschlussfolgert, dass die »Einstellung der Elemente des ganzheitlichen Führungssystems zueinander und das daraus resultierende Funktionieren des Führungssystems im systematischen Sinne in Relation zu den Anforderungen aus dem Einsatz« beurteilt werden müssen. Der Anspruch, damit der Bezugspunkt und somit das Maß, ist das »Ausreichen« der erbrachten Führungsleistung (was nicht einer »Schulnote 4« deutscher Lesart entspricht, sondern bedeutet dass es »genügt« hat). Die Nuancen und Möglichkeiten können dabei am ehesten in qualitativer Form gewürdigt werden. Eine quantitative oder auch eine semi-quantitative Messung würde die Komplexität der stabsmäßigen Führung von Einsätzen nach derzeitigem Wissensstand höchstwahrscheinlich zu sehr vereinfachen und wäre deswegen ungeeignet. Aus diesen Punkten ergibt sich, dass eine Methode zur Evaluation der Stabsarbeit »als Ganzes« unmittelbar die Sekundärorganisation fokussieren muss (also die Abläufe; mittelbar tritt aber auch die Primärorganisation in den Fokus, da sie der Sekundärorganisation vorausgeht) und es dafür eines relativen und qualitativen Verfahrens bedarf.

Diese Methode ist nicht frei von Schwächen und stellt aufgrund der hohen Freiheitsgrade hohe Ansprüche an die beurteilende Person. Diese muss sowohl über die erforderliche Führungskunde wie auch die notwendige Einsatzkunde verfügen. Für spezielle Aspekte wie etwa die Performance von Informationsmanagementsystemen oder die Zuverlässigkeit von Anwendungen gibt es geeignete numerische Verfahren von höherer Aussagekraft. Insgesamt gilt es, die Evaluationsmethode passend zum Erkenntnisinteresse zu wählen. Sowohl quantitative und qualitative bzw. relative und absolute Ansätze können berechtigt sein. Wo Einsätze numerisch simuliert werden sollen, eignet sich das folgende Verfahren zur qualitativen Inhaltsanalyse bzw. zur Systemidentifikation.

Das Evaluieren bezeichnet im Grunde einen Messvorgang. Nach aktuellem Wissensstand ist keine Größe bekannt, die alleinig die »die Leistung«, »die Qualität« oder »die Güte« von stabsmäßiger Führung von Einsätzen bezeichnet. Daher müssen andere Größen gemessen und aggregiert werden. Auch diese anderen Größen sind nicht immer direkt messbar, weswegen Indikatoren herangezogen werden müssen. Solche Hilfsgrößen zeigen den Zustand eines Konstrukts (eher umfassendes Merkmal) oder einer Eigenschaft (eher alleinstehendes Merkmal) an. Die Messung ist umso aussagekräftiger, je weniger sie vom wahrscheinlich wahren Wert abweicht und je präziser sie ist. Daher sollten Indikatoren möglichst spezifisch sein und keine Aspekte miteinander vermischen, was nicht immer vermieden werden kann. Der erste Teil des BV-EdS ist ein solches Indikatorsystem.

Als Schlussfolgerung gilt es also für das Evaluieren des Arbeitens von Stäben, aus den oben umrissenen Anforderungen Indikatoren für die Anwendung von Methoden, für das Verhalten von Führungspersonen und für Abläufe im Führungssystem zu erheben, zu bewerten und die gemessenen Zustände im gemeinsamen Verhältnis in Bezug auf das Ausreichen der Führungsleistung zu beurteilen. Das BV-EdS entspricht diesen allgemeinen methodischen Anforderungen. Zur Erhebung dienen im ersten Teil Prüfpunkte, die bevorzugt mittels Beobachtung, aber je nach Bedarf auf durch Befragung oder Bild- und Videoauswertungen erhoben werden können. Hierzu wird im übernächsten Abschnitt ein Beobachtungsleitfaden als Indikatorsystem bzw. Verhaltensmarkersystem vorgestellt. Der zweite Erhebungsteil besteht aus Leitfragen für eine qualitative Inhaltsanalyse. Diese kann am ehesten auf Basis von Dokumentanalysen durchgeführt werden, aber auch die Transkripte von Interviews können eine geeignete Grundlage sein. Durch die Kombination von Methoden und Perspektiven kann ein aussagekräftiges, nachvollziehbares und vor allem individuelles qualitatives Urteil erarbeitet werden. Aus Erfahrung kann gesagt werden, dass zur gerichtsfesten Untersuchung von Einsätzen anlässlich von Maximalereignissen mit dieser Methode

Aufwände im oberen dreistelligen bis unteren vierstelligen Stundenbereich anfallen können.

6.3 Beurteilungsverfahren Erfolg der Stabsarbeit (BV-EdS)

In diesem Abschnitt wird mit dem BV-EdS ein Evaluationsmittel vorgestellt, mit dem die relevanten Bereiche und Ebenen von stabsmäßiger Führung im Einsatz erhoben und beurteilt werden können. Der Fokus dieses Buchs liegt primär auf der Handlungsweise der Führungspersonen, weswegen die Hintergründe des ersten Teils des BV-EdS umfassend beleuchtet wurden. Um die Führungsleistung von der Ausführungsleistung abgrenzen zu können, wird auch der zweite Teil des BV-EdS vorgestellt. Damit kann der (simulierte) Einsatz evaluiert werden. Die Hintergründe dazu finden sich in der Theorie der wirksamen Einsatzführung. Der Abschnitt schließt mit Anregungen, wie ein Urteil formuliert werden kann.

Das BV-EdS entspricht den verfahrensmäßigen Anforderungen an Nachvollziehbarkeit und Objektivität und den inhaltlichen Anforderungen an die Relevanz für die Wirksamkeit. Erfahrungsgemäß werden diese Gütekriterien in der Praxis nicht immer eingehalten. So werden Trainings oft an eher subjektiven Erwartungen von Ausbilderinnen und Ausbildern aus deren praktischem Erfahrungsschatz gemessen. Zudem fokussieren Bewertungskriterien für Übungen landläufig nicht den Beitrag von Stäben zum Einsatz. Darin wird eine Erklärung gesehen, weswegen sich Übungsszenarien oft auf aufwändige Simulationen (von Ausführungsleistungen) stützen, aber die eigentlichen Führungsleistungen didaktisch nicht gezielt herausfordern. Das BV-EdS vermag daher den Status quo des Trainings zu verbessern, indem es zum Design von Trainingsaufgaben herangezogen wird. Bei seiner Anwendung ist darauf zu achten, dass die von der Umsetzung abhängigen Gütemerkmale u. a. zum Setting und zur Zielrichtung gegeben sind.

Das BV-EdS hat ein inhaltliches und ein verfahrensmäßiges Ziel. Inhaltlich kann mit dem BV-EdS prospektiv festgestellt werden, ob eine Führungsunit wohl ausreichende Führungsleistungen erbringen kann. Das Instrument wurde aus Sicht des Trainierens entwickelt und mit Erkenntnissen aus Einsatzanalysen weiterentwickelt. Es vermag daher Vor- und Nachbereitung abzudecken. In diesem Buch steht die Vorbereitung im Vordergrund, weswegen das Evaluationsmittel die Entwicklung und Unterhaltung von Führungsunits unterstützen soll. Die Blickrichtung ist daher prospektiv. Es kann auch zur Untersuchung von Einsätzen angewendet werden.

Das BV-EdS misst den Return on Investment (ROI) von Lernsequenzen für die Mutterorganisation der Führungsunit. Vereinfacht wird dabei gefragt, wie die Organisation vom investierten Aufwand für das Training vom Kompetenzzugewinn des Trainees am Ende profitiert. Dies entspricht im Vier-Ebenen-Modell nach Kirkpatrick, mit dem Trainings bewertet werden können, der Ebene 4 (vgl. Hagemann 2011). Auf dieser Ebene liegt der Mehrwert für die Organisation, wenn die Trainees als Kollektiv das Gelernte in der Praxis anwenden. Das BV-EdS ist kein Werkzeug, um individuelle Reaktionen, Lernen und Verhalten von Trainees zu evaluieren.

Literaturtipp:

Zur Messung des individuellen Kompetenzzugewinns in Ausbildungsgängen eignet sich beispielsweise das »Feedback-Instrument zur Rettungskräfte-Entwicklung – Führungsstab (FIRE-CU)«. Dieses Instrument wurde speziell zur Erfassung der Qualität der Ausbildung von Stäben entwickelt. Es hebt u. a. auf Dozentenverhalten, Struktur und Kompetenzerwerb ab. Der FIRE-CU bezieht sich auf die Ebenen 1, 2 und 3 im Vier-Ebenen-Modell nach Kirkpatrick.

Das BV-EdS stützt sich auf die Theorie der wirksamen Einsatzführung, die wiederum an die Kybernetik anschließt. Es hat einen ganzheitlichen Blick auf Führung und geht vom Zielbild des suffizienten Führungsakts aus. Dadurch unterscheidet es sich von anderen Ansätzen, die im Vergleich oft nur einen Prozess aus dem Prozessbündel der Stabsarbeit in den Blick nehmen, wie z. B. die Teamarbeit oder den Informationsfluss. Der Auflösungsgrad hängt vom Erkenntnisinteresse ab, weswegen auch stark fokussierte Ansätze ihre Berechtigung haben. Zur Entwicklung und Unterhaltung von Führungsunits erscheint jedoch ein ganzheitlicher Ansatz am geeignetsten.

Der ROI von Einsatzführungstraining wird verstanden als »Feststellung ob eine Führungsunit dazu in der Lage ist, in einem (simulierten) Einsatz ausreichende Führungsleistungen zu erbringen«. Wo es um Kompetenzzugewinn geht, kann durch einen Vorher-Nachher-Vergleich (Arbeitsproben) gemessen werden, ob sich ein Stab als Kollektiv durch das Training verbessert hat und nun bessere Führungsleistungen erbringen kann. Diese Führungsleistungen zu messen war zum Zeitpunkt der ersten Auflage dieses Buches nicht möglich. Nach den Forschungen zum Erfolg der Stabsarbeit ist nun allerdings klar, was als Beitrag eines Stabes zum Einsatz gilt – nämlich die Führungsleistungen. Im vorbereitenden Bereich entsprechen die Führungsleistungen in einer Simulation dem ROI der Trainingsmaßnahme für die

6.3 Beurteilungsverfahren Erfolg der Stabsarbeit (BV-EdS)

Mutterorganisation. Das BV-EdS gestattet somit, den ROI von Einsatzführungstrainings im Modell nach Kirckpatrick nachvollziehbar zu erfassen, anhand allgemeiner Anforderungen zu messen, Zustand und Abweichungen zu diagnostizieren und ein objektiviertes Urteil zu fällen. Mit dem Befund, was als ROI von Einsatzführungstrainings für die Mutterorganisationen von Stäben gilt, wird eine Wissenslücke geschlossen.

Zweites Ziel des BV-EdS ist es, verfahrensmäßig eine gewisse »Verhältnismäßigkeit zwischen den Bereichen und Ebenen von stabsmäßiger Führung sowie zwischen Erwartungen und Möglichkeiten im Einsatz« herzustellen. Bei einer fachlichen, medialen oder juristischen Einordnung wiegt das Ergebnis des Einsatzes oft deutlich schwerer als die Art und Weise der Herbeiführung. Im Trainingsbereich und bei gutachterlicher Tätigkeit muss allerdings weit über das Ergebnis hinaus in dessen Entstehungsgeschichte hinein geblickt werden, um Abläufe verstehen, einordnen und bewerten bzw. auch justieren zu können. Die Frage »Wurde die Lage bewältigt?« erlaubt lediglich eine dichotome Antwort in »ja/nein« und greift deswegen zu kurz. Aus Sicht der Human-Factors ist eine starke Vereinfachung wie nach dem Muster »Wer heilt, hat recht« generell keine zufriedenstellende Erklärung für eine Problemlösung mit »gutem Ergebnis« aber einem »schlechten Lösungsweg.« Das Bv-EdS hat drei Leitfragen, die eine umfassende Betrachtung sowohl auf der Ergebnisebene als auch auf der Prozessebene ermöglichen. Die vierte Frage dient der Einordnung der Erkenntnisse aus den drei ersten Fragen.

1. Wie wurde die Situation bearbeitet bzw. das Problem gelöst (fachlicher Lösungsweg, eingesetzte Ressourcen, erzielte Wirkungen)?
2. Entsprechen die Prozessabläufe aus dem Prozessbündel der Stabsarbeit sowie die Geschäftsprozesse den Erwartungen?
3. Wurden ausreichende Führungsleistungen erbracht?
4. Stehen diese Aspekte in einem angemessenen Verhältnis zueinander?

Durch die textsprachliche Beantwortung dieser Fragen entsteht eine ausgewogene und objektivierte Einordnung der erbrachten Führungsarbeit. Arbeitsabläufe, Führungsleistungen und Einsatzergebnisse werden umfassend berücksichtigt. Diese qualitative Beurteilungsform wird den Besonderheiten der Einsatzführung eher gerecht als eine numerische Benotung.

Beurteilungen können auf unterschiedliche Weise durchgeführt und Urteile je nach Bedarf in mehreren Formen formuliert werden. Die Beurteilung einer Lerneinheit kann in zwei Phasen erfolgen (▶ Bild 68). Während und unmittelbar nach der

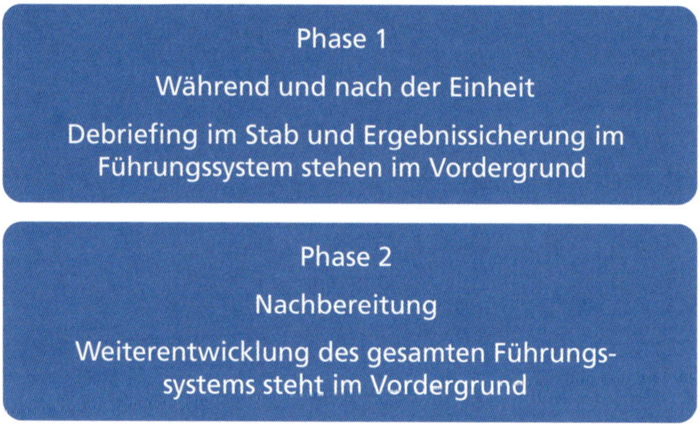

6 Stabsarbeit evaluieren

> **Phase 1**
> Während und nach der Einheit
> Debriefing im Stab und Ergebnissicherung im Führungssystem stehen im Vordergrund

> **Phase 2**
> Nachbereitung
> Weiterentwicklung des gesamten Führungssystems steht im Vordergrund

Bild 68: *Zwei Phasen der Beurteilung einer Übung oder eines Einsatzes*

Einheit steht das Debriefing im Stab und die Ergebnissicherung im gesamtem Führungssystem im Vordergrund. Während dem Arbeiten des Stabes kann der Beobachtungsleitfaden den Beobachtenden als Leitfaden dienen. Unmittelbar nach der Einheit sollte sich das Team selbst reflektieren und eine strukturierte Nachbesprechung unter Leitung der Trainerin/des Trainers stattfinden. Diese Ergebnisse sollten zusammen z. B. mit den Beobachtungen und Rückmeldungen von Schnittstellen gesichert werden. Hierfür können Fotos von während der Besprechung erstellten Flipcharts ausreichend sein. Erkannte Verbesserungsmaßnahmen sollten nach Möglichkeit gleich eingeleitet und ihre Erledigung nachverfolgt werden. Die Beurteilung erfolgt in diesem Fall also rein mündlich und es werden ggf. nur Ergebnisse als »Lessons learned« festgehalten.

Nach der Lerneinheit steht die Weiterentwicklung im Vordergrund. Die Nachbereitung einer Übung oder eines Einsatzes ist ebenso wichtig wie die Vorbereitung und sollte deswegen genauso organisiert werden. Je nachdem kann ein schriftlicher Bericht notwendig sein. Die zusammenfassende Diagnose und Einstufung des Untersuchten entspricht quasi dem Urteil. Ein solcher Bericht kann besonders dann ratsam sein, wenn umfangreiche, systematische Weiterentwicklungen begründet werden müssen oder wenn viele Partner beteiligt waren. Der Bericht sollte unbedingt auf definierten oder festgelegten Kriterien basieren, sodass die Beurteilung nachvollziehbar ist. In Übungsberichten sollten Einschränkungen der Aussagekraft aus Gründen der Simulation ausdrücklich aufgeführt werden. Je nach Umfang kann es sinnvoll sein, Schlüsselerkenntnisse in den Mittelpunkt des Berichtes zu stellen. Die Verabschiedung des Dokuments sollte so zeitnah wie möglich erfolgen und schließt die Nachbereitungsphase ab, wobei die Umsetzung von Verbesserungsmaßnahmen auch darüber hinaus dauern kann.

6.3 Beurteilungsverfahren Erfolg der Stabsarbeit (BV-EdS)

Die Leistungsfähigkeit von Stäben wurde in der ersten Ausgabe dieses Buches erstmalig definiert. Die fachliche Leistungsfähigkeit wurde als Kapazität verstanden, »hinsichtlich definierter Ereignisse (Erwartungshorizont) erwartete typische Aufgaben erfüllen zu können«. Als stabstypische Leistungsfähigkeit wurde das Funktionieren des Stabes als Stab und das »Erbringen der Führungsleistung« verstanden und seither in drei Werken weiter untersucht (»Erfolg der Stabsarbeit«, »Einsätze wirksam führen« sowie im vorliegenden Buch). Die Leistungsfähigkeit einer Führungsunit wird aktuell als Suffizienz verstanden.

> **Merke:**
> Ein suffizienter Führungsakt ist als spezielle Leistungsfähigkeit der Führungsunit über Wirkungen und Tätigkeiten definiert, als die Erbringung der notwendigen Führungstätigkeiten in einem Maß, das eine ausreichende oder herausragende Führungsleistung ermöglicht. Allgemein wird die Leistungsfähigkeit eines Führungssystems verstanden als eine diagnostische, pro- oder retrospektive Aussage darüber, ob die erwartete Leistung mit einer hinreichenden Wahrscheinlichkeit erbracht werden kann. Der tatsächliche Einsatzerfolg ist eine Frage des Vollzugs mittels u. a. dem in diesem Buch vorgestellten Instrumentarium.

Zur Beurteilung der Leistungsfähigkeit eines Stabes eignen sich nach Erfahrung des Autors zwei verschiedene Perspektiven. Erstens kann nach den Voraussetzungen des gesamten Führungssystems gefragt werden. Es steht die Vorhaltung und damit die prospektive Leistungsfähigkeit im Fokus. Hierzu wird die Führungsunit auf Ebene der Systemelemente betrachtet (Funktionsträger, Organisation, Ressourcen und Policy) wobei der Fokus klar auf den organisatorischen Voraussetzungen liegt. In Anlehnung an die ISO 22301 (»Business Continuity Management«) werden dabei qualitativ vier Reifegrade des Systems unterschieden:
- Befähigung (Dokumente erstellen und akzeptieren),
- Implementierung (Rahmenbedingung umsetzen),
- Etablierung (Awareness schaffen),
- Optimierung (Üben, Testen, Eintritt in einen kontinuierlichen Verbesserungsprozess).

Eine andere oft anzutreffende kaskadierte Angabe von Entwicklungsstadien fokussiert etwas mehr die Elaboration der Systematik mittels derer das Führungssystem unterhalten wird. Dabei können sechs Bereiche unterschieden werden.
- Nicht existent (0 %)
- Ad hoc (20 %)

- Intuitiv (40 %)
- Definiert (60 %)
- Gemanagt (80 %)
- In Optimierung (100 %)

Dabei ist »gemanagt« grob zu verstehen als »systematisch gesteuert mittels Managementsystem, das übliche Anforderungen erfüllt«. Die prozentualen Angaben sind näherungsweise zu verstehen.

> **Literaturtipp:**
> Die DIN EN ISO 22361 (»Krisenmanagement«) stellt neben dem Stand der Technik zu Ressortstäben auch einen Rahmen bereit, innerhalb dessen Führungsunits vorgehalten werden können. Ein Audit, das entlang dieser Norm durchgeführt wird, entspricht quasi einer Evaluation, an deren Ende ein Urteil steht.

Zur Beurteilung kann auch zweitens nach der Fähigkeit des Stabes gefragt werden, das Ereignis im konkreten Fall bewältigen zu können, was als Performanzlevel bezeichnet wird. Dabei werden drei aufeinander aufbauenden Führungsmodi unterschieden. Diese basieren auf der Erkenntnis, dass Stabsarbeit zu wesentlichen Teilen aus Koordinationsaufgaben besteht und (mit Blick auf den ganzen Stab) oft nur zu einem eher geringen Anteil aus Entscheidungsaufgaben (wesentliche im Sinne kritischer Entscheidungen konzentrieren sich bei der Stabs- und Einsatzleitung). Grundlegend ist die Fähigkeit, die Lage erfassen und den Fortgang des Ereignisses beobachten zu können. Darauf baut die Fähigkeit auf, Maßnahmen ohne größere Eingriffe in den Ereignisablauf zu koordinieren. Bereits diese Aufgabe stellt hohe Ansprüche an das Führungsorgan, wie sich in der Übungs- und Einsatzpraxis immer wieder zeigt. Wenn dazu noch kritische Entscheidungen getroffen werden müssen (z. B. Lösung moralischer Dilemmata, Abwägungen von Grundrechtseingriffen, Umgang mit extremen Ressourcenengpässen) und sich die Bedingungen verschlechtern (z. B. Zeitdruck), dann steigen die Anforderungen an das Führungsorgan nochmals stark an. Der Fokus dieser Betrachtungsweise liegt klar auf der praktischen Stabsarbeit, wobei drei qualitative Performanzlevel unterschieden werden:

- Fähigkeit, die Lage zu erfassen,
- Fähigkeit, das Ereignis in einem koordinierenden Modus zu führen (Lage erfassen + Stab wirkt ohne kritische Entscheidungen steuernd ein),
- Fähigkeit, das Ereignis in einem gesamtverantwortlichen Modus zu leiten (Lage erfassen + koordinieren + Stab kann kritische Entscheidungen treffen und umsetzten).

Stäbe müssen nicht immer zwangsläufig auf dem höchsten Performanzlevel gefordert sein. Wenn eine örtliche (an der Einsatzstelle befindliche) Feuerwehreinsatzleitung durch den Stab rückwärtig von Planungs- und Kommunikationsaufgaben entlastet wird, können kritische Entscheidungen im Stab schlicht nicht auftreten, weil diese an anderer Stelle (in der örtlichen Einsatzleitung vor Ort) gefällt werden. Es kommt also auf die Aufgabenverteilung an, welche Anforderungen in welchem Organ gestellt werden. Ungenügende Vorbereitungen, schlechte Leistungen der Übungsleitungen oder unzureichende Unterstützung durch Trainer:innen können in Übungssituationen ebenso dazu führen, dass die Simulation den Stab nicht über einen koordinierenden Modus hinaus fordert. In solchen Fällen ist es unbedingt notwendig, dass in der abschließenden Beurteilung deutlich gemacht wird, dass durch den Einsatz/die Übung lediglich ein koordinierender Modus des Stabes erforderlich war – und kritische Entscheidungen weder gefordert noch erforderlich waren.

Durch die kombinatorische Betrachtung des Reifegrades mit dem Performanzlevel kann die Leistungsfähigkeit eines Stabes in einem Bericht zusammenfassend beurteilt werden. Ampelkonten können die Zustände und Entwicklungsbedarfe als Executive Summary gut ergänzen.

6.4 Beobachtungsleitfaden für das Funktionieren des Stabes und das Vorgehen von Führungspersonen

In diesem Abschnitt wird der erste Teil des BV-EdS in Form eines Beobachtungsleitfadens vorgestellt. Die darin aufgelisteten Prüfpunkte stehen gleichermaßen als Zusammenfassung des Buches. Lesende, die das gesamte Buch bis hierher in einem Zuge durchgelesen haben, werden nun von Detailbetrachtungen zu einer gesamtheitlichen Betrachtung wechseln müssen.

Eine »gute Stabsarbeit« (Prozessual: ein gutes Arbeiten des Stabes) ist gegeben, wenn Entscheidungs-, Führungs-, Informationsmanagement-, Kommunikations-, Organisations-, Team-, Wahrnehmungs- sowie Wissens- und Lernprozesse »funktionieren«. Ein »guter Stab« funktioniert also als solcher (erste Führungsleistung). Diese acht unterschiedlichen Abläufe sind »Gütemerkmale«. Sie sind Hilfsgrößen, die zu einer Gesamtaussage aggregiert werden können und damit eine »Beurteilung« ermöglichen. Weitere Gütemerkmale sind das methodische Vorgehen und das förderliche Verhalten von Führungspersonen. Zu den Gütemerkmalen wurden »Prüfpunkte« definiert, welche relevante Abläufe im Stab während seiner Arbeit indizieren. Sie stehen damit für das eingangs in diesem Kapitel angesprochene »Relevante« und sind somit eine formulierte »Erwartungshaltung« an die Stabsmitglieder. Als Marker zeigen die Indikatoren damit an, ob den Erwartungen an ein Verhalten oder an Vorgehensweisen entsprochen wird. Der erste Teil des BV-EdS ist daher im weitesten Sinne ein Verhaltensmarkersystem. Seine Indikatoren sind einander möglichst distinkt. Sie lassen sich jeweils mit eigenen Theorien aus beispielsweise der Theorie der wirksamen Einsatzführung, aus der Psychologie oder den Organisationswissenschaften erklären.

Literaturtipp:

THINCS ist ein Verhaltensmarkersystem, welches passend zum Incident Command System entwickelt wurde. Mit folgender Anleitung kann Hintergrundwissen erworben werden.

 THINCS-System
https://orca.cardiff.ac.uk/id/eprint/129607/14/THINCS%20System%20Users%20Guide%20v1.7.pdf

Die Beobachtungsergebnisse können anschließend qualitativ beurteilt werden. Die Prüfliste kann in der Entwicklungsphase des Stabes, in theoretischen Reviews oder zur Beobachtung von praktischen Einheiten (Trainings, Übungen, Einsätze) eingesetzt werden. Die Punkte aus dem Beobachtungsleitfaden können dem Stab auch als Arbeitshilfe dienen. So können beispielsweise die Fragen zu Teamarbeit und Human Factors für z. B. den Leiter des Stabes oder seinen Moderator während der Stabsarbeit eine gute Erinnerungshilfe sein.

Beobachtungsleitfäden sollen in der Praxis einfach handhabbar sein. Daher müssen die Prüfpunkte möglichst selbsterklärend sein. Das Instrument muss auch ohne umfassendes Hintergrundwissen anwendbar sein und darf nicht zu umfangreich sein. Nachfolgend wurden deswegen an manchen Stellen Vereinfachungen vorgenommen. Die Prüfliste ist allgemein gehalten und enthält keine Aspekte zu fachlichen Belangen (z. B. zu Feuerwehr oder Aviatik). Sie fokussiert das Wesentliche. Weil sich die Leistungsfähigkeit an den zu erwartenden Ereignissen der jeweiligen Organisation bemisst, können sich Stäbe stark unterscheiden. Diese Besonderheiten sollten bei jeder Beurteilung angemessen berücksichtigt werden. Ob ein Punkt im Leitfaden im jeweiligen Fall relevant ist, muss individuell beurteilt werden. Die Beurteilung sollte für die Stabsmitglieder nachvollziehbar und transparent sein, weswegen die Erwartungshaltung klar transportiert werden sollte. Hierfür kann beispielsweise im Prebriefing der Evaluierungsbogen besprochen werden.

6.4 Beobachtungsleitfaden

Merke:
- Jedes Führungssystem bzw. jeder Stab ist anders, weil sich die Leistungsfähigkeit an den zu erwartenden Ereignissen bemisst.
- Ob ein Punkt in der Prüfliste im jeweiligen Fall relevant ist, muss individuell beurteilt werden. Die Prüfliste ist allgemein gehalten (Fokus auf acht übergeordnete Prozesse, keine fachlichen Aspekte, keine Geschäftsprozesse).
- Die Beurteilung muss für die Teammitglieder nachvollziehbar und transparent sein. Mache die Prüfliste deswegen vorher bekannt!

6.4.1 Evaluation: Vorhaltung der Führungsunit und systematische Einsatzvorbereitung

Tabelle 25 Organisatorisches Rahmenwerk

Wird das Führungssystem aktiv gesteuert/gemanagt?

Ist das organisatorische Rahmenwerk für den Stab etabliert?
- Policy, genereller Auftrag, Rules of Engagement, ggf. Rahmenbefehl
- Aufbauorganisation (Organe, Aufgaben, Kompetenzen, Beziehungen, Schnittstellen)
- Ablauforganisation (Arbeitsanweisung, Stabsdienstordnung, Prozesslandkarte)
- Geschäftsprozesse/Produkte, Handlungshilfen, Klarlisten, Standardprozeduren (SOPs), Rollenkarten
- Stab als Organ/Bestandteil des Business Continuity Managementsystems, der Notfall- und Krisenorganisation, des Führungssystems der AAO/BAO, Abgrenzung zu anderen Führungssystemen und Modi mit Bereichen des Übergangs
- Stellung und Befugnisse des Stabes innerhalb der Organisation
- Erwartungshorizont (zu erwartende Ereignisse, erwartete Aufgaben)

Wird das Rahmenwerk regelmäßig auf Aktualität/auf Passung geprüft?
- Nachvollziehbarer Änderungsverlauf, Versionierung, Dokumentfreigabe, Dokumentenlenkung, Änderungsdienst
- Veränderte Bedrohungen oder verschobene Schwerpunkte
- Neue gesetzliche, normierte, politische, technologische oder gesellschaftliche Anforderungen
- Veraltete oder neue Führungsmittel
- Veränderungen im Personalkörper
- Veränderte disziplinarische Zuständigkeiten in der Organisation

6 Stabsarbeit evaluieren

Tabelle 25 – Fortsetzung

Ist die Verantwortung für die Unterhaltung des Führungssystems und damit für die Leistungsfähigkeit der vorgehaltenen Führungsunit wirksam delegiert? • Eine Stelle ist von der verantwortlichen Instanz (Organisationsleitung) schriftlich beauftragt und mit den notwendigen Kompetenzen und Ressourcen ausgestattet (u. a. Arbeitszeit, finanzielle Mittel, Befugnisse), die Berichtspflicht ist geklärt • Ggf. Stellenbeschreibung, Aufgabenzuweisung (Geschäftsführung, Koordination)
Gibt es ein internes Kontrollsystem (IKS) und ein Verbesserungssystem (KVP)? • Regelmäßige Überprüfung der Leistungsfähigkeit durch die verantwortliche Instanz (mindestens auf Basis eines Berichts, idealerweise durch Systemtests) • Kontinuierliche Verbesserung mit nachvollziehbaren Verantwortlichkeiten • Abgrenzung/Verschneidung mit internen Audits oder externen Überprüfungen durch Aufsicht oder Verbände
Zuverlässigkeit
Ist die Führungsbasis für die zu erwartenden Ereignisse ausreichend ausfallsicher (Safety, Zuverlässigkeit) bzw. gegen störende Einwirkungen (Security) gesichert? Gibt es eine Redundanz für den Stabsraum, die von den störenden Einwirkungen ausreichend abgekoppelt ist? Sind die Anwendungsfälle »Alltag« (mit Elektrizität, mit Internet) und »Ausnahme« (mit Netzersatzanlage aber ggf. auch ohne Elektrizität, jedenfalls ohne Internet) sinnvoll aufeinander abgestimmt?
Sind die Führungsmittel (insbesondere IT, Kommunikationsmittel und Alarmierungssystem) generell und speziell für die zu erwartenden Ereignisse ausreichend ausfallsicher?
Sind regelmäßige Wartungen, Fernwartungen, Funktionstests und Überprüfung von Führungsmitteln sichergestellt?
Sind für zentrale IT-Anwendungen First- und Second-Level-Support verfügbar (idealerweise durch Personen aus der Alltagsorganisation)?
Sind die kritischen Ressourcen (u. a. Personal, Infrastruktur, Dienstleister) generell und speziell für die zu erwartenden Ereignisse ausreichend ausfallsicher? Sind für den Ausfall der kritischen Ressourcen Notfallpläne festgelegt und etabliert?
Sind wichtige Komponenten außerhalb des Stabsraums nach den gleichen Anforderungen wie die Führungsbasis zuverlässig und geschützt? • Netzersatzanlage • Kommunikationsanlagen
Sind für wesentliche Arbeitsabläufe alternative Vorgehensweisen festgelegt und etabliert (Workarounds)?

6.4 Beobachtungsleitfaden

Tabelle 25 – Fortsetzung

Ist der Personalpool ausreichend groß (i. d. R. dreifache Besetzung)?
- Fähigkeit mindestens zur Abdeckung der Erstphasen von Maximalereignissen in ausreichender Besetzung (Reaktionsfähigkeit)
- Ggf. Fähigkeit zur Schichtarbeit über eine festzulegende Dauer
- Ggf. Möglichkeit der Heranziehung personeller Führungsunterstützung aus kooperierenden Organisationen unter Berücksichtigung der Reaktionsfähigkeit
- Berücksichtigung faktischer mehrfacher Zugehörigkeit von Personen zu verschiedenen Einheiten/Organisationen

Einsatzvorbereitung

Sind für relevante Ereignisse und Aufgaben Standardprozeduren festgelegt? Beherrschen die Funktionsträger:innen im Personalpool diese Konzepte? Sind die dafür erforderlichen Berechtigungen/Zugänge vorhanden?
Im Folgenden einige Beispiele zu typischen Geschäftsprozessen:
- Heranführung von Einsatzkräften über verschiedene Verkehrswege
- Logistik, Unterbringung, Verpflegung
- Medienarbeit, Warnung und Bevölkerungssteuerung zur Anleitung von Personen zu sicherheitsgerechtem Verhalten
- Massenanfall von Verletzten/Erkrankten
- Polizeiliche Sonderlagen, Lebensbedrohliche Einsatzlagen
- Rahmenverträge mit z. B. Brandschadensanierern oder Tiefkühllagern zur Konservierung von Archivalien
- Führungsunterstützung zur Kapazitätserhöhung im Stab z. B. in regionalen Kleeblättern

Ist der Zugriff auf notwendiges Wissen und auf Personen mit Wissen aus der Alltagsorganisation sichergestellt?

6 Stabsarbeit evaluieren

Tabelle 25 – Fortsetzung

Eskalation, Alarmierung, Deeskalation
Ist die Entscheidung zur Eskalation des Ereignisses in den Führungsmodus »Stab« unabhängig von verzögernden oder hemmenden Instanzen? • Möglichst durch dasjenige Führungsorgan, welches im Führungsmodus vor dem Stab eine sich abzeichnende Überforderung (Anstieg Koordinierungsbedürfnis, Ausdehnung der Auswirkungen, allgemeine Grenzen des Führungssystems, lange Einsatzdauer) feststellen kann • Reibungslose Aufbietung des Stabes in Anschluss/anwachsend aus dem Führungsorgan des vorhergehenden Führungsmodus heraus • Ideal: Unterscheidung dreier aufeinander aufbauender Führungsmodi für den Stab (monitoren, koordinieren, gesamtverantwortlich leiten), um das Führungsorgan mit situationsangemessenem Auftrag frühzeitig einsetzen zu können • Eskalationsmatrix mit Entscheidungshilfen (Schluss von Einsatzart/Ereignisursache auf Koordinierungsbedarf/erforderliche Kapazität des Führungssystems. Zuweisung von Befugnissen zu Führungsstufen. Algorithmischer Ablauf von hinterlegten Maßnahmen) • Deeskalation ist geregelt (Reibungsloser Übergang der Ereignisbewältigung von der Besonderen Aufbauorganisation/vom Einsatz in die Alltagsorganisation)
Funktioniert das Alarmierungssystem für die Stabsmitglieder? • Erreichbarkeit der Stabsmitglieder über den Alarmempfänger • Angemessenes und korrektes Verhalten der Stabsmitglieder
Ist die Dauer von der Alarmierung bis zur Aufnahme der Arbeitsbereitschaft des Stabes angemessen? • Leistungsfähigkeit der Linienorganisation bzw. des vorgeordneten Führungssystems, das Ereignis über diese Dauer zu führen • Erwartungen von Stellen außerhalb des Stabes
Führungsbasis
Ist der physische Stabsraum passend zur Arbeitsweise des Stabes eingerichtet? • Für das Arbeiten in Präsenz oder in Konferenzen geeignet • Für Remotearbeit geeignet (parallele Videokonferenz zur Einbindung dislozierter Stellen, angemessene Abbildung der Produktivitätsplattform) • Zonen für Besprechungen (Stehtische), Arbeitsgruppen (Abgesetzte Räume) • Passende Mittel für Analysen, Darstellungen oder Übersichten mit Mitteln, wie sie in der Organisation eingesetzt werden (Lagekarte, Dashboard, Karten-/Planungstisch usw.)

6.4 Beobachtungsleitfaden

Tabelle 25 – Fortsetzung

Ist der virtuelle Stabsraum sinnvoll eingerichtet?
- Förderung/Fokussierung von Führungsleistungen
- Digitale Entsprechungen zu physischen Arbeitsmitteln
- Benennung von Rollen (z. B. Steuerung von Konferenzsystemen, Versand von elektronischen Besprechungseinladungen mit Zugangsdaten zu Konferenzen)

Ist ergonomisches und funktionales Arbeiten möglich?
- Wenn erforderlich: Berücksichtigung der Arbeitsstättenverordnung bzgl. u. a. Bewegungs- und Verkehrsflächen
- Anforderungen an die Gestaltung von Büro- und Bildschirmarbeitsplätzen
- Tageslicht
- Klimatisierung und Lüftung
- Funktionale Lage zu Befehlsstellen, Leitstellen, Pausenräumen, Toiletten, Besprechungsräumen – idealerweise innerhalb derselben Schutzzone

Sind die Informationen im Stabsraum ausreichend geschützt?
- Berechtigungskonzept mit Zutrittskontrolle und Identifikation
- Einsehbarkeit, Abhörsicherheit
- Angemessenes Informationssicherheitskonzept für IT- und Non-IT-Anwendungen
- Möglichkeit zur Besprechung mit Nicht-Stabsmitgliedern außerhalb des Stabsraums

Fördert der Stabsraum die Teamarbeit und das gemeinsame Lagebild?
- Durchgehende Sichtachsen durch transparente Werkstoffe
- Sitzordnung ermöglicht Blick auf relevante Teile des Modells vom Ereignis/vom Einsatzmodell für die jeweiligen Funktionen
- Funktionen mit Schnittstellen sitzen günstig zueinander (nebeneinander, hintereinander, gegenüber)
- Individuelle Arbeitszone umfasst Arbeitsplatz und schließt über den Bewegungsraum mit einer Besprechungsstelle (Stehtisch, Kartentisch, Flipchart, Smartboard) an Arbeitszonen von Schnittstellen an
- Möbel fördern Mobilität im Raum und ermöglichen abwechselnde Körperhaltungen

Führungsmittel

Sind die Technologien und Anwendungen speziell zur Informationsverarbeitung für die Arbeitsweise des Stabes funktional?
- Bewältigung der Informationsmenge in angemessener Verarbeitungsdauer und Qualität
- Zweckdienliche Datenträger und Datenformat (Papier, Dateiformat)
- Möglichkeit, externe/zusätzliche Personen mit ihren Clients ad hoc in den virtuellen Stabsraum einzubinden

6 Stabsarbeit evaluieren

Tabelle 25 – Fortsetzung

Sind die Ausstattung und Hilfsmittel speziell zur visuellen Darstellung für die Arbeitsweise des Stabes funktional? • Beschreibbare Magnetwände für Lagedarstellungen, Maßnahmenplanung, Aufgabennachverfolgung • Whiteboards für Brainstormings, Strategieentwicklung • Flipcharts mit ausreichend Papier oder digitales Flipchart für Moderation von Besprechungen, für Darstellungen kürzerer Halbwertszeit wie Vorhersagen, zur Unterstützung von Entscheidungsprozessen durch Tabellierung sowie zur Kreativarbeit • Interaktive digitale Tafeln für aufwändige Analysen auf Basis von Vorlagen (Karten, Pläne, RuI (Rohrleitungs- und Instrumentenfließschema), MSR (Mess-, Steuer und Regelschema), Prozesslandkarten) ggf. flankiert von einem Kartentisch • Anzeigeflächen mit passenden Projektoren (Beamer, Displays, Medienwände) insbes. zur gemeinsamen Betrachtung individuell bearbeiteter Dokumente wie Lagekarten, Einsatztagebuch, Maßnahmennachverfolgung
Sind notwendige Arbeits- und Hilfsmittel ausreichend vorhanden? • Verbrauchsmaterial wie Papier, Stifte, Magnete • Kabeladapter, Verlängerungskabel, Ladegeräte • Computer, Laptops, Tablet-PCs, Smartphones mit Applikationen mit Zugang zu den für die jeweilige Funktion notwendigen Informationen und Anwendungen
Wird der mögliche Mehrwert von eingesetzten Anwendungen ausgeschöpft (Softwareunterstützung)? • Informationsmenge und Anzahl bzw. Verteilung der involvierten Stellen erreichen tatsächlich ein Maß, das ohne Software nicht verarbeitet werden kann • Teamarbeit und Interaktion werden durch die Arbeit mit Softwareanwendungen nicht eingeschränkt • Vorgesehene Funktionen der Applikation werden tatsächlich genutzt
Werden Kommunikationsmittel sinnvoll eingesetzt? • E-Mail, automatisierte elektronische Nachrichten • Mobiltelefonie, Telefonie, Sprechfunk, Sprachnachrichten • Schriftliche Nachrichten • Nutzung automatisierter Dokumentationsmöglichkeiten z. B. durch Mailversand an reines Ablagepostfach (Speichergröße beachten).

6.4 Beobachtungsleitfaden

Tabelle 25 – Fortsetzung

Personal und Routine
Ist der Personalkörper des Stabes ausreichend? • Mehrfachbesetzung jeder Funktion gemäß vorgesehener Schichtwechselstärke • Urlaub, Krankheit, mehrfache Belastung der Personen durch Ehrenämter und Nebenämter • Verfügbarkeit der Stabsmitglieder zu Tages- und Nachtzeiten sowie an Wochenenden und Feiertagen aufgrund von z. B. arbeitsvertraglichen Bedingungen • Sicherstellung, dass die Stabsmitglieder bei Aufbietung des Stabes nach anderen Einheiten noch verfügbar sind
Sind die Stabsmitglieder wirksam beauftragt? • Pflichtenübertragung z. B. zur Verschwiegenheit, zu Fotografieverbot • Auswahl bezüglich Zuverlässigkeit, Integrität • Möglichkeit, bei Alarm den Arbeitsplatz zu verlassen
Sind alle potentiellen Stabsmitglieder in ausreichendem Umfang in die Aus- und Fortbildung einbezogen? • Auch Repräsentanten (Verbindungspersonen als Vertreter von Schnittstellen) • Auch selten benötigte Spezialfunktionen
Sind die Stabsmitglieder dazu befähigt, ihre vorgesehenen fachlichen Rollen souverän wahrzunehmen? • Grundlegende Ausbildung (Führungskunde) • Routine durch regelmäßiges Training (Systemkenntnis des Stabes) • Anwendung von Standardprozeduren, ausreichendes Wissen über Besonderheiten von zu erwartenden Szenarien (Einsatzkunde)
Beherrschen die Stabsmitglieder eingesetzte Informationsmanagementsysteme souverän? • Nachrichtenvordruck (»Vierfarbvordruck«) • Gängige Bürosoftware (Textverarbeitung, Tabellenkalkulation, Präsentationsprogramme, Kollaborative Plattformen, Messenger) • Spezielle Anwendung zur Führungsunterstützung (»Stabssoftware«)

6 Stabsarbeit evaluieren

6.4.2 Evaluation Funktionieren des Stabes und Handlungsweise der Führungspersonen

Tabelle 26: **Werkzeuge der Stabsarbeit**

Ist jedem Stabsmitglied klar, in welchem Modus/auf welcher Eskalationsstufe das Ereignis geführt wird? Sind die damit verbundenen Befugnisse, Kompetenzen und Vorbehalte geklärt und klar? Beispielsweise: • Alltagsorganisation • Koordinierungsbedürftiger Notfall • Besondere Einsatzlage • Sonderlage • Katastrophenvoralarm • Katastrophenzustand • Phase 1/2/3
Ist der Stab sinnvoll organisiert und die Gesamtaufgabe funktional verteilt? • Anschlussfähig an die Alltagsorganisation • Gliederung in sinnvolle Teilaufgaben • Passgenaue Konkretisierung von vorgegebenen Systematiken wie der FwDV 100 • Definierte Schnittstellen und Schnittmengen • Strukturorganigramm mit verantwortlichen Personen, Kompetenzen und Erreichbarkeiten erstellt und bekanntgegeben
Werden Informationen auf ihre Richtigkeit überprüft? • Herkunft und Entwicklung von Sachverhalten ist nachvollziehbar • Informationen werden je nach Kritikalität überprüft und Prüfstatus/Verlässlichkeitsniveau angegeben • Interpretationsfehler werden vermieden, indem die reine Information von der Bewertung, Beurteilung und dem Vorausdenken getrennt werden
Ist die Situation sinnvoll dargestellt und wird dadurch eine zukünftige wirksame Einflussnahme des Stabes ermöglicht? • Die Informationen ermöglichen eine Prognose • Schadenskategorien sind sinnvoll gewählt (z. B. Raum, Personen, Tiere, Umwelt, Sachen, Prozesse) • Gefahrenabwehrkategorien sind sinnvoll gewählt (Organisation, Einheit, Fähigkeiten, Status, Kontaktmöglichkeit, Bedarfe) • Dashboard mit den zukunftsgerichteten Schlüsselgrößen und K.-o.-Faktoren zur Einsatzsteuerung (Blickrichtungen Schaden, Bewältigung, Alltagsorganisation) • Übersichtlichkeit, Logik der Darstellung. Auf nicht erforderliche Informationen wird bewusst verzichtet • Aktualität der Informationen wird vermerkt • Erweiterung der Darstellung ist möglich

6.4 Beobachtungsleitfaden

Tabelle 26 – Fortsetzung

Fördert die Lagedarstellung das gemeinsame Lagebewusstsein des Stabes?
- Erkennbare Abgrenzung von strategischen und operativen Belangen
- Stabsleitung/Einsatzleitung hat erkennbar die strategische Übersicht/den strategischen Weitblick
- Bewegtbilder lenken nicht ab, aktive Steuerung dessen was angezeigt wird, Anzeigen sind nicht dem Zufall/Usus überlassen, Bildregie funktioniert
- Darstellung bezieht sich klar auf die für das Ereignis kritischen Variablen
- Schlüsselinformationen sind aus Sicht einer fachkundigen unbeteiligten Person nach wenigen Augenblicken zu erfassen
- Dargestellte Aspekte werden (ggf. auf Arbeitsebene) aktiv thematisiert

Wird das Ereignis ausdrücklich analysiert und die Lage beurteilt?
- Umfang und Methode sind der Komplexität angemessen
- Zusammenhänge zwischen Bedrohung und Schutzgut bzw. Zielprozess werden erkannt
- Stellgrößen und Einflussfaktoren werden erkannt und als Lösungsansatz thematisiert
- Stab ist zu bestimmten Zeitpunkten in der Lage, gegenüber einer dritten Stelle einen Bericht abzugeben

Wird der künftige mögliche Ereignisverlauf ausdrücklich prognostiziert?
- Schlechtester Fall, bester Fall, wahrscheinlichster Fall
- Kurz-, mittel- und langfristig in sinnvollen Zeiteinheiten
- Im Team und individuell in jedem Aufgabenbereich
- Team legt sich auf einen Ereignisverlauf fest, versteht diesen als Annahme und richtet die Arbeit daran aus
- Ereignisverlauf wird tatsächlich der Optionsentwicklung zugrunde gelegt
- Prognose wird regelmäßig auf Gültigkeit überprüft

Wird eine ausdrückliche Strategie entwickelt die ggf. Prioritäten berücksichtigt?
- Umfang und Weise (mündlich, schriftlich in Stichworten oder ausformuliert) sind der Komplexität angemessen
- Interessierte Parteien
- Ziel, Teilziele, Meilensteine mit dazugehörigen Zeitpunkten und Kriterien für die Beurteilung
- Positiv formuliert, keine Vermeidungsziele
- Vergabe von Prioritäten gemäß dem Beitrag des SMART-formulierten Teilziels zum Gesamtziel
- Prioritäten werden bei Bedarf angepasst

Werden ausdrücklich Handlungsoptionen entwickelt und verglichen?
- Vom Ziel aus zeitlich rückwärts gerichtete Planung
- Unterscheidung zwischen Machbarkeit, Ökonomie und Opportunität

Tabelle 26 – Fortsetzung

Werden Entscheidungen nachvollziehbar und angemessen getroffen? • Grundlage sind nachvollziehbare Optionen • Prüfung der Machbarkeit • Abwägung von Risiken und Chancen • Anlassbezogene Prüfung auf moralische Korrektheit • Entscheidung gemäß der jeweiligen Kritikalität auf der angemessenen Ebene
Werden Handlungen zielgerichtet geplant, Aufträge eindeutig erteilt und Maßnahmen kontrolliert? • Benennung von verantwortlichen Personen • Mündlich oder schriftlich je nach Erfordernis • Auftrag ist so formuliert, dass er vom Empfänger im Sinne des Auftraggebers interpretiert wird • Statuskontrolle und Überprüfung auf Erreichung der gewünschten Wirkung
Teamarbeit, Human Factors und Lagebesprechung
Arbeitet der Stab als Team zusammen? • Aufgaben- und ressortübergreifendes Verständnis • Gegenseitige Unterstützung und Hilfe
Fördert die Führungsphilosophie die Teamarbeit und die Verantwortlichkeit des Einzelnen? • Führung mit Auftrag • Aufgabenorientiert • Situationsangemessen • Flache Hierarchie • Ggf. Trennung zwischen Leitungsfunktion, Assistenz und Moderation
Wird im Stab angemessen kommuniziert? • Relevante Informationen werden zum richtigen Zeitpunkt an die richtigen Personen übermittelt • Sprache ist angemessen und deutlich • Informationen sind in der richtigen Reihenfolge
Ist das gemeinsame Ziel allen Stabsmitgliedern bewusst? Haben alle das gleiche Bild (im Sinne der wesentlichen Punkte) im Kopf? Hat jedes Stabsmitglied die für seine Aufgabe notwendigen Teilziele verstanden?
Wird im Stab angemessen mit abweichenden Informationsständen, Störungen, Missverständnissen, Fehlern und Konflikten umgegangen?
Erfolgt eine ausreichende Vorbereitung auf Lagebesprechung durch die Leitung und die Stabsmitglieder? Werden Störfaktoren in der Lagebesprechung minimiert? Nutzt die Stabsleitung die Lagebesprechung, um aktiv zu steuern?

6.4 Beobachtungsleitfaden

Tabelle 26 – Fortsetzung

Ist die Zusammenarbeit an Schnittstellen kollegial?
- Aktive Entscheidung durch die Stabsleitung/durch Festlegung in der Ablauforganisation: Benennung von SPOCs vs. Arbeit mit Zentralstellen
- Verlässlichkeit durch jederzeitige telefonische Erreichbarkeit
- Verbindlichkeit durch Statusmeldungen, Rückmeldungen, Einhaltung von Terminversprechen
- Hinwirkung auf Informationsqualität, auf Lagemeldungen mit relevantem Inhalt, auf Vorplanung in den Einsatzabschnitten durch geschickte Gesprächsführung
- Angemessene Dokumentation (z. B. »Wie telefonisch vorbesprochen und mündlich auf Machbarkeit geprüft, ordert der Einsatzabschnitt West auf Kosten der Gemeinde XY mit dieser E-Mail folgende Ressourcen...«)

6.4.3 Ergebnis der Arbeit des Stabes

Tabelle 27 | Taktik, Strategie und Ergebnis

Wurden Standardprozeduren (typische Aufgaben aus dem Erwartungshorizont) wirkungsvoll angewendet? War das Vorgehen fachlich richtig?
- In vorgesehener Weise
- An sinnvoller Stelle bewusst abgewichen und dadurch einen Mehrwert erwirkt

Stehen die eingesetzten Ressourcen und die erzielten Wirkungen in einem angemessenen Verhältnis zueinander?
- Ökonomie
- Opportunität

In Simulationen: Hätte das gewählte Vorgehen in plausibler Weise die vom Stab vorgesehene Wirkung erzielt?
- Wegen Künstlichkeit der Simulation
- Aufgrund von Wahrnehmungsfehlern des Stabes
- Aufgrund von Missverständnissen im Führungssystem

In Simulation und Realität: Ist die vom Stab vorgesehene bzw. erwünschte Wirkung aus Sicht aller interessierten Parteien im Verhältnis die bestmögliche gewesen?

6 Stabsarbeit evaluieren

6.4.4 Zusammenfassende Beurteilung

Tabelle 28: Zusammenfassende Beurteilung

Zusammenfassende Beurteilung
Welchen Reifegrad hat der Stab als Führungssystem erreicht (unabhängig vom konkreten Ereignis)? • Befähigt • Implementiert • Etabliert • Optimierungsphase erreicht Oder: Wie elaboriert ist das Managementsystem, mit dem die Vorhaltung der Führungsunit systematisch unterhalten/gesteuert wird (unabhängig vom konkreten Ereignis)? • Nicht existent (0 %) • Ad hoc (20 %) • Intuitiv (40 %) • Definiert (60 %) • Gemanagt (80 %) • In Optimierung (100 %)
Welchen Modus erforderte das Ereignis aus objektivierter Sicht vom Stab?
Welches Performanzlevel wurde im konkreten Ereignis erreicht? • Erfassend/beobachtend/monitorend • Koordinierend • Gesamtverantwortlich leitend
Entsprach das erreichte Performanzlevel dem erforderlichen Modus?
Wie wurde im konkreten Ereignis die Lage bewältigt (fachlicher Lösungsweg, eingesetzte Ressourcen, erzielte Wirkungen), entsprechen die Prozessabläufe der Stabsarbeit den Erwartungen und stehen diese Aspekte in einem angemessenen Verhältnis zueinander?

6.5 Beurteilungsleitfaden für Führungsleistungen und Einsätze

In diesem Abschnitt wird der zweite Teil des BV-EdS in Form einer Methode zur qualitativen Inhaltsanalyse vorgestellt. Es dient der Erfassung und Beurteilung der Führungsleistungen von Stäben und den herbeigeführten Einsatzergebnissen. Hierbei wird eine Sicht auf das Ergebnis der Führungsarbeit eingenommen. Dieser Teil des BV-EdS wurde in der Dissertation des Autors (Gißler, 2019) entwickelt. Die wissen-

6.5 Beurteilungsleitfaden für Führungsleistungen und Einsätze

schaftlichen Gütekriterien erlauben die Anwendung in der Praxis. Es wird im Folgenden verkürzt und anwendungsorientiert wiedergegeben.

> **Literaturtipp:**
> Die Hintergründe zum »Erfolg der Stabsarbeit« sind im gleichnamigen Buch zu finden.
> Es erschien 2019 beim Verlag für Polizeiwissenschaft, ISBN: 978-3-86676-610-5.

Im vorhergehenden Abschnitt wurde »gute Stabsarbeit« prozessual verstanden (ein gutes Arbeiten des Stabes). Nachfolgend wird die »gute stabsmäßige Einsatzführung« betrachtet (Ergebnismäßig: Durch den Einsatz Stabilisierung des Zielsystems bewirkt). Damit werden zwei unterschiedliche Perspektiven eingenommen.

6.5.1 Vorgehen

Die Evaluation erfolgt in zwei Schritten: Zuerst muss der gesamte Einsatz betrachtet werden. Danach kann auf die Führungsleistung geschlossen werden. Das Instrument erfordert profunde Kenntnisse über führungstypische Aufgaben und fachlich-organisationsspezifische Aspekte des jeweiligen Einsatzes. Für möglichst objektive (also: bestmöglich objektivierte) Ergebnisse sollte nach wissenschaftlichen Maßstäben vorgegangen werden, die Argumentführung muss stichhaltig und eindeutig sein und es muss großer Wert auf tiefenscharfe Sprache gelegt werden.

Zur Erfassung der Einsatzresultate muss der jeweilige Fall umfassend aus möglichst vielen Perspektiven betrachtet werden. Wichtigste Grundlage ist das Steuerungsmodell des Stabes (Angewandte Werkzeuge und damit die Werkstücke in Form von Lagebildern, Analysen, Vorhersagen, Strategien, Maßnahmenbündeln, Dashboard zu unterschiedlichen Zeitpunkten). Es dient dazu, das konkrete Führungshandeln des Stabes anhand des fortgeschriebenen Steuerungsmodells nachzuvollziehen. Vergleichend kann mit derselben Methode rückblickend ein umfassenderes Modell erstellt werden, um die Sicht auf den Einsatz zu objektivieren. Weitere wesentliche Elemente sind Stabsprotokolle, Berichte von Entscheidern, Gedankenprotokolle/Notizen von Stabsmitgliedern, Berichte von operativen Einheiten aus dem Ausführungssystem, Ermittlungsergebnisse, Bevölkerungslagebilder aus Sozialen Medien sowie Medienberichterstattungen. Idealerweise kann eine Beobachtung der Arbeitsabläufe mit dem Beurteilungsleitfaden ergänzt werden. Das gesammelte Material muss hinsichtlich der Erwartungen an den Einsatz, an Führung und Ausführung falsifizierend analysiert werden. Bereits in diesem Schritt sollten Punkte zu Führungsleistung, Einsatzresultat und Ausführungsleistung separat codiert werden. Ergebnis ist eine klassifizierte Informationssammlung. Je nach Umfang kann eine Softwareunterstützung wie bei qualitativen Inhaltsanalysen erforderlich sein. Die klassifizierten Informationen müssen nun anhand des Maßstabs für Einsatzergebnisse qualitativ bewertet werden.

Mit den bewerteten Gesichtspunkten muss anschließend ein Urteil über den Einsatz gebildet werden. Dieses Urteil ist ein rückblickendes Testat über die Erfüllung der Erwartungen. Der verfahrensmäßige Grundsatz ist die Verhältnismäßigkeit. Dazu müssen die Gegebenheiten des Einsatzes, der Weg der Herbeiführung (Führungsleistung), die operative Umsetzung (Ausführungsleistung) sowie die Wirksamkeit der Herbeiführung in gegenseitiger Berücksichtigung zu einer gemeinsamen Aussage integriert werden. Kennzeichnend für die Wirksamkeit ist allgemein das Verhältnis von Maßnahmen zu eingesetzten Ressourcen bzw. zu angestrebten Zielen. Ein Gradmesser für die Wirksamkeit ist insbesondere die Abmilderung von Schäden bzw. die Begrenzung schädlicher Auswirkungen im Zielsystem (Effektivitätsmerkmal). Die Wirtschaftlichkeit der Herbeiführung ist ein Effizienzmerkmal. Gemessen an den Situationsumständen (Außergewöhnlichkeit) dürfen die Resultate gewisse Mängel haben im Vergleich zu Ergebnissen, die unter günstigeren Umständen vernünftigerweise hätten erzielt werden können. Aus dem so beurteilten Einsatzresultat muss anschließend die Führungsleistung entlang der Grenze der Wirkungsentstehung zur Ausführungsleistung ausdifferenziert werden.

Die nun separat stehende Führungsleistung (▶ Kapitel 3.2) wird im letzten Schritt mit der generellen Erwartungshaltung an dieselbe verglichen. Dabei muss beurteilt werden, ob der Stab die Voraussetzungen für operative Einheiten geschaffen hat, um für die jeweilige Situation das bestmögliche Ergebnis herbeizuführen. Das bedeutet, dass (hypothetische oder tatsächlich mögliche) Handlungsoptionen ermittelt und diese auf deren potentielle Wirkung hin untersucht werden müssen um danach einschätzen zu können, ob die gewählte Verfahrensweise die wahrscheinlich besten Wirkungen erzeugt hat. Bei einer reinen Beratungsaufgabe wird die Angemessenheit des Rates für die beratene Instanz begutachtet. Am Ende des Beurteilungsverfahrens muss ein fallspezifisches Urteil anhand der drei Gütegrade (▶ Kapitel 6.5.5) formuliert werden.

6.5 Beurteilungsleitfaden für Führungsleistungen und Einsätze

Mit dem Wissen über Führungsleistungen und Einsatzresultate kann (stabsmäßige) Einsatzführung (auf jeglicher Führungsstufe) konsequent auf diese Punkte ausgerichtet werden. Führungspersonen kann der Anspruch an sie transparent aufgezeigt werden. Dadurch kann die Qualität der Führungsarbeit im weitesten Sinne gesteigert werden. In Ausbildung und Übungen kann der Lerneffekt durch die Transparenz der Erwartungen und die Sichtbarmachung der bis dahin immateriellen, unsichtbaren Führungsleistung verstärkt werden.

6.5.2 Führungsleistungen

Der Beitrag eines Stabes zum Einsatz ist es, die Voraussetzungen für operative Einheiten zu schaffen, um die eigentliche Wirkung zu erzeugen. Dieser Beitrag kann in vier Führungsleistungen beschrieben werden, wobei sich manche Beiträge in den zugrundeliegenden Prozessen überschneiden können:

1. **Grundlegend als Stab funktionieren:**
   Die Funktionen eines Stabes können mit den acht Prozessen (▶ Kapitel 1.2) und den speziellen Geschäftsprozessen erklärt werden.
2. **Einsätze führbar machen:**
   Dazu zählen die Organisation der Maßnahmen, Vorbereitung, Anzahl und Kompetenzen der Stabsmitglieder, die Erhebung und die Generierung von relevanten Informationen, die Universalität des Führungssystems sowie die Fähigkeit zur Absorption der Einsatzkomplexität.
3. **Zeitvorteile gegenüber dem natürlichen Ereignisverlauf erarbeiten:**
   Diese hängen von der Leistungsfähigkeit der vor- und nachgeordneten Teile des Führungssystems ab, werden durch die Handlungsspielräume des Stabes sowie von der Vorwärts- und Rückwärtswirkung des Stabsablaufs bedingt. Einsatzführung ist immer ein Arbeiten gegen die Zeit. Die zu erarbeitenden Zeitvorteile sind daher ein erfolgskritischer Punkt.
4. **Den Ereignisfortgang beeinflussen:**
   Dazu zählen das Informationsmanagement mit Fokus Situationsbewusstsein, das Erkennen der Problemstellung, die Entscheidungsarbeit als eigentliche Lenkung des Geschehens, das Erledigen organisationstypischer Aufgaben sowie die inter-/intra-organisationale Zusammenarbeit.

6.5.3 Einsatzresultate

Die Resultate eines Einsatzes sind die durch die Führungs- und Ausführungsleistung unter allen Gegebenheiten herbeigeführten, letztendlichen Einsatzergebnisse. Sie können nach der kybernetischen Theorie auch als erzeugte Wirkungen in Form des veränderten Systemzustandes bezeichnet werden. Es können fünf Wirkungen unterschieden werden:

1. Die Stabilisierung des Zielsystems beschreibt die Vermeidung der weiteren Auslenkung eines eher nicht übermäßig ausgelenkten Zielsystems mit der Rückführung in den bestimmungsgemäßen Zustand. Dazu zählen auch die beiden folgenden Punkte.
   a) Schützen eines Schutzziels (Abwehr unerwünschter Einflüsse von materiellen Zielen).
   b) Stützen eines Schutzziels (Bekräftigung immaterieller Ziele, wie die Reputation der Organisation).
2. Die Wiedereinlenkung des Zielsystems beschreibt die Rückführung in den bestimmungsgemäßen Zustand bzw. die Überführung in einen neuen stabilen Zustand eher stark ausgelenkter Zielsysteme.
3. Die Wahrnahme der organisationalen Souveränität ist ein weiteres, von der Auslenkung unabhängiges Resultat und beschreibt die Entsprechung der Eigenverantwortung und Autarkie der Mutterorganisation.

Die Wirkungen 1.a und 1.b beziehen sich auf Schutzziele und werden pessimistisch als Vermeidungsziele bezeichnet. Bei den Ergebnissen 1 und 2 geht es um die Approximation an einen gewünschten Zustand, weswegen sie optimistisch als Annäherungsziele bezeichnet werden. Die Ergebnisart 3 steht für die Autarkie und das Verantwortungsbewusstsein des Stabes in Stellvertreterfunktion für seine Mutterorganisation. Hierunter wird die Summe der Erwartungen gefasst, die an eine Organisation gestellt werden, weswegen von Erwartungszielen gesprochen wird. Nach allen Erkenntnissen wird von Einsätzen im Bereich von Gefahrenabwehr und Krisenmanagement nicht die Erreichung von Mehrungszielen erwartet, was im Militärbereich mutmaßlich anders gelagert sein dürfte.

6.5.4 Maßstab für Einsatzergebnisse

Die herbeigeführten Wirkungen werden am allgemeinen Anspruch an Stäbe gemessen. Diese Erwartungshaltung resultiert aus dem Wesen eines Stabes. Sie kann

6.5 Beurteilungsleitfaden für Führungsleistungen und Einsätze

zusammengefasst werden in der Form, dass der Stab als Art Generalinstrument verstanden wird, um das jeweils bestmögliche Resultat herbeizuführen. Der Anspruch scheint insbesondere durch die potentiell große Universalität von Stäben geweckt zu werden. Zudem sind Stäbe in der Regel die höchste Instanz eines Führungssystems, sodass kaum mehr Eskalationspotential besteht. Der Anspruch ist hoch, aber nicht grenzenlos, weil die Leistungsfähigkeit von Stäben Grenzen hat (bedingt durch die Skalierbarkeit). Die Bezeichnung als Generalinstrument steht sowohl für die Erwartung an das Generelle (unterschiedsloser Einschluss aller Ereignisse) wie auch für die Bedeutung des Organs für die oberste Instanz einer Organisation (in Anlehnung an den militärischen Rang eines Generals). Gemessen an den Umständen (Außergewöhnlichkeit) dürfen Einsatzresultate gewisse Mängel haben im Vergleich zu Resultaten, die unter günstigeren Umständen vernünftigerweise hätten erzielt werden können. An Stäbe als Sicherheitsorgane der Daseinsvorsorge, und je nach Erwartungshaltung auch an nichtöffentliche Stäbe, besteht der Anspruch, gerade in Erstphasen von auch unvorhergesehenen Maximalereignissen eine ausreichende Leistungsfähigkeit erbringen zu können, weswegen die Reaktionsfähigkeit Teil der Erwartung an Stäbe ist. Dieser Anspruch ist der generische Maßstab, um den Gütegrad der Führungsleistung zu beurteilen (s. u.).

Der allgemeine Anspruch schließt auch konkretere Erwartungen mit ein. So wird vom Stab einerseits die Wahrnehmung von Führungsaufgaben erwartet. Andererseits wird auch die Durchführung von fachlich-organisationstypischen Aufgaben erwartet. Vom gesamten Einsatz wird die Stabilisierung oder Wiedereinlenkung des Systemzustandes, die Wahrnahme der organisationalen Souveränität und die Erreichung von Vermeidungszielen erwartet.

Dieser Anspruch ist zwar sehr hoch, aber nach oben nicht offen. Deswegen fließt die Außergewöhnlichkeit der Situation, das Neuartige bei einem unbekannten Ereignis oder die Schwierigkeit der Ursachenbekämpfung in die Beurteilung mit ein. Wichtig ist dabei, dass ein hypothetisch gutes Ergebnis unter anderen Umständen eine niedrige Führungsleistung nicht rechtfertigt. Das Urteil erfolgt ceteris paribus (unter gleichen Umständen). Einsatzergebnisse können auch dann als erfolgreich eingeordnet werden, wenn die Umstände es rückblickend und objektiviert rechtfertigen, dass gewisse Nebenwirkungen in Kauf genommen werden mussten. Einschränkungen von Grundrechten, hohe Ressourcenaufwände für eine Lösungsoption oder der faktische Stillstand einer Großstadt beim Shut-down des öffentlichen Nahverkehrs (exemplarische sehr weitreichende Nebenwirkungen) sind vereinfacht gesagt dann gerechtfertigt, wenn es für die jeweilige Situation die im Verhältnis am besten geeignete Handlungsoption war.

6.5.5 Gütegrade der Führungsleistung

Die Führungsleistung eines Stabes kann in drei Gütegraden beurteilt werden:
1. Gemindert
2. Erwartungsgemäß
3. Mehr als ausreichend

Als erwartungsgemäße bzw. ausreichende Führungsleistung des Stabes wird verstanden, wenn durch den Stab mittels stabstypischer Aufgaben (führungstypisch und fachlich-organisationstypisch) die Voraussetzungen für operative Einheiten geschaffen wurden, um für die jeweilige Situation das bestmögliche Ergebnis (Systemzustand) herbeizuführen (kurz: erfolgreiche Stabsarbeit). Das schließt die Erbringung eines angemessenen Rates bei einer Beratungsaufgabe mit ein. Ausreichend ist nicht gleichzusetzen mit der Note 4 im sechststufigen Schulnotensystem.

Unter einer geminderten Führungsleistung des Stabes werden Defizite bei erbrachten stabstypischen Aufgaben verstanden, die sich in einem erfolgskritischen Maß auf das gesamte Führungssystem, die operativen Einheiten oder schlussendlich auf die Einsatzergebnisse bzw. die Bewältigungsmaßnahmen (Systemzustand) hätten auswirken können (Gänzlich oder teilweise nicht erfolgreiche Stabsarbeit). Die reine Möglichkeit einer potentiellen Erfolgsgefährdung muss bereits als geminderte Führungsleistung bezeichnet werden, weil die Erkenntnislage die Beurteilung von Mechanismen einer möglichen Selbstkorrektur des Gefahrenabwehr- bzw. Krisenmanagementsystems nicht zulässt. Es kann nicht sicher gesagt werden, inwiefern die operativen Einheiten durch ihre Ausführungsleistung eine mangelhafte Führungsleistung ausgleichen können. Das schließt auch die Erbringung eines Rates bei einer Beratungsaufgabe mit ein.

Als mehr als ausreichende bzw. die Erwartungshaltung an den Erfolgsanspruch übertreffende Führungsleistung des Stabes wird verstanden, wenn der Stab durch stabstypische Aufgaben die Voraussetzungen für operative Einheiten geschaffen hat, um für die jeweilige Situation ein herausragendes Ergebnis (Systemzustand) herbeizuführen, welches das vernünftigerweise zu erwartende bestmögliche Ergebnis in Bezug auf die Resultate, den Zustand bestimmter kritischer Variablen oder die

6.5 Beurteilungsleitfaden für Führungsleistungen und Einsätze

Erreichung von Vermeidungszielen in besonderem Maße übertrifft (Besonders erfolgreiche Stabsarbeit). Das schließt auch die Erbringung eines Rates bei einer Beratungsaufgabe mit ein.

Es ist denkbar, dass eine mehr als ausreichende Führungsleistung gegeben sein kann, auch wenn die Resultate des Einsatzes nur im Rahmen des Erwarteten oder gar darunter lagen. Kurz gesagt kann das Ergebnis des Einsatzes schlecht sein, aber die Stabsarbeit kann trotzdem gut gewesen sein. Der Grund kann sein, dass eine Minderleistung operativer Einheiten ein herausragendes Ergebnis verhindert hat. Dieser Fall ist theoretisch denkbar und wird in der Praxis als durchaus wahrscheinlich eingeschätzt, wenngleich sich in den untersuchten Fällen der Dissertationsschrift kein Hinweis dafür fand. Es ist jedoch ausgeschlossen, dass die Stabsarbeit als besonders erfolgreich gelten kann, wenn die besonderen Umstände (z. B. ungünstige Faktoren) trotz einer scheinbar mehr als ausreichenden Führungsleistung und dementsprechender operativer Umsetzung ein herausragendes Ergebnis verhindert haben. Weil sich Führungsleistung stets an diesen Situationszusammenhängen messen lassen muss, gilt in diesem Fall der Gütegrad der Führungsleistung nicht als besonders erfolgreich, da den besonderen Umständen nicht entsprochen wurde. Kurz gesagt rechtfertigt ein hypothetisch gutes Ergebnis unter anderen Umständen nicht die Einwertung als herausragende Führungsleistung.

7 Schlusswort und Ausblick

Stabsarbeit meint eigentlich »stabsmäßiges Führen von Einsätzen«. Mit der Herleitung dieser Präzisierung wurden Perspektiven aufgezeigt und Zugänge eröffnet. Damit wurde ermöglicht, Führung und Stabsarbeit zu **verstehen**.

Anhand einer Studie wurde gezeigt, dass man im Bereich der Stabsarbeit von Teams mit höchstem Erfolgsanspruch gewisse Dinge lernen kann. Diese Fähigkeiten im nicht-technischen Verhaltensbereich können mit Methoden des Crew Resource Managements vermittelt werden. Dabei gilt, dass Wissen als Know-What nicht gleichzeitig Können als Know-How ist. Nur zu wissen wie es geht, reicht nicht aus, sondern man muss es auch können. Lernende Erwachsene müssen für sich einen Bedarf erkennen, um überhaupt lernen zu wollen. Lernen braucht Emotion, um eigene Bedürfnisse zu stärken. Lernen funktioniert durch Erkennen von Bedeutungen. Diese Bedeutungen können nicht von einer Lehrperson vermittelt werden. Sie müssen vom Lernenden selbst konstruiert werden, weil Fremdkonstruiertes bei Lernenden eine andere Bedeutung hat als bei Lehrenden. Trainer:innen können dabei den Lernenden helfen, die Bedeutung zu erkennen. Stabstraining ist daher mehr als nur das Trainieren von Stäben. Stabstraining ist gewissermaßen auch eine Philosophie des »Aufzeigens der Bedeutung was es wirklich heißt, stabsmäßig einen Einsatz zu führen«. Die heutigen Anforderungen an die Stabsarbeit und das fortgeschrittene Trainingswissen führen deutlich vor Augen, dass Stäbe Trainings auf hohem Niveau benötigen. Deswegen werden auch an Trainer:innen hohe Erwartungen gestellt. Mit diesen Ausführungen wurde es den Lesenden ermöglicht, Führung und Stabsarbeit zu **trainieren**.

Stabsarbeit ist ein Führungshandwerk. Wie jedes Handwerk hat sie ihr eigenes Instrumentarium aus Werkzeugen und dazugehörigen Verhaltensweisen. Dieser Werkzeugkasten wurde in Form von universalen Instrumenten der Führung vorgestellt. Ob eine Führungsperson mit ihrem Stab es schafft, in einem Einsatz wirksam zu sein hängt mit davon ab, ob die Stabsmitglieder ihr Handwerkszeug beherrschen – ganz gleich, ob es sich um einen ehrenamtlichen Stab im Bevölkerungsschutz oder um einen industriellen Krisenstab mit überdurchschnittlicher Erfahrung handelt. Jeder Handwerker und jede Handwerkerin hat individuell auf die jeweilige gegebene Aufgabe einzugehen. Je besser die dafür notwendigen Techniken beherrscht werden und umso passgenauer die Vorstellung vom fertigen Produkt ist, desto eher können außergewöhnliche Lösungswege gefunden und etwas Besonderes erschaffen/geschafft werden. Im übertragenen Sinn darf ein Stab nicht als starres Korsett aus

7 Schlusswort und Ausblick

Sachgebieten, Software und Lagebesprechungen verstanden werden. Vielmehr sollte ein Stab als universales Mittel geschätzt sein, um Einsätze überhaupt erst führbar zu machen, situativ und verhältnismäßig Lösungen für Probleme zu finden sowie um die notwendigen Voraussetzungen für die operativen Einheiten zu schaffen und die bestmöglichen Resultate für die jeweilige Situation zu erzielen. Darüber wurde deutlich, dass es um mehr als »den Stab« oder »das Arbeiten nach einer Dienstvorschrift« geht: Letztlich handelt sich um Design, Konstitution, Entwicklung, Unterhaltung und Weiterentwicklung von reaktionsfähigen **Führungssystemen** (Zweck des Stabstrainings) um selbige in der vorgesehenen Leistungsfähigkeit **aufbieten** zu können (Zweck der Vorhaltung). Stabstraining ist daher immer auch eine Art von permanentem Systemdesign bei dem es darum geht, ungünstige Konstellationen zu erkennen und in positive Anlagen zu wandeln. Mit der Vorstellung des Beurteilungsverfahrens Erfolg der Stabsarbeit (BV-EdS) wurde es den Lesenden ermöglicht, Führung und Stabsarbeit zu **evaluieren**.

Insgesamt wurde eine Good Practice des Trainings von stabsmäßiger Führung von Einsätzen vorgestellt. Es wurde ein roter Faden aufgezeigt, der von der Konstitution und Ausbildung über Training und Einsatz bis zur kontinuierlichen Weiterentwicklung von Stäben und Führungssystemen reicht. Damit soll ein Beitrag geleistet werden, um die Domäne der Stabsarbeit weiterzuentwickeln. Dafür sollte die Stabsarbeit als Führungsprofession anerkannt werden, die auf einer Kombination aus Werkzeugen, dem Erlernen von Fähigkeiten und gewissen förderlichen Talenten beruht. Gute Stabsarbeit erfordert Fleiß und Aufwand durch die Stabsmitglieder, darüber hinaus Awareness und Ressourcen der jeweiligen Mutterorganisationen. Stabstraining möchte die Elemente eines Stabes verbinden und die Stabsmitglieder zu ihrer Profession führen. Führungssysteme müssen so designt sein, dass die Führungsperson als Akteur darin bestmöglich unterstützt wird. Dieses Buch soll den Lesenden Anregung und Hilfe sein, das Führungshandwerk zu verstehen, es zu erlernen oder zu vertiefen und es gemeinsam mit anderen zu trainieren.

7 Schlusswort und Ausblick

7.1 Implikationen für den Bevölkerungsschutz

Literaturtipp:

An die Domäne der Stabsarbeit ergibt sich aus der nationalen Sicherheitsstrategie Deutschlands (2023) und der Deutschen Strategie zur Stärkung der Resilienz gegenüber Katastrophen (Resilienzstrategie, 2022) der Auftrag, die Führungsfähigkeit sicherzustellen.

Nationale Sicherheitsstrategie der Bundesregierung
https://www.nationalesicherheitsstrategie.de/Sicherheitsstrategie-DE.pdf

Deutsche Strategie zur Stärkung der Resilienz gegenüber Katastrophen
https://www.bbk.bund.de/SharedDocs/Downloads/DE/Mediathek/Publi¬kationen/Sendai-Katrima/deutsche-strategie-resilienz-lang_download.pdf?__blob=publicationFile&v=6

Der All-Gefahren-Ansatz zeichnet das deutsche nichtpolizeiliche Hilfeleistungssystem aus, in dem verschiedene Zuständigkeiten teilweise über ein pragmatisches Denken vom Zweck der Maßnahme her in gemeinsamen Einsätzen gedacht werden. Der Bevölkerungsschutz ist daher die bezeichnende Klammer für die gesetzlich getrennten Teile des Zivilschutzes, des Katastrophenschutzes und der alltäglichen Gefahrenabwehr. Diese drei subsidiär/normativen Bereiche werden semantisch geeint durch die Intention, »Gefahren im Bereich der inneren Sicherheit abzuwehren«. Das bedeutet, dass nach teleologischer Auslegung »die Gefahrenabwehr« im prozessualen Sinn die Bereiche des Bevölkerungsschutzes (und darüber hinaus auch von polizeilichen Akteuren) vom übergeordneten Ziel her miteinander verbindet. Wo es um Ereignisse größerer und größter Art geht, werden die drei konstitutiven Teile nicht ohne einander auskommen: Die Katastrophenbewältigung beginnt zumeist in der alltäglichen Gefahrenabwehr; die Gefahrenabwehr nutzt im Alltag Mittel des Katastrophenschutzes oder des Zivilschutzes; der Zivilschutz ist über die Bundesanstalt THW zwar in der Fläche präsent, aber würde auch bei nur kleineren physischen Schadensereignissen ressourcenmäßig wahrscheinlich nicht ohne die lokale Gefahrenabwehr vor Ort auskommen; bei einem militärischen Drehscheibenbetrieb auf deutschem Gebiet würden originär zivile Strukturen einbezogen werden und zu deren Betrieb schon rein aus kapazitätsmäßigen Gründen die Hilfsorganisationen und private Akteure in Betracht gezogen werden müssen. Diese Schlaglichter zeigen: In der Klammer des Bevölkerungsschutzes »brauchen« die Gefahrenabwehr, der Katastrophenschutz und der Zivilschutz einander. Aktuelle Fragen »zur Stabsarbeit« sind damit eigentlich Fragen »zur Führbarkeit« und haben damit – ohne Über-

7.1 Implikationen für den Bevölkerungsschutz

treibung – nationale Bedeutung. Im Folgenden wird deswegen abschließend umrissen, was das Wissen in diesem Buch für den Bevölkerungsschutz bedeuten kann.

Dieses Buch soll ein Beitrag zur Weiterentwicklung des deutschen Bevölkerungschutzwesens sein. Durch seinen Transfer kann die Führungsfähigkeit gestärkt werden. Als solche wird verstanden, dass vom Dienstgeber bzw. von der Domäne als Wissensbereich Verfahrensweisen bereitgestellt sind, mit denen Führungsunits den Anforderungen aus Einsätzen hinreichend wahrscheinlich genügen können (Gißler, 2021). Sie ist eine Fähigkeit, die in allen Teilen im Bereich des reaktiven Bevölkerungsschutzes gegeben sein muss. Das bedeutet grundlegend, dass jeder Akteur in der Gefahrenabwehr, im Katastrophenschutz, im Krisenmanagement und im Zivilschutz für seinen Bereich führungsfähig sein muss. Individuell auf den Akteur wie auch ganzheitlich auf das Bevölkerungschutzwesen gesehen, ist die Führungsfähigkeit sowohl systemisch (innewohnend) wie auch systematisch (durch ein strukturiertes und geplantes Vorgehen zu erzeugen). Da das Bevölkerungschutzwesen zwar eher eine lose Systematik als ein feststehendes System ist und aber dennoch als Gesamtes funktionieren können muss, bedeutet es ferner, dass die Akteure auch zusammen führungsfähig sein müssen. In der Resilienzstrategie wird die Führungsfähigkeit als erprobtes Krisen- und Informationsmanagement verstanden.

Gegenwärtig wird die Führungsfähigkeit bei schwierigen Einsatzlagen bei allen Behörden und Organisationen mit Sicherheitsaufgaben grundsätzlich als gegeben gesehen. Fälle mangelhafter Führungsleistungen gibt es Stand 2021 allerdings bereits und können durchaus als Hinweise auf eine systematische Problemlage gesehen werden (Gißler, 2021). Diese Anschauung wird für die nichtpolizeiliche Gefahrenabwehr bzw. den Katastrophenschutz durch die Erkenntnisse aus den Untersuchungen der Bewältigung der Flutkatastrophe im Ahrtal 2021 (Rheinland-Pfalz/Deutschland) untermauert. Auch die polizeiliche Gefahrenabwehr ist von Herausforderungen bei der Konstitution und dem Design von Führungssystemen nicht gefeit, wie der öffentlich gewordene Abschlussbericht der AG NAH anlässlich der einsatztaktischen Nachbereitung des Anschlags in Hanau vom 19.02.2020 zeigt. Man kann sagen: **Führungssysteme sind erfolgskritische Subsysteme in den Gefahrenabwehrsystemen**. Es gilt daher, die Führungsfähigkeit systematisch zu fördern, um dadurch den Rahmen für individuell leistungsfähige Führungsunits zu schaffen. Dem Wissen zur Unterhaltung von Führungsunits und darunter dem Training von stabsmäßiger Führung von Einsätzen kommt daher große Bedeutung zu. Das selbstkritische Lernen aus u. a. den erwähnten Einsätzen ist dafür eine obligatorische Voraussetzung. Wo sich neue Disziplinen entwickeln, werden Dinge hinterfragt und auf neue Ebenen gehoben. Dabei werden verbreitete Anschauungen und Erfahrungswissen in Frage gestellt und idealerweise mit empirischen Belegen bestätigt. Daraus können sich Widerstände ergeben. Im Bereich der stabsmäßigen Einsatzführung kann schemenhaft ausgemacht werden, dass Bestehendes kritischen Bestandsprüfungen unterzogen wird. Akademische Berufseinsteiger:innen oder spezialisierte junge Führungskräfte bringen veränderte Erwartungen mit. Dabei entstehende konstruktive Spannungen gilt es im produktiven Sinne zu nutzen.

Wirkungsvolles Training braucht neben relevanten Inhalten, passender Methodik und angemessener Didaktik vor allem adäquate **Rahmenbedingungen**. Hierzu sollten die gegenwärtigen Paradigmen bei allen Akteuren im deutschen Bevölkerungsschutzwesen selbstkritisch reflektiert werden. Darüber kann einerseits Entwicklungspotenzial sichtbar gemacht werden. Andererseits können Modelle auch Bestätigung erfahren und (aktuell) für geeignet befunden werden. Zum Führungs- und seinem Ausbildungswesen können unter anderem folgende **bewusst zugespitzten Fragen** für gute Diskussionen sorgen. Es sei angemerkt, dass die Fragen kontrovers diskutiert werden können und nicht per se mit einem kritischen »nein« in der Grundhaltung, dass »alles schlecht sei« zu beantworten sind. Vielmehr mögen sie zu einer Auseinandersetzung mit den Themen anregen, um Stärken erhalten und Schwächen identifizieren zu können:

- Sind die Grundlagen gelegt – also haben zuständige Stellen (z. B. Kommunen, Behördenleitungen) aus einer Risikoanalyse (z. B. auf Basis von Arbeitshilfen des BBK) den Erwartungshorizont für Einsätze abgeleitet und die Unterhaltung des Führungssystems systematisch organisiert (z. B. mittels Managementsystem wie der DIN EN ISO 22361)?
- Ist allen Adressaten der aktuelle Wissensstand bekannt (u. a. Technische Normen mit Geltungsbereich in Deutschland, relevante Monografien zur Stabsarbeit mit allgemeingültigem Charakter)? Werden Erfahrungsberichte nicht nur gelesen, sondern die eigene Führungsunit daran gespiegelt?
- Liegt ein Wissens- oder ein Transferproblem vor? Gibt es Regelungs- oder Vollzugsdefizite?
- Die Frage ist eine Zumutung – aber muss man sie sich selbstkritisch zumuten, um sich ggf. guten Gewissens eine bestätigende Antwort geben zu können: Ist der Bevölkerungsschutz führungsfähig? Erfüllt der darin gefasste Zivilschutz die Anforderungen des Militärs an die zivile Verteidigung?
- Wäre eine Berichtspflicht über die Führungsfähigkeit an die Organisationsleitung, an Aufsichtsstellen oder Parlamente sinnvoll?
- Wären auf Landesebene Inspekteurinnen/Inspekteure für den Katastrophenschutz nach Vorbild der Generalinspektion der Bundeswehr mit einer

7.1 Implikationen für den Bevölkerungsschutz

Berichtspflicht in den Parlamenten ein Instrument, um für den Katastrophenschutz diejenige Beachtung zu generieren, die er als Element einer resilienten Gesellschaft benötigt?
- Warum gib es eine polizeiliche Kriminalstatistik, aber keine amtliche Katastrophenstatistik? Gibt es ein gesellschaftliches Maß für Unsicherheit, die aus Systemen resultiert (Safety)?
- Ist die Rechtsaufsicht der Kritikalität der Führungsfähigkeit als Schlüsselfähigkeit und K.-o.-Faktor bei der Reaktion auf die Ereignisse angemessen? Wäre eine Fachbeaufsichtigung hinsichtlich der anspruchsvollen Aufgabe geeigneter?
- Sollte es für gewählte Schlüsselfunktionen im Bevölkerungsschutz wie Bürgermeister:innen oder Landrätinnen/Landräte verpflichtende Schulungen zur Führung in außergewöhnlichen Situationen mit einem Stab geben?
- Wird der Bevölkerungsschutz wirklich als integriertes Hilfeleistungssystem (Modus vivendi) für alle Gefahren gelebt? Gibt es eine ganzheitliche Betrachtung des (Führungs-)Personals bezüglich Mehrfachverwendungen?
- Handelt es sich beim Bevölkerungsschutz wirklich um ein System im eigentliche Sinne (enge Kopplungen der Elemente, die auf ein gemeinsames Ziel hinwirken und zum kollektiven Lernen fähig sind) – oder ist es vielmehr eine Systematik aus Themen und Zuständigkeiten (lose Kopplung aus Aufgaben und Zuständigkeiten, keine inhärente Antriebskraft und daher nicht zum kollektiven Lernen fähig)?
- Ist ausbleibendes Lernen wirklich nur ein Problem des Bevölkerungsschutzes oder ist es vielmehr ein allgemeines Problem aller Funktionssysteme von Gesellschaften?
- Lösen die Katastrophenschutzsysteme das staatliche Versprechen zum Schutz vor Katastrophen, gerade in außergewöhnlichen Fällen, wirklich ein? Wie weit kann dieses Schutzversprechen unter Beachtung der Selbsthilfe der Bürger:innen vernünftigerweise reichen?
- Spiegelt sich der Bevölkerungsschutz mit seinen Gebieten adäquat in den Wissenschaften wieder?
- Berücksichtigt die Forschungsförderung ganzheitlich alle Bereiche von Führungssystemen oder gibt es Ungleichgewichte? Ist der Markt bzw. sind die Anwender reif für das nach neuesten Erkenntnissen Machbare?
- Sind Mensch, Maschine und Organisation im Führungssystem im Gleichgewicht oder gibt es Ungleichgewichte? Technik löst bekanntlich keine

Lagen – warum muten wir uns dann Aufmerksamkeitsfresser wie Videowalls zu? Gehört der Lagetisch zumindest partiell von der senkrechten Wand wieder in die Waagrechte? Haben wir das Bewusstsein der Führungsperson als Voraussetzung, um Entscheiden und Steuern zu können, konsequent im Blick?

- Führen generische Vorgaben wirklich zu einheitlichen Führungssystemen oder sollten Systematiken nicht eher Kompatibilität von Führungssystemen erzeugen?
- Sind Dienstvorschriften das geeignete Medium, um einen großen, sich entwickelnden Wissenskomplex abzubilden?
- Könnte die FwDV 100 nicht passender »Die Einsatzleitung« heißen?
- Soll Wissen aus dem Bereich der Daseinsfürsorge von Verlagen vermarktet oder von Amts wegen bereitgestellt werden?
- Berücksichtigen Forderungen nach einheitlichen Lehraussagen die Komplexität des Themenfeldes?
- Gibt es sogenannte Lehrmeinungen von öffentlichen und privaten Instituten, die zur Stabsarbeit lehren, wirklich? Werden solche Lehrmeinungen nach den gleichen Standards wie Schulbücher an Grund- und weiterführenden Schulen gebildet und qualitätsgesichert? Kann es unterschiedliche Lehrmeinungen geben, wenn es um dasselbe Thema geht?
- Kann das Führungshandwerk organisationsübergreifend auf Basis eines informellen Commitments gleich gelehrt werden? Wie kann den Unterschieden zwischen Organisationsgattungen adäquat und wertschätzend entsprochen werden (u. a. Führungsphilosophie, Charakter der typischen Einsätze)?
- Werden mit Blick auf den Katastrophenschutz alle Möglichkeiten zur vorbereitenden und reaktiven Zusammenarbeit ausgeschöpft, die unter den jeweiligen Rahmenbedingungen möglich sind (z. B. Kleeblattmuster, Einigung auf Softwares, anschlussfähige Einsatzführungskonzepte)? Liegen legale Restriktionen oder mentale Hindernisse vor? Ist warten auf Richtungsentscheidungen »von oben« vereinbar mit der Verantwortung für den eigenen Zuständigkeitsbereich?
- Ist die politische Erwartung an die »Feststellung/Ausrufung des Katastrophenalarms/Katastrophenzustands« überhöht? Sind diese Modi aus den deutschen Ländergesetzen im Einsatzgeschehen wirklich das entscheidende Momentum, um die Bevölkerung warnen zu können oder um einen Einsatz wirksam führen zu können? Welche Lücke/welchen Bedarf muss

7.1 Implikationen für den Bevölkerungsschutz

der Katastrophenalarm noch schließen, wenn das in diesem Buch beschriebene Führungshandwerk vollumfänglich beherrscht wird und gegebene gesetzliche Möglichkeiten aus dem Alltag souverän genutzt werden (z. B. Kostenträgerschaft, Mobilisierung von Ressourcen)?
- Geht es nur um Ausbildung (personenbezogen) oder eigentlich um die Systementwicklung und Unterhaltung (Sicherstellung der Leistungsfähigkeit von Führungsunits)?
- Geht es um Stabsarbeit oder eigentlich um die Reaktionsfähigkeit von Behörden und Organisationen mit Sicherheitsaufgaben?
- Wie erhalten Bedarfsträger Wissen, Anleitung oder Unterstützung bei der Entwicklung und Unterhaltung ihrer Führungsunits?

- Gibt es in Organisationen eine Personalpolitik, wie potenzielle Führungspersonen rekrutiert, ausgebildet und eingesetzt werden (quasi: Laufbahn)?
- Sind derzeitige Verfahren zur Rekrutierung und Auswahl geeignet, um den Personalbestand von Führungsunits zu sichern? Müssen andere Zielgruppen in den Blick genommen werden?
- Kann die Durchführungsverantwortung für Einsätze oder wesentlicher Einsatzteile bei Maximalereignissen angesichts der heutigen und künftigen Anforderungen an Führungspersonen (Führungskunde, Einsatzkunde) (noch) Personen zugemutet werden, die diese Aufgabe rein ehrenamtlich wahrnehmen? Bedarf es zur Ermöglichung von Professionalisierung durch Spezialisierung neuer/besonderer Formen einer Art teilberuflichen Ehrenamtlichkeit?
- Ist es sinnvoll, z. B. generalistische Feuerwehrkräfte zu Medienspezialistinnen/-spezialisten ausbilden zu wollen (S5) oder sollten nicht besser Medienspezialistinnen/-spezialisten in Einsatzkunde ausgebildet und zu Stabsmitgliedern gemacht werden?
- Können weitere Fähigkeiten wie das Medienmonitoring in Form von VOST auf Bundesebene vorgehalten und über den Modus der Amtshilfe eingesetzt werden? Welche Modi zur Führungsunterstützung kann es geben, die akzeptiert würden und leistungsfähig wären?
- Hat die Führungsausbildung für Einsätze bzw. für außergewöhnliche Situationen in den Laufbahnen von Einsatzorganisationen und Verwaltungen den Stellenwert, der den Organisationen (Daseinsfürsorge) und den Erwartungshorizonten (Maximalereignisse) entspricht?

7 Schlusswort und Ausblick

- Wie viel Lernzeit steht über welche Entwicklungszeit für den Kompetenzerwerb netto zur Verfügung? Wie erfolgt der anschließende Kompetenzerhalt?
- Ist je nach Lernziel eine Schulung (von Einzelpersonen) an einer Ausbildungsstätte oder das Training (einer feststehenden Führungsunit) vor Ort sinnvoller?
- Haben Ausbildungsinstitute ausreichend Kapazitäten?

- Geht es um Rollenverständnis oder um Systemkenntnis?
- Geht es um Führungskunde, um Einsatzkunde oder um beides?
- Wie werden Taktiken und Strategien als Good-Practice oder als Verfahrensvorschrift nachgelagert zu Dienstvorschriften (oberste Ebene) bereitgestellt?
- Besteht Lernbedarf bei technischem Fachwissen, im Führungshandwerk, im Verhaltensbereich oder in allen drei Bereichen?
- Sind aktuelle Lernangebote differenziert, zeiteffizient und wirkungsvoll?
- Stehen Ausbildung, Training und Systemtests (Übungen) in sinnvollem Verhältnis?

- Wie erlangen Ausbilder:innen und Trainer:innen ihre Kompetenzen in der Erwachsenenbildung und zur stabsmäßigen Führung sowie ihre Kunde über Einsätze?
- Wie wird die Eignung des Inhalts, die Qualität und die Relevanz von Lernangeboten (am Markt, von Instituten) sichergestellt?

7.2 Professionalisierung durch Spezialisierung

Dieses Buch hat aufgezeigt, dass stabsmäßige Einsatzführung mehrere Kompetenzbereiche umfasst: 1) das Stabsmäßige/die Stabsarbeit als das Entwickeln von leistungsfähigen Führungssystemen, 2) der Einsatz als Operation in einem komplex-adaptiven Zielsystem und 3) die Führung als wiederholbare, erklärbare Tätigkeit von Personen als Individuum. Die Bereiche 1) und 2) erfordern aufgrund der heutigen und künftigen Anforderungen Spezialistinnen bzw. Spezialisten. Daraus ergeben sich 3) hohe Anforderungen an die Führungspersonen, die vernünftigerweise wahrscheinlich nicht (mehr) in einer generalistischen Ausbildung abgedeckt werden können. Es wird vorgeschlagen, eine (ehrenamtliche) Laufbahn für Führung im Bevölkerungsschutz zu entwickeln. Es scheint, als ob den erkannten Anforderungen an das stabsmäßige Führen von Einsätzen (Führungskunde und Einsatzkunde) nurmehr über eine solche **Professionalisierung im Sinne einer Spezialisierung von Schlüsselfunktionen** wie Stabsleiter:innen (zur Reaktion), Trainer:innen (zur Unterhaltung) und multiplikativer Beratung (zum Wissenstransfer, zur Entwicklung) entsprochen werden kann.

7.3 Epilog

Bei der Flutkatastrophe im Ahrtal im Juli 2021 konnten zur Abwehr der sich aufbauenden Gefährdung entlang des Flusslaufes durch die reaktiven Organe des Katastrophenschutzsystems des Landkreises Ahrweiler keine ausreichenden Führungsleistungen erbracht werden, wodurch in Folge eine Vielzahl an Menschen ums Leben kamen. Das Schutzversprechen des Staates gegenüber seinen Bürgerinnen und Bürgern, durch den Katastrophenschutz im Wortsinne vor Katastrophen zu schützen, wurde dadurch ein stückweit gebrochen. Die Bewältigung der Folgen in den Wochen danach unter der Leitung der Landesbehörde war ein eher ineffizienter Einsatz, der auch aus Reihen der Einsatzkräfte teils harsch kritisiert wurde. Dem eigenen Anspruch von im Katastrophenschutz mitwirkenden Behörden und Organisationen, Einsätze wirkungsvoll, also effektiv und effizient in angemessenem Verhältnis durchzuführen, wurde damit nicht entsprochen. Zwar war das Ereignis in jeglicher Hinsicht ein Maximalereignis. Das Katastrophenschutzwesen ist aber eigentlich für genau solche Ereignisse vorgesehen. Das unzureichende Funktionieren seiner selbst in entscheidenden Phasen der Flutkatastrophe hat »den Bevölkerungsschutz« im Jahr 2021 in seinem Selbstverständnis erschüttert und manche seiner Akteure landesweit, manche aber auch bundesweit, ins Rampenlicht der Öffentlichkeit katapultiert. Das in diesem Buch beschriebene Handwerk möge dazu beitragen, dass künftige Einsätze souverän bewältigt werden können und der Katastrophenschutz seiner Intention besser entsprechen kann.

Literaturverzeichnis

Badke-Schaub, Petra: Teamarbeit und Teamführung: Erfolgsfaktoren für sicheres Handeln. Verlag für Polizeiwissenschaft, 2008.
Berghaus, Margot: Luhmann leicht gemacht: Eine Einführung in die Systemtheorie. UTB, 2011.
Brühwiler, Peter; Grabner, Peter: Humanfaktoren, Erich Schmidt Verlag, 2010.
Buerschaper, Cornelius; Starke, Susanne (Hrsg.): Führung und Teamarbeit in kritischen Situationen. Verlag für Polizeiwissenschaft, 2008.
Busch, Kai: Die Probleme des »erweiterten« (umfassenden) Sicherheitsbegriffs. Sierke Verlag, 2012.
Deutscher Bundestag: Drucksache 8/1881 Unterrichtung durch die Bundesregierung vom 07.06.1978. Online abrufbar unter: http://dipbt.bundestag.de/doc/btd/08/018/0801881.pdf letzter Zugriff: 01.10.2023.
Dörner, Dietrich: Die Logik des Misslingens. Rowolt, 2003.
Diehl, Jörg: Rabenschwarzer Freitag. In: Spiegel online, 07/2017. Online abrufbar unter: http://www.spiegel.de/politik/deutschland/g20-ueberforderte-polizei-in-hamburg-wie-konnte-das-passieren-a-1156755.html, letzter Zugriff: 18.10.2018.
Franke, Dieter: Vom Lehren und Lernen. In: Bevölkerungsschutz, 3/2009. Online abrufbar unter: https://www.bbk.bund.de/SharedDocs/Downloads/DE/Mediathek/Publikationen/BSMAG/bsmag_09_3.pdf?__blob=publicationFile&v=6, letzter Zugriff: 20.09.2018.
Franken, Swetlana: Verhaltensorientierte Führung. Springer Gabler, 2010.
Gawande, Atul: Checklist-Strategie. Btb, 2013.
Gißler, Dominic: Stäbe ressourcenschonend und nachhaltig trainieren. In: Crisis Prevention, 10/2017.
Gißler, Dominic: Erfolg der Stabsarbeit. Arbeit, Leistung und Erfolg von Stäben der Gefahrenabwehr und des Krisenmanagements im Gesamtkontext von Einsätzen. Frankfurt am Main: Verlag für Polizeiwissenschaft, 2019.
Gißler, Dominic; Fiedrich, Frank: Stabsarbeit – Lernen von Teams mit höchstem Erfolgsanspruch. Impulse für Organisation, Ausbildung und Training von Stäben der Gefahrenabwehr. In. VFDB-Magazin, 02/2016. Online abrufbar unter: https://www.stabstraining.de/images/downloads/veroeffentlichungen/2016-05_VFDB-Magazin_-_Stabsarbeit_-_Lernen_von_Teams_mit_hochstem_Erfolgsanspruch.pdf, letzter Zugriff: 01.10.2023.
Gißler, Dominic: Einsätze wirksam führen. Kohlhammer-Verlag, 2021.
Hackstein, Achim; Hagemann, Vera; von Kaufmann, Florentin; Regner, Helge (Hrsg.): Handbuch Simulation. Stumpf + Kossendey, 2016.
Hagemann, Vera: Trainingsentwicklung für High Responsibility Teams. Pabst, 2011.
Hagemann, Vera: Team Dimensional Training. In: Achim Hackstein et al.: Handbuch Simulation. Stumpf + Kossendey, 2016.
Hardt, Florian; Dziambor, Ullrich: Cause Mapping – Anwendung in der Medizin. In: Peter Mistele und Uwe Bargstedt (Hrsg.): Sicheres Handeln lernen: Kompetenzen und Kultur entwickeln (Schriftenreihe der Plattform Menschen in komplexen Arbeitswelten e. V.). Verlag für Polizeiwissenschaft, 2010.
Heimann, Rudi; Strohschneider, Stefan; Schaub, Harald (Hrsg.): Entscheiden in kritischen Situationen. Neue Perspektiven und Erkenntnisse. Verlag für Polizeiwissenschaft, 2014.
Heimann, Rudi; Hofinger, Gesine (Hrsg.): Handbuch Stabsarbeit. Springer 2022.
Heimann, Rudi; Hofinger, Gesine: Stabsarbeit – Konzept und Formen der Umsetzung. In: Rudi Heimann und Gesine Hofinger (Hrsg.): Handbuch Stabsarbeit. Springer, 2022.
Herbe, Sebastian; Gißler, Dominic: Die Stabsarbeit der »Einsatzleitung Starkregen« im Sommer 2021. Selbst-/Fremdwahrnehmung und Implikationen für künftige Entwicklungen. In: BRANDSchutz/Deutsche Feuerwehr-Zeitung 10/2022, S. 834–838.
Hofinger, Gesine; Proske, Solveig; Soll, Henning; Steinhardt, Gunnar: FOR-DEC & Co – Hilfen für strukturiertes Entscheiden im Team. In: Heimann, Rudi; Strohschneider, Stefan; Schaub, Harald

Literaturverzeichnis

(Hrsg.): Entscheiden in kritischen Situationen. Neue Perspektiven und Erkenntnisse. Verlag für Polizeiwissenschaft, 2014.

Honegger, Jürgen: Vernetztes Denken und Handeln in der Praxis. Versus, 2013.

Innenministerium Baden-Württemberg: Verwaltungsvorschrift der Landesregierung und der Ministerien zur Bildung von Stäben bei außergewöhnlichen Ereignissen und Katastrophen (VwV Stabsarbeit). Online abrufbar unter: https://www.landesrecht-bw.de/jportal/?quelle=jlink&query=VVBW-LReg-20111129-SF&psml=bsbawueprod.psml&max=true, letzter Zugriff 01.10.2023

Innenministerium Nordrhein-Westfalen: Krisenmanagement durch Krisenstäbe im Lande Nordrhein-Westfalen bei Großeinsatzlagen, Krisen und Katastrophen. Online abrufbar unter: https://www.landesrecht-bw.de/perma?j=VVBW-IM-20240507-SF2.1, letzter Zugriff: 21.06.2024.

Kahnemann, Daniel: Schnelles Denken, Langsames Denken. Siedler Verlag, 2002.

Kluge, Annette: Psychologisch-wissenschaftliche Hintergründe: Lernen aus Erfahrungen. In: Achim Hackstein et al.: Handbuch Simulation. Stumpf + Kossendey, 2016.

Köstler, Thomas: Die rückwärtige Führung der Feuerwehr München. In: BRANDSchutz/Deutsche Feuerwehr-Zeitung, 09/2016.

Lamers, Christoph: Stabsarbeit im Bevölkerungsschutz. Historie, Analyse und Vorschläge zur Optimierung. Stumpf + Kossendey, 2021.

Lang, B.; Ruppert, M.; Schneibel, W.; Urban, B.: Teamtraining in der Luftrettung. In: Notfall + Rettungsmedizin, 13/2010.

Leonhardt, Jörg: Komplexität und Lernen. Newsletter für Organisationales Lernen, Simulation und Training. Ausgabe 19. Juni 2011.

Malik, Fredmund: Führen, Leisten, Leben. Campus Verlag, 2014.

Manser, Tanja; Burtscher, Michael J.: Teamwork in Hochrisiko-Industrien. In: Cornelius Buerschaper und Susanne Starke (Hrsg.): Führung und Teamarbeit in kritischen Situationen. Verlag für Polizeiwissenschaft. 2008.

Mensch-Maschine-Umwelt-Systeme (Definition von Spektrum.de). Online abrufbar unter: https://www.spektrum.de/lexikon/psychologie/mensch-maschine-umwelt-systeme/9534, letzter Zugriff: 01.10.2023.

Mistele, Peter: Kompetenzentwicklung bei Organisationen in Hochrisikoumwelten. In: Peter Mistele und Uwe Bargstedt (Hrsg.): Sicheres Handeln lernen: Kompetenzen und Kultur entwickeln (Schriftenreihe der Plattform Menschen in komplexen Arbeitswelten e. V.). Verlag für Polizeiwissenschaft, 2010.

Mistele, Peter; Bargstedt, Uwe (Hrsg.): Sicheres Handeln lernen: Kompetenzen und Kultur entwickeln (Schriftenreihe der Plattform Menschen in komplexen Arbeitswelten e. V.). Verlag für Polizeiwissenschaft, 2010.

Pawlowsky, Peter; Steigenberger, Norbert (Hrsg.): Die H!PE-Formel. Verlag für Polizeiwissenschaft, 2012.

Quellmelz, Matthia: Entwicklung und Evaluation eines psychologischen Trainings für Stabsmitglieder und Leitstellendisponenten der Feuerwehr. Verlag Dr. Kovač, 2013.

Rall, Marcus; Dieckmann, Peter; Hackstein, Achim: Crew Resource Management in der Leitstelle. Leitsätze für die Arbeit von Disponenten. Stumpf + Kossendey, 2013.

Rall, Marcus; Op Hey, Frank: Die 3B-Technik für Fragen im Debriefing. In: Achim Hackstein et al.: Handbuch Simulation. Stumpf + Kossendey, 2016.

Reason, James: Menschliches Versagen. Spektrum, 1994.

Reuters, Frankfurter Allgemeine: Polizei: Krawalle waren strategisch geplant. Online abrufbar unter: http://www.faz.net/aktuell/rhein-main/blockupy/blockupy-krawalle-laut-polizei-strategisch-geplant-13493555.html, letzter Zugriff: 18.10.2018.

Schweizer Armee: Führung und Stabsorganisation der Armee (FSO 17) (2017). Online abrufbar unter: https://aisopusdotcom.files.wordpress.com/2016/03/50040d.pdf, letzter Zugriff: 15.08.2018.

Stadie, Tim: Stabsarbeit im Katastrophenschutz in Deutschland. Mensch und Buch Verlag, 2017.

Literaturverzeichnis

Starke, Susanne: Kreuzfahrt in die Krise: Wie sich kritische Situationen im Planspiel trainieren lassen (Polizeiwissenschaftliche Analysen). Verlag für Polizeiwissenschaft, 2005.

Strohschneider, Stefan: Die Kunst der Stabsarbeit – Ein Essay. In: Rudi Heimann und Gesine Hofinger (Hrsg.): Handbuch Stabsarbeit. Springer, 2022.

Strohschneider, Stefan; Heimann, Rudi (Hrsg.): Kultur und sicheres Handeln. Verlag für Polizeiwissenschaft, 2009.

von Kaufmann, Florentin: Planung und Kontrolle von Lagen mit Zeitstrahl in Abhängigkeit von Führungsphilosophien in Führungsstäben. In: Rudi Heimann und Gesine Hofinger (Hrsg.): Handbuch Stabsarbeit. Springer 2016.

Dominic Gißler

Einsätze wirksam führen

Eine universale Führungstheorie für die Gefahrenabwehr und das Krisenmanagement

2021. 328 Seiten mit 10 Abb. und 10 Tab. Kart.
€ 39,–
ISBN 978-3-17-039068-3

Einsätze von Gefahrenabwehr und Krisenmanagement stellen durch ihre Kritikalität und Komplexität höchste Ansprüche an die Führung. Im Buch wird eine universale Führungstheorie für Polizei, Feuerwehr, Hilfsdienste sowie für Verwaltungen und Wirtschaftsunternehmen vorgestellt. Einsatzführung wird theoretisch als die kybernetische Regelung komplex-adaptiver Systeme verstanden, was an vielen Einsatzbeispielen veranschaulicht wird. Für einen wirksamen Führungsakt werden förderliche Verhaltensweisen, geschickte Tools und ein eingängiges Entscheidungsmodell erläutert. Ein praktischer Algorithmus dient als Zusammenfassung für Ausbildung, Training und Einsatz. Für die Sicherstellung der übergeordneten Führungsfähigkeit und die Unterhaltung leistungsfähiger Führungssysteme werden Handlungsmöglichkeiten aufgezeigt. Das Buch richtet sich neben Praktikern auch an Ausbildungsinstitute und Forschende.

Digital-Ausgabe erhältlich in der BRANDSchutz-App und als E-Book.
Leseproben und weitere Informationen:
www.kohlhammer-feuerwehr.de

Ralf Fischer

Rechtsfragen im Katastrophenschutz

2023. 293 Seiten mit 39 Abb. und 14 Tab. Kart.
€ 44,–
ISBN 978-3-17-041105-0

Im Katastrophenfall muss stets fachlich richtig, aber auch schnell entschieden werden. Überbordende bürokratische Verfahrensweisen und falsche Gewichtung von Gesetzen und Verordnungen sind im wahrsten Sinne tödliche Feinde eines funktionierenden Katastrophenschutzes. Entscheidungen im Katastrophenfall werden auf der anderen Seite im Nachhinein immer in Frage gestellt werden, und zwar gerade von denen, die immer alles besser wissen, aber nicht selbst entscheiden oder entscheiden müssen. Der Autor bietet mit seinem Buch einen Überblick zu Katastrophen, die Organisation des Katastrophenschutzes und die mit dem Katastrophenschutz im Zusammenhang stehenden Rechtsfragen. Unabdingbar bei allen Überlegungen im Katastrophenschutzrecht ist immer die dialektische Betrachtungsweise, um eine angemessene Balance zwischen einer effektiven Gefahrenabwehr einerseits und der Wahrung der Grundrechte und der elementaren Grundsätze des demokratischen Verfassungsstaates andererseits zu gewährleisten.

Digital-Ausgabe erhältlich in der BRANDSchutz-App und als E-Book.
Leseproben und weitere Informationen:
www.kohlhammer-feuerwehr.de